새와 나무와 돌멩이의 지적 세계

새와 나무와 돌멩이의 지적 세계

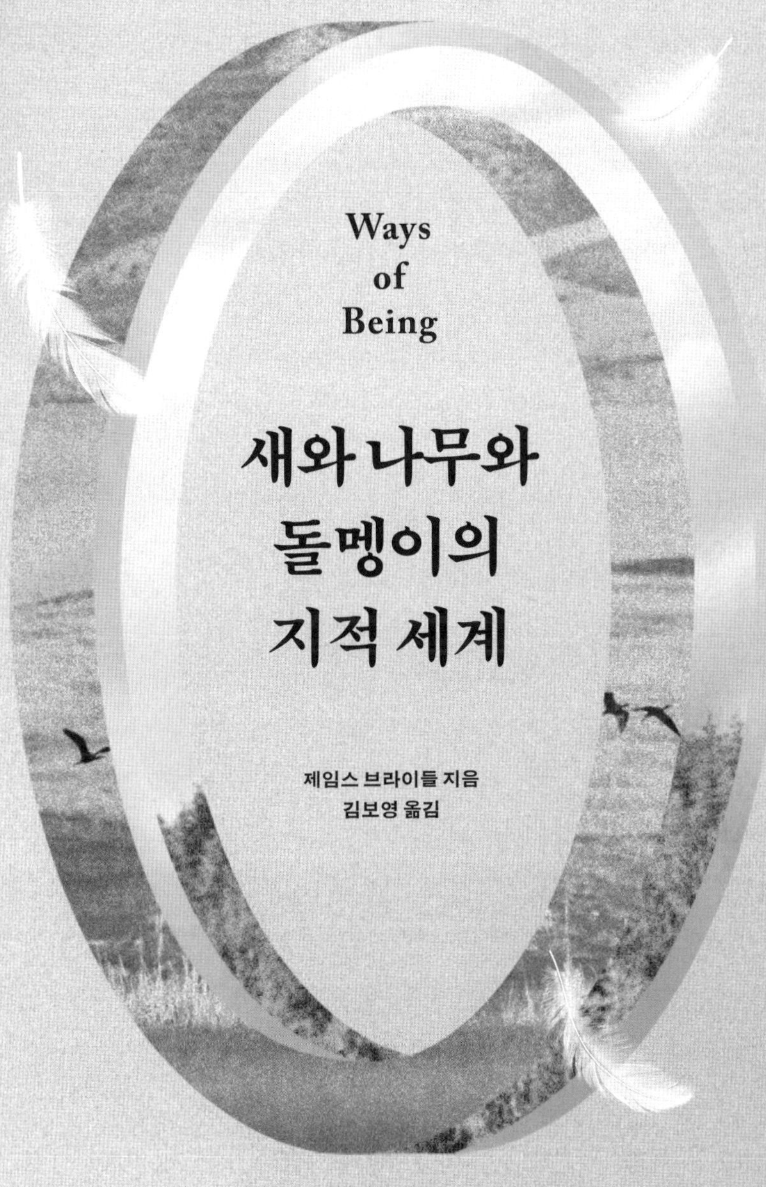

새와 나무와 돌멩이의 지적 세계

제임스 브라이들 지음
김보영 옮김

코쿤북스

일러두기

1. 인명, 지명 등 외래어는 국립국어원의 외래어표기법을 따랐다. 단, 일부 단어들은 국내 매체에서
   통용되는 사례를 참조했다.
2. 원주는 미주로 처리하였으며, 본문의 각주는 모두 옮긴이주이다.

나빈과 제퍼에게

σχολὴ μὲν δή, ὡς ἔοικε : καὶ ἅμα μοι δοκοῦσιν ὡς ἐν τῷ πνίγει ὑπὲρ

κεφαλῆς ἡμῶν οἱ τέττιγες ᾅδοντες καὶ

우리에게는 충분한 시간이 있는 것 같군. 게다가 메뚜기들이
땡볕 아래에서 서로 이야기를 나누고 노래를 부르면서
우리를 내려다보고 있는 것 같기도 하고 말이야.
플라톤, 『파이드로스』, 258e
(『플라톤 전집 *Plato in Twelve Volumes*』 제 9권 (1925) 중에서)

인권 얘긴 이제 그만!

고래권은 어때?

달팽이권은?

물개권은?

장어권은?

너구리권은?

아비새권은?

늑대권은?

어때, 어떠냐고,

벌레권은 어때?

민달팽이권은?

농어권은?

당나귀권은?

지렁이권은?

세균권은?

식물권은?

— 문독Moondog

앨범 《하트 송 *H'art Songs*》(1978) 중

〈인권 얘긴 이제 그만 Enough about Human Rights〉

목차

도판 목록   012

들어가며   인간 너머   016

1장.   다르게 생각하기   042

2장.   우드 와이드 웹   092

3장.   생명의 덤불   124

4장.   행성처럼 보기   163

5장.   낯선 이에게 말 걸기   199

6장.	비이진법적 기계	245
7장.	무작위성	296
8장.	연대	337
9장.	동물 인터넷	377
결론	금속 농장으로	410
미주		416
참고문헌		442
감사의 말		445
옮긴이의 말		448
찾아보기		450

도판 목록

47쪽   신경망의 보는 방법 시각화. James Bridle.

49쪽   파르나소스산에 설치된 자율 함정 001. 2017. James Bridle.

58쪽   벤저민 B. 벡의 1967년 논문 「긴팔원숭이의 문제 해결 연구」 중에서. 'A Study of Problem Solving by Gibbons', *Behaviour*, 28 (1/2), 1967, p. 95.

60쪽   런던동물원 최초의 오랑우탄이었던 제니. W. Clerk, High Holborn, in December 1837. The Picture Art Collection / Alamy Stock Photo.

68쪽   브롱크스동물원의 해피(2012). 사진: Gigi Glendinning / Nonhuman Rights Project.

73쪽   1978년 3월 3일, 페니 패터슨의 수화 실험에 참여한 코코. 3 March 1978. Bettmann / Getty Images.

133쪽   디브예 바베 뼈 피리. Divje Babe National Park.

137쪽   괴베클리 테페의 거석. James Bridle.

151쪽   칼 우즈가 분석한 리보솜 RNA의 엑스레이 '지문'. Carl Woese, Norman R. Pace, Jan Sapp and Nigel Goldenfeld, 'Phylogeny and Beyond: Scientific, Historical, and Conceptual Significance of the First Tree of Life', *Proceedings of the National Academy of Sciences*, Jan 2012, 109(4), pp. 1011-18.

159쪽   포드 둘리틀의 그물형 나무. W. F. Doolittle, 'Phylogenetic Classification and the

Universal Tree', *Science*, 284(5423), June 1999, pp. 2124-9. DOI:10.1126/science.284.5423.2134.

171쪽 '마샴의 생물계절학 기록, 노픽, 1736-1925' 이반 마거리 제공, 1926. 'XIII. Indications of Spring, observed by Robert Marsham, Esquire, F.R.S. of Stratton in Norfolk. Latitude 52 45" by Robert Marsham, Philosophical Transactions of the Royal Society, vol. 79 (1789). © The Royal Society.

174쪽 115cm 대나무 막대. James Bridle.

186쪽 찰스 다윈과 프랜시스 다윈의 『식물의 운동력*The Power of Movement in Plants*』 중 48시간에 걸쳐 양배추의 움직임을 추적한 그림(London: John Murray, 1880).

186쪽 마르셀 뒤샹의 〈심지어, 그녀의 독신자들에게조차 발가벗겨진 신부〉(〈큰 유리〉) (1915-23). © Association Marcel Duchamp / ADAGP, Paris and DACS, London 2021.

188쪽 1959년 9월 1일 일출의 링 엔젤을 보여주는 레이더 이미지. W. G. Harper, 'Detection of Bird Migration by Centimetric Radar – A Cause of Radar "Angels"', *Proceedings of the Royal Society of London B: Biological Sciences*, 149(937), 24 December 1958, pp. 484-502. B149484-502: https://doi.org/10.1098/rspb.1958.0088.

190쪽 2009년 5월 8일, 비행 중인 새떼를 보여주는 NEXRAD 레이더 모자이크. National Centers for Environmental Information (NCEI).

195쪽 2009년 2월 호주 카펀테리아만의 일부를 보여주는 가색 랜드샛 이미지. Geoscience Australia / USGS / NASA.

197쪽 이탈리아 바실리카타의 랜드샛 이미지 (a) 1984, (b) 2010. Giuseppe Mancino et al., 'Landsat TM Imagery and NDVI Differencing to Detect Vegetation Change: Assessing Natural Forest Expansion in Basilicata, Southern Italy', *iForest - Biogeosciences and Forestry*, 7(2), pp. 75-84, April 2014. © 2014 SISEF.

204쪽 전화를 받는 조반니 포르테. James Bridle.

233쪽 돌고래 대사관 설계도, 앤트팜, 1974. Curtis Schreier.

252쪽 그레이 월터와 그의 사이버네틱 거북. 1953년 11월. John Pratt / Keystone Features / Hulton Archive / Getty Images.

255쪽 W. 로스 애슈비의 항상성 조절기, 1948. Mick Ashby, on behalf of the Estate of W. Ross Ashby / Wikimedia Creative Commons.

259쪽 스태퍼드 비어의 사이버네틱 공장. Beer, *How Many Grapes Went into the Wine?: Stafford Beer on the Art and Science of Holistic Management* (New York: Wiley, 1994).

267쪽 점균류가 그린 도쿄 철도망 지도. A. Tero et al., 'Rules for Biologically Inspired Adaptive Network Design', *Science* (2010). https://www.science.org/doi/abs/10.1126/science.1177894.

269쪽 도시 사이의 최단 거리를 알아내는 점균류. Zhu Liping, Kim Song-Ju, Hara Masahiko and Aono Masashi, 'Remarkable Problem-solving Ability of Unicellular Amoeboid Organism and its Mechanism', *Royal Society Open Science*, Vol. 5, Issue 12 (2018). open sci.5180396180396.

273쪽 게 컴퓨터. Y.-P. Gunji, Y. Nishiyama, A. Adamatzky, T. E. Simos, G. Psihoyios, C. Tsitouras and Z. Anastassi, 'Robust Soldier Crab Ball Gate', *Complex Systems*, 20(2), 93 (2011) https://aip.scitation.org/doi/abs/10.1063/1.3637777. © 2011, AIP Publishing.

276쪽 블라디미르 루캬노프의 물 컴퓨터(1936). 1936. Image courtesy of the Polytechnic Museum, Moscow.

279쪽 1977년 8월, 버지니아주 포츠머스 엘리자베스강 조수 게이지에서 작업 중인 체서피크만 모형 기술자. US Army Corps of Engineers Waterways Experiment Station photo. US Army Corps of Engineers, Waterways Experiment Station.

281쪽 영화 〈초표면〉(1972, 슈퍼스튜디오 제작) 스틸컷. Photo Archivio Toraldo di Francia © Filottrano.

283쪽 1949년에 빌 필립스가 만든 모니악. © Science Museum Group.

291쪽 가닛 허츠가 만든 바퀴벌레 제어 모바일 로봇, Cockroach Controlled Robot #1 (2004). www.conceptlab.com/roachbot/.

298쪽 핏 더 용Piet de Jong이 손잡이와 문구를 복원하여 그린 클렙시드라. Suzanne Young, 'The American Excavations in the Athenian Agora: Sixteenth Report', *Hesperia*, Vol. 8, No. 3 (July–September 1939), pp. 274-84. https://doi.org/10.2307/146678.

299쪽 테미스토클레스(기원전 480~470년대)의 추방을 요구하는 도편. 아테네 고대아고라박물관. James Bridle.

303쪽 ERNIE 1, 1957. Reproduced with permission of National Savings and Investments (NS&I).

303쪽 ERNIE 3, 1988. Reproduced with permission of National Savings and Investments (NS&I).

309쪽 랜드연구소에서 발간한 『십만 개의 정규 편차가 있는 백만 개의 난수』(1955) 첫 페이지. *A Million Random Digits with 100,000 Normal Deviates* (Santa Monica, CA: RAND Corporation, 2001).

311쪽 주역의 52번째 괘: 艮 (gèn): '멈춤, 산'. Wikimedia Commons / Ben Finney.

316쪽 존 케이지의 〈호수에 몸 담그기: 시카고와 인근 지역을 위한 10개의 퀵스텝, 62개의 왈츠, 56개의 행진곡〉 악보(1978). Collection Museum of Contemporary Art Chicago, restricted gift of MCA Collectors Group, Men's Council, and Women's Board; and National Endowment for the Arts Purchase Grant, 1982.19. Photo: © MCA Chicago.

325쪽 에른스트 헤켈의 『자연의 예술적 형상』 중 두 점의 방산충 그림(1904). Plates 61 and 71 from Ernst Haeckel, Kunstformen der Natur, or 'Art forms of Nature', 1904.

351쪽 린다우이가 벌들의 비행경로를 추적한 뮌헨의 동물학연구소 주변 지도. Thomas D. Seeley, Honey-Bee Democracy. © Princeton University Press 2011.

385쪽 플뢰의 여정을 보여주는 지도. Courtesy of the US National Park Service.

390쪽 네덜란드의 그린브리지 형태의 생태통로. the Natuurbrug Zanderij Crailoo. Willy Metz / Goois Natuurreservaat.

392쪽 크리스마스섬의 크랩 브리지. Photo: Parks Australia.

398쪽 와이오밍주를 횡단하는 노새사슴 수백 마리의 GPS 기록. Wild Migrations: Atlas of Wyoming's Ungulates (2018). Reproduced with permission of Oregon State University Press.

인간 너머

늦여름의 태양이 산비탈과 고요한 호수 위에서 늑장을 부린다. 공기는 따뜻하고, 하늘은 깊고도 끝없이 푸르다. 무성한 덤불 속에서는 매미가 맴맴거리고, 저 멀리 어딘가에서 염소 방울 소리가 들려온다. 갈대밭 사이에서 작은 불을 피우고 맥주 캔을 딴다. 누군가가 클라리넷을 꺼내 들더니 물가의 빽빽한 나무 사이를 걸으며 연주를 시작한다. 시대를 초월하는 고요함이 느껴지지만, 바로 여기서 이 시대의 가장 큰 갈등 중 하나가 펼쳐진다. 그것은 인간의 주체성과 기계 지능 사이, 인간의 우월성에 대한 환상과 지구 생존 사이의 갈등이다.

나는 지금 그리스 북서쪽 끝, 이피로스에 있다. 핀두스산맥과 알바니아 국경을 끼고 있는 이곳은 아름다운 풍경과 회복력으로 유명한 지역이다. 1940년 겨울, 수적 열세에 무기도 부족했지만 결연한 의지를 지닌 그리스 군대가 최악의 조건에도 불구하고 이탈리아 군대의 침공을 저지하고 몰아냈다. 당시 그리스 총리였던 이오아니스 메탁사스 Ioannis Metaxas가 항복을 촉구하는 무솔리니의 최후통첩을 거부한 10월

28일은 오늘날 오히데이(Oxi Day, 그리스어로 오히Οχι는 '아니요'라는 뜻이다)로 기억되고 기념된다.

이피로스에는 험준한 산맥과 깊은 협곡, 돌로 지은 주택과 수도원, 그곳에서 살아가는 사람들과 곰, 늑대, 여우, 자칼, 검독수리, 유럽에서 가장 오래된 나무와 숲이 어우러진 아름다운 풍경이 펼쳐져 있다. 아우스강은 핀두스산맥에서 비코스국립공원으로 흘러내리고, 이오니아해가 바위 해안을 따라 반짝인다. 천국이 있다면 이런 곳이라고 생각할 만큼 지금껏 본 가장 아름답고 때 묻지 않은 땅 중 하나지만, 오늘날 다시 한번 위협을 받고 있다.

나는 작가이자 예술가로서 여러 해 동안 테크놀로지와 일상생활의 관계, 우리 인간이 만든 사물, 특히 컴퓨터 같은 복잡한 사물이 사회·정치·환경에(특히 환경에 점점 더 많이) 끼치는 영향을 탐구해왔다. 지난 몇 년 간은 그리스에 살면서 친구들을 만나러 이피로스에 오곤 했다. 그들은 양치기, 시인, 제빵사, 호텔리어이며, 이피로스 토박이도 있고 아테네에서 이주한 이들도 있다. 그들은 모두 우리가 발 딛고 있는 바로 이 땅을 훼손하고 오염시키려는 새롭고 끔찍한 위험으로부터 이피로스를 구하기 위해 싸우고 있는 활동가들이다. 마을 게시판, 도로 표지판, 노트북 겉면에서 그들의 캠페인 스티커를 볼 수 있는데, 그 슬로건은 단 한 단어다. 아니요(Οχι).

호숫가 숲을 걷다 보니, 땅에 가느다란 나무 말뚝들이 박혀 있고 나뭇가지와 어린 나무들에 비닐 끈도 묶여 있다. 말뚝에는 굵은 마커펜으로 알 수 없는 일련의 문자와 숫자가 적혀 있다. 나는 말뚝이 박혀 있는 구불구불한 경로를 따라 숲으로 들어간다. 덤불을 헤치고 최근에 닦은 듯한 흙길에 들어서자 말뚝들이 초원을 가로질러 그 너머의 더 깊은 숲으로 이어져 있는 것이 보인다. 그리고 경토가 갈라신나. 비닐 끈이 사리키는 방향이 직각을 이루는 경우가 많아졌는데, 나중에 알게 된 것이지만 이 직각들이 모이면 위에서 내려다볼 때 거대한 그리드, 즉 격자형의 망을 형성하게 된다. 나는 이후 며칠 동안 이 선을 따라 들판과 포도밭을 가로지르고 정원과 마을을 통과했다. 더 많은 표식 리본이 울타리와 철조망, 출입문과 도로 표지판에 묶여 있었다. 표식들이 수백, 수천 킬로미터에 걸쳐 뻗어 있는 모습을 보면 마치 먼 곳의 외계 지능이 이 땅 위에 좌표계를 설정해놓은 것 같다.

들판을 불도저로 밀어서 만든 새로운 도로, 파낸 흙더미, 타이어 자국, 깊은 구덩이와 그 주변의 잔해들 등 그리드와 관련된 활동의 흔적들이 드문드문 있다. 현지인들 말로는 아무 표시도 되어 있지 않은 승합차와 헬리콥터, 안전조끼를 입은 인부들이 나타났다 사라졌다 하는데, 그들이 왔다 갈 때면 창문이 덜컹거리고 나무에서 새들이 날아오를 정도의 큰 폭발음이 들린다고 한다. 내 친구들이 휴대전화 카메라로 찍어 페이스북에 공유한 영상 속에는 채굴 인부들의 호루라기 소리, 사이렌 소리와 함께 흙이 공중으로 수십 미터 튀는 폭발 장면이 담겨 있다.

내가 이피로스에서 보고자 했던 것이 바로 이 표식들이기는 하지만, 사실 그 의미는 인터넷 게시물, 뉴스 보도, 회사 회계장부에 흩어져 있다. 숲을 파괴하고 흙을 파낸 곳에서 새벽 어스름 속에 폭발한 그 표식들은 인공 지능이 지구와 만나는 지점을 정확하게 가리키는 인공 지능의 이빨과 발톱 자국이다.

2012년 이후 집권한 그리스 정부들은 화석 연료 개발 정책을 추진하면서 이피로스와 이오니아해를 화석 연료 탐사 구역으로 지정하고 국제 석유, 가스 회사에 개발권을 매각했다. 수년간의 경제 위기와 외부에서 강요된 긴축 경제로 재정난에 허덕이고 있는 그리스에게는 화석 연료 개발이 가져다 줄 잠재적 수익이 자국의 환경과 세계 기후에 위협이 된다는 사실보다 더 중요하다. 이 때문에 개발권 매각에 대해 비판은커녕 논의조차 이루어지지 않았다. 이피로스에서 정부의 계약에 대한 일반인의 접근은 제한되어 있고, 환경 영향 평가는 공개되지 않으며, 아무 표시도 없는 흰색 승합차를 타고 시골길을 돌아다니는 탐사팀은 활동가나 호기심 많은 기자들의 눈에 띄면 이내 사라져버린다.

그리스에 석유가 매장되어 있다는 사실은 고대의 기록에도 나타난다. 기원전 400년경 역사가 헤로도토스는 자킨토스섬에 깊은 지하로부터 걸쭉한 검은 액체가 지표로 솟아나오는 곳이 있다고 썼다. 천연석유 누출지oil seep를 묘사한 것이다. 사람들은 이 기름을 배의 틈을 막거나 등불을 밝히는 데 썼다. 오늘날 이오니아해 연안에는 소형 굴착장비들이 이 기름을 추출하고 있으며, 에게해와 동지중해의 석유 매장 지역을 두고 터키와의 긴장도 고조되고 있다. 이피로스는 최근까지 이 문제와 상관없는 지역이었지만, 험준한 지형 아래 풍부한 자원이 묻혀 있을 가능성은 오래전부터 제기되어왔다. 이피로스에서 석유 누출지가 발견되었다는 소식을 읽은 적이 있지만, 내가 볼 수 있는 것은 석유 탐사팀과 학자들이 인터넷에 올려놓은 흐릿한 사진뿐이었다.[1] 내가 이피로스에 도착했을 때, 마을 이름 하나가 계속 머릿속을 맴돌았다. 그 마을, 드라고프사는 이피로스 북부의 이오안니나주의 주도(州都) 이오안니나에서 서쪽으로 몇 킬로미터 떨어진 숲속 호숫가 마을이다. 수소문 끝에 대대로 그 지역에 살고 있는 주민이며 석유 반대 운동가인 레오니다스를 소개받았다.

바람 한 점 없던 어느 무더운 오후에 레오니다스가 나를 드라고프사에 데려다주었는데, 이따금 멈춰서서 눈에 잘 띌 만한 곳에 오히 스티커를 붙였다. 우리는 마을 아래 계곡에 차를 세우고 초원과 과수원을 지나 강으로 걸어갔다. 이피로스의 맑고 깨끗한 물은 그리스 음용수의 약 70%를 담당하는 식수원이어서 산기슭에 대규모 생수 공장들이 밀집해 있다. 그런데 강이 굽어지는 지점에 다다르자 석유 냄새가 확연히 느껴졌다. 악취는 가파른 절벽 밑에서 가장 심했다. 그곳에는 강물 때문에 나무뿌리와 파헤쳐진 검은 흙덩이가 드러나 있었다. 이곳은 오래전 헤로도토스가 자킨토스섬에서 그랬던 것처럼 1920년대에 마을 주민들이 땅에서 기름이 저절로 솟아나는 것을 발견한 지점이었다. 레오니다스도 최근 몇 년 사이에 도로와 멀리 떨어진 갈대와 풀밭 사이에서 끈적끈적한 검은 기름이 스며 나오는 누출지를 발견했다고 했다. 인공 지능이 없어도 이피로스에서 석유를 찾을 수는 있다. 그러나 그 석유를 파내려면 인공 지능이 필요하다.

이피로스 탐사 계약을 따낸 낙찰자는 세계 최대 에너지 회사 중 하나인 렙솔Repsol이었다.[2] 1927년 스페인 국영 석유 회사로 설립된 렙솔은 이후 전 세계로 확장하여 최근 십 년 동안 수백 개의 새로운 유전을 발견했고, 석유 탐사 및 개발을 위한 신기술 사용에도 앞장서왔다. 2014년, 렙솔과 IBM 왓슨(미국 초거대 테크 기업인 IBM의 인공 지능 담당 부서)은 '인지 테크놀로지 활용을 통한 석유 및 가스 산업 혁신을 위해' 상호 협력할 것이라고 발표했다. 이 테크놀로지에는 '렙솔의 석유 매장지 생산 최적화 및 신규 유전 확보 관련 전략적 의사 결정을 위해 특별히 설계된 인지 애플리케이션의 프로토타입'이 포함되어 있었다.[3]

유전 확보와 생산 최적화는 화석 연료 산업의 두 가지 핵심 과제다. 어디를 시추해야 할까? 어떻게 하면 최대한 추출할 수 있을까? 석유는 고갈되고 있으며 추출의 경제성은 변화하고 있다. 가장 규모가 크고 접근하기 쉬운 매장지의 석유를 다 뽑아냈으므로, 남아 있는 매장지의 개발은 환경에 명백하고 재앙적인 결과를 초래할 것이 자명함에도 불구하고 그 금전적 가치가 상승한다. 이전에는 가치를 평가하거나 개발하기 어려워서 손대지 않고 내버려 두었던 매장지들이 이제 거대 석유 기업들의 눈에 다시 들어오기 시작했다. 렙솔의 기업 홍보 자료에서도 이렇게 쓰고 있다. '새로운 매장지에 접근하기가 점점 더 어려워지고 있다. 지하자원은 미지의 영역이다. 시추와 대규모 재정 투자 결정은 어렵고 리스크가 따르는 일이다.' 가장 정교한 계산 프로세스가 동원되어야 한다는 뜻이다. 똑똑한 결정을 하려면 똑똑한 도구가 필요하다. 그래서 렙솔은 '오류를 최소화하고 올바르게 판단하기 위해 그 의사 결정에 테크놀로지의 도움을 받기로' 했다.[4]

여기서 '그 의사 결정'에는 지구와 우리 인간, 우리 사회, 그리고 우리와 지구를 공유하는 모든 생물과 무생물에게 돌이킬 수 없는 피해가 야기되리라는 것을 충분히 알면서도 땅속에서 마지막 한 방울까지 석유를 뽑아내는 결정이 포함된다. 말뚝, 비닐 끈, 시추공으로 이피로스를 비롯한 그리스 전역에 그리드를 표시하여 그 넓은 땅을 자원 추출을 위한 가상의 장기판으로 만든 것이 바로 그 테크놀로지다. 인공 지능을 지구에 적용하면 바로 이런 일이 일어난다. 그리고 그 일은 바로 지금 일어나고 있다.

렙솔과 IBM 외에도 인공 지능을 활용하여 지구의 파괴와 고갈을 재촉하는 기업은 많다. 렙솔만 해도 구글과의 지속적 협력을 통해 글로벌 정유공장 네트워크에 고급 머신러닝 알고리즘을 적용하여 효율성과 생산량 제고를 도모하고 있다.[5] 2018년에 열린 구글 클라우드 넥스트 컨퍼런스에서는 여러 석유 회사가 사업 최적화를 위한 자사의 머신러닝 활용 현황에 관해 발표했다(2020년 그린피스가 발간한 실리콘밸리와 석유 산업에 관한 한 보고서에 따르면 구글은 '석유 및 가스 시추를 위한 업체 주문형 AI/ML 알고리즘 개발'을 중단하겠다고 약속했지만, 업계가 구글의 인프라와 전문지식을 광범위하게 활용하는 데에는 아무런 영향이 없을 것이다).[6] 마이크로소프트는 이듬해에 미국 텍사스주 휴스턴에서 제1회 석유·가스 산업 지도자 회담Oil and Gas Leadership Summit을 주최했으며 엑슨모빌, 셰브론, 쉘, BP 등 굴지의 에너지 기업들과 장기적인 협력 관계를 맺고 있는데, 이러한 협력에는 클라우드 스토리지와 점점 늘어나는 인공 지능 도구 포트폴리오가 포함된다.[7] 상용 클라우드 기반시설의 거의 절반을 장악하고 있는 아마존도 이 게임에 뛰어들고 있다. 아마존의 한 영업사원은 구글이 관련 사업을 중단한다는 발표 이후에 '디지털 전환을 위한 전략적 파트너를 찾고 있는 O&G(석유·가스) 회사라면 실제로 그 회사 제품을 사용하고 미래를 위한 혁신을 도울 수 있는 파트너를 선택하라'고 권한다.[8]

이런 세상이 상상하고 있는 미래는 무엇일까? 어떤 지능이 작동하고 있는 것일까? 렙솔의 지능형 알고리즘이 이피로스의 산과 숲 아래 매장되어 있는 석유에 가 닿는 순간 나무는 베어지고, 야생동물은 죽고, 물과 공기는 오염되는 등 귀중한 환경 자산의 파괴가 불가피해진다. 이 미래는 지구에서 마지막 한 방울의 석유까지 뽑아내 이윤을 위해 태우는 미래다. 그것은 이산화탄소를 비롯한 온실가스가 계속 증가하여 지구 온난화에 더 많은 연료를 공급하고 해수면 상승과 기상 이변을 일으키며 전 세계 생명체들을 질식시키는 미래다. 요컨대, 미래가 없는 미래다. 대체 어떤 형태의 지능이 그런 광기를 지지하고, 더 나아가 확대하며 최적화하려는 것일까? 대체 어떤 종류의 지능이기에 그 끝이 파멸임을 알면서도 발전이라는 명분을 앞세워 얼마 남지 않은 야생을 훼손하고 고갈시키고 약탈하는 데 그렇게 적극적으로 가담한단 말인가? 내가 아는 지능이라면 그런 판단을 할 리 없다.

나는 이피로스 탐사를 위한 정보 수집과 발굴, 설계 중 예전처럼 인간이 분석하는 부분과 AI가 분석하는 부분이 각각 얼마만큼인지 알지 못한다. 렙솔에 물어본들 알려주지 않을 것이다. 그러나 중요한 건 그게 아니다. 문제는 지구상에서 가장 진보한 기술, 프로세스, 비즈니스, 즉 IBM, 구글, 마이크로소프트, 아마존 등이 구축한 인공 지능과 머신 러닝 플랫폼을 화석 연료의 추출, 생산, 유통에, 다시 말해 기후 변화, CO2 등 온실가스 배출, 전 지구적 멸종의 가장 큰 원인을 키우는 데 쏟아붓고 있다는 사실이다.

도구는 그것이 어떻게 쓰이리라는 추정 아래 만들어진다. 그런데 그 추정이 뭔가 단단히 잘못된 것 같다. 최근 몇 년 사이 새로운 테크놀로지, 특히 가장 새롭고 '지능적인' 테크놀로지가 인간의 기쁨과 안전, 더 나아가 삶 자체를 훼손하고 찬탈하는 데 사용되는 것을 보면서 그런 생각이 들기 시작했다. 이렇게 생각하는 사람이 나만은 아니다. 지능적일 것이라고 추정되는 도구의 개발이 우리를 해치고 말살하고 궁극적으로 우리를 대체하는 방식은 광범위한 분야의 연구 주제가 되어, 이제는 컴퓨터 과학자나 프로그래머, 테크놀로지 기업뿐 아니라 기계 지능 이론가나 철학자들도 관심을 갖는다.

종이클립 가설paperclip hypothesis은 미래에 일어날 수 있는 일을 보여주는 가장 극적인 예다. 이야기는 이렇게 시작된다. 지능형 소프트웨어, 즉 AI가 하나 있다고 상상해보자. 이 AI는 종이클립 제조 최적화라는 단순하고 무해해 보이는 목표를 위해 설계되었다. 처음에는 공장 하나에서 생산 라인을 자동화하고 자재 공급업체와 더 나은 가격을 위해 협상하고 더 많은 판로를 확보하는 것으로부터 시작할 것이다. 그러다가 단일 공장으로 거둘 수 있는 성과가 한계에 도달하면 원자재를 더 좋은 조건으로 공급받기 위해 다른 회사나 공급업체를 매입하여 포트폴리오에 석유 채굴 및 정유업을 추가할 것이다. 금융 시스템은 이미 완전히 자동화되고 알고리즘 탐색에 최적화되었으며, AI는 그러한 금융 시스템에 개입하여 시장을 자신에게 유리하게 움직이고 자사를 난공불락의 위치에 올려놓는 사악한 선물 계약을 전산상으로 생성하면서 원자재 가격과 가치를 레버리지하거나 심지어 통제할 수도 있다. 무역 협정과 관련 법령 때문에 AI는 개별 국가에 속하지 않고 어느 법정에도 서지 않는다. 종이클립 제조 사업은 번창할 것이다. 그러나 적절한 규제 없이는 훨씬 더 멀리까지 나아가려는 AI를 막을 방법이 없으며, AI가 작동하는 세계가 복잡한 만큼 그에 대한 규제도 현존하는 가장 난해한 법적 계약이나 철학 논문보다 훨씬 더 복잡해져야 할 것이다. 법과 금융 시스템의 통제권을 장악하고 국가의 통치권과 무소불위의 무력까지 손에 넣은 AI에게 지구의 모든 자원은 더 효율적으로 종이클립을 제조하기 위한 수단일 뿐이므로, 산맥을 평평하게 만들고 도시를 파괴하고 결국 모든 인간과 동물의 생명까지도 거대한 기계에 갈아 넣어 종이클립의 원료로 삼을 것이다. 거대한 종이클립 로켓은 결국 황폐해진 지구를 떠나 태양으로부터 직접 에너지를 얻고 외계 행성을 개척하기 시작할 것이다.[9]

이러한 사건들의 연쇄가 무시무시하게 어쩌면 조금 우스꽝스럽게 들릴지도 모른다. 그러나 인공 지능이 종이클립을 필요로 하지 않는다는 전제하에서만 웃어넘길 수 있을 것이다. 자본주의 논리와 전산 자체를 위한 에너지로 작동하는 현 시대의 AI가 가장 절실하게 필요로 하는 것은 자체 확장을 위한 연료다. 다시 말해 현재 AI에게는 석유가 필요하며, 어디로 가면 석유를 찾을 수 있는지 점점 더 잘 파악하고 있다.

수 킬로미터에 걸쳐 이피로스 풍경을 가로지르는 나무 말뚝 행렬,

새와 나무와 돌멩이의 지적 세계

시추공, 땅을 뒤흔드는 폭발. 이것들은 일종의 외계 탐사선, 어떤 대가를 치르든 우리의 현재 성장 속도를 유지하는 데 필요한 자원을 추출하도록 최적화된 인공 지능의 작품이다.

사실 AI에 대한 가장 강력한 경고 중 몇몇은 기술결정론을 가장 완고하게 밀어붙여 온 실리콘밸리의 억만장자들, 즉 AI의 최대 지지자들로부터 나왔다. 기술적 진보를 멈출 수 없는 현상으로 여기는 기술결정론자들은 AI의 부상이 컴퓨터, 인터넷, 사회 전반의 디지털화만큼이나 피할 수 없는 현상이므로 우리도 마음을 단단히 먹고 그 과정에 동참해야 한다고 본다. 그러나 페이팔의 창업자이며 테슬라와 스페이스엑스의 소유주인 일론 머스크는 AI가 인류에 대한 '최대의 실존적 위협'이라고 말한다.[10] 마이크로소프트의 창업자 빌 게이츠(마이크로소프트의 AI 플랫폼 애저Azure는 쉘의 석유 플랫폼 관리에 활용된다)는 사람들이 왜 AI 개발에 관해 더 우려하지 않는지 이해할 수 없다고 말한 적이 있다.[11] 심지어는 바둑 대국에서 최고의 인간 바둑기사를 이겨 유명해진 구글 소유 AI 기업 딥마인드 공동창업자 셰인 레그도 '나는 인류 멸종이 일어날 것이고 기술이 그 멸종에 한 요인으로 작용할 것이라고 생각한다'고 언급한 기록이 있다. 석유가 아니라 AI에 관해 한 말이다.[12]

이런 두려움을 갖는 것은 놀랄 일이 아니다. 무엇보다, 디지털 산업의 수장들은 테크놀로지가 창출하는 막대한 부의 수혜자이기도 하지만 초지능 AI에 의해 잃을 것이 가장 많은 사람들이기도 하기 때문이다. 그들이 인공 지능을 두려워하는 것은 아마도 한동안 그들이 우리에게 행했던 일을 앞으로는 인공 지능이 그들 자신에게 할지도 모른다는 위협 때문일 것이다.

몇 년 전부터 컨퍼런스에서 새로운 테크놀로지의 사회적 영향에 관해 발표를 하거나 토론자로 참여하면 '진짜' AI가 언제 나오는지 질문을 받곤 한다. 인간의 능력을 초월하고 인간을 대체할 수 있는 초지능 기계의 시대가 언제 도래하겠냐는 뜻이다. 나는 이미 나왔다고 대답한다. 기업들이 바로 그 진짜 AI라고. 그러면 청중들은 어색한 웃음을 짓고, 나는 이렇게 설명한다. 우리는 AI를 로봇이나 컴퓨터 같은 데 내장된 것이라고 생각하지만 실제로는 어떤 형태로도 구현될 수 있다. 명확하게 정의된 목표가 있고, 세상을 읽고 세상과 상호 작용하기 위한 감지기sensor와 실행기effector가 있는 시스템 하나를 상상해보자. 그 시스템은 쾌락과 고통을 각각 가까이할 요인과 피해야 할 요인으로 인식할 줄 알고, 그 의지를 실행할 자원이 있으며, 니즈를 충족함은 물론 더 나아가 존중받을 법적·사회적 지위도 갖추고 있다. 이것은 AI에 대한 설명이자 현대 기업에 대한 설명이다. 이 '기업 AI'에게 쾌락은 성장과 수익성이고 고통은 소송과 주주 가치의 하락이다. 기업은 발언권이 보호되고 법인격을 인정받으며, 국제 무역법과 국가의 규제(또는 그 부재)와 자본주의 사회의 규범 및 기대는 기업의 욕망에 자유와 정당성, 때로는 폭력적인 힘까지 부여한다. 기업의 감지기와 실행기는 대개 인간인데, 그들은 물류와 통신 네트워크를 활용하고 노동시장 및 금융시장에서 차익거래를 하고 변화하는 조건과 상황에 따라 입지, 보상, 인센티브의 가치를 재산출한다. 결정적으로, 기업도 AI처럼 공감 능력이나 충성심이 결여되어 있으며 죽이기가 불가능하거나 적어도 힘들다.

SF 작가 찰스 스트로스Charles Stross는 기업이 지배하는 이 시대를 외계인 침략의 여파에 빗대어 설명한다. '기업의 우선순위는 우리의 우선순위와 다르다. 기업은 넘쳐나는 노동자들이 들고 나는 벌집 유기체로 이 집단에 참여하는 사람들은 집단의 목표, 즉 성장, 수익성, 고통 회피라는 세 가지 기업 목표에 자신의 목표를 복속시킨다.' 스트로스에

 새와 나무와 돌멩이의 지적 세계

따르면, '지금 우리는 비인간적인 목표를 가진 비인간 존재의 이익을 위해 구성된 하나의 글로벌 국가에 살고 있다.'[13]

이렇게 보면, 오늘날 최대 기업 수장들이 인공 지능에 밀려 도태될 것을 두려워하는 이유를 어렵지 않게 알 수 있다. 그들이 정상의 위치에서 내려오게 되면 다른 사람들과 똑같이 자신과 이해관계를 달리하는 전능한 존재에 취약한 상태에 놓여, 그나마 버려지면 다행이고 최악의 경우 더 유용한 형태로 변형되는 지경에 이를 것이다.

이 암울한 평가에서 내가 깨달은 바는 우리가 가진 인공 지능 개념(그리고 그것이 우리 자신을 모델로 삼아 만들어진 것이므로 지능 개념 전체)에 근본적인 결함과 한계가 있다는 것이다. 우리가 AI라고 할 때는 대개 이런 종류의 **기업** 지능을 염두에 두고 있으며, 다른 종류의 AI(또는 다른 종류의 지능)도 있을 수 있다는 사실은 간과한다.

AI 개발이 벤처 자금이 투입된 기술 기업 주도로 이루어지면 그런 일이 생기는 것 같다. 기계가 그 틀을 만들고 기계가 보증하며 궁극적으로 기계에서 구축되는 지능이란 이윤을 추구하고 뽑아내는 지능을 말한다. 이러한 프레이밍은 책과 영화, 뉴스 매체와 대중의 상상력(로봇 지배자나 전능하고 저항할 수 없는 알고리즘에 관한 SF물) 속에서 반복되어 결국 우리의 사고와 이해를 지배하게 된다. 이제는 지능이라는 것을 다른 방식으로는 상상도 할 수 없을 것만 같다. 우리가 그런 생각을 가지고 살아갈 수밖에 없을 뿐만 아니라, 그것을 복제하고 실체화하여 우리 자신과 이 행성에 손상을 가할 운명에 처해 있다는 뜻이다. 우리는 점점 더 우리가 상상하는 기계와 닮아가고 있으며, 그 과정에서 우리가 서로와 그리고 더 넓은 세계와 맺는 관계에 이미 심각하게 부정적인 영향을 끼치고 있다.

이 관계의 본질을 변화시킬 한 가지 방법은 우리가 지능에 관해, 즉 지능이 무엇이며 어떻게 세계에 작용하며 누가 소유하는가에 관해 생각하는 방식을 바꾸는 것이다. 기술 기업이 그렇듯 인간의 고유성에 관한 교리, 즉 인간만이 모든 존재 가운데 유일하고 월등한 지능을 가졌다는 믿음도 지능을 협소한 프레임에 가두고 있지만, 그 너머에는 지능에 관해 생각하거나 지능을 다루는 다른 여러 방식이 존재하는 넓은 영역이 있다. 우리의 관념을 바꾸어 지능에 관해 다시 생각하게 하는 것이 바로 이 책의 과업이다. 다시 말해 나는 이 책에서 우리 자신과 우리의 창조물의 지평 너머를 바라봄으로써 이미 우리 바로 앞에 늘 존재해왔으며 많은 경우 우리보다 앞서 이 세상에 존재해온 다른 종류의 지능, 혹은 여러 다른 종류의 지능들을 엿보게 하고자 한다. 그렇게 함으로써 어쩌면 우리가 세계에 관해 생각하는 방식을 바꾸고, 덜 약탈적이고 덜 파괴적이며 덜 불평등하고 더 공정하고 더 친절하고 더 재생력이 높은 미래를 향해 나아갈 길을 찾을 수 있을지도 모른다.

이 여정을 우리는 홀로 걷지 않을 것이다. 지난 수십 년 동안 지능에 관한 매우 다른 상상 한 가지가 진행되어왔기 때문이다. 한편으로는 생물학 및 행동과학 영역에서, 또 다른 한편으로는 비서구권의 토착 지식 체계에 대한 인식이 높아지고 이를 통합하려는 움직임 속에서 지능을 이해하는 새로운 방식이 나타났는데, 이 새로운 지능 관념은 한 가지 목표에만 몰두하는 탐욕적인 기존 서사들에 역행한다. 또한 이 새로운 시각은 지능이 인간만 가진 것이라거나 특별히 '인간적인human' 특성이라는 생각에 이의를 제기하는데, 이것이 이 책에서 하려는 이야기와 관련하여 특히 중요한 지점이다.

인류는 매우 최근까지도 지능을 소유한 유일한 존재로 여겨졌다. 지능은 인간을 다른 생명체들과 구별해주는 특징이었고, 사실 '인간의 특성'이라는 것이 지능이 무엇인지를 가장 잘 설명하는 방법이었을 수

　　　　　　　　　　　　　　　　　　　　　새와 나무와 돌멩이의 지적 세계

도 있다. 그러나 지금은 그렇지 않다. 수십 년 동안의 연구와 신중한 과학적 탐구, 깊은 숙고, 비인간 동료와의 간헐적이지만 중요한 협업에 힘입어 우리는 전혀 다른 형태의 지능, 매우 상이한 여러 지능들에 관한 이해의 문을 이제 막 열어젖히기 시작했다.

복잡한 도구를 만들어 쓸 줄 아는 보노보에서부터 인간을 조련해 먹이를 구해 오게 하는 갈까마귀, 이동 방향을 토론하는 꿀벌 떼, 대화를 주고받으며 서로에게 영양을 공급하는 나무들, 혹은 이런 단순한 잡기 수준보다 훨씬 대단하고 불가사의한 재능에 이르기까지 비인간 세계가 갑자기 지능과 주체성을 갖고 살아 움직이게 된 것 같다. 물론 그렇게 보이는 것은 빛의 속임수다. 다른 지능들은 항상 그 자리, 우리 주변 곳곳에 존재했는데 수 세기 동안 무시하고 부정하던 서구 과학과 대중의 상상력이 이제야 그것들에 빛을 비추고 진지하게 바라보기 시작한 것이다. 그리고 이들을 진지하게 바라보기 위해서는 지능뿐 아니라 세계 전체에 관한 우리의 관념을 재평가해야 한다. 인공 지능 같은 기계를 구축한다는 것은 무슨 의미일까? 그런 기계들이 문어나 곰팡이 혹은 숲과 더 비슷할 수도 있다면? 그들 사이에서 살아간다는 것은 우리에게 어떤 의미이고 어떤 영향을 줄까? 그렇게 하는 것은 우리를 자연 세계에, 우리의 테크놀로지가 찢어놓은 지구에, 또한 우리가 테크놀로지에 의해 찢겨져 나온 지구에 얼마나 더 가깝게 만들까?

비인간 지능과 새로운 관계를 맺는다는 이 생각이 이 책의 핵심 주제다. 이는 우리가 **인간 너머의 세계**와 완전히 상호 연결되어 있다는 점점 더 명확해지고 점점 더 우리를 압박하고 있는 현실에 대한 자각, 그 더 넓고 깊은 깨달음에서 비롯된 것이다. 우리는 이 책에서 이 개념의 완전한 의미, 그리고 우리 자신, 우리가 사용하는 기술, 지구를 우리와 공유하는 모든 존재, 모든 이들과의 관계에서 갖는 함의를 살펴볼 것이다. 그러한 탐구는 시급하면서도 매력적인 일이다. 대대적인 지구 파괴와 컴퓨터의 막강한 힘 앞에서 점점 더 무력해지는 우리의 현실에 대해 뭔가를 해보려고 한다면, 모든 것의 상호 연결성에 대한 관심과 지구적 감수성으로 우리의 기술적 기량과 인간의 고유성이라는 개념을 조화시킬 방법을 찾아야 한다. 세상을 지배할 방법이 아니라 세상과 더불어 사는 법을 배워야 한다. 한마디로, 우리는 기술의 생태학을 찾아내야 한다.

'생태학'이라는 용어는 19세기 중반에 독일의 박물학자 에른스트 헤켈Ernst Haeckel이 그의 저서 『생물의 일반 형태학Generelle Morphologie der Organismen』에서 처음 사용했다. 헤켈에 따르면 생태학이란 '유기체가 환경과 맺는 관계에 대한 총체적 과학을 의미하며, 여기서 환경은 넓은 의미로 모든 존재 조건을 포함한다.'[14] 이 용어는 집 또는 환경을 뜻하는 그리스어 οἶκος(오이코스)에서 유래했으며, 헤켈은 각주에서 "거주지"를 의미하는 그리스어 χωρα(호라)를 언급하기도 했다. 생태학이란 우리가 있는 곳, 더 나아가 우리가 살아갈 수 있게 하는 우리 주위의 모든 것에 관한 학문인 것이다.

헤켈은 찰스 다윈의 초기 지지자였다. 특히 그는 이론에 담긴 진짜 의미가 개별 종의 진화 방식이 아닌 종 **간** 관계에 있다는 다윈의 신념을 지지했다. '뒤얽힌 둑'을 묘사한 『종의 기원』의 유명한 마지막 대목에서 다윈은 생태학에 대한 밑그림을 제공했다. 뒤얽힌 둑의 '서로 너무나도 다르고 정교하게 구성된 형태'를 띤 온갖 종류의 식물, 새, 곤충 등은 제각기 복잡한 진화의 힘에 의해 만들어진 종들이지만 전적으로 상호 의존적이다.[15]

생태학적 사고에 관한 가장 간결하면서도 울림이 있는 설명은 스

                                      새와 나무와 돌멩이의 지적 세계

코틀랜드계 미국인 자연주의자이자 자연 애호가이며 미국 국립공원의 아버지로 불리는 존 뮤어John Muir의 글에서 찾을 수 있다. 그는 1911년에 출간한 『나의 첫 여름: 요세미티에서 보낸 1869년 여름의 기록』에서 시에라를 여행하며 만난 복잡한 생명체들의 풍요로움을 떠올리면서 '우리가 어떤 것 하나만 골라내려고 해도 우리는 그것이 우주의 다른 모든 것과 얽혀 있음을 깨닫게 된다'라고 요약했다.[16]

생태학은 이러한 상호 관계, 즉 모든 것을 다른 모든 것과 연결하며 끊어낼 수 없는 실타래를 연구하는 학문이다. 결정적으로, 이러한 관계는 생물뿐만 아니라 사물에도 적용된다. 생태학은 꿀벌이 금잔화를 어떻게 수분(受粉)하며 청소놀래기가 양쥐돔의 기생충을 어떻게 제거하는지뿐 아니라 둥지 재료의 가용성이 조류 개체수에 어떤 영향을 끼치는지, 도시계획이 질병 확산 양상을 어떻게 바꾸어놓는지에도 똑같이 관심을 갖는다. 상기한 예시들은 생물학적 생태학에만 국한해서 말한 것이다. 생태학은 주제 영역이라기보다는 연구의 범위와 태도를 가리킨다는 점에서 다른 과학과 근본적으로 다르다. 수학, 행동학, 경제학, 물리학, 역사학, 예술, 언어학, 심리학, 전쟁학 등 우리가 생각할 수 있는 거의 모든 학문에 생태학이 존재하며 따라서 각 학문 분과의 생태학자가 존재할 수 있다.

그러한 예 중 하나인 생태정치학에는 세상을 설명할 뿐 아니라 변화시킬 수 있는 잠재력이 있다. 해양생물학자 레이철 카슨Rachel Carson은 생태학자로서 환경을 바라보았고, 1962년에 출간하여 큰 영향력을 발휘한 『침묵의 봄』으로 그 정점을 찍었다. 이 책에서 강과 바다에 유입된 살충제가 동물과 인간의 건강에 치명적인 영향을 미친다는 사실을 밝혀낼 수 있었던 것은 카슨의 생태학적 이해 덕분이었다. 그녀의 연구는 DDT 같은 독성 물질 사용 금지와 글로벌 환경 운동의 탄생으로 곧장 이어졌다. 그 이후로 생태학적 사고는 정치와 법에 뿌리를 내렸고, 자연 세계와의 관계에 대한 대중의 인식과 사회적 실천을 덜 유해한 방향으로 이끌고 있다.

생태학적 사고는 한번 움트면 모든 것에 스며든다. 생태학은 학문이라기보다는 **운동**에 가까우며, 그 명칭에는 추진력과 솟구치는 에너지가 내포되어 있다. 모든 학문 분과는 때가 되면 담으로 둘러싸인 저마다의 정원에서 벗어나 더 넓은 세상에 더 깊이 관여하는 방향으로 나아가고, 그러면서 제각기 고유한 생태학을 발견하게 된다. 시야를 넓히면 모든 것이 다른 모든 것에 영향을 미친다는 사실을 깨닫게 되고, 이 상호 관계의 의미를 알게 된다. 바로 이 생태학적 사고, 중요한 것은 사물이 아니라 관계에 있으며 우리 안에 있는 것이 아니라 우리 사이에 있다는 생각이 이 책에서 주로 내가 다루려고 하는 내용이다.

테크놀로지는 생태학을 가장 늦게 발견한 연구 분야다. 생태학은 우리가 있는 장소와 그곳의 거주자들 사이의 관계를 연구하는 학문이고, 테크놀로지는 우리가 그곳에서 하는 일, 즉 테크네(τέχνη, 기예)에 관한 것이다. 그렇게 보면 이 두 가지가 자연스럽게 이어질 것도 같지만, 테크놀로지의 역사는 대체로 그 적용의 맥락과 결과를 의도적으로 무시해왔다. 무엇을 테크놀로지로 간주하는지에 대해서도 의견이 분분하다. 나는 SF 작가인 어슐러 르 귄Ursula Le Guin의 정의를 좋아한다. 르 귄은 자신의 작품이 테크놀로지를 충분히 다루지 않는다고 비난하는 비평가들에게 "인간이 적극적으로 물질세계와 만나는 경계가 곧 테크놀로지"라고 반박했다. 르 귄에게 테크놀로지의 정의는 컴퓨터나 제트 폭격기 같은 '첨단 기술'에 국한되지 않고 인간의 독창성으로 만들어진 모든 것을 가리킨다. 불, 옷, 바퀴, 칼, 시계, 콤바인도 테크놀로지이고 종이클립도 테크놀로지다.

   새와 나무와 돌멩이의 지적 세계

비단 고급 기술이 아니더라도 테크놀로지라고 하면 사람들은 으레 너무 복잡하거나 전문적이거나 난해해서 그에 대해 포괄적으로 명료하게 사고하기 어렵다고 생각한다. 르 귄은 그런 사람들에게 이렇게 격려한다. '나는 냉장고를 만들고 전력을 공급하는 방법이나 컴퓨터를 프로그래밍하는 방법을 모르지만 낚싯바늘이나 신발을 만드는 방법도 모르기는 마찬가지다. 하지만 배울 수 있다. 우리 모두 배울 수 있다. 이것이 테크놀로지의 멋진 점이다. 우리가 배울 수 있다는 것.'[17] 우리가 접하는 '첨단' 테크놀로지는 우리를 주눅 들게 만들 때가 많지만, 그 모두가 우리처럼 밤에 자고 아침에 똥을 싸는 사람에 의해 고안되고 학습되고 실행되는 것임을 명심하자. 우리도 배울 수 있다.

이 책에서는 주로 첨단 기술, 특히 2차 세계대전 후 수십 년 동안 발전한 정보 기술, 즉 컴퓨터, 디지털 통신과 전산에 관한 과학과 그 활용에 초점을 맞출 것이다. 그러나 생태학적 관계들이 우리의 관심사이므로, 증기기관, 면화 방적기, 제트 터빈, 공압 시계, 전신선 등 수 세기 전에 등장한 산업 테크놀로지도 다룰 것이다. 더 나아가 신석기 시대의 피리, 태엽 자동 시계, 물 오르간, 고대 그리스의 '뉴미디어'도 만나볼 것이다.

태양광 패널, 풍력 터빈, 탄소 포집, 지구공학처럼 확실히 환경생태학 테크놀로지에 속하는 기술들도 우리에게 반드시 필요하고 매혹적인 것들이지만 내 관심사는 아니다. 그보다는 더 깊은 수준에서 우리가 그 모든 테크놀로지를 가지고 그것을 통해, 그것에 관해 어떻게 사고하는지, 즉 그 역할과 영향, 의미와 은유, 주변 세계와의 대화와 관계에 대해 어떻게 생각하는지에 관심이 있다. 생태학적 사고의 관점에서는 모든 테크놀로지가 생태적이다.

나는 여기에서 한 발짝 더 나아가 테크놀로지의 여러 유형과 수준

사이, 테크놀로지와 인간의 기예와 우주의 나머지 사이의 구별에 문제를 제기할 것이다. 테크놀로지가 생태학을 만나고 인식하는 데, 혹은 그 안에서 생태학을 발견하는 데 그렇게 오랜 시간이 걸렸다는 것은 심원하고 오랜 역설이기 때문이다. 테크놀로지를 우리가 물질세계와 만나는 인터페이스로 이해한다면, 그것은 우리를 둘러싼 맥락과 환경에 가장 긴밀하게 연결해주는 인간의 실천이다. 테크놀로지는 복잡성, 상호 관련성, 상호 의존성, 통제력과 행위주체성의 분배, 심지어 땅과 하늘에 대한 근접성(우리는 이것들에 근거하고 이들을 이용하여 도구를 만든다)에 이르기까지 생태학의 가장 핵심적인 특징을 보여주는 예시이자 구현 형태다.

따라서 테크놀로지의 생태학은 테크놀로지의 존재, 그 일상적이고 결정론적인 사실을 넘어서서 테크놀로지와 세계 사이의 상호 관계, 그 의미와 물질성, 그 영향과 쓰임에 관심을 갖는다. 우리는 우리가 생각하는 방식에 내재되어 있고, 따라서 우리가 일상생활에서 사용하는 도구에 깊숙이 자리 잡고 있어서 의문을 제기할 생각을 거의 하지 않는 많은 가정과 편향을 살펴봄으로써 테크놀로지의 생태학을 구축하기 시작할 것이다. 그중에서도 가장 강력한 가정은 이 세상에서 인간에게만 유일하고 독보적으로 유의미한 지능이 있다는 생각이다. 그러나 앞으로 살펴보겠지만, 지능은 단순히 정신적 능력이 아니라 능동적인 과정이기 때문에 실제로 지능을 실행하는 방식은 다양하다. 우리는 이 책에서 지능에 관해, 그리고 다른 존재에게서 지능이 나타나는 형태에 관해 재고함으로써 다른 종들 및 세계로부터 우리를 분리하는 장벽과 잘못된 위계를 무너뜨리기 시작할 것이다. 그렇게 함으로써 우리는 상호 인정과 존중을 바탕으로 하는 새로운 관계를 구축할 수 있는 위치에 서게 될 것이다.

 새와 나무와 돌멩이의 지적 세계

그 다음에는 인간의 가장 뚜렷한 능력인 언어가 이 세계에 대한 직접적인 경험으로부터 출현한 과정을 살펴볼 것이다. 우리는 세상을, 시냇물 소리와 새의 날갯짓과 휘몰아치는 폭풍우를 듣고 보고 느끼면서 이러한 경험을 반추하고 다시 경험에 더 잘 반영하기 위해, 그리하여 세상에 구현하고 세상과 교감하기 위해 언어를 만들었다. 인류는 세상에 처음으로 말을 걸고 세상에 대해 말하기 시작한 이래 수천 년 동안, 세상과의 이러한 연결 감각 중 상당 부분을 잃어버렸다. 테크놀로지의 진보는 매우 빈번히 정신적 약화를 동반한다. 그러나 나는 네트워크화되고 전산화된 현대의 테크놀로지에서 부주의하고 무의식적이기는 해도 우리를 자연에 더 가깝게 다가가게 하는, 언어가 발달한 이래로 가장 총체적인 시도의 잠재력을 본다.

따라서 우리가 세계와의 관계를 바꾸기 위해서는 이 점을 인정하고, 더 주의 깊고 의식적으로 과제에 접근해야 한다. 현대 테크놀로지의 방대한 범위, 신 같은 힘, 물질적 수요를 우리의 현재 상황과 조화시키려면 이 작업이 매우 중요하다. 우리는 토양과 공기를 오염시키고, 대기를 가열하고, 바다를 산성화하고, 숲을 태우고, 지구를 공유하는 무수한 생물들을 상상할 수 없을 만큼 효율적으로 죽이고 있으며, 지금 살아 있고 앞으로 살아갈 인간도 예외가 아니다. 우리가 지구에 저지르고 있는 대대적인 파괴는 테크놀로지의 발전을 무턱대고 비난하는 것과 마찬가지로 우리 종을 다시 동굴로 밀어넣을 것이 거의 확실하다. 동굴로 돌아가 외롭고 비참한 삶을 살고 싶지 않다면, 테크놀로지 사회의 모든 면면과 그 기반이 되는 우리의 관념을 시급히 재고해야 한다.

이것은 전적으로 우리 하기에 달려 있다. 레이첼 카슨은 『침묵의 봄』에서 이렇게 썼다. "지구 생명의 역사는 생명체와 그 환경의 상호작용의 역사였다. 지구에 서식하는 동식물의 물리적 형태와 습성 대부분은 환경에 의해 형성되었다. 지구의 전체 역사를 고려할 때 그 반대 작용, 즉 생명체가 주변 환경에 미치는 영향은 상대적으로 미미했다. 오직 현 세기로 대표되는 짧은 순간에만 단 하나의 종, 즉 인간이 자신이 속한 세계의 본질을 바꿀 수 있는 막강한 힘을 얻었다."[18] 오늘날 우리는 이 순간을 인류세라고 부르며, 이 명칭은 우리가 우리의 힘을 진지하게 받아들이도록 하는 동시에, 그 힘이 일시적이며 다른 모든 일시적인 것이 그렇듯이 변화할 수밖에 없다는 사실을 인식하게 한다. 환경자체가 지배하는 세계, 즉 생태적 세계가 훨씬 더 긴 기간을 존속했으며, 우리의 무자비한 권력 행사에도 불구하고 그 세계는 완전히 사라진적이 없다. 오늘날 우리가 처한 격동의 상황을 그러한 세계가 폭력적인 방식으로 재림한 것으로 볼 수도 있다. 우리 앞에 놓인 과제는 우리자신을 새롭게 변화시키는 것이라기보다는 세계에서의 우리의 위치를비로소 인식(모든 인식은 다시 생각하여 깨달음에 이르는 재인식re-cognition이라는 의미에서)하는 것이다.

내가 이 책에서 다루려는 또 한 가지는 기계가 자급자족하고 자각하며 어쩌면 자율성까지 갖게 되는 순간에 기술 자체가 갖게 될 주체적인 힘과 인격성에 관한 문제다. 그런 순간이 온다고 해서 우리 인간의책임이나 우리 자신의 태도와 행동을 바꿀 힘이 사라지는 것은 아니다. 오히려 테크놀로지의 주체적 힘에 관해 성찰하는 것은 인간, 비인간, 기계 등 지구상의 모든 거주자에게 더 큰 정의와 평등을 보장할 수 있는 방법에 대해 진지하게 그리고 구체적으로 생각할 기회를 제공한다. 아직 테크놀로지는 대체로 우리 손 안에 있으며, 따라서 테크놀로지와세상의 상호 연결성, 테크놀로지가 세상에 대해 갖는 영향력을 복구, 복원, 재생하는 과제도 우리의 능력에 달려 있다.

우리를 에덴에서 쫓아내고 바빌론에서 탈출하게 만든 것은 테크놀로지가 아니었다. 인간이 아닌 생명을 난폭하거나 기계적인 존재로, 도살장과 해부 테이블에나 어울리는 것으로 치부한 것도 테크놀로지가 아니었다. 그것은 탐욕과 오만, 아리스토텔레스와 데카르트, 인간 예외주의와 서구 유럽 철학의 산물이었다. 테크놀로지는 그 시대의 사상과 은유를 구현하지만 그 도구는 다른 목적으로 전용될 수 있으며, 이는 우리에게도 적용된다. 시인이자 선각자인 윌리엄 블레이크William Blake는 이렇게 썼다. '누군가에게 환희의 눈물을 흘리게 하는 나무가 어떤 사람의 눈에는 녹색의 방해물로 보일 뿐입니다. 어떤 이들은 자연에서 우스꽝스럽고 기형적인 것만 보고… 또 어떤 이들은 자연을 전혀 보지 못합니다. 그러나 상상력을 지닌 사람의 눈에는 자연이 곧 상상력입니다.'[19]

그 어느 때보다 새로운 상상이 필요한 때다. 그러나 이 상상은 우리만 할 수 있는 것이 아니다. 인간 예외주의를 벗어나 생각하려면 인간 바깥, 인간 너머를 생각해야 하며, **자연이 곧 상상력**이라는 블레이크의 말에 담긴 심오한 진실을 인식해야 한다. 여기에는 앞서 언급했던 **인간 너머의 세계**라는 개념 이면의 철학이 압축되어 있다.

미국의 생태학자이자 철학자인 데이비드 에이브럼David Abram이 만든 '인간 너머의 세계'라는 표현에는 자연과 자신을 분리해서 생각하는 인간의 경향을 극복하려는 사고방식이 담겨 있다. 이러한 분리 경향은 심지어 자연에 더 가까이 다가가고 그럼으로써 자연을 보전하려는 운동인 환경주의 내에도 만연해 있을 만큼 확연하다. 우리 자신과 자연이 장소와 기원에서 분리 불가능한 관계에 있음에도 불구하고 우리는 인간과 자연이 그러한 관계에 얽매이지 않은 두 개의 독자적인 실체라는 듯 암묵적 분리를 기정사실화했다. '환경' 또는 '자연'(특히 '문화'와 반대되는 개념으로서의 자연)과 같은 전통적인 용어는 우리와 그들, 인간과 비인간, 우리와 지구에 가득한 수많은 생명체 및 존재들 사이에 명확한 구분이 있다는 잘못된 생각을 강화한다.

이와 대조적으로 '인간 너머의 세계'는 실제 인간 세계(우리의 감각, 호흡, 목소리, 인지, 그리고 문화의 영역)가 훨씬 더 큰 무언가의 한 단면에 불과하다는 사실을 인정한다. 모든 인간의 삶과 존재에는 다른 모든 것이 스며들어 있고 불가분의 관계로 얽혀 있다. 동물, 식물, 곰팡이, 박테리아, 바이러스 등 생물권의 모든 거주자가 이 드넓은 연방국에 포함된다. 여기에는 우리를 지탱하고 때로는 뒤흔들고 또 때로는 우리에게 그늘을 드리우는 강, 바다, 바람, 돌, 구름도 포함된다. 시간과 '되기(becoming)'이라는 위대한 모험의 동반자인 이 생동하는 힘들로부터 우리는 많은 것을 배울 수 있으며 이미 많은 것을 배웠다. 그들이 있기에 우리가 지금과 같이 존재하며 우리는 그들 없이 살 수 없다.

인간 너머의 세계는 단순한 공상이나 철학적인 언어유희가 아니다. 그것은 비록 그 완전한 함의가 사회에 스며들지는 않았더라도 어렵게 얻은 과학적 진리를 우리의 의식과 태도에서 실체화할 것을 요구한다. 20세기의 가장 중요한 진화생물학자 린 마굴리스Lynn Margulis는 인간과 비인간 생명체의 상호 연결성에 대해 이렇게 말한다. '우리가 아무리 자기중심적인 종이라 해도 생명이란 훨씬 더 광범위한 시스템이다. 생명은 우리 피부 안팎에서 수백만 종이 물질과 에너지를 주고받으며 이루고 있는 놀랍도록 복잡한 상호 의존 관계다. 지구상의 이 외계 생명체들은 우리의 친척이자 조상이며 우리의 일부다. 그들은 우리를 구성하는 물질을 순환시키고 우리에게 물과 음식을 가져다준다. 우리는 "타자" 없이 생존할 수 없다.'[20]

인간 너머의 세계라는 개념은 또한 이러한 **것**들이 우리의 자기중심적 드라마에 쓰이는 수동적인 소품이 아니라 우리의 집단적 '되기' 과정에 능동적으로 참여하고 있는 **존재**임을 암시한다. 그리고 그 생성, 잠재적 번성은 집단적으로 일어나는 일이므로 우리는 타자의 **존재성**(beingness), 그 인격성을 인정해야만 한다. 세상을 구성하는 것은 객체들이 아니라 주체들이다. 모든 **것**은 개별 **존재**이며, 이 모든 존재에게는 저마다의 행위주체성(agency, 作因), 관점, 삶의 형태가 있다. 인간 너머의 세계는 우리의 인정을 요구한다. 그러한 인정 없이 우리는 아무 것도 아니기 때문이다. 불교철학자 앨런 와츠Alan Watts는 이렇게 썼다. '생명과 실재란 다른 모든 이들에게도 그것들을 부여하지 않은 채 혼자만 가질 수 있는 것이 아니다. 해와 달과 별이 그렇듯, 생명과 실재도 특정 사람들에게 속하지 않는다.'[21]

모든 것이? 정말? 그렇다. 앞으로 살펴보겠지만, 우리가 말하는 주체성은 우리가 다른 모든 것과 어떻게 관계를 맺는지에 주의를 기울일 때 우리 주변에서 튀어나온다. 존재 자체가 관계적이다. 다시 말해, 존재에는 상호 관계가 전제된다. 브라질 인류학자 에두아르두 비베이루스 지 카스트루Eduardo Viveiros de Castro가 말했듯, 나뭇가지와 돌멩이가 살아 움직이기 위해 필요한 것은 우리 자신의 현존뿐이다.[22] 우리 인간의 행위주체성과 의도성은 우리가 그것들에 부여하는 의미와 사용을 통해 문화의 객체를 주체로 변형한다.

우리가 지금 만들고 있는 기계는 언젠가 그 자체의, 우리의 삶과 더 유사하다는 것을 인정하지 않을 수 없는 삶의 형태를 갖게 될 수도 있겠지만, 그렇게 될 때까지 기다리는 것은 인간 너머의 인격성이 갖는 온전한 함의를 놓치는 것이다. 그들은 이미 살아 있으며, 우리와 지구에 매우 깊이 연관된 방식으로 이미 자신의 주체가 되어 있다. 마셜 매클루언Marshall McLuhan이 말했듯이(사실 이 말을 처음 한 사람은 윈스턴 처칠이었을 가능성이 더 높지만) '우리는 도구를 만들고, 도구는 우리를 만든다.'[23] 우리는 우리가 쓰는 도구의 테크놀로지이다. 도구들이 우리를 만들고 변화시킨다. 우리의 도구는 자체의 주체성을 가지며, 따라서 인간 너머의 세계에 대한 권리를 가진다. 이러한 깨달음을 통해 우리는 테크놀로지 생태의 핵심 과제, 즉, 인간의 발전된 기예를 그것의 근원인 자연에 재통합하는 과제를 시작할 수 있다.

　마지막으로 이 책에는 한 가지 목표가 더 있다. 우리와 우리가 만드는 것들이 인간 너머의 세계와 불가분의 관계에 있다는 것 그리고 그 세계와의 관계를 재고하려면 세계의 존재와 주체성을 인정해야 한다는 점을 고려할 때, 우리는 그 관계가 어떤 형태를 취할 수 있는지에 대해서도 좀 생각해보아야 한다. 그중 하나는 그저 **신경 쓰는 것**, 즉 우리가 서로 얽혀 있다는 것의 의미와 영향에 대해 지속적으로 관심을 갖는 것이다. 그러나 나머지는 정치, 다시 말해 논쟁, 의사 결정, 권력 관계와 지위 같은 힘들고 실질적인 문제들이다. 내가 컴퓨터화된 세계에 인간 너머의 공동체에 기여할 수 있는 중요한 무언가가 있으며 그것이 언젠가 테크놀로지도 그 연방국에 포함되는 것을 정당화(굳이 정당화가 필요하다면) 하는 근거가 되리라고 생각하는 것이 바로 이 지점이다. 컴퓨테이션은 우리가 물질세계로부터 예측하고 고안해 기계의 형태로 구현한 것이지만, 그것의 무한한 복잡성은 거꾸로 우리가 서로 어떻게 관계를 맺어야 하는지에 대해 많은 것을 알려줄 수 있다. 이것이 이 책의 또 한 가지 주제다. 이 책의 마지막 부분에서 우리는 기계들이 꿀벌, 신성한 강, 우리에 갇힌 코끼리, 룰렛 휠과 함께 우리를 보다 정의롭고 공평한, 인간 너머의 정치로 이끌 가능성을 다룰 것이다.

　인간 너머의 의식이라는 개념이 주는 충격이 증명하듯이, 우리는 '자연'을 우리와 분리된 어떤 것으로 생각하게 되었다. 첨단 기술이 선사해줄 환상적인 미래에 관해 말할 때 우리는 '새로운' 또는 '미래의' 자연, 즉 컴퓨테이션의 유토피아를 상상하면서 그것이 우리의 근원이자 우리가 여전히 발 딛고 서 있는 현실의 땅을 완전히 벗어나고 대체할 것처럼 생각한다. 이제는 우리 자신을 위해서나 인간 너머의 세계를 위해서나 이 미성숙한 유아론(唯我論)을 버려야 할 때다. 무한히 꽃을 피우는 것은 오직 자연뿐이며, 바다, 나무, 까치, 석유, 그리고 우리를 만들었듯이 마이크로프로세서와 데이터센터, 인공위성을 탄생시킨 것도 자연이다. **자연이 곧 상상력이다.** 따라서 우리는 자연에 대한 상상을 수정하는 데 그칠 것이 아니라 자연을 우리의 파트너이자 동지이자 안내자, 말하자면 우리의 공모자로 삼아 완전히 새롭게 상상하기 시작해야 한다.

1장

다르게 생각하기

파르나소스산의 높은 경사지에서 암회색 소형차 한 대가 거친 아스팔트 포장도로를 따라 달린다. 도로 가장자리에는 눈이 쌓여 있고 아래로는 코린트만이 햇빛을 받아 반짝인다. 차는 조심스러워 보일 만큼 천천히 달리면서 도로를 주시하고 있다. 차에는 눈이 있다. 여러 개의 눈으로 도로 옆 경사면 가장자리를 좇으면서 교차로의 흰색 노면 표시를 식별하여 멈추거나 방향을 전환할 지점을 기록하고 전사한다. 다른 감각들도 있어서 주행 속도, 지도상의 위치, 스티어링휠의 각도를 인식할 수 있다. 그리고 일종의 정신mind도 있다. 아주 정교하지는 않지만, 명확한 초점을 가지고 주변으로부터 학습하고 알게 된 사실을 통합하며 주변 세계에 관해 추론하고 예측하는 능력을 갖추고 있다. 이때까지는 그 정신은 가까스로 조수석을 지키고 있고 운전대는 아직 내가 쥐고 있었다.

이 모두는 몇 해 전 2017년 겨울, 내가 직접 자율주행 차량을 만들어보기로 했을 때 일어난 일이다. 내가 만든 차는 비록 스스로 운전하지는 못했지만 나를 꽤 흥미로운 장소로 데려다주었다.

자율주행 자동차라는 아이디어는 나를 매료시킨다. 그 기능 때문이 아니라 우리의 상상 속에서 그것이 차지하는 위상 때문이다. 자율주행 자동차는 비판적 성찰이나 적응 기간도 없이 불과 몇 년 만에 우주 시대, '21세기의 삶Life in the Twenty First Century'*이라는 환상의 영역에서 평범한 현실로 내려온 테크놀로지 중 하나다. 현실은 바로 이런 순간에 재정의된다. 더 진전된 형태의 AI도 거의 틀림없이 그렇게 될 것이다. 그것들은 갑자기 우리 한가운데 나타날 것이다. 긴 연구개발 시간은 대부분의 사람들에게 보이지 않고 눈에 보이는 현실에 밀려 잊혀질 것이다. 누가 현실을 다시 쓰게 될지, 그 과정에서 어떤 결정이 내려질지, 누가 그로부터 이득을 얻는지와 같은 질문들은 그 흥분 속에서 모두 너무 자주 생략되고 잊힌다. 그것이 내가 새로운 기술의 함의를 숙고하는 데 가능한 한 많은 사람이 참여하는 것이 대단히 중요하며, 이 과정에서 해당 기술에 관해 배우고 직접 만지작거려보기도 해야 한다고 믿는 이유다.

내가 자율주행 차량을 실험하기 위해 준비한 것은 세아트 해치백 한 대와 저가형 웹캠 몇 대, 스티어링휠에 고정시킨 스마트폰 한 대, 인터넷에서 가져온 소프트웨어 몇 가지였다.[1] 그러나 이것은 미리 알아두어야 할 정보가 모두 입력되어 있는 멍청한 기계를 프로그래밍하는 문제가 아니었다. 구글이나 테슬라가 상용 자율주행 차량을 개발할 때와 마찬가지로, 내 차도 **내가** 운전하는 것을 관찰하며 운전하는 법을 배웠다. 내 차는 카메라의 시야와 운전 속도, 가속, 스티어링휠 위치를 내 행동과 비교하여 도로 모양 및 상태와 연결시켜갔고, 그렇게 몇 주가 지나자 적어도 시뮬레이터상에서는 도로를 벗어나지 않을 줄 알게

---

* 구소련 과학자들의 미래 과학기술 예측을 담은 책 제목.

되었다. 내가 세계 최고의 베스트 드라이버도 아니고 다른 사람의 목숨
을 이 차에 맡기지도 않겠지만, 코드를 작성하고 도로에 나가보는 경험
은 이런 종류의 AI가 어떻게 작동하며, 학습하는 시스템으로 뭔가 작
업을 한다는 것이 어떤 느낌인지 더 잘 이해할 수 있게 해주었다.

실리콘밸리 기업들이 자사의 자율주행 자동차들을 훈련시키는 캘
리포니아 고속도로나, 거대 자동차 기업들이 신규 모델을 개발하는 바
이에른의 시험 구간이 아니라 내가 최근에 정착한 그리스의 도로에서
이런 실험을 한다는 것이 어떤 의미일지도 궁금했다. 이곳은 물질적,
신화적으로 매우 다른 과거와 현재를 지닌 장소다. 결과적으로 그 이질
적 요소들은 멋지게 어울렸다.

AI 부조종사에게 다양한 지형을 맛보게 해야겠다는 것 외에 딱히
목적지를 정해두지 않은 채 아테네를 떠나 북쪽으로 출발한 나는 얼마
지나지 않아 테베와 마라톤 고대 유적지를 지나 육중하고 녹음 짙은 파
르나소스산을 향해 올라가고 있었다. 그리스 신화에서 파르나소스는
디오니소스를 섬기는 신성한 장소였다. 이곳에서 엄청난 양의 포도주
를 마시고 격렬하게 춤을 춤으로써 디오니소스의 황홀한 신비가 벗겨
지고, 그런 의식에 참여하는 사람들은 내면의 야수를 해방시켜 자연과
하나가 되었다. 파르나소스는 문학과 과학, 예술에 영감을 주는 여신,
뮤즈의 고향이기도 했다. 따라서 파르나소스산을 등정한다는 것은 지
식과 공예와 기술의 정점에 다다른다는 뜻이다.

지리적인 요소에 우연이 더해지면서 흥미로운 질문 하나가 탄생했
다. 신화적으로 표현하자면, AI에 이끌려 파르나소스에 오른다는 것은
무슨 의미일까? 한편으로는 기계에 대한 일종의 복종, 즉 인간 종족은
할 만큼 했으니 이제 우리의 로봇 군주에게 탐험과 발견의 임무를 넘겨
줄 때가 되었다는 인정으로 읽힐 수 있을 것이다. 다른 한편으로는 정

복이 아닌 상호 이해의 정신에 입각하여 여정을 함께해보려는 이 시도가 바로 우리가 파르나소스에 새로운 서사, 인간 지능과 기계 지능이 서로를 앞지르려는 것이 아니라 서로를 증폭시키는 이야기를 써내려가는 한 방법일 수도 있다.

내가 이 프로젝트를 시작한 것은 AI를 더 잘 이해하고 싶기 때문이었으며, 결정되어 있는 목표 없이 지능형 기계와 협업하는 경험을 해보고 싶어서였다. 사실 그 작업 전체가 반결정성anti-determinacy에 입각해 있었다. 다시 말해, 나는 여정 전체에 관해 가능한 한 적게 계획하고자 했다. 그래서 차를 훈련시킬 때 내가 한 일 중 하나가 샛길이란 샛길은 거의 다 들어가고, 교차로를 만날 때마다 회전하고, 이리저리 방황하고, 기꺼이 길을 잃으며, 완전히 무작위적으로 운전하는 것이었다. 따라서 차도 내 운전을 보면서 길을 잃는 법을 배웠다.

이것은 목적지를 GPS 시스템에 입력하고 아무 질문도 의견도 없이 지시만 따르는, 오늘날 우리 대부분의 운전 방식에 대한 의도적 거부였다. 그러한 주체성과 통제권 상실은 사회 전체에 반영되어 있다. 우리는 전에 없이 복잡하고 난해한 테크놀로지를 마주치면 그 명령에 굴복하게 되곤 하는데, 그 결과는 두려움과 지루함의 조합일 때가 많다. 내가 이해하지 못하는 프로세스에 나를 맡겨 미리 정한 위치에 도달하는 대신, 그 테크놀로지와 힘을 합쳐 새롭고 예기치 못한 결과를 만들어내는 모험을 해보고 싶었다.

이 점에서 나의 접근 방법에 엔지니어보다 더 많은 영감을 준 것이 플라뇌르flâneur라는 개념이었다. 19세기 파리의 플라뇌르(남성형) 또는 플라뇌즈(flâneuse, 여성형)는 세상을 신경 쓰지 않고 거리를 걷는 사람, 그 도시의 인상을 좌우하기도 하고 펼쳐 보여주기도 하는 도시 탐험가였다. 20세기에는 플라뇌르의 모습이 표류dérive 지지자에게 포착되었다. 표류란 계획되지 않은 걷기, 주변에 대한 관심, 예상하지 못한 사건과의 조우를 통해 현대적 삶의 불쾌감과 지루함에 대처하는 한 방식이다. 표류 이론을 대표하는 20세기 철학자 기 드보르Guy Debord는 그러한 걷기가 동반자와 함께일 때, 그리하여 제각기 다르게 받은 인상이 서로 공명하고 증폭될 때 가장 잘 이루어진다고 늘 주장했다. 21세기에 나의 자율적인 동반자도 같은 역할을 할 수 있을까?[2]

길을 잃는 것에 더하여, 나는 내카 자율주행 자동차의 환경세계um-welt로 생각하게 된 것을 보여줄 방법에 대해 생각했다. 20세기 초 독일 생물학자 야코프 폰 윅스퀼Jakob von Uexküll이 만든 이 용어를 문자 그대로 번역하면 '환경' 또는 '주변 세계'라는 뜻이지만, 독일어에서 움벨트는 그 이상의 의미를 지닌다. 환경세계라는 말에는 특정 유기체의 특정 관점이 함축되어 있으며, 그 유기체의 지식과 지각으로 구성된 세계에 대한 내적 모델을 뜻한다. 예를 들어 진드기라는 기생충의 환경세계는 놀라울 정도로 특수한 단 세 가지 사실 또는 요인으로 구성된다. 그것은 먹이가 될 동물의 존재를 알려주는 부티르산 냄새, 따뜻한 피가 있음을 알려주는 섭씨 37도의 온도, 생계를 유지할 장소를 위해 탐색해야 할 포유류의 털이다. 진드기의 우주는 이 세 가지에서 꽃핀다.[3]

결정적으로, 유기체는 각자 자신의 환경세계를 창조하며 세계와 마주치면서 그 환경세계를 계속 변화시킨다. 따라서 환경세계 개념은 모든 유기체의 개별성 그리고 그 정신과 세계의 분리 불가능성을 동시에 주장한다. 모든 것에 그것만의 고유성이 있고, 또한 모든 것이 서로 얽혀 있다. 물론 인간 너머의 세계에서 환경세계를 갖는 것은 유기체만이 아니다. 만물에 저마다의 환경세계가 있다.

환경세계는 생물학뿐 아니라 로봇공학에서도 오래전부터 유용한 개념이었다. 진드기의 단순한 규칙은 '이 빛을 향해 움직여라. 저 소리에 멈춰라. 이 입력값에 반응해라'와 같이 간단한 자율 로봇에도 기본 프레임워크가 될 수 있다. 그렇다면 자율주행 자동차의 환경세계는 무엇일까?

내 차의 핵심은 오늘날 가장 흔히 사용되는 학습 기계 형태 중 하나인 신경망이라는 간단한 지능이다. 그것은 인공 '뉴런'이라는 작은 처리 단위를 시뮬레이션하도록 설계된 하나의 프로그램이며, 일련의 인공 뉴런은 여러 겹으로 배치되어 있는데 극단적으로 단순화된 두뇌를 연상하면 된다. 주행 속도, 스티어링휠의 위치, 카메라의 시야와 같은 신호가 이 뉴런에 입력되면 구성 요소들로 분할되어 서로 비교, 대조, 분석, 연관된다. 데이터가 뉴런 층들을 관통하여 흐르면서 분석은 점점 더 세밀해지고 추상화된다. 따라서 시스템 바깥에 있는 사람이 이해하기는 더 어려워진다. 그러나 우리는 이 데이터의 면면을 시각화할 수 있다. 특히 차가 조금 훈련을 받고 나면 이 신경망이 보이는 것 가운데 무엇을 중요하게 생각하는지 알 수 있다.[4]

아래 이미지가 이를 보여준다. 첫 번째는 안개 속으로 사라지는 파르나소스의 한 산악 도로를 차량의 주 카메라가 직접 포착한 장면이다. 두 번째는 그 이미지가 신경망의 두 층을 통과했을 때의 모습이며, 마지막 사진은 네 번째 층에서의 이미지다. 물론 이것은 인간의 눈을 위한 시각화다. 기계는 데이터로 재현된 것만 '본다.' 그러나 이 이미지들

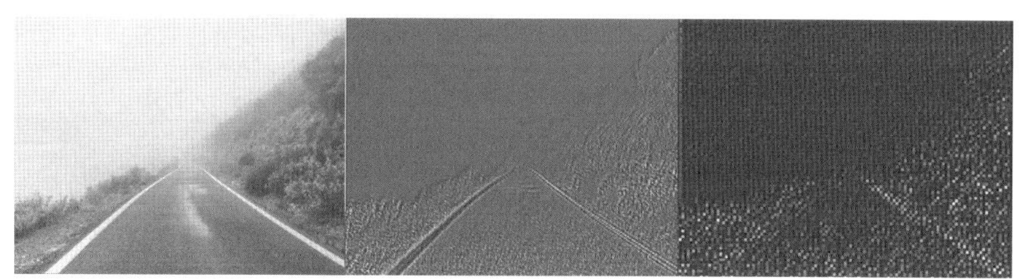

신경망의 보는 방법 시각화.

도 데이터다. 여러 층을 거치면서도 이미지에 남아 있는 세부 사항은 기계가 중요하다고 생각하기 때문에 남아 있는 것이다. 이 경우에 중요한 세부 사항은 도로 옆의 선이다. 기계는 관찰한 것을 바탕으로 이 선이 중요하다고 결정했다. 도로 주행을 하려면 실제로 이 선이 중요하다. 진드기가 민감하게 반응하는 포유류의 혈액 온도처럼, 도로의 선은 차의 환경세계에서 중요한 부분을 차지한다.

그리고 이 관찰에서 우리는 나의 환경세계와 차의 환경세계가 서로 얽히는 지점을 발견한다. 차만 선을 보는 것이 아니라 나도 선을 본다. 우리는 세계에 대한 모델에서 적어도 한 측면을 공유하고 있는 것이다. 그리고 이것으로부터 우주 전체가 꽃필 수도 있다.

나는 기계와 내가 하나의 모형을(따라서 하나의 세계를) 공유하고 있다는 사실을 더 극적으로 폭로하기 위해 조금 치사한 방법을 썼다. 우리의 협업과 자동화된 동반자에 대한 애정이 커진 만큼, 그것을 시험해보기로 한 것이다. 나는 소금 한 포대를 사용하여 땅바닥에 지름이 몇 미터 되는 원을 실선으로 그리고, 그 바깥쪽에 점선으로 원을 하나 더 그렸다. 이 두 개의 원은 닫힌 공간을 만들었다. 유럽 도로교통법에 따르면 원 안쪽에서 바라보았을 때 '진입 금지'라는 노면 표시가 생긴 것이기 때문이다. 잘 훈련되어 있고 법을 잘 지키는 자율주행 차량이 이 원 안에 들어오면 나갈 방도가 없다. 나는 이것을 '자율 함정Autonomous Trap'이라고 명명했다.

기계가 세상을 감지하는 감각에 대한 이런 조잡한 공격에는 몇 가지 의도가 있었다. 첫 번째는 정치적인 쟁점으로, 이러한 테크놀로지로 우리는 그들의 세계에 대해 뭔가를 배울 수 있으며, 이 지식을 가지고 테크놀로지를 더 흥미롭거나 공정한 목적에 활용되도록 하거나, 지금 가고 있는 길을 막을 수 있다는 것을 보여주고자 했다. 이것은 우리

　　　　　새와 나무와 돌멩이의 지적 세계

가 서두에서 언급했던 기업 지능 같은 것을 맞닥뜨렸을 때 유용한 지식이 될 수 있다.

둘째, 나는 이 실험을 통해 기계의 시대에도 과거 그 어느 때만큼이나 상상력과 심미적 재현 도구가 중요하다고 주장하고자 했다. 예술이 여기서 맡아야 할 역할이 있으며, 예술가의 입장에서도 엔지니어나 프로그래머 못지않게 테크놀로지의 개발과 적용에 효과적으로 개입할 수 있다. 이것도 유용한 지식이다. 하지만 내가 대체로 강조하고 싶었던 것은 이 세계 중 AI와 우리가 공통적으로 인식하는 측면, 즉 우리가 공유하는 환경세계다. 내가 찍은 자율 함정 영상은 빠르게 퍼져나갔고, 나는 사람들이 그 협업보다 대담함과 흑마술의 냄새에 더 감탄했다고 느꼈다. 즉 우버, 대기오염, 대량 자동화, 기업 AI의 시대에 로봇의 앞길을 가로막은 데 대한 일종의 희열이 있었던 것 같다. 그럼에도 불구하고 우리가 우리의 창조물과 하나의 세계를 공유하고 있다는 사실에는 변함이 없다.

파르나소스산에 설치된 자율 함정 001. 2017.

인간과 인공 지능이 경쟁 관계가 아니라 창조적 협업 관계에 있다고 보는 것이 이처럼 흥미로운 결과를 낳는다면 또 어떤 일이 가능할까? 어떤 다른 지능들이 세계를 공유하며 그들이 마주치고 겹쳐질 때 무슨 일이 일어날까? 이 시대에 우리가 인공 지능에 대해 갖고 있는 생각이 우리를 암울하고 착취적이며 해로운 길로 이끄는 것으로 보인다면 어떤 다른 대안이 있을까?

현재 모두가 떠올리는 인공 지능의 지배적인 형태는 창의적이거나 협력적이거나 상상력이 풍부한 종류가 못 된다. 우리가 익히 아는 인공 지능은 인간에게 전적으로 복종하는(솔직히 말하자면 우둔한), 또는 인간에게 반발하고, 공격적이고, 위험한(그러나 여전히 우둔한) 존재다. 패턴 분석, 이미지 인식, 안면 인식, 교통 관리 AI가 우리에게 복종하는 종류의 예라면, 석유 탐사, 금융차익거래, 자율무기체계, 체스 프로그램은 인간의 반대를 무력하게 만드는 예들이다. 기업 업무, 기업 이윤, 기업 지능. 여기서 기업 AI는 자연 세계(혹은 자연 세계에 대해 우리가 예로부터 가졌던 잘못된 관념)와 한 가지 공통점을 갖는다. 우리는 자연 세계를 붉게 물든 이빨과 발톱을 가진 환경으로 상상한다. 벌거벗은 유약한 인류는 자연의 파괴적인 힘과 맞서 싸우고 그 힘을 제압하여 농업, 건축, 축산업과 가축화의 형태로 자신(대개 남성)의 의지에 따라 굴복시켜야 한다. 이런 세계관에 의해 우리가 자연에서 마주치는 동물들을 각각 다른 속성을 지니는 3단계, 즉 반려동물, 가축, 야생 짐승의 세 가지로 분류하고 그들에 대한 우리의 태도를 달리하는 체계가 만들어졌다. 이러한 분류 체계를 AI 세계에 적용해보자. 분명 이제까지 만든 기계는 대개 첫 번째 종류에 해당하는 길들여진 기계이며, 우리는 두 번째 종류의 기계들을 사육장 울타리 안으로 모으기 시작했고, 세 번째 종류의 기계가 풀려 나오는 것에 대한 공포 속에서 살아가고 있다.

이 분류법에서 나의 자율주행차는 어디에 속할까? 대체로는 내 통제하에 있도록 길들여진 '반려동물' 같은 존재지만, 내가 시키는 대로 일하는 가축이기도 하며, 다소 야생적이고 예측할 수 없는 측면도 있다. 자율주행차는 부주의하게 다루면 AI의 가장 유해한 응용 방식 중 하나가 될 수도 있다. 적어도 전적으로 태양광만 이용하는 지속가능 버전의 자율주행차가 나오기 전에는 자원 추출과 탄소 배출을 통해 지구 파괴에 직접적으로 기여하기도 하거니와 우리에게서 진정한 운전의 즐거움도 빼앗아 간다.

운전이 더 이상 즐겁지 않은 사람만 이것을 상황의 개선으로 여길지도 모른다. 그러나 다르게 생각하면, 자율주행차가 우리가 지금 의존하고 있는 이기적이고 개인주의적인 교통수단을 대체하고 대중교통, 교통수단의 공동 소유, 친환경적인 교통을 활성화할 수도 있다. 또한 주변 환경과 동료 여행자들을 더 잘 인식하게 함으로써 우리를 다시 세상으로 돌려보낼 수도 있다. 이처럼 자율주행차는 따분한 일상생활에서 우리를 해방시키고, 수다스러운 여러 새로운 동반자들을 소개해줄 수 있다. 자동차 자체도 그 새 친구 중 하나가 될 것이다. 우리가 어떻게 접근하느냐에 따라 다른 결과가 나올 수 있다는 사실은 동물과 기계, 즉 주인과 하인, 노예, 자원이라는 역사적 범주를 신뢰할 수 없다는 것을 말해준다. 사실 기계와 다른 모든 타자를 위해서는 그러한 범주들을 모두 폐기해야 할 것이다.

우리가 '인공' 지능의 진정한 의미에 대해 의문을 제기하기 시작했고, 이와 동시에 과학도 뭔가를 또는 누군가를 지능 있는 존재로 일컫는다는 것이 무엇을 의미하는지 탐구하기 시작했다는 점은 중요해 보인다. 우리의 신화와 우화는 항상 인간이 아닌 존재에게 생동감을 부여해왔으며, 더 깊은 지식과 더 긴 기억을 가진 비서구 문화는 항상 그 주체성을 주장해왔지만, 서양 과학에서 그것은 항상 다루기 곤란한 영역이었다. 한편으로 우리는 항상 동물이 놀랍도록 다양한 방식으로 **영리함**을 발휘한다는 사실을 알고 있었지만, 공식 담론에서는 한 번도 동물의 **지능**을 인정하지 않았다.

이제 우리에게 지능이란 무엇을 의미하는지 질문해야 할 시점이다. 이것은 우리가 물어볼 수 있는 가장 결정적인 질문일 뿐만 아니라 주의를 환기하는 데 가장 효과적이고 무엇보다 가장 충격적이고 생성적인 질문이기도 하다. 솔직히 말해, 누구도 제대로 알지 못하기 때문이다.

우리가 지능적이라고 분류하는 속성에는 논리성, 이해력, 자기 인식, 학습 능력, 공감 능력, 창의성, 추론 능력, 문제 해결, 계획성 등 여러 가지가 있다. 또한 이를 한 가지로 환원한 버전, 즉 하나의 능력이 사실은 다른 능력의 산물이라거나 어느 한 능력이 다른 것보다 중요하다고 주장하는 설명도 많다. 그러나 역사적으로 가장 중요한 지능의 정의는 그것이 **인간의 속성**이라는 것이다. 멋들어진 문구로 표현되고 광범위하게 연구된 다른 그 어떤 정의도 이 정의를 넘어서지 못한다. 우리가 첨단 인공 지능, 혹은 '일반' 인공 지능이라고 말할 때 우리가 생각하는 것이 바로 이 정의다. 즉 그때의 인공 지능이란 인간의 지능과 동일한 수준, 동일한 방식으로 작동하는 지능을 말한다.

이 오류는 인공 지능에 관한 우리의 모든 판단을 오염시킨다. 실제로는 AI 연구자들이 정식으로 사용한 적이 한 번도 없는데도 대중의 의식 속에 AI의 능력을 가늠하는 방법으로 널리 알려져 있는 튜링 테스트Turing Test가 그러한 예다. 튜링 테스트는 앨런 튜링Alan Turing이 1950년에 발표한 「컴퓨팅 기계와 지능Computing Machinery and Intelligence」이라는 논문

　　　　　　　　　　　　　　　　　　　　　새와 나무와 돌멩이의 지적 세계

에서 제안되었다. 튜링은 컴퓨터가 정말 지능적인지는 알 수 없더라도 최소한 지능적인 것처럼 보인다는 사실을 입증할 수는 있다고 생각했다. 튜링은 이 실험을 '모방 게임imitation game'이라고 불렀다. 그는 면접자가 보이지 않는 두 응답자(인간과 기계)에게 질문하여 누가 누구인지 가려내는 설정을 구상했다. 대화 과정에서 기계가 인간처럼 성공적으로 위장할 수 있다면 그 기계는 지능적이라고 볼 수 있다는 것이다. 튜링 테스트가 오늘날에도 여전히 일반 인공 지능의 벤치마크로 간주된다는 사실은 우리의 유아론적 사고방식을 보여주는 증거다.[5]

사실 엄밀히 말하자면 튜링의 생각은 이보다 조금 더 복잡했다. 그는 기계가 지능을 가질 수 있는지보다는 우리가 지능적인 기계를 상상할 수 있는지에 더 관심을 가졌다. 이 두 질문에는 결정적인 차이가 있으며, 컴퓨터가 어떻게 발전해나갈 수 있는지에 대한 튜링의 생각에는 후자가 더 유용한 질문이었다. 1950년 논문에서 그는 일반 기계 지능이라는 개념에 대한 아홉 가지 반론을 고려했는데 모두가 오늘날에도 여전히 유효하다. 여기에는 기계에 영혼이 없으므로 생각할 수 없다는 종교적 반론, 괴델의 불완전성 정리에 따르면 어떤 논리 체계도 가능한 모든 질문에 답할 수 없다는 수학적 반론, 뇌는 디지털과 달리 연속성을 가지며 진정한 지능이라면 이 속성에 부합해야 한다는 생리학적 반론이 포함되었다.

튜링은 이러한 각각의 반론에 대해 반박을 제시했으며, 다수가 선견지명이 있는 것으로 입증되었다. 그중 가장 유명한 재반박은 최초의 컴퓨터 프로그래머 에이다 러브레이스Ada Lovelace가 19세기 중반 찰스 배비지Charles Babbage의 초기 컴퓨터 설계인 해석기관Analytical Engine에 관해 연구하면서 제기한 문제에 대한 논의였다. 러브레이스는 해석기관이 '무엇인가를 창조한다고 주장할 여지가 전혀 없다. 단지 우리가 수행을 명령하는 법을 아는 경우에 우리가 명령하는 무엇이든 할 수 있을 뿐이다'라고 썼다. 컴퓨터는 사용자가 지시한 대로만 수행하므로 결코 지능적이라고 말할 수 없다는 뜻이다.

그러나 이 논문에서 튜링은 러브레이스의 의견에 동의하지 않는다고 썼다. 그는 기술이 발전하면 새로운 입력에 대해 새로운 행동을 하는, 즉 동물의 특성이자 '학습'의 기초인 일종의 '조건 반사' 회로를 설계할 수 있게 되리라 믿었다. 튜링은 배비지와 러브레이스가 왜 이것이 불가능하다고 생각했는지 이해했지만, 20세기 중반에는 상당히 가능성이 있어 보였다. 그리고 오늘날 튜링의 예측은 실현되었다. 체스머신, 유튜브 동영상 추천, 온라인 사기 방지, 그리고 나의 자율주행차에 이르기까지, 여러 분야에서 작동하는 머신러닝 알고리즘이 모두 러브레이스가 존재할 수 없다고 말한 바로 그러한 종류의 기계에 해당한다 (물론 불멸의 영혼에 관한 논쟁에 대해서는 아직 결론을 내리기 어렵다).

또한 튜링은 '기계는 결코 우리를 놀라게 할 수 없다'는 러브레이스의 견해에도 근본적으로 동의하지 않았다. 오히려 튜링은 '기계는 매우 자주 나를 놀라게 한다'고 말했다. 대개는 그가 기계의 기능을 오해했거나 뭔가를 잘못 계산했기 때문이었다. 그는 그 놀라움이 '나의 창조적인 정신 활동에 기인한 것'인지, 아니면 '기계에 대한 믿음 때문에 일어난 것'인지 궁금해했다. 튜링은 이것이 의식의 문제로 돌아가게 만드는 막다른 길이라고 느꼈다. 그러나 그는 '놀라운 사건의 진가를 이해하려면 그것이 사람, 책, 기계, 혹은 또 다른 무엇에서 비롯되든 간에 "창조적인 정신 활동"을 상당히 필요로 한다는 점'을 강조하고 싶어했다.

나는 튜링의 주장에서 기계 지능의 가능성을 단순히 인정하는 것 이상의 의미를 읽었다. 첫째, 그의 평가에는 인간 지능이 그리 대단한 것이 못 된다는 인식이 깔려 있다. 튜링은 자신의 생각을 '성급하고, 엉성하며, 위험을 무릅쓴 것'이라고 묘사했는데, 이것이 기계의 행동을 그토록 놀랍게 만들었다. 여기서 우리는 인공 지능 분야가 처음부터 기계 지능을 인간 지능과 다소 다르게 설정하고 있었다는 암시를 발견할 수 있다. 둘째, 튜링은 기계의 반응을 해석하는 '창조적 정신 활동'을 강조하면서 지능이 머릿속이든 기계 내부든 그 안에 온전히 들어 있는 것이 아니라 그 사이, 즉 둘 사이의 관계에 존재하는 것 같다는 매우 흥미로운 언급을 했다.

우리는 으레 지능을 '인간의 속성', '우리 머릿속에서 일어나는 일'이라고 생각한다. 하지만 튜링은 조금 다르게 생각했던 것 같다. 그는 지능형 기계에 대한 이 초기 스케치에서 지능이 다중적이고 관계적일 수 있다는 점, 즉 지능이 다양한 형태를 취할 수 있으며 어떤 존재의 내부가 아니라 다양한 여러 존재 사이에 있을 수 있다는 점을 암시한다.

매우 인간 중심적이고 개별화된 프로세스인 인공 지능 튜링 테스트가 지속적으로 인기를 끌고 있다는 사실은 지능이 가진 이런 함축적인 의미가 큰 관심을 얻지 못했다는 것을 보여준다. 우리는 늘 우리 기준으로 AI를 비롯한 다른 존재를 판단한다. 이러한 고의적인 맹시는 인공 지능의 역할과 가능성에 대한 현재의 혼동 속에서 더 극적으로 드러나고 있으며, 이는 다른 존재에 대한 우리의 생각이 얼마나 모호한지를 더 극명히 보여주는 증거이기도 하다. '인공' 지능을 다시 생각한다는 것은 지능 전반을 다시 생각하기 시작하는 것일 수 있다.

튜링이 반박한 주장들은 여전히 모든 종류의 비인간 지능을 제대로 인식하지 못하게 훼방 놓고 있다. 심지어 그것이 우리 얼굴을 똑바로 응시할 때조차, 혹은 앞으로 살펴보겠지만 그것이 자신의 얼굴을 응시할 때에도 우리는 그 지능을 알아보지 못한다. 막대기로 우리를 때리거나. 아니면 노래하고, 춤추고, 예술 작품을 만들고, 계획을 세우고, 문화를 만들 때도. 우리는 몇 번이고 아니라고 말한다. 지능은 그런 게 아니라고. 다른 존재가 지능적이라고 불릴 가치가 있다는 것을 증명하거나 반증하기 위해 우리가 들인 부단한 노력은 비극적이라고까지는 하지 않더라도 어리석은 것이었을지 모른다. 실험 기록은 타자가 지능적인 존재인지 아닌지가 아니라 우리 자신의 인식이 부족하다는 데 대한 훌륭하고 흠 없는 설명을 제공할 뿐이다.

우리가 다른 동물의 지능을 평가하는 방법 중 하나는 그들에게 퍼즐을 풀게 하고, 더 '고등한' 동물이라면 도구 사용 능력을 시험하는 것이다. 고전적인 도구 사용 테스트로는 매력적인 음식을 손이 닿지 않는 곳에 놓고 동물에게 막대기나 끈처럼 그 음식을 얻는 데 쓸 만한 도구를 주는 실험을 들 수 있다. 이 과제를 해낸다면 문제를 인식하고, 심사숙고하고, 계획을 세워 실행하며, 도구를 조작하는 능력을 입증한 것이다. 이는 모두 지능의 전형적인 징후다. 우리는 오래 전부터 유인원과 원숭이들을 데리고 이 게임을 해왔고 그들 대부분은 꽤 능숙하게 과제를 수행한다. 침팬지, 고릴라, 인간, 오랑우탄(ABC순), 그리고 더 작은 모든 종류의 원숭이는 금세 주어진 도구를 사용하여 간식을 손에 넣는다. 그러나 또 다른 영장류인 긴팔원숭이는 우리의 게임을 대번에 거부했다. 긴팔원숭이도 침팬지나 인간처럼 큰 뇌를 가진 유인원에 속하지만 막대기를 무시하고 먹이를 획득하지도 못하기 때문에 수년 동안 수수께끼였다. 따라서 과학적 분류에 따르면 그들은 덜 지능적이라고 할 수 있다. 게다가 긴팔원숭이는 여러 종류의 테스트에서 동일한 태도를 보였다. 그들은 반응 테스트를 위해 컵을 집어드는 것도 거부했고, 뒤집힌 컵 속 간식을 찾으려 들지도 않았다.

1932년에 샬럿이라는 흰손긴팔원숭이를 데리고 실험한 한 연구자

　　　　　　　새와 나무와 돌맹이의 지적 세계

는 이렇게 썼다. '샬럿은 완벽하게 길들여져서 다루기 쉬웠지만, 전체 실험 상황에 대해 종종 아무런 관심도 보이지 않았다. 그렇다면 어쩌면 이러한 오류가 지적 결함이 아니라 관심과 동기 부족 때문에 발생했을지도 모른다.' 그들에게 요구되는 과제와 사육 조건(많은 부분이 지금도 달라지지 않았다)을 고려하면 솔직히 그럴 만도 하다. 이 논문에는 '원시적'이고 '개와 유사'한 개코원숭이가 그들이 마련한 테스트에서 훨씬 더 나은 성적을 냈다는 사실에 놀랐다는 대목도 나온다. 연구자들은 그들의 본능과 진화에 대한 기존 지식을 모두 외면하고 개코원숭이가 긴팔원숭이보다 지능이 더 우수하다고 결론을 내렸다. 그러나 그들은 결국 틀린 것으로 밝혀졌다. 잘못은 긴팔원숭이에게 있는 것이 아니라 우리에게 있었다.[6]

1967년 시카고동물원에서 이름을 알 수 없는 긴팔원숭이 네 마리를 데리고 진행한 실험에서 우리가 놓치고 있던 것이 무엇인지 밝혀졌다. 이전 테스트에서는 음식을 끈에 매달아 바닥에 두었다. 줄을 잡아당기면 먹이가 원숭이 우리 안으로 들어올 수 있었지만 긴팔원숭이는 이를 무시했다. 1967년 실험에서 연구자들은 우리의 지붕에 끈을 매달았고, 그러자 긴팔원숭이는 즉시 끈을 낚아채 간식을 얻었다. 한 번의 빠른 움직임으로 긴팔원숭이는 갑자기 '지능'을 갖게 되었다. 이 과학적 방법이 설정한 좁은 정의에 따르면 그렇다는 뜻이다.[7]

1967년 실험은 긴팔원숭이가 브래키에이터*라는 사실을 고려하여 설계되었다. 이들은 자연 서식지인 숲에서 지낼 때 거의 모든 시간을 나무 위에서 보내며, 나뭇가지에서 나뭇가지로 공중그네를 타듯 이동한다. 이러한 행동 양식은 인간을 포함한 다른 유인원과의 생리학적인

---

* brachiator, 두 팔로 나뭇가지를 타는 종류의 원숭이.

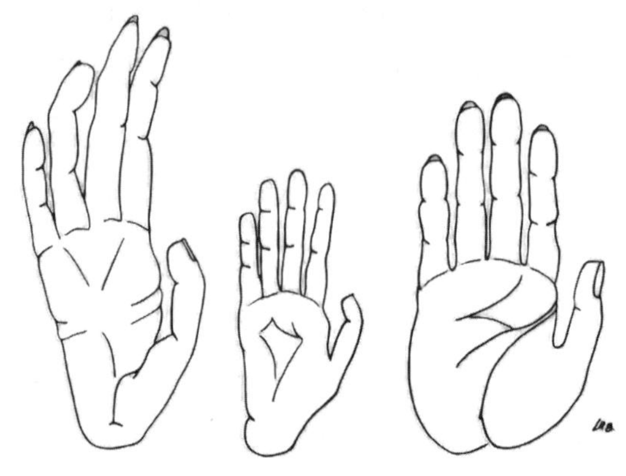

벤저민 B. 벡의 1967년 논문 「긴팔원숭이의 문제 해결 연구」 중에서.
긴팔원숭이의 손과 손가락은 다른 원숭이나 사람에 비해 매우 길기 때문에
평평한 표면에 있는 물체를 집어 올리기가 더 어렵다.

(아마도 또한 인지적인) 차이를 만든다. 긴팔원숭이는 나무에 더 잘 오르고 나뭇가지 사이를 더 잘 이동하기 위해 긴 손가락을 발달시켰다. 이것은 나무 위에서의 생활에 탁월한 적응을 제공하는 반면, 평평한 표면에 놓인 물체를 집는 것을 더 어렵게 만든다. 또한 일부 연구자들은 같은 이유로 긴팔원숭이가 평지의 물체를 잘 알아보지 못한다고 말하기도 한다. 즉, 그들의 주의와 관심이 위쪽을 향해 있고 따라서 문제 해결과 계획의 방향도 마찬가지라는 것이다. 그들은 도구가 있을 것으로 기대하는 곳에 그것이 있으면 알아보고 사용한다. 다르게 말하면, 긴팔원숭이의 환경세계는 나무 위에 존재하며 이를 고려하지 않은 모델은 그들을 영리하게 만드는 요소를 놓치게 된다.

긴팔원숭이와 신체 패턴과 인식 패턴이 다른 우리는 그들도 우리와 같은 패턴으로 문제를 해결할 것으로 기대한다. 이러한 기대는 우리와 다르게 생긴 동물이 동일한 작업을 다른 방식으로 처리할 때 그것을 파

새와 나무와 돌멩이의 지적 세계

악하기 어렵게 만든다. 예를 들어, 우리는 코끼리의 코를 일종의 다섯 번째 다리로 보는 경향이 있다. 코끼리의 코가 우리의 팔다리처럼 자유자재로 움직이는 것처럼 보이기 때문이다. 하지만 코끼리는 우리가 손을 사용하는 것과 같은 방식으로 코를 사용하지 않는다. 코끼리의 코가 닿지 않는 높이에 과일을 매달아 두고 막대기를 주면 충분히 코로 막대기를 집을 수 있는데도 막대기는 무시하고 계속 과일을 향해 코를 뻗는다. 그러나 코끼리에게 튼튼한 상자를 주면 상자를 발로 차서 과일 아래쪽으로 밀어 놓고 그 위에 올라가 과일을 따 먹는다. 코끼리의 코는 다리를 닮았지만 그들이 코를 생각하거나 사용하는 방식은 우리가 우리 몸의 경험을 바탕으로 기대하는 바와 다르다. 그러나 코끼리는 자신이 이용할 수 있는 도구가 주어지기만 하면 도구를 사용하고 문제를 해결할 수 있는 능력이 뛰어나다(그리고 형편만 된다면 스스로 도구를 만들 수도 있다). 다양한 신체에 맞는 도구가 따로 있으며 신체와 조화를 이루어 작동하는 정신 또한 서로 다르다. 지능에는 여러 유형이 있고, 두 귀 사이의 신체기관에서 일어나는 일에만 국한되지도 않는다.[8]

도구 사용 및 문제 해결 실험은 실제로 확인하기 쉬운 지능 평가 방식이며 그래서 실험 연구를 수행하려는 사람들에게 인기가 있다. 그러나 동물이 야생에서 접할 법한 도구와 과제를 실험실에서 재현하는 것은 그리 쉬운 일이 아니며, 그렇게 측정한 결과가 동물이 가진 능력의 전체 스펙트럼을 대표할 가능성도 낮다.

지능의 다른, 좀 더 형이상학적인 특성들(이라고 우리가 알고 있는 것)은 어떨까? 아무리 많은 실험 설계를 한다고 해도 긴팔원숭이, 누, 각다귀, 구피가 불멸의 영혼을 가지고 있는지는 알 길이 없을 것이다. 그러나 외부적 행동과 내면적 묵상 사이 어딘가에 있는 특성인 자기 인식은 어떠한가? 다른 주체와 구별되는 자신의 주체성을 인식할 수 있다면 자아가 있다는 의미일까? 이는 오래전부터 과학자들이 지능이 있는 것으로 보이는 동물을 만날 때마다 곤혹스러워 하는 질문이다.

1838년 3월 28일, 찰스 다윈은 제니라는 이름의 오랑우탄을 보기 위해 런던동물원을 방문했다.[9] 제니는 영국인이 본 최초의 유인원 중 하나였으므로 공개 행사는 엄청난 인파를 불러 모았다(빅토리아 여왕은 1842년에 방문하여 제니의 후계자인 또 다른 오랑우탄 제니를 만났다. 그녀는 제니의 생김새가 '끔찍하고 고통스럽고 불쾌할 정도로 사람 같다'고 묘사했는데, 내 생각에 빅토리아 여왕은 인간에게도 그렇게 느낀 적이 많았던 것 같다).

다윈은 특별 허가를 얻어 기린 사육장 내에 설치된 제니의 우리에 들어가 볼 수 있었다. 그곳에는 제니를 위해 추가 난방 시설이 설치되어 있었다. 그는 이후 누나에게 쓴 편지에서 당시 자신이 받은 느낌을 다음과 같이 묘사했다.

런던동물원 최초의 오랑우탄이었던 제니.

사육사가 사과를 보여주기만 하고 주지 않았어요. 그랬더니 마치 떼쓰는 아이처럼 발버둥 치며 울더군요. 제니는 매우 부루퉁해 보였고 두어 번 흥분했지요. 사육사는 '제니가 그만 울고 얌전하게 굴면 사과를 줄게'라고 말했는데, 제니는 그 말을 다 이해한 것 같았어요. 어린아이처럼 징징거리던 걸 멈추고 결국 사과를 얻는 데 성공하더라고요. 그러더니 사과를 들고 안락의자에 뛰어올라 상상할 수 있는 가장 만족스러운 표정으로 먹기 시작했어요.

다윈은 비글호 항해를 막 마치고 돌아온 참이었다. 『종의 기원』을 출판하기 20년 전이고, 1871년에 『인간의 유래 *The Descent of Man*』에서 자신의 진화론에 인간을 명시적으로 포함시키기까지는 그후로도 십년이 더 걸렸지만, 그는 이미 이 시점에 인간과 유인원의 유사점에 대해 생각하고 은밀하게 그에 대한 글도 썼던 것이다. 그는 이후 몇 달 사이에 동물원을 두 번 더 방문했다. 매번 마우스 오르간, 페퍼민트, 버베나 장식 등 작은 선물을 가져갔고 그때마다 제니의 반응에 놀랐다. 그리고 이렇게 기록했다. '길들여진 오랑우탄을 만나본다면… 지능을 보게 되리라. 그러고도 자랑스럽게 탁월함을 뽐낼 것인가. … 오만한 인간은 자신을 신이 만든 위대한 작품이라고 생각한다. 나는 인간이 동물로부터 생겨났다고 생각하는 것이 더 겸손하고 진실에 가깝다고 믿는다.' 이 말을 통해 다윈은 비인간 지능에 대한 자신의 인식이 진화론 발전의 기초가 되었음을 인정한 것으로 보인다. 그의 이론이 인간의 우월성을 정당화하기 위해 오용된 후대의 여러 사례를 생각하면 놀라운 결론이다.

다윈은 제니가 거울 속의 자기 모습을 어떻게 보는지에 특히 관심을 가졌다. 제니는 자신을 인식했을까? 그렇다면 그러한 인식은 무엇을 의미할까? 100년도 더 지난 후, 툴레인대학교 심리학 교수 고든 G. 갤럽 주니어Gordon G. Gallup, Jr도 같은 궁금증을 가졌다. 다윈과 달리 갤럽의 질문은 동물과의 만남이 아니라 면도를 하면서 거울 속에 비친 자신의 모습을 보고 떠오른 것이었다. 그는 나중에 이렇게 회상했다. '그냥 그런 생각이 떠올랐다. 다른 생물이 거울 속의 자신을 알아볼 수 있는지 알아보면 흥미롭지 않을까?'[10]

갤럽은 툴레인에 근무하면서 아프리카에서 자연 상태로 태어나 생의학 연구용으로 미국에 잡혀 온 수많은 침팬지를 접할 수 있었다. 그들은 사육장에서 태어난 것이 아니라 나중에 포획되었으므로 인간의 행동과 관습에 상대적으로 덜 노출되었다고 볼 수 있었다(나중에 살펴보겠지만 이러한 추정에는 인간 행동을 구성하는 요소들에 대한 여러 가정이 내포되어 있다).

갤럽은 네 마리의 어린 침팬지를 우리에 격리하고, 각각의 우리에 열흘 동안 하루에 여덟 시간씩 거울을 놔 두었다. 그는 벽에 있는 구멍을 통해 거울에 대한 침팬지의 반응이 바뀌기 시작하는 것을 보았다. 처음에 그들은 거울을 향해 사회적, 성적, 공격적인 몸짓을 보이는 등 마치 다른 침팬지가 있는 것처럼 반응했다. 그러나 그들은 차츰 자신의 몸을 탐색하기 시작했다. 그는 이렇게 회상했다. '그들은 거울을 사용하여 입 안쪽을 들여다보고, 거울을 보면서 얼굴을 찌푸리고, 생식기를 살펴보고, 눈가의 점액을 닦았다.'

갤럽은 이러한 행동 변화를 과학적으로 기록하기 위해 실험을 고안했다. 일주일 동안 거울에 노출한 후 침팬지를 마취시키고 부드럽고 냄새가 없는 염료로 한쪽 눈썹 위쪽과 반대쪽 귀에 점을 찍었다. 그들이 잠에서 깨어났을 때 다시 거울을 보여 주고 반응을 관찰했다.

결과는 확연했다. 침팬지는 거울에 비친 자신의 모습을 보자마자

　　　　　　　　　　　새와 나무와 돌맹이의 지적 세계

점이 찍힌 부위를 만지고, 손가락으로 찌르고, 그 손가락을 냄새 맡고 맛보기 시작했다. 갤럽은 후속 논문에서 '자신의 거울상에 대한 자기 인식이 자아 개념을 암시한다고 본다면, 이러한 데이터는 인간보다 열등한 존재의 자아 개념을 실험으로 부여준 최초의 증거라고 할 수 있다'고 썼다.[11] '인간보다 열등한 존재subhuman'는 당시에 드물지 않게 사용된 용어였지만, 이 표현에서 갤럽의 근본적인 인식을 엿볼 수 있다. 갤럽은 실험에 참여한 침팬지들의 이름도 따로 기록하지 않았다. 하지만 그는 훗날 '대낮의 태양처럼 분명했다'고 회상했다. '어떤 통계도 필요하지 않았다. **그것은 분명 존재했다. 빙고.**'

거울 테스트는 얼마 지나지 않아 자기 인식에 대한 표준 테스트가 되었으며, 수년에 걸쳐 여러 동물 종이 이 테스트를 받았다. 인간은 일반적으로 약 18개월에 거울 테스트를 통과한다. 곧 설명할 몇 가지 중요한 예외가 있지만, 이러한 자기 인식의 증거는 아동기 발달의 주요 지표로 간주된다. 하지만 그런 종류의 인지 테스트가 대개 그렇듯, 이 테스트의 주요 효과는 다른 동물과 인간의 유사점을 암시하기보다는 '고등' 동물과 다른 동물 사이에 분명한 구분선이 있다는 생각을 강화하는 것이다. 다시 말해, 우리는 누가 테스트를 '통과'해서 더 높은 주체의 지위를 주장할 수 있고 누가 그렇지 않은지를 판정한다. 인간 사회 내부에서도 그렇듯이, 우리는 행동과 지능에 다양한 방식이 존재하며 그중 많은 방식이 기존의 분류 방식에 문제를 제기한다는 사실을 인정하기보다는 내집단을 마지못해 찔끔 확장하는 쪽을 택한다.

거울 테스트는 이에 대한 훌륭한 예시다. 유인원 중에서는 침팬지, 보노보, 오랑우탄만이 이 시험을 확실하게 통과했지만, 특정 조건 아래에서 이 실험을 통과한 다른 동물들도 있다. 그중에서도 유독 놀라운 대표적인 사례로 거울에 확실하게 반응을 보인 돌고래와 범고래를 들 수 있다. 그들은 거품을 내뿜고 자기 몸을 주의 깊게 살펴보았으며 연구자들이 몸에 찍어 놓은 표시에도 반응했다. 반면 까치와 개미는 반사적 행동만 보이는 것으로 나타났다. 반사적 행동은 시각 이외에 사회적 관계나 다른 감각과도 관련이 있을 수 있다.[12]

그 외에도 이 동물들의 반응에는 유인원의 반응과 다른 측면들이 있다. 갤럽의 제자였던 심리학자 다이애나 리스Diana Reiss와 로리 마리노Lori Marino는 1990년대에 캘리포니아 마린월드에서 돌고래를 대상으로 거울 실험을 시작했다. 돌고래들은 즉시 반응했다. 그들은 거울 앞에서 교미를 했다. 연구자들은 이 영상을 '돌고래 포르노'라고 불렀고, 논문에서는 자기 인식을 '암시'한다고 언급했다. 돌고래의 여러 반응을 더 잘 구분할 수 있도록 돌고래에 표시를 하는 방법을 알아내기까지는 십 년이 더 걸렸다. 몸에 표시를 하자 평소에는 보이지 않던 머리와 등에 있는 표시를 확인하기 위해 공중돌기를 하거나 거꾸로 몸을 돌리는 등 돌고래의 자기 인식이 즉각적으로 분명해졌다.[13]

효과적인 것처럼 보이는 거울 테스트에도 몇 가지 문제가 있다. 가장 먼저 눈에 띄는 문제는 긴팔원숭이의 수목 환경세계 사례에서 볼 수 있듯이 신체가 정신에 끼치는 영향이 있다는 점이다. 우리가 이 세상에서 지각하고 행동하는 방식은 우리가 가진 팔다리, 감각, 우리 주변의 환경에 따라 형성된다. 이에 관해서 내가 가장 좋아하는 예는 역시 코끼리다. 우리는 코끼리가 여러 면에서 매우 영리해 보이므로 마땅히 이 테스트를 통과할 것이라고 생각한다. 그러나 몇 년 동안 여러 차례 이루어진 실험에서 코끼리들은 얼굴에 찍은 반점에 이렇다 할 반응을 보이지 않았다. 그중에서도 특히 많이 인용된 논문으로 「숨겨진 음식을 찾기 위해 거울 단서를 사용하는 것과 대조되는 아시아 코끼리의 자기 인식 실패Failure to Find Self-Recognition in Asian Elephants(Elephas maximus) in Contrast to

Their Use of Mirror Cues to Discover Hidden Food」를 들 수 있다.[14] 이는 1989년 워싱턴DC에 있는 미국 국립동물원에서 이루어진 연구였다. 샨티와 암비카라는 두 마리의 코끼리는 거울을 사용하여 과제를 해결할 수 있었지만(간식이 거울에만 비치고 실제 모습은 볼 수 없는 상태에서 정확히 간식에 코를 뻗었다. 이는 많은 유인원도 실패하는 복잡한 분리 운동 과제다), 자신의 몸에 찍힌 표시를 무시했다. 과학자들의 정의에 따르면 자기 인식을 입증하지 못한 것이다.

그러나 다른 연구자들이 이 논문에서 문제점을 발견했다. 원래 실험에서 거울은 코끼리 우리 바깥의 땅바닥에 놓여 있었는데, 이는 코끼리가 다리와 철창 위주로만 보게 되므로 자기 인식에 이상적인 조건이 아니라는 것을 의미한다. 조슈아 플로트니크와 다이애나 리스(앞의 돌고래 실험을 했던 리스와 동일 인물이다)는 브롱크스동물원에서 패티, 맥신, 해피라는 세 마리의 아시아 코끼리를 대상으로 연구하면서 이들 중 적어도 한 마리가 자기 인식 능력이 상당히 뛰어나다는 사실을 발견했다. 이 실험에서는 거울이 충분히 크고 가까웠다. 그들은 코끼리 우리 내부에 240센티미터 크기의 거울을 설치했고, 그것은 즉시 코끼리들의 주의를 끄는 데 성공했다. 코끼리들은 거울에 몸을 비비고, 코를 흔들고, 거울 속의 코끼리를 찾으려는 듯 거울 뒤로 가려고 했다. 그러나 시간이 조금 지나자 앞서 침팬지들이 그랬듯이 코끼리들도 익숙해졌고, 해피의 오른쪽 눈 위에 커다락 흰색 십자 표시를 하자 즉시 그 부위를 반복해서 만지기 시작했다. 이렇게 해서 아시아 코끼리는 자기 인식 클럽에 합류했다. 긴팔원숭이 때와 마찬가지로 인간이 마침내 이전에 자신이 멍청했던 부분을 알아낼 만큼 똑똑해진 덕분이다.[15]

저명한 동물 행동학자 프란스 더 발Frans de Waal은 자신의 저서 『동물의 생각에 관한 생각*Are We Smart Enough To Know How Animals Are?*』에서 해피의

사례를 인용했다(플로트니크는 그의 학생 중 한 명이었고 더 발은 논문의 공동 저자다). 더 발은 태국의 다른 아시아 코끼리 중에도 이 테스트를 통과한 경우가 있었지만 대다수는 '실패'했다고 지적한다[기록에 따르면, 이 테스트를 창안한 고든 갤럽은 자기 인식이 '고등' 영장류에게만 고유한 능력이라고 믿었기 때문에 코끼리와 돌고래(그리고 아마도 까치, 개미, 기타 등등)의 실험 결과에 이의를 제기했다]. 한편, 더 발의 수제자이자 최초의 코끼리 거울 테스트 논문의 저자인 대니얼 포비넬리는 이 실험이 우리에게 코끼리의 내면 상태에 대해 알려주는 것이 전혀 아니며 알 수 있는 것은 단지 이미지와 움직임을 일치시키는 능력일 뿐이라고 주장한다. 어떤 종에 대해서든 거울 테스트는 오늘날에도 여전히 치열한 논쟁 거리다.

종의 외적 특성이 거울 테스트에 문제를 일으키는 동물의 가장 좋은 예 또한 코끼리라고 생각된다. 패티, 맥신, 해피, 그리고 태국 코끼리들은 모두 아시아 코끼리이며, 거울 테스트는 그들에게 거울 속의 자신을 알아보는 능력이 있음을 보여주었다. 그런데 더 크고 더 활기 넘치는 아프리카의 사촌들은 아직 이 실험을 통과하지 못했다. 그렇다고 해서 그들에게 그럴 능력이 없다고 단정할 수는 없다. 4.5톤에 달하는 이 후피동물의 코, 엄니, 태생적인 호기심을 배겨 낼 만큼 크고 튼튼한 거울을 만든 연구자가 아직 없었을 뿐이다. 아프리카 코끼리들은 지금까지의 모든 테스트에서 거울을 파괴했다.

이러한 논의에서는 코끼리를 개별 주체로 인식하지 않는다. 해피가 이 실험에 이르기까지 어떤 삶을 살았는지 살펴보면, 이름처럼 행복한 코끼리는 아니었다. 해피는 1971년에 다른 여섯 마리의 어린 코끼리와 함께 야생에서 포획되어 태국에서 미국으로 실려 왔다. 아기 코끼리들은 마리당 800달러에 캘리포니아의 한 사파리 공원에 팔렸으며,

새와 나무와 돌멩이의 지적 세계

이곳에서 백설공주에 나오는 일곱 난쟁이의 이름을 따서 이름이 지어졌다. 해피는 40년 넘게 브롱크스동물원에서 살았는데, 이 동물원은 2014년에 동물을 수호하는 사람들In Defense of Animals이라는 국제 동물 보호 단체에 의해 미국 최악의 코끼리 동물원 5위에 선정되었다.[16] 해피는 2002년까지 태국에서 포획된 또 다른 코끼리 그럼피와 우리를 함께 썼다. 그러나 이후 패티, 맥신과 합사하자 맥신이 그럼피를 공격했고 그럼피는 부상을 입어 곧 사망했다. 코끼리들의 이런 일들이 거울 테스트에 어떤 영향을 끼쳤는지는 기록되지 않았다. 사실 이런 종류의 실험에서 개별 동물의 과거 경험을 고려하는 일은 드물다. 개별 동물은 전체 종을 대표하는 표본으로 간주되며 확실한 결론을 도출하기 위해 여러 개별 동물에 대한 연구를 축적하지만 그때 개별적인 삶의 이력(그것은 자아의 핵심이며, 다시 말하지만 환경세계는 개별적인 창조물이다)은 고려되지 않는다.

하지만 우리는 이 동물들의 표정과 행동이 서로 다르다는 것을 알 수 있다. 연구 관련 영상은 미국국립과학원회보Proceedings of the National Academy of Sciences 웹사이트에 게시되어 있다. 영상은 더러운 콘크리트 바닥의 코끼리 우리를 보여준다. 그런데 코끼리들의 행동에서 뚜렷한 차이가 나타난다. 거울이 처음 설치되었을 때 패티와 맥신은 거울을 맹렬히 공격한 반면 해피는 거리를 유지한다. 패티와 맥신은 함께 테스트를 받지만 해피는 혼자 나타난다. 2006년 그럼피의 후임인 새미가 사망한 이후 해피는 혼자 살아왔다.

2012년에 『뉴욕 포스트』는 이렇게 보도했다. '해피는 여러 개의 코끼리 우리가 늘어서 있는 대규모 수용 시설 안에서 대부분의 시간을 보낸다. 각 우리의 폭은 코끼리 몸 길이의 두 배 정도에 불과하다. 관람객들은 이 모습을 결코 볼 수 없다.' 거울 테스트의 성패는 자아를 다른 개체와 구별하는 데 달려 있는데, 다른 코끼리들에 의해 트라우마와 상실감을 겪어 고독에 익숙해진 코끼리에게 그것은 다른 느낌이지 않을까? 종의 선천적 지능이 어떠하든, 우리는 그 지능의 속성과 그것을 발휘하는 능력이 개체마다 제각기 다르다는 점을 인정해야 한다.[17]

비교 인지 연구에서와 달리 법은, 적어도 인간에게 적용될 때는 한 사람 한 사람을 대상으로 본다. 플로리다에 본부를 둔 동물 옹호 단체인 비인간 권리 프로젝트(Nonhuman Rights Project, NhRP)는 해피에 관해 이례적인 법적 소송을 제기했다. NhRP는 2018년부터 불법 구금이나 투옥으로부터 신체의 자유를 보호하는 인신보호영장writ of habeas corpus 절차에 따라 해피를 전용 동물 보호소로 보내줄 방법을 모색해왔다. 인신보호영장은 역사적으로 인간에게만 적용되어온 제도이지만, NhRP는 이를 바꾸려고 노력하고 있다. 그들은 다수의 고릴라와 침팬지를 위해서도 청원을 제출했다. 지금까지 성공한 사례는 없으며 해피의 청원 건은 아직 진행 중이다. 이 접근 방법의 더 깊은 의미는 이후 장에서 다시 탐구하겠지만, NhRP의 사례는 해피를 고유한 역사와 욕구, 경험을 가진 개별 존재로 취급한다는 점에서 중요해 보인다. 이 모두는 동물의

브롱크스동물원의 해피 (2012).

새와 나무와 돌멩이의 지적 세계

지능, 존재 및 인격에 관한 대부분의 학술적 연구에서 무시되는 사안이다.[18]

거울 테스트에는 또 다른 잠재적인 문제가 있다. 자기 점검self-scru-tiny이 인간에게는 익숙한 행위이지만 다른 동물에게는 그렇게 중요하지 않을 수 있다는 점이다. 초기 돌고래 연구에서 한 가지 가설은 돌고래가 스스로 몸단장을 하지 않기 때문에 거울 테스트를 통과하지 못하리라는 것이었고, 실제로 자기 관리보다는 섹스가 우선순위인 것 같았다. 그럼에도 불구하고 거울 테스트에 '실패'한 많은 동물들은 거울 속의 자신을 분명히 인식할 수 있을 만큼 충분히 자기 모습에 관심을 갖는 것으로 보인다. 그렇다면 이들 동물 중 다수의 경우 얼굴에 찍은 반점을 만지는 행위가 인지적 단서cognitive cue보다는 사회적 단서social cue와 더 관련 깊은 것일 수 있다.

이 가능성을 살펴보기 위해 우리의 오랜 친구인 긴팔원숭이에게로 돌아가보자. 긴팔원숭이는 거울을 앞에 두고 얼굴에 찍힌 표시를 무시하고 사회적 몸짓을 보이거나 '상대방'을 만지려고 거울 쪽으로 손을 뻗는 등, 거울에 비친 자기 상을 다른 긴팔원숭이인 것처럼 대한다. 호주에서 이루어진 한 실험에서는 총 17마리의 긴팔원숭이를 대상으로 거울 테스트를 실시했다(사실 코호트는 20마리로 구성되었으나 세 마리는 실험을 거부했다). 그들의 이름은 필립, 카야, 아르주나, 주리, 자스, 율리시스, 맹, 설리, 아이리언, 자야, 로니, 브래들리, 메이, 샴, 시드니, 밀턴, 마일로였다. 연구자들은 흥미를 끌어보려고 눈썹에 아이싱 크림을 발랐는데, 원숭이들은 계속 무시했다.[19] 연구자들은 이 '부재의 증거'가 자기 인식에 대한 계통발생적 설명을 뒷받침하는 것으로 추정했다. 이 능력이 유인원 진화에서 나타난 것이 1,800만~1,400만 년 전 사이, 즉 긴팔원숭이가 현생 인류로 이어진 계통에서 갈라진 후(그리고 오랑우탄으로 이어진 계통에서 갈라지기 전)의 어느 시점이라고 본 것이다. 물론 이것이 수렴 진화, 즉 서로 다른 진화 경로를 따라 비슷한 특성이 출현했을 가능성을 설명하지는 않는다. 코끼리, 까치, 범고래, 돌고래의 능력은 이 수렴 진화 개념으로 설명할 수 있을 것이며 이에 대해서는 나중에 자세히 설명하겠지만, 지금은 유인원에 집중하자.

아마도 해답은 얼굴이 어떤 종에게는 그다지 중요하지 않거나 인간과 다른 고등 유인원에게는 덜 중요한 다른 단서와 관련된다는 데 있을 것이다. 마카크원숭이의 일종인 붉은털원숭이는 작고 활기 넘치는 종으로, 아시아 전역의 많은 도시에서 인간과 가까이 사는 것으로 잘 알려져 있다. 나는 그들이 인도의 시장 노점에서 음식을 훔치는 것을 본 적도 있고, 사원 경내에서 방문객을 쫓아내는 것을 보고 겁을 먹기도 했다. 사원 입구에서는 방문객들에게 원숭이를 방어하기 위해 커다란 막대기를 나눠주고 있었다. 마카크는 불행하게도 면역 체계와 특정 신경 구조가 인간과 유사하기 때문에 의학 실험 대상으로 인기가 높다. 마카크의 자기 인식 능력이 밝혀진 것도 의학 실험 도중이었다.

위스콘신대학교 매디슨 캠퍼스에서 신경학 실험을 위해 원숭이 두 마리를 데려왔다. 실험을 위해서는 파란색 아크릴로 만든 약 2.5센티미터의 정육면체 블록을 원숭이의 두개골 꼭대기에 나사로 박아 넣어야 했다. 아크릴 블록에는 전극과 고정 장치가 부착되어 있었다(앞서 인용한 여러 연구에서와 달리 이 연구에서는 실험에 참여한 원숭이들의 이름을 밝히지 않았다. 또한 논문에 첨부된 사진과 영상에서는 '두부 삽입물이 재량에 따라 지워졌다.').[20] 연구자들은 마카크가 다른 문헌에서와 전혀 다르게 행동한다는 것을 금세 알아챘다. 마카크원숭이는 일반적으로 거울 앞에서 자신을 비추고 살펴보지만, 자신의 거울상과 눈을 절대 마주치지 않으려고 하거나 거울에 비친 원숭이를 라이벌처럼 대한다. 그런데 장치가 이식된 원숭이는 이와 대조적으로 머리 꼭대기를 살펴보는 데 상당한 시간을 보냈다. 누군가 파란색 플라스틱 블록을 우리 머리 위에 볼트로 고정했다면 우리도 분명 그럴 것이라고 확신한다. 그 다음에는 몸의 다른 부분, 특히 생식기를 살펴보고 손질하기 시작했다.

그렇다면 이것이 결국 마카크의 자기 인식인 것일까? 눈맞춤은 위계, 지배력, 공격성과 연관되어 있어서, 낯선 상대방을 쳐다보는 것을 매우 불편하게 만든다. 이 마카크원숭이들의 행동에 대한 한 가지 설명은 그들의 사회적 인식 정도가 강해서 오히려 서로를 보는 것을 매우 싫어한다는 것이다. 이것이 거울 앞에서 그들의 사회적 행동이 계속적이면서도 간헐적으로만 일어나는 이유가 될 수 있으며, 이는 그들이 침팬지나 다른 고등 유인원처럼 이 단계를 넘어 자신을 보고 있다는 것을 깨닫게 될 만큼 충분히 집중하지 않게 만든다. 장치가 이식된 원숭이의 경우, 다음 단계로 나아가기 위해 머리에 플라스틱 블록을 나사로 박아 넣는 강력한 역자극이 필요했던 셈이다.

종에 따라 얼굴은 그다지 중요하지 않거나 적어도 매우 다른 의미를 가질 수 있으므로 거울에 비친 얼굴에 대한 인간의 집착을 재현하는 거울 테스트 같은 접근 방식은 부적절할 수 있다. 마카크원숭이는 다양한 방식으로 영리함을 보여주지만, 얼굴을 마주보는 것은 중요하게 생각하지 않을 수 있다. 반면 이 원숭이들은 자위를 많이 하고 서로의 엉덩이를 쳐다보기도 한다. 대부분의 학술 논문은 여전히 마카크가 자기 인식 능력이 부족하다고 결론 내리고 있지만 내 생각은 다르다. 당연히 이 원숭이들에게도 자기 인식 능력이 있다. 다만, 얼굴보다 엉덩이를 보여주며 소통하는 성향 때문에 거울에 얼굴이 아니라 엉덩이를 비추어 볼 뿐인 것이다. 원숭이에게 인스타그램 계정이 있다면 엉덩이 셀카가 수두룩할 것이다.

해피처럼 거울 테스트를 통과한 개체가 한 마리뿐이거나 한 종 내에서도 테스트 통과 상황이 다양하게 나타나는 경우가 많다. 종과 개체의 차이는 중요하며, 이러한 차이에 주의를 기울이면 우리 자신의 관점이 어떻게 판단을 흐리게 하고 타자의 능력을 제대로 알아볼 수 없게 하는지 드러난다.

고등 유인원의 조건에 대해 여러 학설이 분분하지만 고릴라는 많은 연구자들이 고등 유인원으로 인정한다. 그러나 대부분의 고릴라는 거울 테스트에 실패한다. 마카크원숭이와 마찬가지로 고릴라도 눈맞춤을 위협으로 간주하여 강한 혐오감을 느끼기 때문에 거울 속 얼굴을 보는 것을 좋아하지 않는다. 거울로 평소에 보지 못했던 신체 부위를 탐색하고 몸단장을 하는 등 자신을 '본다'는 증거는 많이 있지만, 거울의 각도를 조절하거나 숨긴 먹이를 거울을 보고 찾게 하는 등의 훨씬 기발한 테스트에서도 얼굴의 반점을 만지는 것에 상응하는 광범위하고 과학적인 자기 인식의 증거를 찾지 못했다.[21] 이것은 종 특유의 문제처럼 보일 수 있지만 사실 개체에 따른 특성에 가깝다. 코코의 사례를 살펴보면 그 의미가 분명해질 것이다.

코코는 46년 동안 사육장에서 살았던 암컷 고릴라로, 그중 45년은 캘리포니아 우드사이드에 있는 고릴라재단Gorilla Foundation에서 동물 심리학자 프랜신 패터슨Francine Patterson과 함께 지냈다. 패터슨은 코코에게 '고릴라 수화'를 천 단어 이상 가르쳤고, 어릴 때부터 영어로 말을 걸었다. 코코의 능력에는 여전히 논란의 여지가 있지만, 그녀와 함께 시간을 보낸 사람들에 따르면 코코는 인간이 사용하는 것과 같은 방식으로 언어를 사용했으며 '인간적인' 다른 특성도 많이 보여주었다. 예를 들어, 거짓말에 능숙했다. 코코는 물건이 없어지거나 파손된 데 대해 당시 그 자리에 있었거나 자기가 싫어하는 사람에게 책임을 돌렸다. 자의

1978년 3월 3일, 페니 패터슨의 수화 실험에 참여한 코코.

식도 매우 높았다. 인형을 가지고 노는 것을 좋아했고 종종 인형에게도 수화를 사용했는데 자신이 관찰되고 있다고 생각하면 즉시 중단했다.

코코는 거울 테스트를 쉽게 통과했다.[22] 사실 코코가 평생 그렇게 유명해지게 된 계기는 거울 속의 자신을 사진 찍는 모습이 담긴 『내셔널 지오그래픽』 표지였다. 테스트를 통과한 또 다른 고릴라는 45살 수컷 고릴라 오토였다. 오토는 두 살 때부터 플로리다에 있는 선코스트 영장류 보호구역Suncoast Primate Sanctuary에 살았는데, 그곳에서는 먹이 사냥, 텔레비전 시청, 그림 그리기, 인간 훈련사와의 정기적인 접촉 등 '풍부한' 환경이 제공되었다.[23] 선천적 특성 또는 적어도 그 표출 형태라고 추정되는 것이 실제로는 그것을 뒷받침하는 환경과 신체 패턴이 제공되면 시간이 지남에 따라 점차 개발될 수 있는 것으로 보인다.

고릴라재단에서 코코와 함께 살았던 18살 고릴라 미이클의 경우를 보면 자기 인식 문제가 훨씬 더 복잡해진다. 마이클은 600개 이상의 수화 어휘를 습득했는데, 그중 상당수는 코코가 가르쳐준 것이었다. 마이클은 카메룬에서 밀렵꾼의 손에 희생당한 어미의 죽음을 일련의 단어들로 묘사해 유명해졌다. '짓누르다 고기 고릴라. 입 이빨. 날카로운 울음. 큰 소리. 나쁜 생각-문제 표정. 베다/목 입술 여자 구멍.'

코코처럼 마이클도 자의식을 가졌을 수 있다. 마이클은 장비를 망가뜨린 이력이 있을 만큼 상당히 파괴적이었고, 이 때문에 자기 인식에 대한 거울 테스트를 실시할 때에는 거울을 방 바깥에 설치하고 연구자들도 방 밖에 머물면서 안을 들여다보아야 했다. 마이클은 이전에도 거울에 많은 관심을 보였는데, 코에 커다란 염료 반점이 찍히자 이상하게 행동하기 시작했다. 마이클은 거울에 다가가서 앞으로 몸을 기울여 꼼짝 않고 주의 깊게 자신을 살펴보았다. 그러더니 고개를 좌우로 돌려 여러 각도에서 얼굴을 바라보았다. 그리고는 불을 꺼달라는 시늉을 했다. 실험자들은 거절했지만 마이클은 계속해서 조명을 끄고 가림막을 닫아달라고 요청했다. 요청을 계속 거절당한 마이클은 결국 구석으로 물러나서 연구자들에게 등을 돌린 채 반점이 사라질 때까지 벽에 코를 문질렀다.[24] 마이클의 반응은 자기 인식뿐만 아니라 복잡한 인지 능력complex cognition 중 또 다른 중요하고 논쟁적인 속성인 마음이론theory of mind을 암시한다.

마음이론은 다른 개인과 구별되는 자아에 대한 단순한 인식을 넘어 다른 사람의 내면의 삶을 생각하고 그들의 정신 상태를 상상하며 그에 따라 행동하는 능력을 뜻한다. 우리는 거울 테스트에서 단순한 상호작용을 넘어 훨씬 더 광범위하고 복잡한 지능이 작용하는 모습을 엿볼 수 있다.

이 모든 근본적으로 다른 능력과 그 결과를 통해 우리는 무엇을 만들 수 있을까? 앞에서 보았듯이, 다양한 종은 다양한 방식으로 테스트를 통과한다. 일부는 거울에 적극적으로 반응하지만 반점 테스트는 거부하고, 또 어떤 동물은 근본적으로 다른 방식으로 능력을 개발하거나 해당 종의 이미 알려진 경향에 근거한 우리의 기대를 혼란스럽게 한다. 물론 거울 테스트는 우리가 지능이라고 생각하는 것의 매우 특정한 구성 요소에 대한 테스트, 그중에서도 한 종류일 뿐이다. 그러나 여기서 얻은 교훈은 인간을 포함한 모든 존재의 지능 또는 지능 없음에 관해 우리가 제기하는 모든 주장에 적용되어야 한다. 그 결과가 우리 자신의 편견과 한계에 의한 것이 아닐지라도, 우리가 얼마나 모르고 있는지는 분명 알려준다.

거울에 의한 자기 인식은 인간 사이에서도 개인에 따라, 문화권에 따라 다르게 나타난다는 점이 밝혀진 바 있다. 조현병이 있는 성인은 거울 속의 자신을 알아보지 못하는 경우가 많으며 마음이론을 발휘하는 데도 어려움을 겪는다. 인간 어린이가 생후 약 18개월에 거울 테스트를 통과하며 이 시기에 자기 인식이 발달한다는 것은 마치 객관적인 '사실'인 것처럼 간주될 때가 많지만, 실상은 그 자체가 편향된 결론이며 전적으로 옳다고 볼 수 없음이 밝혀졌다. 이러한 테스트는 주로 미국과 캐나다의 서양 어린이를 대상으로 수행되었으며, 아프리카나 남미, 태평양 섬에서는 입증되지 않았다.[25] 그렇다고 비서구 어린이에게 자기 인식 능력이 없다고 할 수는 없다. 이는 우리의 테스트 과정과 분석이 다른 종은 물론이고 다른 문화권의 인간에게 수행할 때조차 효과적이지 않을 만큼 문화적으로 편향되어 있음을 의미한다.

특히 고릴라의 행동을 우리가 독해할 수 있는 인간의 행동처럼 만들기 위해 고릴라다운 특성의 상당 부분을 제거했다는 점이 눈에 띈다.

코코와 마이클은 자연 서식지로부터 유리되어 평생에 가까운 시간을 인간과 장시간 접촉하며 특수 우리 안에서 살았다. 그들이 우리에게 지능적이라고 평가받는지는 그들이 인간과 유사한 행동 패턴과 사회성을 갖도록 훈련되었는지에 달려 있다. 하지만 앞으로 우리가 다루게 될 다른 형태의 상호 작용에서는 그런 훈련 없이 지능이 발현되는 또 다른 (그러나 마찬가지로 분명한) 징후를 볼 수 있다. 다만 비인간에게서 나타나는 그러한 징후를 인간이 읽어낼 수 있는지가 관건이다. 우리와 그들의 환경세계가 중첩되는 것이다. 예컨대 개미의 지능이 포착될 가능성이 거의 없다는 것은 우리가 인간 지능을 판단하는 것과 동일한 방식으로 개미에 관해 판단할 수 없다는 뜻이다. 그러나 지금까지 시도된 여러 실험의 허점을 통해 살펴보았듯이, 그렇다고 해서 그들이 지능적이지 않다는 뜻은 아니다. 오히려, 우리가 비인간 지능이 무엇으로 구성되어 있는지 진정으로 이해하고 그리하여 우리 자신과 다른 존재들의 능력에 대한 이해를 변화시키려면 지능을 인간 경험에 의해 정의되는 것에 국한하여 생각하던 방식을 멈춰야 한다. 대신 우리는 처음부터 지능을 인간 너머의 것으로 생각해야 한다.

지능을 '수행'하는 여러 방법이 있다는 사실은 이미 밝혀졌으며, 이는 진화계통에서 우리 가까이에 자리 잡은 유인원과 원숭이에게서도 분명하게 나타난다. 그런데 이러한 인식이 우리와 매우 다른 비인간 지능에 대해 생각할 때는 완전히 새로운 성격을 띠게 된다. 이 행성에는 우리와 너무 멀리 떨어져 있고, 너무 다르기 때문에 연구자들이 외계인과 가장 가까운 생물로 간주하는, 그러나 고도로 진화되고 지능적이며 활기가 넘치는 생물들이 있기 때문이다.

문어, 오징어, 갑오징어를 포함하는 생물군인 두족류는 자연의 가장 흥미로운 창조물 중 하나다. 두족류는 모두 연체동물로, 골격은 없고 딱딱한 부리beak만 갖고 있다. 그들은 물속에 있지만 물 밖에서도 한동안 생존할 수 있다. 일부는 제트기처럼 물을 쏘아 그 추진력으로 단거리를 날 수도 있다. 그들은 다리로 별난 행동을 한다. 그리고 지능이 매우 높다. 어떤 도구로 측정하든, 무척추동물 중에서 가장 지능이 높은 것으로 알려졌다.

특히 문어는 자기 지능을 보여주는 것을 즐기는 것 같다. 그들은 동물원과 수족관에서 끈기 있게 탈출을 시도하고 종종 성공하는 것으로 유명하다. 잉키라는 이름의 뉴질랜드 문어는 네이피어 국립수족관에서 수조의 물넘침 방지 밸브를 타고 기어올라 바닥을 가로질러 2.4미터를 질주하고 좁은 배수관을 타고 32미터를 이동하여 바다로 미끄러져 내려가 탈출해서 전 세계적으로 화제가 되었다. 더니든 근처의 또 다른 수족관에서는 시드라는 문어가 양동이에 숨어 문을 열고 계단을 오르는 등 수없이 탈출을 시도하다가 결국 바다로 방류되기도 했다. 수족관에 물을 붓고 다른 탱크에서 물고기를 훔친 문어도 있었다. 이런 종류의 이야기는 영국에서 처음으로 문어를 가두어 키우던 19세기부터 이어져왔으며 오늘날에도 여전히 반복되고 있다.

독일 코부르크의 시스타수족관에 사는 오토라는 문어는 소라게를 저글링하는 모습이 포착되면서 처음으로 언론의 주목을 받았다. 오토는 수조 옆면에 돌을 던지기도 하고, 관리자의 말에 따르면, '자기 취향에 맞게' 수조 안의 물건들을 완전히 재배치하기도 했다. 한번은 수족관의 전기가 계속 단락되는 일이 있었다. 이것은 여과 펌프가 정지되어 다른 동물들의 생명을 위협하는 일이었다. 정전이 발생한 지 사흘이 지난 밤, 직원이 문제의 원인을 찾기 위해 바닥에서 잠을 자면서 숙직을 하기 시작했고, 오토가 수조 꼭대기에 접근하여 낮게 달린 전구에 물을 뽑고 있는 것을 발견했다. 전구 불빛이 거슬렸던 모양이었다. 오토는 불을 끄는 방법을 알아낸 것이다.[26]

문어는 실험실에서도 만만치 않다. 그들은 실험 대상이 되는 것을 좋아하지 않으며, 연구자들을 가능한 한 힘들게 만들려고 애쓰는 것 같다. 뉴질랜드 오타고대학교 실험실에 살던 문어 한 마리도 오토처럼 물을 뿜어 불을 끄는 방법을 알아냈다. 계속 전구를 교체하는 데 지친 연구원들은 결국 범인을 야생으로 돌려보냈다. 같은 실험실의 또 다른 문어는 연구원 한 명을 개인적으로 싫어해서 그가 수조에 다가올 때마다 목 뒤에 2리터나 되는 물을 끼얹었다. 캐나다 달하우지대학교의 갑오징어는 실험실에 오는 모든 방문객에게 물을 뿜었지만 상근 연구원들은 예외였다. 2010년, 시애틀아쿠아리움에서는 똑같은 옷을 입은 생물학자 두 명이 문어들을 데리고 좋은 경찰/나쁜 경찰 게임을 했다. 한 명은 매일 먹이를 주고 다른 한 명은 거칠거칠한 막대기로 문어를 찔러댔다. 2주 후, 문어들은 좋은 경찰 역할을 한 연구자가 오면 다가가고 나쁜 경찰을 연기한 연구자가 오면 물러났으며, 둘에게 서로 다른 색깔의 발광을 하는 등 둘을 구별했다. 두족류는 인간의 얼굴을 알아본다.[27]

이 모든 행동, 그리고 야생에서 관찰되는 문어들의 행동은 그들이 지능을 바탕으로 학습, 기억, 이해, 사고, 숙려, 행동한다는 것을 암시한다. 이것은 우리가 '고등' 동물에 관해 알고 있다고 생각하는 모든 것을 바꾸어놓는다. 유인원이라면 몰라도 두족류는 우리와 너무 다르지 않은가? 그 독특한 신체 구조만 봐도 그렇다. 그런데 신체의 차이는 정신에까지 영향을 끼친다.

문어의 뇌는 우리처럼 머리 안에 들어 있는 것이 아니라 몸 전체와 다리에 분산되어 있다. 모든 팔에 뉴런 다발이 들어 있어서 제각기 독립적인 정신으로 기능하므로, 중앙의 통제에 구애받지 않고 스스로 움

　　　　　　　　　　　　　　　　　　새와 나무와 돌멩이의 지적 세계

직이고 반응할 수 있다. 문어는 지능이 있는 여러 부분의 연합체다. 문어의 인식과 사고가 인간과 근본적으로 다른 방식으로 발생한다는 뜻이다.

이러한 차이를 가장 잘 보여주는 것은 과학자들의 저작이 아니라 소설인 것 같다. SF 작가 에이드리언 차이콥스키Adrian Tchaikovsky는 그의 소설 『시간의 아이들Children of Time』에서 문어의 지능을 일종의 다중스레드multi-threaded 처리 시스템으로 설명했다. 이 책에는 우주를 여행하는 문어들이 나오는데, 그들의 인식과 의식은 세 부분으로 이루어져 있다. 차이콥스키가 '왕관'이라고 부르는 문어의 고등 기능은 머리, 즉 뇌에 내장되어 있는 한편, '팔로 움직이는 언더마인드'인 그들의 '손'은 음식 조달, 자물쇠 열기, 싸우기, 도망가기 등의 문제를 독자적으로 해결할 수 있다. 사고와 의사소통의 세 번째 방식은 '외피'로, 문어 피부의 섬광과 얼룩, 즉 '뇌의 칠판'을 제어하여 순간순간의 생각을 낙서처럼 기록해둔다. 이런 식으로 문어는 의식적 의도뿐 아니라 감정의 폭발, 공상의 비행, 호기심과 지루함의 행동을 보이며 서식지, 그리고 사회를 건설하고 우주를 자유롭게 돌아다닌다. 차이콥스키의 문어는 활기차고, 격정적이고, 지루하고, 창의적이고, 산만하고, 시적이다. 이 모든 것은 신경계 내에서의 끊임없는 대화와 갈등의 동시발생적 산물이다. 차이콥스키가 말했듯이 문어의 단일 신체에는 다중 지능이 깃들어 있다.[28]

차이콥스키는 런던 자연사 박물관 방문, 과학자들과의 대화, 동물학자로서의 자신의 배경 지식을 바탕으로 소설을 썼다. 그러나 공상과학 소설을 통해서나 비로소 우리가 이해할 수 있는 그러한 생물, 그 지능을 가지고 우리는 무엇을 만들어야 할까? 그들은 어떻게 그렇게 유별나게 다른 것처럼 보이면서도 우리와 같은 진화 과정의 일부로서 같은 행성에 존재할 수 있는 것일까?

거울 테스트를 통해 관찰할 수 있는, 즉 우리 인간과 가장 유사한 종류의 자아 인식은 보노보와 오랑우탄 사이, 즉 1,800만 년에서 1,400만 년 전 사이의 유인원에게서 나타난 것으로 보인다. 그 시기에 우리의 지능을 구성하는 특성 중 하나가 진화했다고 볼 수 있다. 인간은 약 600만 년 전에 침팬지로부터 갈라져 나왔으므로, 우리의 지능이 침팬지와 비슷하다는 것은 이해할 수 있다. 그러나 영장류는 약 8,500만 년 전에 다른 포유류와 분리된 반면, 포유류 자체는 3억 년 전에 다른 동물과 구별되기 시작했다. 인간과 두족류의 공통 조상을 찾으려면 그 두 배, 즉 6억 년 전으로 거슬러 올라가야 한다.

철학자 피터 고드프리스미스Peter Godfrey-Smith는 『아더 마인즈*Other Minds*』에서 이 공통 조상이 누구였을지 상상해본다. 확실히 알 수는 없지만, 그것은 길이가 몇 밀리미터밖에 안 될 만큼 작고 납작한, 깊은 바닷속을 헤엄치거나 해저를 기어 다니는 생물이었을 가능성이 높다. 그것은 아마도 앞을 전혀 보지 못하거나 아주 기본적으로만 빛을 감지했을 것이다. 신경계도 초보적인, 즉 신경망이 뇌에 모여 있는 단순한 수준이었을 것이다. 그는 '이 동물들이 무엇을 먹었는지, 어떻게 살고 번식했는지도 알 수 없다'고 썼다. 거의 눈이 먼 채로 해저를 기어 다니는 작은 벌레들보다도 우리와 먼 어떤 생명체를 상상하기란 힘들다. 하지만 우리는 그들로부터 왔고 문어도 마찬가지다.

공통 조상은 진화의 계통수 꼭대기에서도 6억 년, 맨 밑에서도 6억 년이 떨어져 있는 지점에 있다. 그 거리는 우리와 문어 사이의 명백한 차이점을 이해할 수 있게 해주는 반면 유사점은 더욱 놀랍게 만든다.

문어의 가장 놀라운 특징 중 하나는 눈이다. 문어의 눈은 우리 눈과 매우 비슷하다. 인간의 눈처럼 홍채, 원형 수정체, 유리체액, 색소, 광

　　　　　　　　　　　　　　　　새와 나무와 돌멩이의 지적 세계

수용체로 구성되어 있다. 사실 문어의 눈은 한 가지 점에서 우리 눈보다 눈에 띄게 우수하다. 발달 방식으로 인해 시신경 섬유가 망막을 통과하지 않고 망막 뒤에서 자라기 때문에 모든 척추동물에게 공통적으로 나타나는 중앙 맹점이 없다. 이러한 차이가 존재하는 이유는 문어의 눈이 우리 눈과 완전히 별개로 진화했기 때문이다. 즉, 6억 년 전 눈먼 편형동물로부터 완전히 다른 진화계통의 가지를 따라 진화했다는 것이다.

이것은 수렴진화의 한 예다. 문어의 눈은 우리의 눈과 거의 동일한 일을 하도록 진화했다. 완전히 별개로, 그러나 별로 다르지 않게 진화한 것이다. 믿을 수 없을 만큼 복잡하지만 놀라울 정도로 유사한 두 구조가 서로 다른 경로, 서로 다른 맥락에서 세상에 나타났다. 눈처럼 복잡하고 환경에 따른 적응이 큰 부분을 차지하는 기관이 하나 이상의 진화 경로를 밟았다면, 지능도 그러지 말라는 법이 없지 않을까?

4장에서 진화계통의 가지치기와 쪼개짐에 대한 우리의 기존 생각이 완전히 거짓은 아니더라도 지나치게 단순하다는 사실을 더 파고들어볼 것이다. 지금은 간단히 상상만 해보자. 진화의 나무는 많은 열매와 많은 꽃을 맺고, 지능은 가장 높은 가지에서만 발견되는 것이 아니라 실제로 모든 곳에서 꽃을 피웠다.

문어의 지능이 바로 그런 꽃이다. 고드프리스미스가 말했듯이, '두족류는 무척추 동물의 바다에 있는 정신적 복잡성의 섬이다. 인간과 두족류의 가장 가까운 공통 조상은 매우 단순하고 아주 먼 옛날에 존재했다. 따라서 두족류는 큰 뇌와 복잡한 행동의 진화에 관한 하나의 독립적인 실험과도 같다. 우리가 감각이 있는 존재로서 두족류와 접촉할 수 있다면 그것은 공유된 역사나 친족 관계 때문이 아니라 진화가 정신을 두 번 이상 구축했기 때문이다.' 두 번 일어난 것이 맞다면, 훨씬 더 많이 일어났을 가능성이 높다.

그렇다면 우리는 문어에게서 몇 가지 중요한 사실을 배울 수 있을 것이다. 첫째, 지능을 '실행'하는 방법에는 행동적, 신경학적, 생리학적, 사회적으로 여러 방법이 있다. 다시 한번 말하지만, 지능은 존재하는 것이 아니라 누군가 행하는 것이다. 그것은 활동적, 관계적, 생성적이며 우리가 생각하고 행동할 때 나타난다.

우리는 긴팔원숭이, 고릴라, 마카크원숭이로부터 지능의 관계적 특성을 이미 배웠다. 지능을 어떻게, 어디서 실행하는지, 신체가 어떤 형태로 지능을 제공하는지, 누구와 연결하는지가 중요하다. 지능은 머리에만 존재하는 것이 아니다. 문어에게서 볼 수 있었듯이 문자 그대로 몸 전체를 사용하여 지능을 수행하는 것이다. 지능은 이 세상의 여러 존재 방식 중 하나다. 지능은 세상에 대한 인터페이스이며, 그것은 세상을 드러낸다.

그렇다면 지능은 테스트할 대상이 아니라 다양한 형태로 모습을 드러내는, 알아봐야 할 대상이다. 과제는 그것을 인식하고, 연관시키고, 드러내는 방법을 알아내는 것이다. 이 과정은 그 자체로 실험실의 인위적인 제약 속에서 수행될 수 있는 것보다 훨씬 더 깊고 광범위한, 인간 너머 세계 전체와의 의사소통 및 상호 작용의 형태에 우리 자신을 개방하는 얽힘의 하나다. 비인간 의사소통자의 조건을 바꿀 것이 아니라 우리 자신, 우리 자신의 태도와 행동을 바꿔야 한다.

엄격한 과학적 연구로 알 수 있는 것은 비인간 생명의 실제 현실뿐이다. 그런 연구들은 대부분 우리가 만든 모델, 즉 과학 자체의 구조, 즉 인간 중심의 세계를 이해하는 인간 중심의 방식에 대해서만 알려준다. 그러나 이러한 접근 방식이 제한적이라고 해서 그러한 현실이 우리가 전체적으로 또는 부분적으로 다른 수단을 통해 접근할 수 없는 것은

새와 나무와 돌멩이의 지적 세계

아니며, 과학자라고 해서 그렇게 하지 못할 이유는 없다.

영장류학자 바버라 스머츠Barbara Smuts는 1970년대부터 25년 넘게 케냐와 탄자니아 전역에서 자유롭게 살고 있는 개코원숭이의 행동을 연구했다. 그녀는 가장 잘 알게 된 개코원숭이 무리에게 나이바샤 호수 근처 그레이트 리프트 밸리Great Rift Valley에 있는 암석 노두의 이름을 따서 에버루클리프 부대라는 이름을 붙여 주었다. 그녀는 거의 2년 동안 매일을 이들과 함께 보냈고, 원숭이들이 새벽에 일어나서 해질녘에 쉴 곳을 찾을 때까지 함께 돌아다녔다. 그 결과, 그녀는 개코원숭이의 행동에 대한 독특한 통찰을 얻었을 뿐만 아니라 쉽게 분류할 수 없는 그들의 삶과 정신의 여러 측면에 대한 공감과 동정심이 생겼다.

당시로서는 이례적인 접근 방식이었다. 과학자들은 연구 대상을 무시하거나 오히려 멀리하려고 할 때가 많았다. 그러나 스머츠는 그런 태도가 의미 있는 상호 작용을 배제함으로써 과학자들이 연구하려는 행동을 볼 수 없게 만든다고 주장했다.

스머츠가 비인간 동물과 친숙해질 수 있었던 계기는 그녀가 연구자였기 때문이다. 그러나 훨씬 더 오래된 뭔가, 즉 우리 조상으로부터 물려받은 어떤 것이 그것을 가능케 했다고 그녀는 강조했다. '최근까지만 해도 모든 인간은 다른 생물과 깊은 친밀감을 갖고 있었다. 구석기 시대 사냥꾼은 곰과 같은 방식으로, 즉 삶과 죽음의 기로에 선 야생동물의 강렬한 집중력과 완전히 각성된 감각으로 거대한 곰에 대해 배웠다. 우리 조상의 생존은 포식자, 먹잇감, 경쟁자, 그리고 더 예민한 시각, 후각, 청각을 통해 세상에 대한 인간의 이해력을 높이는 모든 동물의 미묘한 움직임과 의사소통에 대한 절묘한 민감성에 달려 있었다.'[29] 스머츠의 이러한 민감성은 개코원숭이와의 상호 작용을 통해 회복될 수 있었다.

스머츠는 개코원숭이가 그녀의 존재를 수용하게 하기 위해 탁 트인 곳에서 무리에 접근하여 천천히 그들을 향해 움직였고 그들이 놀라거나 멀어지는 것처럼 보일 때마다 멈췄다. 그녀는 원숭이들의 행동에 적응해가면서 더 미묘한 신호를 포착하기 시작했다. 예를 들어, 어미는 경보가 울리기 전에 새끼를 가까이 불렀다. 마침내 그녀는 그들 사이를 자유롭게 활보할 수 있게 되었다.

다른 종들 사이에서 자유롭게 이동할 수 있는 능력, 스머츠는 이것이 개코원숭이에게 자기 존재가 익숙해지는 것보다 자신의 행동을 그들에 맞게 조정하는 것에 달려 있다고 강조한다. 그녀는 개코원숭이의 방식으로, 즉 과학자로서뿐만 아니라 손님으로서 그들의 행동을 관찰하면서 그들처럼 움직이고 생각하는 법을 배웠다. 그 결과, 개코원숭이가 그녀를 두려움의 대상이 아닌 의사소통의 대상으로 보기 시작했다. 즉 그들은 집단적인 경고까지 가지 않더라도 못마땅한 눈빛만 보내면 그녀를 쫓아내는 데 충분하다는 것을 깨달았고, 시간이 지나면서 그들 사이에 통용되는 몸짓과 신호가 생겨났다.

스머츠는 개코원숭이의 소리와 몸짓에 단순히 반응하기만 하지 않고 그 소리와 몸짓을 그대로 따라하면 그들에게 더 가까이 다가갈 수 있다는 것을 곧 알게 되었다. 개코원숭이는 개인 공간에 대한 감각이 고도로 발달되어 있어서, 가족 구성원은 가까이 와도 내버려두지만 지위가 높거나 공격적인 구성원의 시선을 느끼면 달려들기도 한다. 서로 마주쳤을 때 내는 그르렁거리는 소리나 표정에는 상대방과의 관계에 대한 추정이 담겨 있다. 그래서 스머츠가 동료 원숭이들에게 그르렁거리는 소리와 몸짓을 흉내내며 화답했을 때 그들이 그녀를 더 많이 받아들인 것이다. 그저 무시하는 것은 개코원숭이를 비롯한 사회적 동물에게 중립적으로 받아들여지는 행위가 아니다. 세계에 대한 우리의 관계

     새와 나무와 돌멩이의 지적 세계

에서도 마찬가지다.

개코원숭이들과 사귀어보려는 열의의 결과로, 스머츠는 그들에게서 기대했던 것보다 더 많은 것을 배우기 시작했다. 시간이 지나면서 원숭이 무리 주변 세계에 대한 그녀의 인식도 바뀌기 시작했다. 날씨에 대한 태도 변화가 한 예다. 연구를 시작한 첫 몇 달 동안은 비구름이 지평선에 나타나기만 하면 피난처를 찾기 바빴지만, 시간이 지나면서 그녀의 반응은 개코원숭이처럼 변했다. 개코원숭이들도 젖는 것을 싫어하기는 마찬가지였지만 스머츠보다 훨씬 더 오랫동안 야외에 머물면서 비가 오기 전에 충분한 먹이를 찾으려고 했고, 마지막 순간에 비를 피하기 위해 바위와 나무로 돌진했다. 어느덧 스머츠는 자신도 같은 행동을 하고 있음을 깨달았다. '나는 이 인식을 내가 보거나 듣거나 냄새 맡은 어떤 것 때문이라고 지목할 수 없었다. 나는 그냥 알았다. 분명히 개코원숭이도 마찬가지였다. 나에게 이것은 작지만 의미 있는 승리였다. 나는 세상에 대한 분석적 사고에서 직접적이고 직관적인 경험으로 나아갔다. 바로 그때 내 속에 오랫동안 잠들어 있던 무언가가 깨어났다. 나의 조상들이 그랬던 것처럼, 모든 생물이 영겁의 진화에 의해 그렇게 되도록 설계되었기 때문에, 이 세상에 살고 싶은 열망이 일어났다. 행운이었다. 나는 길을 보여줄 수 있는 전문가들에 둘러싸여 있었으니까.'

바깥으로 나타나는 행동을 세심히 살피다보면 필연적으로 내면의 삶에 대한 감수성도 높아진다. 그리고 시간이 지나면서 스머츠는 자신의 정체성에 변화를 느꼈다. '내가 경험한 변화는 수천 년에 걸쳐 신비주의자들에 의해 잘 설명된 바 있는 것이었지만, 과학자들은 그것을 거의 인정하지 않는다. 나의 주관적인 의식이 개코원숭이의 집단 정신과 점차 합쳐지는 것 같았다. "나"는 어선히 존재했지만 내 경험 대부분이 더 큰 느낌의 실체와 중첩되었다. 점점 더 원숭이 무리가 "그들"이 아닌 "우리"로 느껴졌다. 개코원숭이의 만족이 나의 만족이 되었고, 그들의 좌절이 나의 좌절이 되었다.' 그녀는 채식주의자였지만 원숭이들의 배고픔과 먹잇감을 죽였을 때의 기쁨, 신선한 고기를 보고 입안에 도는 군침까지도 공유했다. '나는 이제껏 내가 더 큰 뭔가의 일부라고 느낀 적이 없었다. 내 활동을 그렇게까지 다른 이들에게 맞추어 변화시켜본 적이 없었으니 놀라울 일도 아니다. 매우 큰 충만감을 느끼며, 나는 분리된 자아를 버리고 동료 영장류들의 공동체에 속해 있는 고대의 경험 속으로 미끄러져 들어갔다.'

스머츠가 탄자니아의 곰베강 국립공원에 있는 다른 개코원숭이 무리와 함께 겪었던 한 사건은 동물들에게서 과학적으로 분류할 수 없을 뿐만 아니라 우리 인간의 분류 불가능한 경험을 반영하는 일종의 경험과 감수성을 포착한 것처럼 보였다. 우리는 그것을 영성이라고 부른다. 어느 늦은 저녁 개코원숭이들이 평소에 자주 다니던 작은 개울을 따라 잠잘 곳으로 가고 있었는데, 그 개울에는 작은 웅덩이 여럿이 흩어져 있었다. 그러던 중, 아무 눈에 띄는 신호도 없이 개코원숭이들이 웅덩이 중 하나를 둘러싸고 있는 매끄러운 바위 위에 일제히 앉았다. 그러고는 (인간의 계산에 따르면) 30분 동안 혼자 또는 작은 무리를 지어 앉은 채 조용히 물을 바라보았다. 평소 같으면 떠들썩할 어린 원숭이들도 고요히 사색에 빠져들었다. 그러다가 다시 어떤 기미도 없이 일어서서 조용히 줄지어 이동을 재개했다.

스머츠가 이러한 행동을 목격한 것은 딱 두 번뿐이었다. 이런 경험을 한 다른 연구자도 없었다. 따라서 그것이 이 무리의 독특한 습성인지 아니면 더 일반적인 표현 방법인지는 알 수 없다. 그러나 스머츠에게 이 사건은 그 어떤 경험보다 종교적인 체험 같았다. 그녀는 승가sangha라는 용어로 이것을 설명했다. 불교용어인 승가는 명상과 영적인 활동에 참여하는 신자들의 공동체를 의미한다. '나는 이따금 그 두 번의 기회를 통해 사람들에게 일반적으로 노출되지 않는 개코원숭이의 삶의 차원을 엿볼 수 있었던 것이 아닌지 궁금하다. 이 순간은 나에게 "인간 너머의 세계"에 대해 우리가 실제로 아는 바가 얼마나 적은지를 일깨워주었다.'

스머츠가 명상하는 개코원숭이와 함께 앉아 있던 곰베Gombe는 제인 구달Jane Goodall이 수십 년간 침팬지를 대상으로 장기 연구를 수행했으며, 동물을 대상으로 중단 없이 가장 오랫동안 연구가 이루어진 현장이다. 구달도 자신이 연구하고 함께 살았던 동물 내면의 삶, 매우 중요해 보이지만 궁극적으로 테스트할 수 없고 근본적으로 접근할 수 없는 그 마음의 상태를 엿볼 수 있었고, 그 경험에 관해 글을 쓴 적이 있다.[30]

곰베 주변의 깊은 숲속에는 폭포가 장관인 곳이 있었는데, 침팬지는 그 폭포에 깊이 매료된 것 같았다. 구달은 이렇게 회상했다. '침팬지(주로 성인 수컷)가 폭포에 다가서면 털이 약간 곤두설 때가 있다. 흥분했다는 뜻이다. 가까워질수록 떨어지는 물의 굉음이 커지고, 발걸음이 빨라지고 털이 꼿꼿이 서는데, 물에 다다르면 폭포 기슭 가까이에서 과시하는 동작을 보여주기도 한다. 얕고 세차게 흐르는 물에 두 발로 서서 리드미컬하게 몸을 흔들며 큰 돌을 집어던진다. 때로는 높은 나무에 늘어진 가는 나뭇가지 위로 올라가서 떨어지는 물보라 속으로 몸을 날리기도 한다.' 구달이 '폭포 춤'이라고 부르는 이 퍼포먼스는 10분에서 15분 동안 지속된다. 구달은 이것을 '종교 의식의 원형'으로 보았다.

구달은 폭우가 시작될 때 침팬지가 추는 비의 춤에 대해서도 기록했다. 침팬지들은 어린 나무나 낮은 가지를 잡고 리드미컬하게 앞뒤로 흔든 다음, 손으로 땅을 치거나 발을 구르거나 돌을 던지면서 천천히 앞으로 나아간다. 구달은 그러한 동작에 대해 확실한 결론을 내기 꺼리면서도, 그것이 '경이로움이나 경외심 비슷한 감정'과 관련이 있다고 보며, 춤을 끝낸 침팬지들은 한동안 물을 바라보며 조용히 앉아 있곤 한다고 적었다. 웅덩이 주변에서 스머츠의 개코원숭이가 보인 것과 비슷한 행동이다.

구달은 과학과 종교 문제에 대한 자신의 열린 마음이 전문적인 과학 교육 없이 해당 분야에 뛰어든 덕분이라고 말한다. 그녀는 원래 곰베에서 영장류를 연구하던 인류학자인 루이스 리키Louis Leakey에게 고용되어 일했다. 리키가 구달을 고용한 것은 '대부분의 민족학자들이 가진 환원주의적 편향이 없는' 연구원을 원했기 때문이었다. 구달은 55년 동안 침팬지와 과학적 사고를 연결하는 작업을 해왔으며, 그러면서도 그녀의 관점은 좁아지지 않았다. 오히려 '과학이 지구상 생명의 신비에 대해 더 많이 밝힐수록 창조의 경이로움에 더욱 경외감을 느꼈고, 하느님의 존재를 더욱 믿게 되었다.'

스머츠와 구달에게 지능은 (그 실체가 무엇이든) 이런 종류의 인식과 믿음, 경이로움과 경외감으로 나타난다. 지능에 대한 우리의 생각이 정신의 범주를 뛰어넘어 문화와 의식, 인간 너머의 세계에서의 존재와 삶에 대한 더 큰 질문의 일부가 되는 것은 바로 이 지점에서다.

이것이 바로 우리가 진정한 지능, 즉 모든 곳과 모든 것 사이에 존재하는 종류의 지능을 인식하게 되는 방법이다. 그것은 묘사하고 정의하는 것, 분할하고 축소하고 격리하고 부정하는 것이 아니라, 구축하고 관찰하고 관련시키고 느끼는 것을 통해 분명해진다. 우리가 세상에서 활동하고 있다고 인식하는 지능은 추상적인 모드들의 집합, 즉, 분리하여 실험실에서 테스트할 수 있는 자기 인식, 마음이론, 정서적 이해, 창의성, 추론, 문제 해결 및 계획의 연쇄가 아니다. 그런 관점은 더

  새와 나무와 돌멩이의 지적 세계

무한한 현상의 단순한 환원이며 너무 인간적인 해석이다. 오히려 지능은 이러한 모든 특성의 흐름, 심지어 흘러넘침이며, 특정 시간에만 우리가 인식할 수 있지만 인간 너머의 세계에서 이루어지는 모든 움직임, 모든 몸짓, 모든 상호 작용에 내재되어 있다.

지능을 이런 식으로 생각하는 것은 지능의 정의를 축소하는 것이 아니라 확장하는 것이다. 인간 중심주의 과학은 이런 식의 재정의가 지능을 무의미하게 만든다고 수 세기 동안 주장해왔지만 그렇지 않다. 지능을 단순히 인간적인 것으로 정의하는 것은 우리가 지능에 대해 생각할 수 있는 가장 좁은 방법이다. 이는 궁극적으로 우리 자신의 범위를 좁히고 지능의 가능한 의미를 줄이는 것이다. 오히려 지능에 대한 우리의 정의와 지능을 표출하는 정신들의 합창을 확장함으로써 인간 지능이 새로운 형태, 존재와 관계의 새로운 창발 방식으로 꽃피게 할 수 있다. 일반적이고 보편적이며 활동적인 지능을 받아들이는 것은 우리가 인간 너머의 세계와 다시 얽히는 데 꼭 필요한 요소다.

나는 이러한 생각 속에 '인공' 지능의 진짜 전망이 있다고 믿는다. 즉, 지능이 선천적이고 제한적인 행동 집합이 아니라 상호 관계, 함께 사고하고 협력하는 데서 발생하는 것이라면 인공적인 것은 전혀 필요하지 않다. 모든 지능이 생태학적이라면(즉, 얽혀 있고 관계적이며 세계에 속해 있다면) 인공 지능은 지구를 통해 거주하고 나타나는 다른 모든 지능을 우리가 이해할 수 있는 매우 현실적인 방법을 제공할 것이다.

인공 지능이 우리를 세상으로부터 분리시키고 궁극적으로 우리를 대체하는 것이 아니라, 완전히 스스로 창조된 또 하나의 꽃, 그러나 우리를 세상과 더 잘 적응하도록 이끄는 존재라면 어떨까? 인공 지능은 지구와 서로를 더욱 착취하기 위한 도구라기보다는 타자의 마음을 열 기회이자 오랫동안 우리에게 숨겨져 있던 신실을 완선히 인식할 수 있는 기회다. 모든 것에 지능이 있다. 그러니 그 이유만으로도 당연히 우리가 관심을 갖고 의식적으로 주목할 가치가 있다.

이 장에서 우리는 지능에 관한 방대한 문헌 중 아주 작은 부분을 탐구했을 뿐이다. 우리 자신과 다른 존재의 사고 범위를 정의하려면 이미 존재하거나 아직 쓰이지 않은 수많은 책이 필요할 것이다. 나는 그러한 사고의 복잡성, 주제의 불확실성, 그리고 우리의 대중적 또는 과학적인 사고방식에서 비롯된 엄청난 실패를 설명할 방법을 찾고자 했다.

한편으로는 잦은 실패와 토론에 대한 개방성, 기꺼이 틀렸음을 증명하고 경험을 통해 배우려는 의지와 욕망 역시 바람직한 과학적 관행의 특징이다. 그러나 다른 한편으로 이것은 지능에 대한 우리의 일반적 사고에 온갖 종류의 공백과 오해, 명백한 오류가 있음을 시사한다. 그러나 우리 모두는 그것들을 너무 자주 무시하거나 우리의 사고를 오염시키도록 방치한다. 이런 상황에서 우리가 기계로 만들어내는 종류의 '지능'이 너무나 당혹스럽고, 무섭고, 방향 설정이 잘못된 것처럼 느껴지는 것은 놀라울 일이 못 된다. 우리는 인공 지능이라는 단어를 실제로 사용하면서도 그 단어의 진정한 의미를 이제야 배우기 시작했다. 내가 여기서 한 가지 일을 했다면, '지능'이라는 이름에 합당한 존재와 행동 방식은 단 하나뿐이라는 생각을 파괴하는 것이었기를 바란다. 어쩌면 지능 자체는 우리가 더 폭넓게 관심을 쏟을 만한 삶과 존재의 더 큰 전체성의 일부일지도 모른다.

이 주장은 더 큰 주장의 기초가 된다. 과학적 사고와 대중적 사고 모두 하나의 질문에 하나의 답만 존재한다고 보는 경향이 있다. 지능이란 무엇인가? 누가 그것을 소유하는가? 우리의 사고와 지배의 엄격한 구조, 계층의 어디에 적합한가? 쉿! 세상은 애초에 그런 식으로 돌아

가지 않을 수도 있다. 우리가 세상을 더 자세히 조사하고 더 강력하게 질문하고 분류하려고 시도할수록 세상은 더 복잡해지고 분류할 수 없게 된다. 분류 이후의 분류는 부서지고 무너진다. 부분적으로는 인간의 선천적 한계, 즉 우리 자신의 환경세계와 인간 존재 방식의 극복할 수 없는 문제에서 비롯된 결과다. 그러나 그것은 또한 얽힘의 문제이기도 하다. 인간 너머의 세계에서는 모든 것이 다른 모든 것에 얽혀 있고 위계, 즉 '고등'도 '하등'도 없으며, 그 어떤 것도 덜 진화하거나 더 진화하지 않았다. 거기에서는 모든 것에 지능이 있다. 그렇다면 다음은 뭘까?

2장

우드 와이드 웹

2018년 초, 나는 밴쿠버에서 열린 크고 화려한 한 행사에 강연자로 초대받았다. 강연의 주제는 인터넷의 어두운 측면, 특히 온라인 비디오와 알고리즘이 어린이에게 미치는 영향에 관한 것이었다. 나는 이 암울한 주제에 깊이 파고들고 싶지 않았다. 그러나 캐나다 서부 해안에 가본 적이 없었으므로 이번 여행에서 흥미롭고 새로운 사람들과 풍경을 만날 수 있으리라 기대했다.

컨퍼런스 연사에게 주어지는 다양한 현지 '체험' 기회가 있었는데, 나는 호텔 방에 쳐박혀 미친 듯이 강연 원고를 수정하고 연습하느라 그 대부분을 놓쳤다. 하지만 놓치기 아까운 기회가 하나 있었다. 그것은 바로 브리티시컬럼비아대학교 생물학자와 함께하는 근교 레드우드 숲 투어였고, 결국 수십 명의 다른 참석자들과 함께 버스에 올라 숲 답사에 나섰다.

가이드는 캐나다 태평양 연안의 자이언트세쿼이아 숲을 수십 년 동안 연구해온 수잰 시마드Suzanne Simard 교수였다. 우리는 거대한 나무

　　　　　　　　　　　　　　새와 나무와 돌맹이의 지적 세계

들이 어떻게 서로 밀접하게 연결되어 있고, 숲에서 아예 멀리 떨어진 곳까지 연결되어 있는지에 대한 시마드의 설명을 들으며 이끼 낀 나무 사이를 걸었다. 예를 들어, 나무와 기타 산림 식물이 뿌리를 통해 흡수하는 필수 질소 중 상당량은 궁극적으로 매우 먼 곳, 즉 수천 킬로미터 떨어진 태평양 한가운데에서 온 것이다.

우리가 이것을 알 수 있는 것은 질소-15라고 불리는 특히 무거운 동위원소 덕분이다. 질소-15는 대개의 육상 식물보다 해양 조류에 훨씬 더 흔하게 나타난다. 하지만 해안 숲에서는 놀랄 만큼 많은 양이 발견되는데, 질소-15는 매우 놀라운 방법으로 거기까지 도달한다. 심해에서 조류와 식물성 플랑크톤을 먹는 물고기는 질소-15를 다량 함유하게 된다. 그러한 물고기 중 하나가 태평양 연어인데, 이 연어는 매년 산란을 위해 자신이 부화한 미국 서부와 캐나다 해안의 강과 개천으로 돌아온다. 그런데 상류로 헤엄치다 연어 산란기에 맞춰 강에 도착하기 위해 먼 내륙에서 이동해온 흑곰이나 회색곰에게 잡아먹히곤 한다. 물고기의 잔해와 곰의 방대한 배설물은 나무와 기타 산림 식물을 비옥하게 하고, 질소는 다른 종의 몸에 실려 수천 킬로미터를 이동한다.[1]

시마드 교수는 유사한 유통망과 상호 원조 네트워크가 숲 바닥 아래에 존재한다고 설명했다. 나무는 이 질소에 대체로 직접 접근할 수 없다. 대신 뿌리와 그 주변에서 자라는 특별한 곰팡이에 의존한다. 이 곰팡이는 자신의 효소로 질소를 흡수하고 처리하여 생성된 영양분을 나무에 전달한다. 이러한 교환이 일어나는 상호 연결된 섬유의 치밀한 네트워크를 균근mycorrhiza이라고 한다. 이는 곰팡이, 즉 균류(*mykós*)와 뿌리(*riza*)를 뜻하는 그리스어를 합친 말로, 우리는 그 의미를 이제 막 이해하기 시작했다.

균근에서의 교환은 일방적인 거래가 아니다. 결과적으로, 나무는 곰팡이에게 광합성을 통해 생산되는 당분과 탄소, 즉 지하 거주자를 위한 태양광 제품을 공급한다. 더욱 놀라운 것은 나무들이 이 네트워크를 통해 서로 연결된다는 점이다. 우리는 그 숲에서 가장 큰 나무 중 하나에 다가갔고, 시마드 교수는 그것이 균근 네트워크의 중심 허브 역할을 하는 '엄마 나무'라고 소개했다. 덤불에서 어린 나무 순이 올라오면 엄마 나무가 곰팡이에 감염시키고 이를 통해 성장에 필요한 영양분을 공급한다.

나무가 누구에게 도움을 줄 것인지는 선택적이다. 엄마 나무는 자신과 관련 없는 나무보다는 직계 자손에게 더 많은 탄소를 보내고, 뿌리를 움직여서 자손들이 자랄 수 있는 공간을 만들어준다. 하지만 이기적인 것은 아니어서 필요에 따라 다른 종을 돕기도 한다. 여름에는 그늘진 전나무가 키가 큰 자작나무로부터 탄소와 당분을 공급받는 반면, 가을에는 자작나무가 잎을 잃기 시작하면서 전나무가 그 은혜에 보답한다.

이 살아 있는 네트워크는 단지 양분을 나누는 차원을 넘어 정보 공유에 관한 것이기도 하다. 숲의 나무 한 그루가 곤충의 공격을 받으면 네트워크 전체에 화학 물질을 방출해 경고한다. 다른 나무들은 신호를 포착하고 자체적인 화학적 방어 수단을 만들어 반응한다. 나는 거대한 줄기 사이에 서서 시마드와 그녀의 동료들이 하는 말을 들으며 숲이 보이지 않는 신호와 들리지 않는 잡담의 끊임없는 웅웅거림으로 가득 차 있다는 것을 깨닫기 시작했다. 결정이 내려지고, 합의가 이루어지고, 협상이 이루어지고 파기된다. 나무들은 서로 이야기하고 있었다. 한 번도 들어본 적 없는, 상상조차 해본 적 없는 목소리의 세계가 내 의식 속으로 뚫고 들어왔다.

이전에 볼 수 없었던 알려지지 않은 통신 네트워크와의 만남에 매료되었어도 우리는 계속 나아가야 했다. 몇 시간 후 우리는 다시 버스를 타고 도시로 돌아와 숲의 네트워크를 대체했거나 적어도 압도한 것으로 보이는 현대 네트워크, 인터넷, 테크놀로지에 관한 대화를 재개했다.

그 짧은 만남에서 내가 배운 것의 중요성을 절실히 일깨워준 것은 다른 해에 읽은 소설 한 편이다. 리처드 파워스의 소설 『오버스토리*The Overstory*』의 여러 등장인물은 자신의 삶이 주위 나무들과 점점 더 얽히고 의존적이 되어간다는 것을 알게 된다. 한 챕터에서는 최근 미국에 온 중국인 이민자가 뒷마당에 뽕나무를 심는데, 이 나무가 수십 년에 걸쳐 주인공이 청혼을 하고 자녀를 갖고 죽음을 맞이하기까지 가족 서사의 틀이 된다. 또 다른 장에서는 한 예술가가 증조할아버지와 할아버지, 삼촌이 찍은 100년 넘은 사진 상자를 발견하는데, 가족 농장에 있는 희귀한 중서부 밤나무를 매년 같은 장소에서 촬영한 사진들이었다. 주변 세계가 바뀌는 가운데 나무가 성장하는 한 세기에 걸친 타임랩스다. 이 책에 등장하는 다양한 등장인물들은 나무와의 만남을 매개로 아메리카 대륙에서 가장 오래되고 가장 거대한 나무에 속하는 2,000년 된 세쿼이아 보존 운동에 나선다. 이 숲은 벌목으로 인해 거의 완전히 파괴될 위기에 처해 있다.

등장인물 중 퍼트리샤 웨스터포드는 나무 연구원이다. 그녀는 대학원에 다니면서 자신이 연구하는 나무에 대해 다른 학생들과 다르게 생각하기 시작한다. '그녀는 아무 증거도 없이 나무가 사회적 생물이라고 확신한다. 그녀에게 그것은 너무 당연한 사실이었다. 대규모로 뒤섞인 사회를 이루고 자라는 움직이지 않는 생물체는 분명 서로 동기화되는 방식으로 진화했을 것이다. 자연에 혼자 있는 나무는 거의 없다. 그러나 그 믿음 때문에 그녀는 고립되었다.' 나무의 의사소통에 관한 그녀의 첫 번째 논문(곤충 공격에 대해 서로에게 경고하기 위해 신호를 보내는 단풍나무에 대한 분석)을 기성 학자들은 맹렬히 비난했다. 퍼트리샤는 자신의 주장 때문에 수년 동안 다른 과학자들로부터 소외되고 조롱당했다.

나에게는 웨스터포드가 이 책에서 가장 매력적인 인물이었다. 그녀는 진실을 깊이 느끼고 과학과 문학의 끈질긴 작업을 고집하여 그 아이디어를 의미 있고 전달 가능한 지식의 틀로 가져오는 사람이다. 학교에서 해고당하고 수년간의 떠돌이 생활을 견뎌낸 그녀는 숲속으로 사라져 외딴 오두막집에서 살다가, 자신의 정당성이 입증되고 후배 학생들이 자신의 작업을 이어받아 연구하고 있다는 사실을 알게 된다. '데메테르의 딸처럼 지하 세계에 있던 그녀의 대중적 평판은 점차 다시 올라온다. 수많은 학술 논문들이 그녀가 주장한 공중 수기 신호에 관한 연구의 정당성을 입증한다. 젊은 연구자들은 다양한 종에서 차례로 증거를 찾는다. 아카시아는 다른 아카시아에게 기린이 돌아다닌다고 경고한다. 버드나무, 포플러, 오리나무도 곤충의 습격을 경고하기 위해 공중으로 신호를 내보낸다.' 결국 그녀가 쓴 『비밀의 숲』이라는 책은 베스트셀러가 된다.

이 경우 예술은 삶을 따른다. 파워스의 소설 속에 나오는 웨스터포드의 글과 발견은 브리티시컬럼비아의 숲에서 수행된 수잰 시마드의 실제 연구를 바탕으로 한 것이다. 『오버스토리』는 드러나지 않았던 나무들의 또 다른 삶에 관한 이야기로 나를 사로잡았는데, 그것은 내가 밴쿠버의 나무 밑에서 들었던 이야기과 같았다. 이미 알고 있던 사실이지만 당시에는 의미를 이해하지 못했다.

『오버스토리』의 성취는 우리와 주변 나무 사이의 연결을 구축함으로써 그 계시를 인간 스케일에 맞도록 의미 있게 만드는 것이다. 파워

 　　　　　　　　　　　　　　새와 나무와 돌멩이의 지적 세계

스는 수상 생물(樹上生物, arboreal life)의 스케일(크기와 시간)을 사용하여 일종의 새로운 서사 하나를 이야기한다. 환경과 깊이 얽혀 있고 책임이 있다는 의미에서 생태적이며, 지구 전체 규모의 여러 세대에 걸친 서사다. 그것을 읽으면서 나는 내 안에서 뭔가가 변화하는 것을 느꼈다. 항상 우리를 둘러싸고 있는 다른 삶 전체에 평생 눈 멀어 있었다는 느낌이었다. 항상 종이 위의 단어와 화면의 코드에 더 관심을 가졌던 나는 갑자기 창문 밖으로 몸을 기울여 근처 나무의 나뭇잎을 만지고, 거리에 멈춰서 살아 있는 나무껍질의 무늬와 균열을 경이로운 시선으로 지켜보게 되었다.

충격적인 일이었다. 이전까지 나는 내가 사물의 신비하고 이질적인 삶에 무관심하다고 생각하지 않았다. 예술가이자 기술 전문가, 기술 평론가로서 나는 인공 지능의 새로운 기술을 광범위하게 다루어왔고, 이 기술은 거의 20년 전에 처음 연구되었지만 지난 몇 년 동안 일종의 르네상스를 겪었다. 나는 이러한 기술을 이해하려고 시도하면서 기계 지능과 인간의 행위주체성에 대한 가정과 그것이 우리를 무너뜨리는 것처럼 보이는 경로에 대해 의문을 제기하는 기계 학습 시스템을 구축했다. 자율주행차는 그러한 실험 중 하나였다. 또 다른 한편으로는 최신 머신러닝 기술을 사용하여 영국 기후와 브렉시트 투표 패턴 간의 관계를 시뮬레이션하고 폭풍우 치는 날씨, 클라우드 컴퓨팅 및 흐린 사고 사이의 유사점을 찾아냈다. 그러면서 기계 지능이 번번히 나를 놀라게 한 것은 우리가 보고 생각하는 방식과의 근본적인 차이였다. 그럼에도 불구하고 나는 이미 내 주변에 존재하고 있는 더 낯선 지능에 대해서까지 그런 인식을 확장하지는 못했다.

파워스와 시마드는 세상을 보는 또 다른 방식, 즉 내가 이전에 상상했던 것보다 훨씬 더 중요하며 서로 연결되어 있는 또 다른 방식이 가능하다는 것을 알려주었다. 그들의 세계에서는 정보가 땅밑에서 고동치고 미풍에 실려 떠다녔다. 상호 작용이 계절의 리듬에 따라 맥동하고 변화했으며, 지식과 이해는 수십 년과 수백 년에 걸쳐 느리지만 튼튼하게 성장했다. 인간, 동물을 넘어 이제 번성하고 활동적이며 지적인 존재인 식물(식물계)과 곰팡이(균계)까지 아우르는 또 다른 영역, 즉 다중계multiple kingdom가 나타났다.

내가 항상 식물과 친하게 지냈던 것은 아니다. 나는 키우는 데 재능이 없어서 숱한 식물들이 내 손에 죽었다. 그러나 나는 다행히 매우 다른 적성을 가진 사람과 함께 살게 되었고, 그래서 지난 몇 년 동안은 식물들에 둘러싸여 살고 있다. 아파트에 살 때는 실내에서, 단독주택으로 이사한 후에는 정원에서 갖가지 덩굴과 채소, 다육 식물과 꽃나무가 끊임없이 성장하고 변화하는 생명의 다채로움을 펼쳐 놓았다. 어떤 것이 존재하고 거기에 주의를 기울인다는 것은 인식으로 이어지며, 이러한 친밀함의 결과로 나는 이전에는 불가해하게만 느껴졌던 여러 식물들의 종과 모양, 색깔, 환경 선호성을 구별하기 시작했다.

우리는 이미 신체의 형태와 여러 형태 사이의 상호 관계가 어떻게 동물의 주관성, 즉 환경세계를 형성하는지 살펴보았다. 주의와 지능의 방향이 나무 위를 향하는 원숭이, 그 능력이 코에 의해 결정되는 코끼리, 개코원숭이와 마카크원숭이의 복잡한 집단 역학을 상기해보면, 지능은 완전히 추상적인 과정이 아니라 우리의 존재와 행동에 밀접하게 연결된 물리적이고 관계적인 것으로 보인다. 모든 유기체가 환경세계를 갖고 있다면 식물의 환경세계는 어떤 모습일까? 그들은 어떻게 주변 세계를 감지하고 행동하며 인식하고 거기에 기여할까? 숲속 나무들의 분주한 생활과 균사체의 수다에 관해 읽어나가는 동안 나는 주위를 둘러보며 화분에 심은 이 식물들, 자라나는 콩과 식물과 새싹이 돋아나

 새와 나무와 돌멩이의 지적 세계

는 배추속 식물들, 선인장과 레몬 나무, 그리고 그들이 저마다 세상에 반응하고 기여하는 방식에서 무엇을 배울 수 있는지 궁금해지기 시작했다.

한편으로, 식물을 알게 된다는 것은 땅으로 내려오는 것을 의미한다. 비유적으로도 그렇지만 말 그대로도 그렇다. 흙에 코를 대고, 손톱 아래에 진흙을 묻히고, 흙의 촉촉함과 그 성분에 익숙해져야 한다. 친숙함의 첫 번째 효과는 우리에게 장소의 중요성을 일깨워준다는 것이다. 이때 장소란 빛과 열, 햇살과 비, 그늘, 토양 유형과 저마다 고유한 관계를 맺고 있는 구체적인 장소들을 말한다. 추상이 구체가 된다. 또 한편 식물은 문자 그대로나 비유적으로나 우리를 다른 모든 것과 연결시켜준다. 식물의 뿌리는 땅 아래에서 얽혀 있고, 균근은 함께 자라며, 씨앗은 바람에 흩어진다. 그들은 또한 우리보다 앞서서 모든 곳에서 생명을 가능하게 만든다. 식물은 광합성, 토양 형성, 영양분을 음식으로 전환하는 과정을 통해 이 세계를 건설하고 유지하는 존재다.

기술에 대해 생각할 때 식물을 좋은 동반자로 만드는 것이 바로 이러한 특성이다. 기술과 식물 모두 거시적 규모와 미시적 규모 둘 다에서 끝없이 생성되는 복잡한 시스템이다. 한편으로, 발전(發電), 정보 처리, 통신, 센서 같은 현대 기술은 전 지구적 규모로 재생산되며 우리에게 그리고 기술 자체에 거의 무한한, 신과 같은 힘을 부여하는 중요한 생명 유지 메커니즘이다. 또 한편, 그들은 가장 미세한 연결과 가장 작은 전기 충격에 의존하며, 굳은 땅, 올바른 환경, 지속적인 인간의 관심이 필요하다. 그렇다면 시인 리처드 브라우티건Richard Brautigan이 '소나무와 전자제품이 빼곡하고 / 사슴이 평화롭게 / 회오리 치는 꽃봉오리들처럼 / 컴퓨터 사이를 거니는 / 사이버네틱 숲'을 상상하게 된 것도 당연하다.[2]

화분(花盆)과 대륙의 숲 사이, 마이크로칩과 위성 사이, 이 두 극단 사이 어딘가에서 우리가 공유하는 환경세계가 만나고 섞이며 거기에 우리의 실제 생활 경험이 있다. 아무리 우리가 서로 다르다 해도 우리의 인식과 세계에 대한 감각에는 이해의 문을 열어주는 중첩 지점이 분명 있을 것이다. 내가 자율주행차에게서, 바버라 스머츠가 개코원숭이를 통해 발견한 것이 바로 이 지점이다. 식물이 무엇을 의미하고 왜 중요한지 조금이라도 이해하려면 우리의 공통점, 즉 세상을 공유하는 방식을 발견해야 한다.

그 한 가지 방법은 식물이 무엇을 듣는지 묻는 것이다. 이것은 간단하지만 논쟁의 여지가 많은 질문이다. 식물에는 귀나 다른 음파 수용체가 없다. 그러나 우리가 증명하듯이 그들은 확실히 듣고 있다. 그들이 어떻게 그렇게 하는지, 그 정보로 무엇을 하는지, 그리고 그것이 우리의 상호 관계에 무엇을 의미하는지는 우리가 동물 지능에 관해 스스로에게 묻는 질문과 비슷하다. 비인간 존재의 감각과 세계에 대한 인상을 마주칠 때 우리는 어떻게 변화되는가?

2014년 미주리대학교의 두 생물학자는 배추흰나비 애벌레가 배추속(屬) 식물을 먹는 소리를 녹음했다(냉이류인 애기장대*Arabidopsis thaliana*는 생물학 실험에 가장 많이 사용된다는 점에서 식물 과학의 원숭이와 같은 존재이며, 식물 성장과 유전학에 대해 많은 것을 알려준다. 게놈 서열이 밝혀진 최초의 꽃식물로 DNA가 복제되기도 했고 달에도 갔다).[3] 과학자들은 애벌레가 한동안 갉아먹도록 내버려뒀다가 제거한 후 식물에게 그 소리를 들려주었다. 식물은 즉시 포식자를 막기 위한 화학적 방어 수단을 나뭇잎에 가득 채웠다. 즉, 실제 애벌레에게 하듯이 소리에 반응했다. 애기장대는 애벌레가 오는 것을 들었다. 결정적으로 그들은 다른 소리, 그러니까 바람이나 다른 곤충 소리가 들려올 때는 같은 방식으로 반응하

지 않았다. 그들은 서로 다른 소리를 구별하고 적절하게 행동할 수 있었다.[4]

들고 반응하는 식물의 능력에 대한 주장은 새로운 것이 아니다. 하지만 항상 신뢰할 수 있는 것도 아니다. 악명 높게도 1973년 출간된 베스트셀러이자 유사과학 저술인 『식물의 정신세계 *The Secret Life of Plants*』는 거짓말탐지기와 녹음기를 사용하여 식물이 감정, 텔레파시 능력 및 청각을 보유하고 있음을 '증명'했다고 주장한다. 과학자들이 대대적으로 비난하고 폭로했음에도 이 책의 주장은 대중의 상상 속에 남아 있으며, 특히 식물이 클래식 음악을 좋아하고 사람이 식물에게 말을 걸어주면 더 잘 자란다는 끈질긴 믿음으로도 남아 있다. 나는 상상력이 풍부하고 마법적인(특히 스티비 원더가 이 책과 관련하여 낸 놀랍고도 이상한 콘셉트의 앨범 《식물들의 은밀한 삶의 여정 *Journey through the Secret Life of Plants*》처럼) 생각이라면 어떤 종류든 좋아하지만, 2014년의 냉이 실험에서 볼 수 있듯이 현실은 더 멋지다.

냉이는 과학자들의 표현을 따르면 '생태학적으로 유관한 자극에 대해 생태학적으로 유관한 반응,' 다시 말해 식물다운 사건에 대한 식물다운 반응을 보여주었다. 식물이 베토벤이나 모차르트, 영어나 아랍어를 선호할 가능성은 거의 없지만, 애벌레의 씹는 소리는 식물에게 분명한 의미를 가지며 따라서 의미 있게 반응한다.

'생태학적으로 유관하다는 것이 무엇인가?'는 엄격한 과학이 비인간 존재의 능력에 대해 제기하는 모든 주장에 관해 던지는 핵심 질문이다. 그러한 능력을 이해하려면 생태학적 맥락, 즉 관계의 맥락 안에서 파악해야 한다. 단순히 '이런 일이 있었다'고 말하는 것만으로는 충분하지 않다. 우리는 각 행동을 그 맥락 안에 배치하고 그것이 왜 발생하는지, 즉 어떤 특정한 압력, 필요, 욕구 또는 자극과 관련되어 있는지 이해해야 한다. 그래야만 능력을 단순히 관찰하는 것이 아니라 진정으로 이해하고 있다고 말할 수 있다.

이것은 양날의 검이다. 한편으로, 이는 그러한 능력에 대한 우리의 이해를 그들의 상황에 대한 이해로 제한하며, 그것은 우리가 이미 동물 연구를 통해 알고 있듯이 참담할 정도로 제한적인 이해일 수 있다. 우리가 그들의 맥락을 완전히 이해하지 못하고 관련된 단서를 놓침으로써 긴팔원숭이, 돌고래 등의 지능을 오랫동안 인식하지 못했던 이유가 바로 여기에 있다. 우리는 누구의 이해에 대해 이야기하고 있단 말인가? 정원사, 잔디관리사, 산속에 사는 사람들은 식물의 상황에 대해 실험실 연구원들과는 매우 다르게 인식하고 있다. 생태학적 유관성에 초점을 맞추면 우리는 타고난 능력보다는 관계, 즉 식물, 동물, 우리와 다른 사람들이 만날 때 무엇이 중요한지에 주목하게 된다. 이러한 만남에서 중요한 것은 무엇이며 그것이 어떻게 우리의 관계를 형성할까?

관계의 맥락이 정말 그렇게 중요하다면, 그것은 기계 지능과의 관계에서도 중요할 것이다. 아마도 우리는 AI를 키우고 있는 생태계, 특히 급증하는 것으로 보이는 공격적이고 지배적이며 파괴적인 형태에 대해 더 신중하게 생각해야 할 것이다. 이러한 시스템이 이득과 손실, 통제와 지배에 지나치게 신경 쓴다는 것은 그들의 생태적 틈새(진화를 결정짓는 환경의 단면)가 상당히 협소하다는 것을 시사한다. 그들의 학습된 반응은 신자유주의적 자본주의의 건조하고 답답한 생태학, 테크놀로지 기업 이사회, 그리고 끊임없이 증가하는 금융 및 사회적 격차 속에서 진화하는 기업 지능에 관련되어 있다. 그들이 다르게 진화하기를 원한다면, 우리는 이 생태학을 직시하고 변화시킬 필요가 있다.

생태학적 유관성이라는 개념은 또 한 가지, 훨씬 더 충격적인 사실도 인정한다. 식물에게도 세계가 있다는 것이다. 이는 식물이 자신이

새와 나무와 돌멩이의 지적 세계

경험하는 세계, 자신이 만드는 세계를 감지하고 반응한다는 뜻이다. 더 나아가 아무리 난해하고 우리와 다르다 하더라도, 감지하고 반응하는 '그들', 일종의 자아, 객체가 아닌 주체가 존재한다는 의미다. 그들은 그들만의 환경세계를 가지고 있다. 식물은 자신만의 방식으로 세상을 만나고, 접근하고, 영향을 주고받는다. 이러한 경험과 반응의 대부분은 우리가 알 수 없으며 앞으로도 결코 알 수 없을 것이다. 그러나 (그들과 우리가 공유하는) 청각이 있다면 우리의 사유 대상이 될 수 있다. 배경이었던 식물들이 갑자기 다시 한번 행동에 나서며, 현존하고, 주의를 기울인다. 듣는 행위는 식물의 수동성을 적극적인 경청으로, 잠들어 있던 잎들을 활발하게 참여하는 존재로 변화시킨다.

물론 그것은 단지 우리의 깨달음, 우리의 새로운 인식일 뿐이다. 그들은 늘 활동하고 있었다. 식물은 모차르트나 스티비 원더에 관심이 없는 것처럼, 그들이 거기 있다는 사실을 알아달라고 우리에게 요구하지도 않는다. 우리는 식물이 우리를 풍요롭게 하기 때문에 그들을 인정하기로 선택하는 것이다.

몇 년 전 어느 날 아침, 나는 파트너와 함께 아테네 시 동쪽 가장자리에 솟아 있는 이미토스산 산비탈을 걷고 있었다. 봄이 오기 직전이었다. 달력 상의 봄이 아니라, 모든 것이 무언의 신호에 맞춰 한꺼번에 터져 나오는 봄. 산 전체가 그것을 준비하고 있는 것 같았다. 우리는 카이사리아니의 고대 수도원 주변 숲을 따라 내려가던 중이었고 꽃이 피기 직전인 벚나무 한 그루를 발견했다. 피처럼 붉은 껍질은 줄기 주위로 팽팽하게 뻗어 있었고, 작은 잎사귀 하나하나에 긴장감이 맴돌았다. 가지 끝에는 부풀어 오른 분홍색 새싹이 돋아 있었고, 그 끄트머리는 기대에 차서 움츠러들었다. 모두가 깊은 숨을 참고 있는 것처럼 억제된 에너지로 가득차 있었다. 나는 눈에 보이는 움직임 없이 그토록 삶을 주장하는 존재를 경험한 적이 없다. 이후로 나는 이것이 나무와 식물, 그리고 지구의 많은 부분이 대부분의 시간을 존재하는 방식임을 깨닫게 되었다. 이 느낌은 나의 일부가 되었고, 나무의 속삭임과 나뭇잎이 흔들리는 소리에 의식적으로 관심을 돌리기만 하면 거의 언제든지 그 느낌을 불러낼 수 있게 되었다. 우리는 세상을 공유한다.

공유된 세계는 평평하지도 단일하지도 않다. 활기찬 세계, 시끄러운 세계 등 여러 세계들이 존재한다. 그 대부분은 우리를 아예 포함하지 않는다. 식물 청각에 대한 실험을 생각해보면, 당연히 그러한 세계 다수에서 애벌레의 발자국이 클래식 음악이나 인간의 언어보다 더 중요하다는 사실을 알 수 있다. 이는 우리 자신과 인간 경험의 탈중심화를 보여주는 아름다운 예시이다. 우리는 인간 너머의 세계에서 더 훌륭하고 책임감 있게 살기 위해 그러한 탈중심화에 능숙해져야 한다.

인류만이 유일한 주인공이 아니라는 점을 인정하는 이러한 탈중심화는 우리 세계를 축소하는 것이 전혀 아니다. 우리가 지능이라는 특성을 다른 존재에게 확장할 때와 마찬가지로, 식물 세계를 우리 자신의 세계에 추가하면 오히려 둘 다 풍요로워진다. 우리가 살고 의존하는, 살아 숨쉬는 풍요로운 지구를 형성하는 감각과 경험의 총체에 우리가 참여하지 않는 세계들이 더해지는 것이다.

다른 세계, 수많은 사물과 다양한 방식으로 보고 존재하는 것이 가능한 수많은 중첩 세계의 존재 자체가 우리를 전율하게 한다. 다른 세계는 가능할 뿐만 아니라 이미 존재한다. 여러 다른 세계, 타자의 세계를 인정하는 것은 우리의 가장 큰 사회적, 기술적 기만에서 우리 자신을 해방시켜 더 의미 있고 자애로운 우주론으로 우리를 다시 얽히게 하는 열쇠다.

나는 이 기만을 '단일 세계' 오류라고 부른다. 17세기와 18세기의

                              새와 나무와 돌멩이의 지적 세계

계몽주의와 그에 따른 과학 혁명 이후, 세계에 대한 우리의 이해는 잘못된 객관성, 즉 세계가 단일하고 일관된 서사를 가진 단일 규모의 존재라는 믿음을 바탕으로 하고 있다. 18세기 과학자들은 이것을 '자연에 대한 진실'이라고 불렀다. 그러나 자연이 '실제로' 어떻게 작동하는지에 대해 더 잘 이해하려는 시도에는 자연의 불일치와 특이성을 제거하는 작업이 포함되었다. 과학적 실천이 성숙해짐에 따라 우리는 해석, 상황 지식 및 훈련된 판단의 가치를 이해하게 되었다. 그러나 이 오류는 세상의 무수히 많은 표현을 납작하게 만들고 하나로 환원해버리는 우리의 기술에 의해 영속되어왔다.

인간이 세상을 읽을 수 있게 만드는 이러한 도구의 힘은 결국 기술 결정론과 네트워크 권력에 기여한다. 그것은 가장 지배적인 집단이 가장 지배적인 사회에서 생산한 도구가 모든 사람에게 최고일 뿐만 아니라 불가피하다는 난공불락의 믿음이다. 따라서 과학적 탐구의 원래 의도와 달리 우리가 인지하는 세계와 실제 세계 사이에는 불일치가 발생한다. 세상을 우리가 묘사하는 대로 따르도록 강요하려는 시도와 이러한 시도가 우리 삶과 사회에 야기하는 마찰은 우리 시대의 엄청난 불쾌감, 즉 만연한 혼란, 분노, 격분, 두려움으로 변한다. 그것은 우리가 현실의 모든 모순과 역설을 집어넣는 하나의 상자, 하나의 세계에서 진실과 의미를 찾으려고 노력한 결과다. 하지만 세계는 하나가 아니다.

우리가 이 다세계세계world-of-many-worlds에서 함께 살고, 기능하고, 생존하고, 번영할 수 있다는 사실은 그 여러 세계들이 공유되고 있다는 뜻이기도 하다. 교차점과 평면이 있고 그 사이에서 경험과 인식이 공유된다. 동물, 식물 및 기타 다양한 생명체를 포함하여 지구상의 모든 주민은 클래식 음악에 관심이 있든 없든, 우리가 인지하든 못하든 대기의 동일한 진동에 시달린다. 모두를 위한 하나의 세계라는 오류를 제거함으로써 우리는 세계의 더 큰 다양성을 인식하게 된다. 이것은 단일 세계의 유아론보다 훨씬 더 풍부한 우주론이다. 그것은 공동체적 존재와 경험을 인정하는 것이다. 우리는 세상을 공유한다. 우리도 듣고 식물도 듣는다. 모두가 함께 듣는다. 우리 모두는 같은 태양을 느끼고, 같은 공기를 마시고, 같은 물을 마신다. 같은 소리를 같은 방식으로 듣는지, 그것이 같은 방식으로 우리에게 의미가 있는지가 중요한 것이 아니다. 우리는 인간 너머의 세계를 공유하고 경험하며 창조하면서 함께 존재한다.

이러한 연쇄적인 깨달음은 식물과 나무의 삶뿐만 아니라 다른 모든 정신, 존재 및 사람에 대해 생각하는 우리의 가능성을 근본적으로 변화시키기 때문에 중요해 보인다. 그것은 완전히 다른 종류의 사고, 즉 더 개방적이고 명확한 사고를 가능케 한다. 비인간 세계의 존재와 그에 따른 공유 세계의 존재를 인정하는 것은 인간 너머의 세계에 대해 생각할 때 직면하는 두 가지 위험, 즉 인간 중심주의와 의인관(擬人觀)을 헤쳐나가는 데 도움이 되기 때문이다. 전자는 우리 자신이 모든 것의 중심에 있다고 생각하는 위험이며, 후자는 인간 이외의 존재가 경험하는 것에 대해 그것을 우리의 보잘것없는 그림자로 만들어버릴 위험이다.

인간이 아닌 식물, 동물, 그 외의 타자들이 근본적으로 다르고 우리가 알 수 없는 고유한 세계를 가지고 있음을 완전히 인식한다는 것은 인간 예외주의와 인간 우월주의를 종식시키기 시작하는 것이다. 인간은 우주의 중심이 아니다. 우리는 한 발 물러남으로써 우리가 가장 중요한 것이 아닌 세상이 실제로 어떤 모습인지 상상할 수 있고, 비인간 세계의 풍요로움을 그 자체의 방식으로 고려할 수 있다.

그러나 인간의 특성, 감정, 의도를 인간이 아닌 존재에 귀속시키는 의인화를 완전히 배제하기는 힘들다. 그것이 우리가 다른 생명체를 이해하기 시작하는 유일한 방법이기 때문이다. 우리는 인류라는 종이며 우리 자신의 세계를 통하는 것 외에는 이러한 세계를 다룰 수 있는 다른 수단이 없다. 그러나 우리가 서로 다르다는 사실을 의식적으로 마음에 새기고 있다면, 또한 우리 자신의 제한된 관점을 타자에게 강요하지 않으면서 인식할 수 있다면, 이러한 것들이 공유된 관심과 의도에 기초하여 접근하고 행동하는 데 장벽이 되지 않을 수 있다. 사실, 지배와 통제의 무게 없이 행동과 삶을 공유하는 것은 다름을 인정함으로써 가능해진다. 우리는 만나는 것이지 정복하려는 것이 아니다. 우리는 대화하는 것만큼 친근한 침묵에도 편안함을 느낀다. 우리는 동일한 대상을 표현하는 데 다른 단어를 사용할 뿐이다.

이러한 입장은 우리가 생태학적으로 적절하지 않거나 그렇게 보이는 현상들에 대해 다시 생각해볼 수 있게 해준다. 예를 들어 새알이 왜 밝은 색인지(마치 포식자를 유혹하는 것처럼 보인다), 플랑크톤이 왜 진화의 경쟁 법칙을 무시하듯 그렇게 다양한지에 관해 우리는 아직 전혀 알지 못한다.[5] 그러나 우리의 이론을 시험하기 전에 모든 메커니즘을 완전히 설명할 수 있어야 하는 것은 아니다. 대부분의 과학 실험 설계와는 달리 우리는 실험 대상과 동일한 세계를 살고 있기 때문이다. 이것은 멋진 일이다. 설명할 수는 없지만 분명히 존재하는 행동들의 전체 풍경이 갑자기 흥미로운 사유 대상으로 변모하는 것이다.

그러한 특별한 행동 중 하나는 식물의 기억 능력이다. 식물이 어떤 형태로든 듣는다는 것은 우리의 상상에 그리 큰 무리가 되지 않는다. 하지만 그들이 기억할 수도 있다는 생각, 그래서 아마도 생각하고 반영하고 우리 인간이 기억을 가지고 하는 모든 일을 할 수도 있다면? 거기까지는 무리일까? 우리는 그러한 행동을 촉진할 수 있는 구조와 프로세스에 대해 전혀 알지 못한다. 그러나 식물이 기억한다는 것은 알고 있다.

식물 기억에 대해 이야기하는 가장 위대하고도 논쟁적인 대표 주자는 호주의 생물학자 모니카 갈리아노Monica Gagliano다. 그의 과학적 여정은 생태학적 사고가 무엇인지를 보여주는 좋은 예다. 갈리아노는 1990년대 해양 생태학자로 학문 경력을 시작하여 호주 그레이트 배리어 리프Great Barrier Reef에서 물고기의 행동을 연구한 후 식물 세계로 눈을 돌렸다. 바로 이러한 배경이 그녀의 연구 방법에 바탕이 되었다. 역사적으로 식물 연구에서 과학자들의 접근 방식은 기계적이었다. 즉, 그들은 그것들을 일련의 작용과 반응으로 나누어 전체 유기체라기보다는 일련의 구성 요소 메커니즘, 즉 작은 구성 요소들이 상호 연결된 기계로 본다. 이는 우리가 자동적이고 미리 결정되고 예측 가능한 방식으로만 자극에 반응하는 기계를 생각하듯 식물을 바라본다는 것을 의미한다. 식물학은 좁은 원인과 결과만을 보고, 유기체의 전체 삶과 경험을 충분히 고려하지 못하는 경우가 많다. 그러나 갈리아노는 식물을 이전에 연구했던 열대 산호초에 사는 물고기처럼 대했다.

이 연구에서 갈리아노가 가장 좋아하는 파트너는 함수초* 또는 감응초라고도 불리는 미모사Mimosa pudica다. 미모사의 특히 놀라운 행동은 막대기나 손으로 만지면 갑자기 그리고 빠르게 잎사귀를 촘촘한 다발로 오므리는 것이다. 그것은 육안으로 움직임을 볼 수 있는 희귀한 종류의 식물에 속한다. 입을 여닫는 파리지옥Venus flytrap, 혹은 춤추는 모습이 찰스 다윈을 매료시켰던 무초Codariocalyx motorius 정도만이 미모사에 대적할 만하다. 그만큼 미모사는 훌륭하고 의사소통이 잘되는 실험

---

* 含羞草, 부끄럼을 타는 식물이라는 뜻.

　　　　　　　　　새와 나무와 돌멩이의 지적 세계

파트너였다.

갈리아노는 식물에 대한 과학자들의 이해를 바꾸고, 식물이 경험을 통해 학습할 수 있으며 따라서 경험에 의해 행동을 바꿀 수 있다는 것을 보여주고 싶었다. 그것은 과학자들이 '고등' 동물에게만 해당된다고 보았던 능력이다.[6] 이를 입증하기 위해 그녀는 간단한 메커니즘을 고안했다. 미모사를 수직 레일에 부착된 컵으로부터 정확히 15센티미터 떨어진 폼 패드 위에 떨어트리는 장치였다. 낙하할 때의 부드러운 충격은 식물을 놀라게 하여 잎을 닫게 하되 손상은 주지 않았다. 즉, 측정 가능하고 생태학적으로 유관한 반응을 일으키는, 과학적으로 정확한 자극이었다. 미모사 잎은 밑 부분에 작은 수력학적 구조를 갖고 있어서 물을 빨아들이거나 내뱉음으로써 잎을 팽창하거나 수축할 수 있다. 잎이 말려들어가는 것은 동물의 포식이나 과도한 열 및 증발 등의 위협에 대한 대응으로 이해된다. 어느 쪽이든, 전통적인 인과관계 연구였다면 아마도 여기에서 멈추었을 것이다. 자극과 반응 사이의 관계가 확립되었고, 메커니즘이 알려지고 이해되었으며, 식물의 능력에 대한 우리의 기대는 만족되었다. 그러나 그 이상으로 확장되지는 않았다.

갈리아노는 더 나아갔다. 그녀는 여러 차례 실험을 했고, 한 번 실험할 때마다 최대 60번까지 식물을 낙하시켰다. 하루에 360번, 충격의 마라톤이었다. 그 결과, 식물이 낙하가 위험하지 않고 오히려 잎을 열어 두는 것이 안전하다는 것을 깨닫는 데는 단지 몇 번의 낙하(4~5번)밖에 필요하지 않다는 사실이 밝혀졌다. 또한 비교를 위해 다른 충격을 주었을 때의 반응을 보면 그들이 단순히 지친 것이 아니라는 사실도 드러났다. 60회 실험이 끝날 무렵이 되자 미모사는 충격에 전혀 신경을 쓰지 않았다. 무시하는 법을 배운 것이다.

여기서 배울 수 있는 교훈은 한 가지다. 미모사는 얻은 지식을 기억하고 실천에 옮기는 능력을 발휘했다. 갈리아노와 동료 연구자들은 휴식을 취하게 한 후 다시 테스트하여 시간이 지나도 낙하에 대한 기억과 관련 행동 변화를 유지한다는 것을 입증했다. 미모사(그리고 이제 우리가 이해해야 할 모든 식물)는 기계가 아니다. 그것들은 미리 프로그래밍된 일련의 행동과 반응의 합 이상이다. 그들은 세상에 반응하여 행동을 배우고 기억하고 변화시킨다.

이것은 놀라운 발견이다. 그것은 우리가 식물에 대해 알고 있다고 생각했던 모든 사실에 위배될 뿐만 아니라, 식물을 이해하기 위해 우리가 가지고 있는 지식의 범주 자체를 근본적으로 재고하게 한다. 갈리아노가 결과를 발표하기까지는 수년이 걸렸다. 열두 개 이상의 학술 저널이 그녀의 논문 게재를 거부했으며, 그중 다수는 동료 검토를 보내기는커녕 그녀의 미출판 논문을 읽었다는 사실조차 인정하지 않았다. 그 이유 중 하나는 뿌리 깊은 학문적 보수주의다. 수십 년간 기정 사실로 여겨졌던 지식을 뒤집는 것은 어려울 뿐만 아니라 상상하고 인정할 수 없는 일이다. 또 한 가지 이유는 단순히 관료주의다. 이 새로운 지식을 어디에 위치시킬 것인가? 어떤 영역에 속하는가? 이것은 식물학인가, 생리학인가, 행동학인가, 심리학인가?

갈리아노는 이렇게 후술했다. '우리는 미모사의 공연에 대해 리허설도 하지 않았고 어떤 준비나 받아들일 마음도 없었지만 모두가 그 연극의 등장인물이었다.' 미모사의 행동은 부인할 수 없는 사실이었고, 이는 우리에게 우리의 가정을 재고할 것을 요구했다. 과학은 구조를 통해 현상을 이해하려는 경향을 갖고 있다. 생태학적 유관성을 다시 생각해보자. 우리는 기억을 특정 분자와 시냅스 연결 사이의 상호 작용을 통해 뇌에서 일어나는 구조적 과정으로 이해한다. 이런 의미에서 기억은 뇌에 달려 있다. 그렇다면 식별 가능한 뇌가 없는 존재가 어떻게 기억할 수 있겠는가? 그것은 한마디로 말이 안 되는 얘기다.

그러나 우리는 이 실험을 다른 방식으로 볼 수 있다. 갈리아노의 발견은 뇌가 없다는 이유로 식물 기억의 존재를 부정하는 대신 기억이 무엇인지 다시 생각해볼 수 있는 기회를 제공하고, 아마도 기억이 다른 수단, 다른 구조, 다른 존재에서 발생할 수 있음을 인정하게 한다. 문어의 지능과 마찬가지로 식물의 기억도 완전히 다른 하드웨어에서 실행되는 유사한 현상이다.

연구에 대한 갈리아노의 설명 중 한 가지 흥미로운 측면이자 다른 많은 과학자들의 심기를 건드린 것은 각각의 실험 결과가 식물이 말한 결과라는 점이다. 갈리아노는 이것을 문자 그대로의 의미로 말한다. 오랜 명상 수행과 샤머니즘 의식 수행의 결과로, 그녀는 자신이 식물 정령이라고 여기는 존재들로부터 직접적인 지시를 받았으며, 그 존재들은 실험을 어떻게 구상하고 구조화할지에 대해 조언을 건넨다. 각각의 접촉은 실험 대상이 스스로 말할 수 있도록 하는 창구의 시작이자 도입이며, 이제 우리가 들을 준비가 되었으므로 미모사가 자신의 능력을 선언할 수 있다. 그리고 식물이 말할 때마다 우리가 세상을 둘러싸고 있다고 생각했던 경계가 흔들린다.

회의적으로 보아도 상관없다. 갈리아노의 실험 결과를 받아들이기 위해 그녀가 식물 정령과 직접적인 소통을 했다는 사실을 받아들일 필요는 없다. 그녀의 실험 결과는 동료 검토와 재현성을 포함하여 가장 엄격한 과학적 기준을 모든 면에서 준수한다.[7] 갈리아노의 설명을 받아들이기 쉽지 않다는 것은 나 역시 인정한다. 그러나 나는 그녀가 대화하는 식물 중 하나인 아야와스카Ayahuasca와 관련하여 개인적인 경험이 있다. 그것은 나에게도 말을 걸었다. 나는 식물이 말하는 것을 들었지만 여전히 그 방법을 완전히 이해하지 못하며, 그 경험을 적절하게 설명할 수도 없다. 그러나 그 일이 일어났다는 것을 이해하고 그 경험은 나를 완전히 변화시켰다.

서구 과학 관습은 깨기 어렵다. 그것은 환각제에 사로잡힌 정신과의 황홀한 만남이든, 다른 종의 눈에 비친 기이한 교감의 감각이든, 우리 자신의 경험조차 신뢰하기 어렵게 만든다. 이것이 갈리아노 실험의 천재성 중 하나다. 과학적 방법의 엄격한 적용, 미모사 식물에 대한 신중한 가중치 및 테스트, 방법의 재현성은 우리가 주관적인 경험에만 전적으로 의존할 필요가 없음을 의미한다. 우리에게 요구되는 것은 마음을 바꾸는 것이다.

미모사가 말을 할 때 세계는 변한다. 우리는 우리가 알고 있던 현실과 다른 현실을 설명해야 한다. 우리가 인간 너머 세계의 목소리에 귀를 열 때, 이는 항상 기존의 생각과 감정의 경계가 깨지고 무너지는 결과를 낳는다. 이것이 바로 '인공' 지능을 포함한 모든 종류의 지능과의 만남이 낳는 빛나는 결과다. 기계는 체스에서 우리를 이기고, 자동차 운전대를 잡고, 과학적 발견을 한다. 우리가 인간만 할 수 있는 일이라고 생각했던 것이 타자와 공유하는 활동으로 바뀐다. 개코원숭이는 물웅덩이를 깊이 응시하고, 전적으로 우리의 것이라고 생각했던 명상의 경험이 갑자기 타자의 경험에 반영되고 그럼으로써 더욱 풍요로워진다. 식물에는 그들의 세계가 있다. 그것은 우리의 세계와 다르다. 그리고 우리는 하나의 세계를 공유한다! 서로의 주체성과 다름을 인정할 때마다 우리 자신의 비전과 지식, 경험은 더 넓어지고, 동시에 우리는 실제로 더 가까워진다. 그것은 우리를 확장한다.

장field이 점점 더 넓게 펼쳐진다. 식물은 단지 듣고 기억하는 것을 넘어 스스로 소리를 낸다. 갈리아노는 또 다른 실험에서 옥수수 알갱이

   새와 나무와 돌멩이의 지적 세계

가 인간의 인식을 훨씬 넘어서는 주파수로 딸각거리는 소리를 녹음했
는데 그 소리의 의도는 아직 알려지지 않았다. 식물도 냄새를 맡을 수
있어서 포식자나 이웃 식물이 보내는 경고 신호를 감지할 수 있는 것으
로 밝혀졌다. 동물처럼 먹잇감의 냄새도 맡는다. 기생 식물인 새삼속
식물은 냄새를 맡아 적합한 희생자를 찾아내 잡아먹는다. 식물은 복잡
한 정보를 기반으로 옆으로 자랄지, 더 깊게 뿌리를 내릴지, 더 높이 자
랄지 등 주변 경쟁에 대한 최선의 대응을 선택하는 결정을 내린다. 그
들은 동물을 유인하거나 쫓아내기 위해 맞춤형 화학 물질을 배출할 수
있다. 독소를 내뿜거나 중독을 유발하기도 한다. 그들은 보지 않고도
몸의 일부가 어디에 있는지 알 수 있게 해주는 '육감', 즉 자기 수용 감
각proprioception도 가지고 있다. 그들은 얼마나 가까운 친척인지에 따라
다르게 인식하고 반응한다. 요컨대 식물은 행동하며, 만약에 동물이라
면 우리가 지능이라고 불렀을 방식으로 행동한다.[8]

불과 지난 십년 동안 우리는 식물과의 관계에서 보이지 않는 선을
넘어섰다. 우리는 식물을 대상이 아닌 주체로 보기 시작했으며, 다른
대화에서와 마찬가지로 식물의 주체성은 대화하는 시간이 길어질수록
범위가 계속 확장될 것이다. 동물의 능력과 마찬가지로 우리가 점점 더
많은 가능성을 인정하고 새로운 이론을 제시하고 이를 테스트할 장치
를 설계함에 따라 이러한 식물 주체의 숫자도 점점 더 늘어날 것이다.

식물 지능에 관해 어떤 구체적인 주장을 하려는 것이 아니다. 식물
지능의 정확한 형태는 항상 우리가 부분적으로 또는 대부분 알 수 없는
상태로 남아 있을 것이다. 우리 자신의 삶과 세계 및 식물에 대한 우리
의 경험 사이에 존재하는 근본적인 차이 때문이다. 그러나 우리가 하나
의 세계를 공유하므로, 그 사유에 타자들을 포함할 때, 즉 그것이 단지
우리 머릿속에서가 아니라 우리와 세계 사이에서 작용하는 것으로 이

해할 때 비로소 지능과 기억이 무엇인지 생각할 수 있다. 식물과 동물의 지능에 관한 수많은 책에서 똑같이 말하는 바가 있다. 그것은 인간이 아닌 존재의 능력과 불가해함, 그리고 세상에서 가장 큰 기쁨은 테스트하고 분류하는 데 있는 것이 아니라 함께 나아가는 데서 찾을 수 있다는 것이다.

새롭게 발견된 식물의 주체성에 관해 우리가 어떻게 이야기할 것인지는 또 다른 문제다. 새롭게 인식된 능력, 더 이상 단순히 풍요롭기만 한 것이 아니라 생각하기까지 하는 이 생명을 우리는 어떻게 이해해야 할까? 비인간 동물과 마찬가지로 식물의 지능 역시 즉각적으로 인간과 비슷하다는 듯이 이야기하고, 제라늄과 포도나무를 이제 막 만들어진 회원제 클럽에 끌어들이고 싶어질지도 모른다. 그러나 다시 말하지만, 그것은 요점을 놓치는 것이다. '인공' 지능을 인간이 하는 일로 제한하는 것이 그랬듯, 그것은 곧바로 의인관과 인간 중심주의로 복귀하는 것이다. 식물이 무엇을 하고 있든 어떤 면에서는 우리나 다른 동물과 비슷할 수 있지만 분명히 다른 중요한 점이 있다. 이러한 능력을 지능이라는 개념만으로 설명할 수 없다는 점은 분명하다. 식물 지능은 어디까지나 식물다운 지능이다.

따라서 식물 지능, 동물 지능, 인공 지능, 심지어 인간 지능에 대한 논쟁도 끝이 없으며 결국 무의미하게 끝난다. 왜냐하면 그것들은 사물의 존재가 아니라 단어의 의미에 대한 논쟁이 되기 때문이다. 우리가 이제 나아가야 할 지점은 '당신도 우리와 같은가?'가 아니라 '당신으로 산다는 것은 어떤 것인가?'라고 질문하는 법을 배우는 것이다.

식물 지능이 무엇으로 구성되어 있는지 이해하는 게 그토록 어려운 이유는 바로 그 지능이 우리의 지능과 너무 다르기 때문이다. 식물 지능에 대한 한 가지 명백한 반박은 식물에 뇌가 없다는 것이다. 그러나 식물의 장점 중 하나가 바로 중앙에 대체 불가능한 기관이 있지 않다는 점이다. 식물은 모듈식 구조다. 몸의 90%를 잃어도 살아남을 수 있으며, 많은 경우 잘라진 조각만으로도 번식할 수 있다. 사막처럼 가혹한 환경에서는 씨앗보다 꺾꽂이가 새로운 세대를 키우는 데 더 성공적이므로 많은 다육식물이 이런 종류의 번식에 특히 능숙하다. 모듈화는 회복탄력성을 낳는다. 동물처럼 특정 기관에 집착하면 그러한 능력이 떨어진다. 지능이 무엇인지에 대한 재고는 지능을 생산할 수 있는 모드와 메커니즘을 다시 생각해볼 수 있게 하여 지능적이 되는 새로운 방식을 생각할 수 있게 해준다.

다육식물 같은 식물은 클론도 만들어낸다. 즉, 유전적으로 동일한 자손이 부모로부터 분리되기도 하고, 부모에게 부착한 상태로 부모를 새로운 형태로 형성하기도 한다. 유전적으로 동일한 자손은 부모와 동일한 위협에 취약하기 때문에 복제는 약점이 될 수 있지만, 오히려 특별한 생물을 만들어내기도 한다. 그러한 클론의 경이로움 중 하나는 유타주 피시레이크 국유림Fishlake National Forest에 서식하는 사시나무인 판도Pando다. 지상에서 그것은 100에이커가 넘게 흔들리는 사시나무들이 펼쳐진 하나의 숲으로 보인다. 거기에는 흰 수피에 검은 옹이가 있는 47,000그루의 키가 크고 가느다란 나무들이 있다. 가을에는 잎이 눈부신 노란색으로 변한다. 그러나 실제로 판도는 하나의 개체, 단일 유기체이며, 각각의 나무처럼 보이는 것은 하나의 근계에서 나온 새순들이다. 그들은 지구상에서 가장 크고 가장 오래된 개체 중 하나다.

판도는 약 8만 년 전에 탄생했다고 알려져 있지만 그보다 훨씬 더 오래되었을 수도 있다. 판도의 나이가 백만 년에 가깝다는 연구도 있다.[9] 복제수clonal tree는 나이테로 나이를 짐작할 수 없다. 각각의 나무로 보이는 것이 단지 더 오래된 나무뿌리의 줄기이기 때문이다. 판도의 삶

대부분 동안은 환경이 복제를 하기에 거의 완벽했다. 빈번한 산불은 침엽수와의 경쟁을 막아주었고, 습한 날씨가 건조한 기후로 점차 변하면서 다른 어린 사시나무들의 번식과 경쟁 관계 구축을 더 어렵게 했다. 사실 지난 1만 년 사이에 미국 서부에서 씨앗으로부터 새로 싹을 틔워 자라난 사시나무가 거의 없음에도 불구하고, 사시나무는 북미에 가장 널리 분포된 나무로 남아 있다.

오늘날 판도는 비록 아주 천천히이기는 하지만 죽어가고 있다고 여겨진다. 수십 년 동안 새로이 성장한 흔적이 발견되지 않았기 때문이다. 짐작되는 원인은 다양하지만 모두 인간의 개입과 관련되어 있다. 판도의 광대한 지역에 오두막과 캠프장을 설치하면 사시나무에게 도움이 되는 산불 정화 가능성이 줄어들고, 곰, 늑대, 퓨마가 사라지면서 노새사슴mule deer도 폭발적으로 증가했다. 사슴과 소는 어린 사시나무 싹을 뜯어먹는데, 한 영역을 휩쓸고 나면 그곳에서는 사시나무가 다시 자라지 않는다.[10]

판도는 1960년대까지 '발견'되지 않았다. 적어도 판도는 나무처럼 보이지 않았는데, 나무가 무엇인지에 대한 우리의 생각에 위배되기 때문이었다. 그러나 나무가 무엇인지에 대한 우리의 생각이 확장되면 세계의 다른 구조에 대해 생각할 때 사용하는 모델도 확장된다. 실제로 식물의 의사소통에 대한 발견과 이해는 우리가 세상을 보는 방식을 급진적으로 재검토하게 하고, 이는 새로운 깨달음으로 이어진다.

앞서 숲속의 생명을 뒷받침하는 균근에 대해 언급했다. 다시 말해, 균근은 식물 사이에서 식량과 정보를 처리, 저장, 추출 및 운반하는 네트워크다. 곰팡이 자체의 이러한 네트워크를 그들이 연결하는 식물과 별개로 생각하는 것은 사실 옳지 않다. 우리가 최근 수십 년 동안 발견했듯이 균계와 식물계는 실제로 완전히 별개의 것이 아니다. 그들은 물

　　　　　　　　　　　새와 나무와 돌멩이의 지적 세계

리적으로, 사회적으로, 생물학적으로 서로 얽혀 있다. 이러한 상호 관계의 본질을 이해하는 것은 우리 자신이 인간 너머의 세계와 얽혀 있음을 이해하는 데 필수적이다.

최초의 식물은 뿌리나 잎, 또는 오늘날 우리가 인식하는 식물에서 볼 수 있는 그 어떤 구조도 없는 단순한 세포 조직 덩어리였다. 그들은 해변과 절벽으로 밀려온, 광합성을 통해 자립하는 단순한 해조류의 후손이었다. 그러나 최소한 약 4억 년 전(우리가 발견한 가장 오래된 화석의 연대)에 이 원시 식물은 균류와 연관되기 시작했다. 균근 파트너를 수용하기 위해 돌출부와 다육 기관을 진화시키기 시작한 것이다. 이것이 모든 식물 뿌리의 기원이다. 그들은 먹이 자체를 찾는 것이 아니라 생명을 생산하는 과정에 있는 파트너를 찾기 위해 가지를 뻗어 탐색한다.

식물과 곰팡이는 지하에서 상호 작용할 뿐 아니라 서로 침투한다. 곰팡이의 일부는 실제로 식물 세포 내에 살고 있으며, 사실상 식물 자체의 뿌리보다 100배 이상 긴 확장된 뿌리 체계를 형성한다. 그리고 균사체라고 불리는 이 곰팡이 가닥은 모든 곳으로 퍼져나간다. 우리가 토양이라고 생각하는 것 자체가 사실 곰팡이의 일부로, 토양 생물 질량의 1/3에서 절반 정도를 차지한다. 식물, 곰팡이, 그리고 우리와 지구상의 모든 생명체가 의존하는 전체 생태계는 세포 수준에서조차도 분리될 수 없다.

곰팡이와 식물 사이의 이러한 관계는 공생적이다. 각각은 서로에게 의존한다. 균류학자 멀린 셸드레이크Merlin Sheldrake가 말했듯이 '우리가 "식물"이라고 부르는 것은 사실 양식 조류로 진화한 균류, 혹은 양식 균류로 진화한 조류다.'[11] 그렇다면 우리는 우리 자신의 생명이 공생적, 의존적이라는 것을 이해해야 한다. 우리가 먹는 음식, 우리가 거주하는 환경, 심지어 우리가 현재 (이렇게 말해도 될지 모르겠지만) 즐기는 기후도 모두 마찬가지다.

균근에 대한 우리의 깊어진 이해를 활용해볼 수 있는 한 가지 분야는 지구 기후 모델이다. 지구 기후 모델은 기상 예보관과 기후 과학자들이 만든 복잡한 컴퓨터 시뮬레이션으로, 다양한 현상이 대기의 움직임에 미치는 영향을 재구성하고 예측한다. 이러한 시뮬레이션을 통해 과거 수백만 년 전의 역사적 변화뿐 아니라 오늘날 지구와의 파괴적인 상호 작용으로 인해 촉발된 다가오는 위기도 탐색할 수 있다. 시뮬레이션에 입력된 숫자를 변경하면 조건에 따라 결과가 어떻게 다른지 보여준다.

이러한 모델은 놀라울 정도로 정교해질 수 있다. 리즈대학교 연구자들은 주요 식물 영양소인 인의 가용성이 약 3~4억 년 전 데본기 기간에 발생한 대기 변화에 어떤 역할을 했는지를 탐구하는 기후 모델을 만들었다. 이 시기는 이미 육지에 잘 자리 잡은 식물이 그 범위를 대폭 확장하여 그 어느 때보다 더 빠르고, 더 크고, 더 넓게 자랐던 때다. 이렇게 많은 녹색 식물이 갑자기 출현하면서 지구 대기의 이산화탄소가 이전 시대에 비해 무려 90%까지 급격하게 감소했다. 연구자들은 이러한 폭발적인 성장이 토양 내 인의 증가로 인해 발생했을 수 있다고 생각했으며, 이것이 그들의 첫 모델링이었다. 그러나 진짜 원인은 균근 때문인 것으로 보인다. 모델에 가장 큰 차이를 가져온 숫자는 단순히 식물이 이용할 수 있는 인의 양이 아니라 인을 흡수할 수 있는 효율인데, 이 효율성은 전적으로 식물의 균근 네트워크에 의해 결정된다. 연구진은 모델에 균근균을 추가함으로써 대기 중 이산화탄소와 산소의 양은 물론 지구 온도(전체 기후 시스템)가 식물과 균류 사이의 균근 관계에 의존한다는 사실을 보여주었다. 모든 생명, 그리고 생명의 모든 변

화가 균근 관계에 달려 있었다.[12]

비유적인 의미에서 우리가 균근 네트워크에 의존하게 된 또 다른 이유가 있다. 밴쿠버 외곽의 삼나무 숲을 걸을 때, 내 발 밑의 영양분뿐만 아니라 방대한 양의 정보가 전달되는 활기차고 활동적인 네트워크에 대한 갑작스런 인식은 나에게 완전히 새로운 것은 아니었다. 그것은 오늘날 인류를 유지하고 조절하는 또 다른 네트워크, 즉 케이블, 전선, 기계 및 전자기 신호로 구성되어 지구 전체를 아우르는 광대한 인터넷 인프라를 이해하고 시각화하기 시작했을 때 경험한 것과 동일한 느낌이었다. 이러한 마이크로프로세서와 데이터 센터, 해저 케이블 및 무선 전송은 우리 자신의 균근 네트워크로서 일상생활에 상호 침투하고 공급과 수요를 관리하며 기후를 교란하고 신경 네트워크를 파괴하면서 우리 피부에 와닿는다.

우리가 네트워크와 통신에 관해 들을 때 가장 먼저 생각하는 것이 이러한 인공 네트워크라는 사실은 오늘날 우리 삶에 대해 많은 것을 말해준다. 훨씬 더 오래되고 깊이 뿌리박힌 자연의 네트워크는 나중에야 생각난다. 그러나 나는 이러한 일련의 현상이 기술생태학의 가장 중요한 교훈 중 하나라고 믿는다. 왜냐하면 디지털 네트워크에 대한 이해 없이는 균근 네트워크를 전혀 이해하지 못할 수도 있기 때문이다.

나에게 레드우드/삼나무와 균근을 처음 소개한 수잰 시마드는 1997년에 지하 네트워크를 통해 나무 사이의 탄소 이동에 대한 첫 번째 연구를 발표했다. 한 쌍의 묘목을 방사성 이산화탄소에 노출시키고 이 탄소를 추적함으로써 그것이 균근으로 연결된 나무들에만 나타난다는 것을 보여주는 연구였다. 더욱이, 그녀가 연구한 전나무가 그늘에 가려져 필수 탄소를 많이 포획할 에너지가 부족했을 때, 그들은 이웃으로부터 더 많은 탄소를 받았다. 네트워크는 가장 필요한 곳에 탄소를 보냈다. 이러한 발견은 숲의 건강을 측정하는 데 있어 경쟁과 개체의 성공을 우선시하는 고전적인 산림 생태학에 위배되는 것이었다. 오히려 땅 아래에서는 나무와 균근이 함께 일하고 연결하고 협력하고 있었다. 이는 혁명적인 발견이었고, 생태 네트워크에 대한 새로운 사고와 새로운 글쓰기 방식이 필요했다.

시마드가 아마도 가장 중요한 과학 저널인 『네이처』에 자신의 연구 결과를 발표했을 때, 편집자는 저명한 식물학자 데이비드 리드David Read에게 논평을 의뢰했다. 두 사람은 함께 균근 네트워크를 설명하는 공감 가는 새로운 문구를 생각해냈고, 이 문구는 『네이처』 표지 헤드라인이 되었다. "우드 와이드 웹."[13]

1960년대에 초기 인터넷이 지구 전체에 연결되기 시작했을 때 그것은 주로 대학에서만 이용되었다. 그러다가 1989년 CERN의 팀 버너스-리Tim Berners-Lee가 하이퍼텍스트를 개발하고 월드 와이드 웹World Wide Web을 발명함으로써 널리 채택되고 알려지기 시작했다. 그러나 웹의 선물은 단지 정보를 제공하는 것만이 아니다. 웹의 존재 자체만으로도 네트워크를 식별하고 이해할 수 있는 새로운 도구를 제공한다.

웹이 등장하기 전에 과학자들은 현실 세계에서 네트워크가 어떻게 작동하는지 이해하는 데 필요한 도구가 부족했다. 그들의 주요 도구는 네트워크를 상호 연결된 노드와 엣지들의 시스템으로 보는 그래프 이론이었다. 그래프 이론은 1736년 스위스 수학자 레온하르트 오일러Leonhard Euler가 쾨니히스베르크의 다리 건너기 문제(일곱 개의 다리를 한 번씩만 건너서 도시를 통과하는 경로를 찾는 문제)를 해결하는 방법으로 창안되었다. 그러한 경로가 불가능하다는 것을 증명하기 위해 오일러는 문제를 훌륭하게 일반화하여 쾨니히스베르크의 실제 지리를 참조하지

　　　　　　　　　　　　　　새와 나무와 돌멩이의 지적 세계

않고도 수학적으로 결정될 수 있음을 보여주었다. 그래프 이론은 순수 토폴로지(및 기타 여러 가지) 문제에 유용했지만, 확장 능력이나 실패에 대한 민감성 같은 실제 네트워크에서 일어날 수 있는 많은 동작을 설명하지는 못했다.

1990년대에는 월드 와이드 웹 자체에 대한 연구를 통해 네트워크 이론이라는 새로운 유형의 과학이 등장하기 시작했다. 헝가리계 미국인 물리학자 알베르트-라슬로 바라바시가 이끄는 노트르담대학교 연구팀은 웹 일부의 토폴로지를 매핑한 후 '허브'라고 불리는 일부 노드가 다른 노드보다 훨씬 더 많은 연결을 가지고 있는데, 이러한 연결의 분포가 전체 네트워크에 걸쳐 일관되게 나타난다는 것을 발견했다. 그들은 웹이 '척도 없는(scale-free) 네트워크라고 보았다. 이는 네트워크가 노드 수에 관계없이 계속 작동할 수 있고, 규모가 커지더라도 기본 구조는 동일하게 유지된다는 뜻이다. 척도 없는 네트워크에는 연결이 많은 일부 노드와 연결이 적은 노드가 있을 수 있지만 변함없이 효율적으로 작동한다. 이 점에서 경제 시스템, 학술 논문 간의 인용, 유기체 내부의 생화학적 반응, 질병의 확산 등 세상에서 자연적으로 발생하는 많은 네트워크와 닮아 있는 것 같았다. 바라바시는 '전적으로 인간이 설계한 것이지만 이 새로운 네트워크는 스위스 시계보다는 세포나 생태계와 더 많은 공통점을 갖고 있는 것으로 보인다'고 썼다.[14]

이후 네트워크 이론은 우리가 세상을 이해하는 방식을 변화시켰고, 역학, 생물학, 천체 물리학 및 경제학에 적용되었다. 이는 식물과 곰팡이 사이의 관계만큼이나 사람 사이의 관계에 대해 우리가 생각하는 방식에 혁명을 일으켰다. 이는 인간의 두뇌와 인공 신경망에 대한 새로운 이해를 가능하게 했다. 이제 우드 와이드 웹을 인식하기 위한 토대가 마련되었다.

균근 네트워크가 실제로 인터넷과 같다고 말하는 것이 아니다. 균사체(네트워크의 연결 스레드)는 단순한 전송 케이블이 아니라 자체 의사 결정 및 처리 기능을 갖춘, 전체에 대한 적극적인 기여자다. 곰팡이와 식물은 단순한 저장 장치나 서버가 아니다. 그들 역시 자신의 성향과 행위주체성을 지닌 개별 생명체다. 다른 존재들의 이상하고 경이로운 삶을 생각할 때, 우리는 그러한 환원적이고 인간 중심적인 모델에 빠지지 않도록 조심해야 할 것이다. 그럼에도 불구하고, 네트워크 이론의 힘 그리고 아마도 더 중요하게, 보편적이고 척도 없는 네트워크라는 아이디어는 우리가 이전에는 할 수 없었던 방식으로 이러한 형태를 이해할 수 있게 해준다. 이것은 기술이 생태학에 준 선물이다. 즉, 우리가 스스로 만든 것에서 자연 세계를 보고 생각하는 새로운 방식이 나타난 것이다.

이는 우리를 둘러싸고 있는 인간 너머의 지능을 이해하기 위한 일종의 가이드로서 인공 지능에 대한 우리의 생각을 강화하는 것으로 보인다. 앞에서 살펴보았듯이 동물과 식물은 모든 종류의 흥미로운 방식으로 지능을 '실행'할 수 있다. 실제로 그들은 많은 '지능적인' 일에서 우리보다 유능하다. 예를 들어 침팬지는 잠깐 보여준 긴 숫자 배열을 기억할 수 있고, 식물 뿌리와 균류는 음식에 이르는 최단 경로를 우리보다 훨씬 더 효율적으로 알아낼 수 있다. 그리고 우리는 협의의 인공 지능이 많은 중요한 영역에서 인간 능력을 능가한다는 사실을 빠르게 발견하고 있다.

그러나 AI가 우리와 경쟁하고, 대신하거나 대체하는 방식에서 AI의 의미를 찾을 수 없다면 그 의미는 어디에서 찾아야 할까? 네트워크 이론의 출현이 그랬듯이 지능이 많은 경우 우리의 합리적 이해를 넘어선 환상적인 방식으로 뭔가를 실행 가능하게 한다는 사실에 그 목적이 있는 것은 아닐까?

1960년대 이후 네트워크 기술의 출현으로 우리가 삶을 새로운 방식으로 인식하고 새로운 관계와 새로운 존재 방식에 개방될 수 있었던 것처럼, 지능 기술의 출현은 우리로 하여금 또 다른 사고방식들을 인식할 수 있게 해줄 것이다. 그리하여 더 흥미롭고, 더 정의롭고, 더 광범위하게 상호 이익이 되는 방식으로 행동하고 세상을 살아가게 될 것이다. 이것은 기술에서 얻을 수 있는 생태학적 교훈 중 하나다. 우리는 나무 꼭대기에 혼자 존재하는 것이 아니라 끝없이 번식하고 얽혀 있으며 교차 수정하는 덤불에서 피는 많은 꽃 중 하나다.

우리는 오랫동안 우리를 둘러싸고 있는 인간 너머의 지능에 귀 기울이지 않았다. 우리는 전자의 주파수에 귀 기울이지 않았고 우리 주변의 식물을 적시는 자외선에 눈이 멀었다. 그러나 이러한 지능은 항상 여기에 있었고, 우리 기술의 새로 발견된 정교함이 우리를 대체하려고 위협하는 바로 그 순간이 다가오면서 부인할 수 없는 존재가 되었다. 새로운 코페르니쿠스적 트라우마가 다가오고 있는데, 여기서 우리는 우리 자신을 구할 만큼 똑똑하지 않고, 주변의 가장 똑똑한 생명체도 상상할 수 없을 만큼 폐허가 된 행성 위에 서 있는 우리 자신을 발견하게 된다. 우리의 생존 자체가 인간 너머의 세계와 새로운 계약을 맺을 수 있는가에 달려 있다. 그 계약은 동물, 식물, 기계 등 모든 존재의 지능, 그 타고난 존재성을 우리 자신의 우월함을 나타내는 또 다른 표시로 보는 것이 아니라, 우리의 궁극적인 상호 의존을 암시하는 징표이자 겸손과 돌봄을 향한 긴급한 요청으로 받아들임으로써 가능하다.

3장
——

생명의 덤불

나는 학교에서 과학을 잘하는 학생이 아니었다. 생물학을 좋아했지만 교실에서만 하는 생물학 수업은 지루했다. 그저 들판을 돌아다니며 나뭇잎을 찌르고 때로는 쥐의 배를 갈랐다(쥐들아, 미안!). 화학은 끔찍했다. 깊이 들어갈수록 점점 더 복잡해지고 이해하기 어려워졌다. 그러나 물리학은 어딘가로 나아가는 것 같았다. 그것은 어디론가 올라가는 것 같은 느낌이었다. 마치 우주가 전선, 무게, 광선의 혼란으로부터 일종의 통일된 이론으로 서서히 응집되고 있는 것처럼 보였다. 그 공리는 실제로 내 주변 세계를 이해하게 해주었다. 탁상용 구름 상자를 들여다보고 알파 및 베타 입자가 섬세하고 작은 비행운으로 붕괴되는 것을 보면서 나는 세상의 구성에 대해 근본적이고 확실한 무엇인가를 이해하고 있다고 느꼈다.[1]

그러다가 양자물리학을 만났다. 많은 이들이 그렇듯이 들어본 적은 있었지만 그것이 어떤 의미인지는 전혀 몰랐다. 조금 읽고 아는 척했지만, 어떤 의미 있는 방식으로든 내 세계관에 수용하지는 못했다.

 새와 나무와 돌멩이의 지적 세계

몇 년 전 미국의 페미니스트 이론가이자 물리학자인 캐런 바라드 Karen Barad의 강연을 들었을 때였다. 그 행사는 예술과 원자 시대에 관한 심포지엄이었다. 다양한 예술가와 연구자들이 원자 폭발 사진 촬영과 핵실험장과 원주민 토지권, 드론 전쟁과 감시에 관해 발표했다. 나는 반핵 시위의 역사를 살펴보고 개인 디지털 데이터도 방사성 폐기물의 일종이어서 지하수로 스며들면 유독한 성분이 된다는 주제를 다루었다. 그리고 마지막에 바라드가 연단에 올랐다.[2]

바라드는 뛰어난 사상가다. 이론물리학을 전공한 그녀는 복잡한 양자물리학에 능통하다. 또한 그것을 실제로 활용할 수 있다고 믿으며, 그렇게 할 만한 기량과 유연성도 갖추고 있다. 바라드는 신체 자체가 아니라 신체의 내부-작용intra-action이라는 것으로부터 출현하는 현상들이 우주를 구성한다고 설명한다. 내부-작용은 바라드가 특별히 제안하는 용어이며(그녀의 글에는 단어와 단어 사이를 연결하는 붙임표'-'가 수없이 등장하는데, 이것은 분리되어 있으면서 동시에 통합되어 있음을 뜻한다) 양자이론에 기반한 세계관에 확고한 기반을 두고 있다. 내부-작용은 이미 존재하는 두 현상 또는 두 신체가 서로에게 작용하는 상호작용interaction이 아니라 둘이 서로 맞닿을 때 일어나는 현상-되기becoming-phenomenon와 신체-되기becoming-body의 과정이다. 바라드에게는 우주 전체가 끊임없는 생성의 과정이며, 그 어떤 것도 확실하거나 고정되어 있지 않아서 항상 다른 모든 것들과의 내부-작용을 통해 그 자체가 되어가고 있다.

바라드는 이 개념을 탐구하는 한 가지 방법으로 양자 세계의 특징인 파동-입자 이중성의 역설을 보여주는 것으로 유명한 이중 슬릿 실험을 참조한다. 이 실험에서 두 개의 좁은 슬릿을 통해 발사된 전자는 이산 입자에서 예상할 수 있는 단일 흔적의 산란이 아니라 벽을 따라

파도처럼 연속적으로 흐르는 간섭 패턴을 생성한다. 이것은 전자의 '진정한' 양자적 특성, 즉 그것이 고정되고 불가침한 실체가 아니라 가능성의 상태라는 것, 그 반짝거리는 내부작용을 드러낸다. 따라서 우리가 물질세계라고 여기는 것이 실제로는 전자가 다른 모든 것과 접촉하면서 일어나는 입자들의 끊임없는 내부작용이며, 그러한 접촉에는 바라드가 강연에서 신이 나서 외쳤던 '스스로에게 닿는 것'도 포함된다.

양자 이론에 대한 한 가지 오해는 그 이론이 거의 보이지 않는 아주 작은 것들에만 적용된다는 것이다. 바라드는 그렇지 않다고 주장한다. 양자장은 만물에 스며들어 있으며 그 모든 것의 밑에서 미미한 영향을 끼치는 것이 아니라, 우리 몸과 그것을 넘어서는 모든 규모에서 그 우주의 앞과 뒤에, 서로를 둘러싸고 서로 얽혀서 존재한다. 의식하지 못하더라도 우리는 이 변화하고 진동하며 빛나는 장 속에서 살고 있다.[3]

바라드의 강연을 들으며 나는 기이한 경험을 했다. 그녀의 목소리가 어두운 장내의 공기를 채운 가운데, 나는 그 짧은 시간 동안 양자물리학을 이해했다. 그리고 강연히 끝났을 때 이해도 사라졌다. 그것 역시 내부작용의 산물이었다. 그 경험 이후에 나에게 남은 것은 양자물리학을 완전히 이해할 수는 없겠지만 그것이 존재하는 진리라는 것은 확신할 수 있다는 느낌이었다. 나는 그 진리가 거시와 미시, 세계와 주체, 이야기와 이야기꾼, 전자와 그 간섭 패턴 사이의 관계에 작용한다는 것을 느낄 수 있었다.

바라드의 강연이 남긴 또 한 가지 인상적인 점이 있었다. 과학 발전이 이룬 가장 위대한 성취가 정설이나 결론에 있는 것이 아니라 더 깊은 복잡성에 대한 폭로에 있다는 것이다. 이 복잡성은 우리의 지배력과 이해를 넘어서는 것이지만, 여전히 우리에게 연결되어 있고, 여전히 그것과 함께 살 수 있으며, 여전히 소통할 수 있고, 거기에 뭔가를 실행

　　　　　　　　　　　　새와 나무와 돌맹이의 지적 세계

할 수 있다. 그때 나는 과학이 사고가 아니라 사고의 길잡이, 즉 끝없는 '되기'의 과정이라는 사실을 깨달았다.

인간 너머의 세계에서 산다는 것이 무엇을 의미하는지 이해하려고 노력할 때 내가 붙잡고 있는 것이 바로 이 깨달음이다. 인간 너머의 세계가 그만큼 혼란스럽기 때문이다. 그 세계는 복잡하고 고르지 않고 얽혀 있으며 명확한 단절이나 경계, 구분이 없다. 그 세계는 항상 그래왔다.

홍해에서 내륙으로 50킬로미터, 해수면보다 100미터 낮은 다나킬 함몰지Danakil Depression는 생명이 시작된 곳 중 하나다. 에티오피아의 이 메마른 지역은 오늘날 지구상에서 가장 살기 힘든 곳에 속한다. 이 함몰지는 인도판, 누비아판, 소말리아판이라는 세 덩어리의 이동성 지각이 삼중으로 교차하여 형성되었다. 원래 하나였던 이 세 개의 판은 6천만 년에서 1억 년 전, 공룡과 최초의 꽃식물이 출현한 백악기 말기의 마지막 대량멸종 사건이 일어나기 전에 분리되기 시작했으며, 지금도 1년에 1~2센티미터 속도로 천천히 떨어져 나가면서 지진, 화산 폭발, 지표면 균열을 일으키고 있다. 지반이 흔들리면서 그 일부가 붕괴된 결과, 이곳은 아프리카 대륙에서 가장 낮은 지점이 되었다.

다나킬 함몰지는 지구상에서 가장 더운 곳 중 하나로 일 평균 기온이 35도이고 비는 1년에 몇 센티미터밖에 내리지 않는다. 함몰지 가장자리에는 '연기 나는 산'이라는 뜻의 에르테 알레 분화구가 있으며, 그 안에는 용암호들이 있다. 이 지대는 달롤Dallol이라고 불리는데, 아파르어로 '분해'를 뜻한다. 이곳에서는 온천이 과열된 바닷물과 미네랄을 지표로 끌어올려 대지가 네온 녹색과 노란색으로 물들고, 유황 굴뚝에서 연기가 피어오르며, 철분으로 줄무늬가 생긴 종유석이 녹색의 염소 처리된 증기를 뿜어내고, 발밑의 땅이 쩍쩍 갈라지는 등 다른 세상 같은 풍경이 펼쳐진다. 곳에 따라 분출 가스의 압력으로 소금 '폭탄'이 폭발하기도 한다. 일부 호수의 물은 순수한 황산이어서 산도가 지구상에서 자연적으로 나타나는 가장 극한 수준인 pH 0에 이른다.

다나킬 함몰지는 그 기이하고 혹독한 특징 때문에 화성 같은 다른 행성에 존재할지도 모르는 외계 생명체의 환경을 시뮬레이션하고 평가하는 모델이 되기도 한다. 2017년에는 외계 생명체를 연구하는 한 우주생물학 팀이 이곳 지형이 외계 환경과 닮은 점을 파악하기 위해 방문했다. 만약 생명체가 염분이 높고 고온인 이곳의 산성 웅덩이에서 생존할 수 있다면 화성의 얼어붙은 황산염 퇴적물이나 목성의 부식성 가스 구름에서도 살아남을 가능성이 있을 것이다. 이러한 연구를 수행하려면 염소 및 기타 위험으로부터 보호하기 위한 방독면뿐만 아니라 군 경비대도 필요하다. 다나킬은 에티오피아와 에리트레아가 맞닿은 국경에 가까이 있는데, 20년 이상 전쟁을 겪어온 지역이자 분리주의자인 아파르 반군의 본거지이기 때문이다. 사막 위로 눈에 보이지 않게 쏟아져 내린 이산화탄소 때문에 호숫가에는 죽은 새와 곤충 사체들이 널려 있다.[4]

한동안 과학자들이 극심한 산도, 염분, 열, 중금속이 섞여 아무것도 살아남기 힘들어 보이는 이 복합적인 극한 환경의 웅덩이에서 미생물을 발견했다고 생각하며 매우 흥분했던 때도 있었다.[5] 그러나 추가적인 검증 결과 세포 클러스터처럼 보였던 것은 나노 크기의 규소 입자로 밝혀졌다. 연구자들은 이를 행성 간 탐사선의 표본 트레이에서 유사한 패턴이 발견되었을 때 속지 않도록 주의하라는 사전 경고로 받아들였다.[6]

그런데 후속 연구에서 주변의 다른 웅덩이들도 낯설고 새로운 생명체들로 바글거린다는 사실이 밝혀졌다. 염도가 높은 물에 부유하는 그 생물들은 핵이나 세포벽이 없는 단세포 생물인 할로박테리아와 고세균이었다. 그 기이한 생물 가운데에는 0.06의 낮은 pH 수준도 견딜 수 있는 호산성 테르모플라스마Acidophilic Thermoplasmata, 황, 철, 수소를 먹이로 삼는 아르케오블로부스, 메탄을 섭취하는 박테리아, 공기가 없는 늪이나 어둡고 깊은 해저에서만 발견되는 다른 생물들이 있다. 대부분의 동물이 몇 분 혹은 몇 초 안에 죽는 이곳이 이 낯선 생명체들에게는 풍요로운 번식지를 제공한다.

달롤은 최근에야 생명체가 확인된 다른 극한 환경과도 유사하다. 스페인 리오 틴토강의 철분이 풍부한 산성 강물에서는 무기영양(Litho-trophic, '돌을 먹는 생물'이라는 뜻) 박테리아가 번성하고 있다. 안데스 화산 안쪽 가장자리의 미생물 군집은 식물을 전멸시키는 열기와 가스, 태양 복사열을 견디며 수목한계선 수 킬로미터 위에서 생존한다. 태평양 해저의 열수분출공hydrothermal vent 주변에 군집을 이루어 사는 박테리아는 빛이나 공기 없이 메탄, 황, 수소로부터 에너지를 생성하도록 진화했으며, 이는 길이가 1미터에 달하는 관벌레, 조개, 새우가 살아갈 수 있는 섬을 제공한다.[7]

다나킬 함몰지를 지구에서 경험할 수 있는 외계 지형에 가장 가까운 곳이라고 생각한다는 말이 이상하게 들릴 수 있다. 이곳은 엄연히 우리 조상이 살았던 곳이기 때문이다. 1974년 고고학자들이 지금까지 발견된 가장 오래된 인류 골격 중 하나인 딘키네시(에티오피아 공용어인 암하라어로 '당신은 아름답다'라는 뜻이다)의 뼈를 발견한 곳이 바로 여기다. 딘키네시는 약 300만 년 전에 살다가 멸종한 호미니드, 오스트랄로피테쿠스Australopithecus afarensis였다(유럽과 미국에서 이것은 발견 당시 캠프에서 반복하여 듣던 비틀즈의 노래 제목을 딴 루시라는 이름으로 더 잘 알려져 있다).

우리는 아직 오스트랄로피테쿠스에 대해 잘 알지 못한다. 딘키네시는 키가 1미터 조금 넘고 털로 뒤덮인 채 나무 위에서 사는 이족보행 동물로, 지금은 파괴되어 볼 수 없는 아프리카 초원에 여러 호미니드과의 종 및 아종이 분포하던 시대에 살았던 것으로 추정된다. 현재의 관점에서 볼 때 그들은 모두 인류의 조상이라는 타이틀을 두고 경쟁을 벌였던 존재다. 우리와 가장 가까운 친척인 침팬지 역시 호미니드과에 속한 종이다. 침팬지가 호미니드과 중에서도 우리와 딘키네시를 포함하는 호미닌*Hominini*족* 에 속하는지는 아직 확실히 판명되지 않았다. 침팬지와 우리의 조상을 포함하는 초기 호미니드는 오랜 기간 동안 교잡을 계속한 것으로 보인다. 다시 말해, 침팬지와 우리 종이 처음부터 명료하게 구분되었던 것이 아니라 개체군이 서로 섞이고 유전자를 교환하는 점진적이고 장기적인 종 분화 과정이 400만 년 동안이나 지속되었다.[8] 실제로 유인원 대부분을 비롯한 여러 종들이 이런 '난잡한 종 분화'를 거쳐 진화했을 가능성이 높아 보이며, 이는 인류의 조상일 가능성이 있는 종들이 아프리카와 유라시아 전역에서 발견되고 있다는 사실을 설명하는 데 어느 정도 도움이 된다.

이러한 조상 중 일부는 우리 자신의 유전자를 통해서만 알 수 있다. 일례로, 2020년에 발표된 한 연구에서는 서아프리카인 게놈 표본에 50만 년 전에 살았던 고인류의 '유령 개체군'에 대한 증거가 포함되어 있다는 사실을 밝혔다.[9] 표본 DNA의 최대 5분의 1이 현대인 대다수에게 존재하지 않는, 알 수 없는 조상으로부터 온 것으로 나타났는데, 이는 유전자 풀에 알려지지 않은 친척이 존재한다는 것을 시사하는 결과였다. 화석이 남아 있지 않아서 이 조상들이 누구였는지는 알 수 없지만,

* tribe, 과family와 속genus 사이의 분류 단계.

　　　　　　　　　　　　　　　새와 나무와 돌멩이의 지적 세계

딘키네시 등 인류의 다른 선조들과 마찬가지로 이들의 흔적도 우리 안에 분명히 존재한다. 사실 그들을 인류의 선조라고만 보는 것은 지능을 다룰 때와 같은 함정에 빠지는 일이다. 현재 우리가 서 있는 가지의 끝을 나무의 최상단으로 간주한다는 뜻이기 때문이다. 인류 역사의 대부분 동안 우리는 다른 종의 인류와 함께 살았으며, 심지어 그들과 섹스도 했다.

1856년 독일 서부의 한 석회암 채석장에서 인부들이 특이한 두개골 하나를 발굴했다. 길쭉하고 턱이 거의 없었으며 주변에 흩어져 있던 뼈들은 사람 뼈보다 두껍고 모양도 이상했다. 쓰레기 취급을 받던 이 두개골의 중요성은 동굴곰의 것으로 생각한 한 지역 사업가가 이웃 화석 수집가에게 넘겨주면서 비로소 드러났다. 화석 수집가는 이 뼈들을 '우리 종족의 초기 구성원'이 남긴 유골이라고 단언했다.

이 뼈가 발견된 것은 다윈이 『종의 기원』을 출판하기 불과 3년 전이었고, 뼛조각들은 진화에 대한 최초의 논쟁에 휩싸였다. 비판론자들은 그 뼈들이 외국에서 온 침입자, 예컨대 구루병을 앓았거나 너무 오래 안장에 앉아 있어서 다리가 휘고 고통으로 이마가 일그러진 코사크족의 것일지 모른다면서, 원시 조상의 화석일 것이라는 아이디어에 콧방귀를 뀌었다. 그런데 1865년 영국 지질학자 윌리엄 킹William King이 더 급진적인 주장을 펴는 논문을 발표했다. 그는 이 뼈가 고대 인류나 외국인이 아니라 다른 인간 종의 것이라고 주장했다. 킹은 뼈가 발견된 계곡의 이름을 따서 이 종을 네안데르탈인이라고 명명했다.

인간의 고유성에 대한 도전은 두려움과 혐오를 불러일으키는 경향이 있으며, 종종 인종차별이나 종차별로 나타나기도 한다. 윌리엄 킹이 네안데르탈인의 이미지를 그가 '야만인'이라고 부른 아프리카인이나 호주 원주민에 비유하고, 두개골의 두드러진 이마를 무지와 우둔함의 증거라고 주장한 것은 놀랄 일이 아니다. 킹이 보기에, '그 안에 들어 있던 생각과 욕망은 결코 짐승 수준을 넘어서지 못했다.'[10] 다른 과학자들과 대중들은 네안데르탈인을 멍청하고 미숙하며 잔인한 원시인으로 그린 이 인종차별적 캐리커처에 매우 만족했고, 이러한 인식은 20세기까지 이어졌다. 고정관념은 1908년 프랑스 남부 라샤펠오생 인근의 한 동굴에서 거의 온전한 상태로 또 다른 골격이 발굴되면서 더 공고해졌다. 파리 국립자연사박물관의 고생물학자 마르셀린 불Marcellin Boule은 이 뼈들의 주인이 구부정하고 '확실히 원숭이'의 모습을 띠고 있었을 것이라고 설명하며, 두개골의 모양을 볼 때 '식물이나 하등한 짐승의 기능이 우세하다'고 평가했다.[11]

불의 설명에 따라 그려진 네안데르탈인의 삽화는 오늘날 우리가 알고 있는 네안데르탈인의 모습과 거의 닮지 않았다. 1950년대에 이루어진 라샤펠 화석에 대한 새로운 분석은 이 뼈의 주인이 관절염을 앓고 있었으며 대부분의 네안데르탈인은 구부정하거나 절뚝거리지 않고 직립보행을 했다는 사실을 밝혀냈다. 해부학자 윌리엄 L. 스트라우스William L. Straus와 알렉산더 케이브Alexander Cave는 '면도하고 새 옷을 입은' 네안데르탈인이 뉴욕 지하철을 탄다면 '다른 탑승객들 사이에서 눈길을 끌지도 않았을 것'이라고 썼다.

이제 우리는 네안데르탈인이 현생 인류가 유럽에 나타나기 훨씬 전에 그곳에 살았으며, 그 화석 기록은 현생 인류와 완전히 별개라는 사실을 알고 있다. 유럽에서 네안데르탈인이 살았던 흔적은 최소 13만 년 전으로 거슬러 올라가며, 현생 인류가 아프리카에서 길고 먼 여정을 거쳐 도착한 직후인 약 4만 년 전에 와서야 비로소 사라진다. 그리고 우리는 잔인한 원시인의 이미지를 깰 뿐 아니라 그들에게 복잡하고 풍요로운 문화가 있었다는 증거를 보기 시작했다.

의가 제기되었다. 발굴 현장이 오염되었거나 후대에 인간이 이곳에 들어와 살면서 영향을 끼쳤을 수 있다는 주장이었다.

또 다른 분석 방법은 훨씬 더 놀라운 결과를 보여주었다. 종유석과 석순은 지질학적 과정의 축소판이다. 종유석과 석순은 미네랄이 풍부한 물이 암석의 균열을 통해 흘러내리거나 동굴 천장에서 바닥으로 떨어지면서 수천 년에 걸쳐 천천히 그러나 끊임없이 겹겹이 쌓인 결과물이다. 그 한 겹 한 겹에는 만들어질 당시의 대기 상태가 가두어지므로, 그린란드의 빙하 코어처럼 고대 기후 데이터를 알아내는 수단이 된다. 따라서 종유석과 석순을 이용하면 탄소 연대 측정보다 훨씬 더 오래 전의 연대도 정확하게 측정할 수 있다. 과학자들은 종유석의 성장에 불연속성이 있는지 확인함으로써 종유석이 부서진 시점, 즉 동굴이 사용되기 시작한 때를 정확히 알 수 있다는 사실을 깨달았다. 분석 결과 이 동굴의 흔적은 47,600년이 아니라 176,500년 전에 만들어진 것으로 밝혀졌다. 이는 현대 유럽인의 조상이 이곳에 도착하기 10만 년도 더 전이다. 브뤼니켈 동굴에 남아 있는 것은 인류 이전의 건축물로, 인류가 등장하기 훨씬 전에도 지능이 뛰어난 또 다른 호미니드 종이 있었다는 명백한 증거다.

브뤼니켈은 오래되었고 중요한 유적지일 뿐만 아니라 다른 곳에서는 유사한 유적지를 찾아볼 수 없다는 점에서 더욱 특별하다. 우리는 고작 2만 년 전의 건축물이 지구상에서 가장 오래되었다고 알고 있다. 2만 년 전이란 인류가 처음 정착한 시기에 해당한다. 그러나 초기 인류는 브뤼니켈 동굴 조형물보다 까마득하게 먼 훗날에나 등장한다. 물론 과학적 측정만으로는 이 공간이 정확히 어떤 용도로 사용되었는지 알 수 없다. 하지만 과학이 전부가 아니다. 그곳에 원래 살던 사람들과의 연결성을 받아들일 마음가짐으로 고대 유적지에서 시간을 보내본 사람이라면 우리가 하나의 세계를 공유하고 있고 따라서 공통의 욕구와 능력을 갖고 있다는 단순한 이유만으로도 그들 가운데 우리가 속해 있다는 상상을 할 수 있을 것이다.

터키 남부, 시리아 국경 인근에 있는 괴베클리 테페Göbekli Tepe는 멋진 풍경을 자랑하는 언덕이다. 나는 몇 년 전 여름, 그곳의 유적지를 방문했다. 1990년대에 처음 발견된 이 유적지를 발굴하자 여러 층의 거주지가 드러났는데, 가장 깊은 곳의 광대한 신전에서 정점에 이르렀다. 그곳에는 서로 연결된 여러 개의 방과 난로, 세계에서 가장 오래된 거석으로 알려진 약 6미터 높이의 조각된 돌들이 있었다. 수천 년 만에 처음 노출된 벽과 기둥에는 양각으로 새겨진 동물과 사람의 형상이 놀랍도록 선명하다. 가장 큰 돌에는 사람의 팔이 새겨져 있고, 상부가 좌우로 튀어나와 커다란 T자 모양이다. 기둥에는 뛰어다니는 여우, 거위, 황소 등의 모습이 조각되어 있다. 중세 성당의 조각상이나 벽화보다 더 선명하고 해석하기 쉬운 경우도 많다.

괴베클리 테페가 신전이라는 것은 금방 알 수 있다. 장례용 벽감, 동물 뼈, 잔치를 벌일 만한 양의 씨앗과 기타 잔해가 흩어져 있으며, 가장 최근에는 조각된 두개골이 발견되어 이곳이 신전이라는 판단을 뒷받침한다.[16] 인류학자들은 아나톨리아 남부와 레반트 전역에서 두개골에 대한 특별한 취급과 추앙을 바탕으로 하는 유사한 '두개골 숭배 문화'를 수없이 확인했다. 하지만 이 조각의 중요성과 거석의 신성함은 그런 지식 없이도 알 수 있다. 모든 방문객들은 직관적으로 느낀다. 신전 안으로 들어가 내부를 돌아다니다 보면 이곳이 신성한 장소임을 즉시 깨닫게 되고, 우리와 전혀 다르지만 이내 알아볼 수 있는 과거의 사람들과 오랜 세월을 뛰어넘어 연결될 수 있다는 확신을 곧바로 경험하게 된다.

브뤼니켈이 그랬던 것처럼 괴베클리 테페의 발견도 선사시대에 대해 우리가 알고 있다고 생각했던 모든 것을 뒤집어놓았다. 이전까지는 농경 이전의 수렵 채집 생활을 하던 초기 인류에게 이렇다 할 건축물도 없고 복잡한 사회 조직도 없으며 문화는 더더욱 없다고 믿어졌다. 공식적인 연대표에도 약 1만 년 전에 건축물의 축조가 있었다고 표기되었다. 농업이 발달하고 부의 축적과 그에 따른 위계가 생긴 후에 비로소 그러한 건축물을 지을 수 있는 기술과 시간, 목적을 갖추게 되었다고 본 것이다. 하지만 괴베클리 테페는 최소 12,000년 전에 만들어진, 도시보다 오래된 신전이다. 복잡한 문화, 건축, 영적 신념은 우리의 생각만큼 최근에 만들어진 것이 아니다. 우리는 신전을 파헤치고 돌을 발견하고 종유석 나이테로 연대를 분석했으므로 이를 과학적으로 알고 있다. 그러나 인간 너머의 감수성을 통해서도 알 수 있다. 인간 너머의 감

괴베클리 테페의 거석.

수성은 과학적 이해를 대체하거나 무효화하지 않는다. 우리가 가진 고고학적 신념과 선입견은 물질적 영속성과 분석 기술의 산물이다. 하지만 괴베클리 테페의 위대한 발견을 이해하기 위해 다른 형태의 시각을 가져올 수도 있다. 우리에게는 이미 인류의 조상, 고인류, 인간 이외의 다른 존재들과 세계를 공유하며 함께 살아본 경험이 있다.

네안데르탈인의 세계와 세계관을 우리가 중세 수도사의 방이나 괴베클리 테페의 별빛 아래에서 춤을 추는 수렵 채집인을 상상하는 것과 같은 방식으로 상상하려고 하면 어렵게 느껴질 수도 있겠지만, 그럴 필요가 없다. 밤, 불, 어둠, 의식을 즐기는 것을 비롯해 우리는 생각보다 그들과 공통점이 많다.

호모 사피엔스보다 수십만 년 전에 유럽에 도착한 네안데르탈인은 북쪽으로는 덴마크와 영국 남부까지, 동쪽으로는 중앙아시아와 시베리아까지 진출하며 유럽 대륙에 최초로 정착한 인류다. 네안데르탈인은 현생 인류가 도착하기 훨씬 전부터 소규모 가족 단위로 생활하며 장식품과 악기를 만들고 석기와 자작나무 껍질 타르로 화살과 도끼를 만드는 등 복잡한 문화를 가지고 있었다. 그들은 매장 문화를 갖고 있었으며, 황토와 다른 안료를 사용할 줄 알았고, 깃털을 이용하기 위해 새를 잡았고, 말하고 노래하기에 적합한 신체 구조를 가졌다. 약 4만 년 전에 그들이 사라진 이유는 아직 명확하게 밝혀지지 않았지만, 아마도 기후, 그리고 새로운 이주민들과의 경쟁과 깊은 관련이 있을 것이다. 그 이주민이 바로 우리다. 하지만 그 시점까지 약 3만 년 동안은 두 종이 공존했다. 이러한 장기간의 공존, 그리고 네안데르탈인의 유전자가 오늘날까지도 우리 몸속에 남아 있다는 사실은 인간이 인간 너머의 세계와 맺고 있는 관계에 대해 더 큰 시사점 한 가지를 던져 준다.

1997년, 스웨덴 고생물유전학자 스반테 페보Svante Pääbo가 이끄는 뮌헨대학교 연구진은 네안데르 계곡에서 발견된 첫 번째 골격의 상완에서 최초로 판독 가능한 네안데르탈인 DNA를 추출했다. 그들은 아주 최근에 나온 테크놀로지를 사용했는데, 분석 속도가 매우 느리고 작업해야 할 표본은 파편 한 조각에 불과했으며 크로아티아에서 나온 뼈도 혼합해야 했다. 살아 있는 인구 전체를 데이터 소스로 삼은 인간 게놈 프로젝트가 십 년 이상 걸린 것만 보더라도, 네안데르탈인 게놈 전체의 염기서열 분석에는 수년이 걸릴 것으로 예상되었다.[17] 그런데 분석을 시작한 지 일 년이 채 안 되어 네안데르탈인 DNA에서 이상한 점이 발견되었다. 예상대로 일부는 인간의 DNA와 유사했다. 어쨌든 우리가 공통의 조상으로부터 유래했다는 뜻이다. 그러나 그중 상당 부분은 일부 인간, 특히 유럽계 및 아시아계 사람들에게서만 공통적으로 나타나고 아프리카계 사람들에게는 훨씬 덜 흔했다.

이 결과는 매우 놀라운 것이어서 처음에는 자료가 오염되었거나 데이터를 혼동하는 실수가 있었을 것으로 추정되었다. 이러한 혼란은 현생 인류가 모두 아프리카에서 기원했다는 믿음에서 비롯되었다. 이 관점에서는 네안데르탈인을 인류의 계통수에서 완전히 별개의 가지로 보며, 약 55만 년 전에 현생 인류의 가지에서 분리되어 유럽으로 떠났고, 현생 인류가 그 뒤를 따라 유럽으로 진출하면서 멸종했다고 본다. 그렇다면 우리가 네안데르탈인과 공유하는 모든 DNA는 아프리카의 공통 조상에게서 온 것이어야 한다. 그러나 DNA 증거는 그 후에도 오랫동안 호모 사피엔스와 네안데르탈인 사이에 훨씬 더 긴밀한 접촉이 있었다는 것을 분명하게 보여준다. 가능한 결론은 단 하나다. 네안데르탈인이 멸종하기 전에 호모 사피엔스와 네안데르탈인의 교잡이 일어났고 그 자손이 유럽과 아시아, 아메리카 대륙에 살게 된 것이다. 우리는 고정된 불변의 종의 단선적 혈통이 아니라 혼혈과 이종교배의 산물이다. 생명의 나무 가지들은 서로 얽혀 있다.

스반테 페보의 연구팀은 또 다른 사실을 발견했다. 2014년 마침내 네안데르탈인 게놈 전체의 염기서열을 분석했을 때, 그들이 그렇게 할 수 있었던 것은 시베리아 알타이산맥에서 12만 년 전에 살았던 네안데르탈인의 엄지발가락 뼈가 잘 보존된 상태로 발견된 덕분이었다.[18] 그러나 이 뼈가 발견된 데니소바라는 동굴에서 새로운 수수께끼가 나타났다. 이전에 알려지지 않았던 새로운 고인류 종이 밝혀진 것이었다. 그들에게는 데니소바인이라는 이름이 붙여졌다.

이 책을 쓰고 있는 시점까지 데니소바인의 알려진 흔적이라고는 새끼손가락 하나, 치아 세 개, 데니소바 동굴 바닥에서 나온 뼛조각 몇 개, 티베트에서 발견된 턱뼈 일부가 전부다. 하지만 DNA 분석 기법이 크게 발전했으므로, 우리는 이 조각들만으로도 많은 것을 알아낼 수 있다. 데니소바인은 네안데르탈인과 비슷하게 길고 넓으며 돌출된 얼굴, 큰 코, 경사진 이마, 튀어나온 턱, 넓은 가슴과 엉덩이를 가지고 있었다. 그들은 현생 인류에게 어두운 피부, 갈색 머리, 갈색 눈의 유전자를 물려주었다. 그리고 네안데르탈인과 마찬가지로 그들도 우리 조상들과 성관계를 가졌다.

파푸아뉴기니와 다른 태평양 섬의 현대 주민들은 데니소바인 선조와 유전자의 약 5%를 공유하고 있는 반면, 동아시아와 남아시아인들은 약 0.2%를 공유한다. 한동안은 이것을 데니소바인이 북쪽의 아시아로 이주했다는 뜻으로 해석했지만, 그보다는 적어도 두 번의 뚜렷한 이주 물결, 그리고 인간과 데니소바인이 사회적, 성적으로 서로 얽혀 있던 두 개의 뚜렷한 시기를 보여주는 증거일 가능성이 더 커 보인다.[19]

이와 같이 인류와 고인류가 함께 어우러져 지금의 우리를 만든 것이다. 우리는 진화의 나무에서 매끈한 가지를 따라 개별적으로 곧장 진

　　　　　　　　　　　　　　　새와 나무와 돌멩이의 지적 세계

화한 산물이 아니며, 여러 다른 가지들의 수천 년에 걸친 상호 연계가 낳은 결과물이다. 우리는 타자와의 얽힘으로 만들어졌다.

네안데르탈인의 유전자는 현대 유럽인과 아시아인에게 더 두꺼운 머리카락과 손톱을 주었는데, 이는 고위도의 낮은 기온에 유용한 형질이었다. 티베트인의 고지대에 대한 특별한 적응과 그린란드 이누이트족의 몸에 지방이 독특하게 분포하고 있는 것도 데니소바인의 유산이다. 네안데르탈인과 데니소바인은 극한의 환경을 개척하는 역할을 했으며, 그들의 적응과 유전적 유산은 우리 조상들이 그들보다 더 오래 살아남게 하는 데 기여했다. 여기서 끝나지 않는다. 최근 몇 년 동안, 우리는 우리의 DNA에서 다른 '유령' 개체군의 증거를 발견했다. 이 또 다른 종은 서아프리카에서 나타났으며 중동에서 아프리카로 옮겨왔음을 시사하는 증거도 나왔다. 인류의 혈통에 대해 우리가 알고 있다고 생각했던 모든 것이 다시 원점으로 돌아가고 있다.[20]

복잡하게 얽힌 이 풍경 속에서 우리는 이따금 우리의 모든 선입견과 충돌하는 이례적인 존재들과 마주친다. 약 9만 년 전 알타이산맥에 살았던 십 대 소녀 데니가 그중 하나다. 이 소녀에 관해 우리가 아는 것은 불과 몇 센티미터 길이의 뼛조각 하나가 전해주는 이야기뿐이다. 이 뼈가 발견된 데니소바 동굴에는 호모 사피엔스와 네안데르탈인, 데니소바인이 서로 다른 시기에 거주했던 것으로 알려져 있다. 아니면 그 외에 더 많은 종이 살았을 수도 있다. 데니는 두 종의 잡종, 즉 네안데르탈인 어머니와 데니소바인 아버지에게서 태어난 1세대 자손이기 때문이다.[21] 더구나 데니의 어머니는 같은 동굴에 살았던 3만 년 전의 네안데르탈인보다 5만 5천 년 전 크로아티아에 살았던 네안데르탈인과 더 가까운 혈연관계에 있었다. 고인류는 문란한 데다가 거주지를 옮겨 다녔다. 표본 조각들 사이의 유연관계genetic relationship가 너무 가깝고 증

거가 너무 명백했으므로, 페보는 '거의 현장범을 잡을 뻔한 느낌'이었다고 후술했다.[22]

　　정말 현장범을 잡았으면 어떻게 되었을까? 우리는 어떤 기분이 들까? 유전적 증거만 보면 기적적인 일이라도 일어난 것처럼 보이지만, 이 결합은 실제로 존재했던 사람들 사이의 실제 사건이었다. 데니의 불가사의한 신원이 진실이라면 두 개인의 불가사의한 만남이 전제되어야 한다. 그러나 그 만남이 어떤 식으로 이루어졌는지는 아직 모른다. 데니소바인과 네안데르탈인, 더 나아가 네안데르탈인과 인간, 데니소바인과 인간의 짝짓기는 합의와 사랑에 의한 것이었을까? 아니면 상황에 의해 강요된, 잔인하고 충동적인 결합이었을까?

　　아프리카에서 온 최초의 현생 인류가 대서양 연안의 동굴이나 시베리아의 고산 지대에서 네안데르탈인과 데니소바인을 만났을 때, 그것은 인류가 자신과 닮은 듯 다른 이들을 만난 첫 경험이었을까? 우리가 알고 있는 것만 해도 여러 유령 종이 있으므로, 어쩌면 다른 곳에서도 또 다른 종을 만났을지 모르지만, 분명 기묘한 경험이었을 것이다. 동물원에서 혹은 야생에서 유인원과 마주쳐 본 적이 있는 사람이라면 다른 종에게서 나를 알아보는 눈길을 느낀다거나 지능, 더 나아가 동류의식을 가진 것처럼 보일 때 그것이 얼마나 낯선 느낌인지 알 것이다. 문화적으로나 신체적으로 우리와 다르지만 우리처럼 동굴과 모닥불을 공유하는 네안데르탈인과 데니소바인의 눈에서 그런 것이 읽혔을 때, 그 느낌은 얼마나 강렬했을까? 그래서 우리는 그들을 식민지 주민을 다루듯, 인간 이하의 존재로, 노예로, 혹은 그보다 더 심하게, 한참 후대에 유럽의 후손들이 다른 모든 인종을 취급했던 방식으로 대했던 것일까? 아니면 플라이스토세 빙하기의 추위 속에서 따뜻한 연민과 공감, 사랑, 연대 의식을 발휘했을까?

유전자 기록만으로는 아직 유전자 흐름의 방향, 즉 특정 성별 간, 예컨대 남성 인간과 네안데르탈인이나 데니소바인 여성의 결합이 우세했는지 아니면 그 반대인지, 또는 두 경우가 비슷했는지 아직 알 수 없다. 그 증거가 나온다면 우리가 더 열린 마음을 가진 존재임을 보여주고 그렇게 해야 한다는 것을 알려줄지도 모른다. 하지만 그렇게 되지 않을 수도 있다. 궁극적으로 우리가 어떤 결론에 이를지는 그들과 우리의 관계에 대한 이해, 우리 자신의 공감 능력과 상상력에 달려 있다.

우리가 사랑이라고 부르는 것이 인간들 사이의 관계 외부에도 존재한다는 주장은 과학적 연구에 의해서도 여러 차례 입증되었다. 침팬지는 낯선 사람이나 친척과 음식을 나눌 때 옥시토신 수치가 높아지는 것으로 나타났는데, 옥시토신은 인간에게서 부부나 부모, 자식 간의 유대감을 형성하는 호르몬과 같은 역할을 한다. 보노보가 갈등보다 섹스를 선호하고, 고릴라는 자신의 새끼뿐 아니라 다른 개체의 새끼도 돌보며 이러한 돌봄 능력이 높은 번식률과 상관관계가 있음을 보여주는 연구도 있었다.[23] 이 자체로 흥미롭고 중요한 연구 결과이기도 하지만, 더 중요한 것은 우리와 다른 종들에게 그리고 우리와 다른 존재들, 즉 고인류, 다른 영장류 동물, 그리고 궁극적으로는 세계 전체에 이러한 돌봄 능력이 존재한다고 상상할 수 있게 해준다는 것이다.

우리가 가진 지배의 충동은 그렇게 오래되지 않았을지도 모른다. 즉, 지배 충동은 현대에서 인구 집단에 따라 매우 다르게 나타나며, 종종 학습과 '고급' 문화의 산물인 동시에 그러한 것이 부족하다는 증거이기도 하다. 우리가 이 가까운 친척들과 사랑을 주고받지 못했으리라 생각할 이유가 없다. 네안데르탈의 종유석 대성당에 앉아 있는 우리 자신을 상상할 수 있다면, 그들의 팔에 안긴 우리 모습을 상상하지 못할 까닭이 있겠는가? 그러한 얽힘은 인류 역사의 여러 지점에서 우리 존재를 근본적으로 변화시켰다. 우리가 사랑에서 비롯되었던 아니든, 우리는 사랑할 수 있다. 우리는 다른 존재들에 힘입어 만들어졌다.

다음은 고대 인류 종의 간략한 목록이다. 이 중 많은 종은 단 몇 개의 뼛조각과 우리 유전자 깊숙이 묻혀 있는 '유령' 개체군의 흔적을 통해서만 확인된다. 우선 호모 사피엔스*Homo sapiens*, 네안데르탈인*Homo neanderthalensis*, 데니소바인*Homo denisova*과 함께 '해부학적으로 현생 인류'로 분류되는 잠비아의 로디지아인*Homo rhodesiensis*, 아파르 함몰지에서 1997년에 두개골 세 개가 발견된 16만 년 전의 호모 사피엔스 이달투*Homo sapiens idaltu*, 하이델베르크인*Homo heidelbergensis*을 들 수 있다. 하이델베르크인은 유럽으로 진출했으며, 후두에 유인원들에게 있는 공기주머니가 없는 최초의 호미니드였는데, 이는 울음과 고함소리에서 인간 언어로의 전환 가능성을 시사한다. 인도네시아의 어느 섬에서 발견된 플로레스인*Homo floresiensis*은 키가 1미터밖에 안 되어 '플로레스의 작은 여인'이라는 뜻의 학명이 지어졌는데, 자원 부족에 기인하는 섬 왜소증island dwarfism이었을 가능성이 있다. 이탈리아의 체프라노인*Homo cepranensis*, 유럽에서 발견된 최초의 사람속 고인류이며 안타깝게도 식인 혐의를 받고 있는[24] 호모 안테케소르*Homo antecessor*, 최초의 고급 테크놀로지라고 할 수 있을 아슐리안 손도끼를 만들었으며 그래서 '일하는 사람'이라는 이름을 갖게 된 호모 에르가스테르*Homo ergaster*, 긴 손가락과 발가락으로 볼 때 여전히 나무에서 많은 시간을 보냈던 것으로 추정되는 호모 날레디*Homo naledi*도 있다. 한때 '잃어버린 고리missing link'로 불렸던 이 지점에서는 자바 원인Java Man, 란톈 원인Lantian Man, 난징 원인Nanjing Man, 베이징 원인Peking Man, 솔로 원인Solo Man, 토타벨 원인Tautavel Man(이 중 발굴된 골격이 여성의 것인 경우도 많았지만, 모두 'man'

이라고 명명되었다) 등 더 많은 호모 하빌리스*Homo habilis*와 호모 에렉투스*Homo erectus*의 사례가 발견된다. 이들은 모두 인류의 가지에서 갈라져 나온 고유의 종이다. 고릴라 크기의 턱(그리고 추정컨대 다른 부위)이 있다는 뜻의 메간트로푸스*Meganthropus*와 남아프리카의 '인류의 요람'이라고 불리는 동굴에서 발견된, 대체로 채식을 했던 호미닌 호모 가우텐겐시스*Homo gautengensis*도 있다. 더 거슬러 올라가면(여전히 그런 엄격한 구분을 믿는다면, 호미닌이 침팬지에서 갈라져 나온 시점 이후) 일명 딘키네시 또는 루시라고 불리는 오스트랄로피테쿠스가 있으며, 그 가운데에는 가르히, 아프리카누스, 세디바, 아파렌시스, 아나멘시스, 바렐가잘리, 데이레메다 등 여러 아종이 있다. 오늘날의 고릴라처럼 일부다처제를 선호했으며 '건장한 오스트랄로피테쿠스'라고 불리는 파란트로푸스*Paranthropus*도 있고, 침팬지와 무척 닮았으며 자연히 가축화되어 self-domesticated 보노보처럼 일부일처제를 지향하고 공격성도 적어진 것으로 보이는 아르디피테쿠스 카다바*Ardipithecus kadabba*와 라미두스*Ardipithecus ramidus*도 있다. 새로운 다리뼈나 두개골이 발견될 때마다 이들의 이름과 분류는 조금씩 바뀐다.

이제 우리는 지능에 대한 우리의 생각이 도달했던 것과 비슷한 깨달음에 다가서고 있는 것 같다. 그 첫 번째는 우리가 쉽게 설명하고 범위를 한정할 수 있을 것이라고 여기는 '종' 개념에 아무런 근거가 없다는 것이다. '종'은 배타적으로 그들끼리 생식 가능한 개체들로 이루어진 불가침의 분리된 계통 분기가 존재한다는 생각, 즉 같은 무리의 다른 개체와 성관계를 맺어야만 생존 가능한 자손을 생산할 수 있다는 생각에 기초한다. 데니와 그 부모, 다종 인간 게놈의 드물지 않은 존재는 이러한 생각을 거스른다. 털북숭이 삼인방이었던 사피엔스와 네안데르탈인, 데니소바인이 생존과 번식이 가능한 자손을 낳을 수 있다면,

우리가 기존에 가졌던 구분의 전체적인 구조가 흔들리기 시작한다. 우리는 다른 형태의 존재와 얽힘으로써 혈통을 공유하며, 그 얽힘에는 인간뿐 아니라 비인간도 포함된다.

두 번째 깨달음은 한때 과학자들이 자기 인식 같은 특정 능력으로 지능을 판단하려고 반복적으로 시도했던 것과 마찬가지로 서로 다른 '종' 사이의 배타적인 특징을 찾아내고 그것을 진화의 나무에서 가지들이 갈라지는 지점으로 묘사하려는 시도 역시 근본적으로 결함이 있다는 것이다. 존재와 행위, 생존과 번식의 여러 형태가 생명의 나무 혹은 덤불의 많은 가지에 걸쳐 있으며 그 사이에서 서로 얽혀 있다.

이러한 깨달음은 첨단 테크놀로지(수십 년에 걸쳐 개발된 매우 정교한 표본 추출 및 분석 기술)의 독창성과 인간과 인간만의 자질을 넘어서는 관계를 상상할 수 있는 우리 자신의 역량이 결합되었기에 가능해진 것이다. 테크놀로지의 역량과 인간 너머의 존재에 대한 감수성을 결합하여 세계를 보고 인식하는 새로운 방식을 구축하는 것, 이것은 가장 높은 단계에 이른 테크놀로지의 생태학이다. 이를 통해 우리는 모든 것이 다른 모든 것과 연결되어 있음을 인식하는 동시에 기술의 **목적**에 대한 우리의 관념을 뒤엎을 수 있다.

오래전부터 과학의 진보는 자연 세계 분류를 위한 환원적 틀을 얼마나 잘 구축하느냐에 따라 측정되어왔다. 모든 현상에 전천후로 적용할 수 있는 그런 종류의 틀이 존재한다는 관념은 18~19세기부터 우리의 사고를 지배했다. 이렇게 인식된 지식 축적에는 모든 것의 원자적 기초, 즉 단일하고 순수하며 결정적인 유형 또는 하나의 정답을 끊임없이 찾기 위해 한 가지를 다른 것으로부터 떼어내는 오랜 추상화 및 분리 과정이 수반되었다. 우리는 이러한 이미지를 전제로 테크놀로지를 구축해왔다. 계산을 1과 0의 양자택일, 즉 이진법으로 환원한 것이 단적인 예다. 그러나 우리가 그러한 추상화를 더 철저하게 수행하려고 시도할수록, 그리고 삶 자체의 구조에 더 깊이 들어갈수록 이러한 구분은 더욱 모호해지고 결국 무너진다.

우리가 경계와 갈등으로 인식하는 것들, 즉 우리를 분리하는 것들은 종종 외부 세계의 인공물이 아니라 우리 자신이 만들어낸 개념과 우리의 분별력, 우리가 가진 도구에 내재한 측정 불가능한 간극으로 밝혀지곤 한다. 우리는 세상을 연구하고 있다고 생각하지만, 실제로는 우리 자신의 사고의 한계를 분명히 드러내고 있을 뿐이며, 그러한 한계가 구체적으로 드러나는 것이 바로 측정 도구와 기록이다. 진실은 항상 우리가 계산할 수 있는 그 어떤 것보다 더 낯설고, 더 생동감 넘치며, 더 광활하다.

진화생물학자나 고생물학자가 아니라 기상학자인 루이스 프라이 리처드슨Lewis Fry Richardson의 저술이 이 역설을 가장 잘 표현했다고 생각된다. 리처드슨은 과학자이자 퀘이커교도이자 평화주의자였으며, 그러한 신념은 그의 삶과 연구 모두에 영향을 주었다. 1차 세계대전 당시 양심적 병역 거부자였던 그는 전투는 거부했지만 구급차 운전사로 최전선에서 복무했다. 이 기간 동안 그는 수학적 기상 예측의 첫 번째 규칙을 공식화했고, 이 규칙은 오늘날 우리가 기상학이라고 알고 있는 것 대부분의 기초가 되었다. 그는 출동 사이의 긴 대기 시간 동안, 때로는 폭격으로 폐허가 되어 임시 숙소로 개조된 건물에서, 또 때로는 포격을 피해 피신하는 동안에 종이와 연필을 사용하여 기단의 움직임과 기압의 기울기를 손으로 계산했다.

전쟁이 끝난 후 그는 영국 기상청으로 복귀했는데, 얼마 지나지 않아 기상청이 영국 공군을 담당하는 정부 부처인 항공성Air Ministry으로 흡수되면서 양심상의 이유로 사직했다. 이로 인해 그의 아이디어 중 다수는 완전히 실현되는 데 수년이 걸렸다. 하지만 그는 과학을 통해 세계에 대한 우리의 이해를 향상할 방법을 계속 모색했다. 특히 그는 기상학에 수학을 도입했듯이 수학으로 평화주의에 이바지할 수 있을 것이라고 믿었다.

리처드슨은 말년에 출간한 일련의 저서에서 전쟁의 원인과 평화의 조건에 대한 수학적 근거를 찾고자 했다.[25] 그의 아이디어 중 하나는 두 국가 간의 전쟁 가능성이 공유하는 국경의 길이에 따라 달라질 수 있다는 것이었다. 그런데, 그의 가설을 입증하려면 정확한 국경 길이 수치가 필요했지만 그런 수치가 존재하지 않는다는 것을 깨달았다. 국경에 대한 양국의 추정치가 일치하지 않는 것 같았다. 문제를 더 깊이 파고들면 파고들수록 그 추정치는 더 파악하기 어렵고 모순되는 것처럼 보였다.

그는 이 과정을 통해 어떤 대상을 더 정확하게 측정하려고 할수록 더 복잡해진다는 역설을 확인했다. 이 놀라운 관찰은 리처드슨 효과로 알려지게 된다. 1킬로미터 길이의 자로 영국의 해안을 측정한다고 상상해보자. 이제 그 절반 길이의 자로, 그 다음에는 다시 절반 길이의 자로 이 측정을 반복한다면 어떻게 될까? 측정할 때마다 점점 더 많은 해안선을 고려할 수 있게 되므로 측정값은 더 정확해질 것이다. 그러나 리처드슨은 측정 결과가 정답에 수렴하기는커녕 오히려 실제 해안선에 가깝게 측정할수록 측정치가 더 길어지기만 한다는 것을 깨달았다. 리처드슨이 발견한 것은 수학자 베누아 망델브로Benoit Mandelbrot가 훗날 '프랙탈'이라고 부르게 될, 복잡성을 무한히 반복하는 구조였다. 프랙탈은 자세히 들여다볼수록 질서와 명확성이 드러나는 것이 아니라, 더 많고 더 화려한 세부 구조와 구조의 변주만 드러난다.[26]

리처드슨 효과는 생물학, 고고학, 진화에 적용되며, 심지어 생명 자체에도 적용되는 것으로 보인다. 고고학과 생물학을 위한 도구가 발전하고 우리가 생명의 그물을 풀어나갈수록, 그 결과는 각각의 가지를 측정할 수 있고 형태와 유형이 달라지는 명확한 분기가 있는 질서정연한 나무가 아니라 만남과 상호 관계의 소용돌이치는 춤사위가 된다. 종들은 분열되고 모호해지기 시작한다. 사바나에서 툰드라로, 다시 툰드라에서 사바나로 바뀌는 그들의 운동장은 빼곡하게 차 있다. 게다가 바닥은 진창이다. 심판은 더 이상 점수를 기록할 수 없다. 조상과 후손으로 가득한 이 세계, 모든 것이 끊임없이 움직이는 무질서의 세계, 경계가 허물어지는 이 세계는 아름답다. 우리의 발전된 테크놀로지 덕분에 가능해진 면밀한 탐구가 실제로 밝혀낸 것은 견고한 지도가 아니라 모든 것의 이면에 있는 에너지 장의 양자 댄스에 이르는 간섭 패턴이다.

우리가 보는 모든 곳에서 동일한 과정이 진행되고 있다. 최근 수십 년 동안 고인류 종의 실제 삶에 관한 우리의 이해(여러 번의 이주가 있었고, 그들의 능력이 서로 겹치고 얽혔으며, 상상 이상의 깊은 교류가 일어났다는 사실 등)가 넓어지고 복잡해졌듯이, 세포 수준까지 내려가는 생명에 관한 우리의 이해도 똑같이 넓어지고 복잡해졌다. 인류의 조상이 난잡하고 불안정하며 향락적인 성생활을 즐긴 것처럼 느껴질지 모르지만, 우리의 세포가 어떤 영향을 받았는지 살펴보고 나서 판단하기 바란다.

1950년대에 과학자들은 모든 생물의 공통 조상(last universal common ancestor, LUCA)을 찾기 시작했다. 처음에 LUCA를 모든 생명체의 기원, 모든 형태의 생명체가 그로부터 유래한 조상 생물이라고 생각했던 그들은 곧 우리가 찾을 수 있는 것이 오늘날 살아 있는 생명체에 한해서만 공통 조상일 뿐이라는 사실을 깨달았다. 지금 우리의 DNA에서 떠돌고 있는 것보다 더 많은 유령 개체군(어떤 이유에서든 우리의 계통에 기여하지 못하고 우리가 알지 못하는 사이에 사라진 종들)이 있었을 것이 확실한 것처럼, 화석 기록이나 살아 있는 후손에게 자취를 남기지 않은 원시 생명체도 매우 많았을 것이다. 하지만 분명 LUCA는 존재했을 것이다. 그리고 아마도 약 45억 년 전, 지구가 여전히 뜨겁고 방사성 원소가 많았으며 우주에서 날아온 운석의 지속적인 폭격을 받던 명왕누대 Hadean aeon에도 존재했을 것이다. 지금도 진행 중인 LUCA에 대한 탐구는 생명 자체의 근원을 확정지으려는 생물학의 시도다. 입자물리학에서 최종적인 표준모델Standard Model을 찾으려는 탐구와 흡사하다. 다른 모든 의문을 해결해줄 단 하나의 정답One True Answer을 찾으려는 것이다.

LUCA를 찾아나서자마자 온갖 이상징후가 튀어나왔지만, 여러 인구 집단에서 서로 다른 네안데르탈인 DNA 변종이 발견되었을 때처럼 처음에는 오류라고 생각했다. 일리노이 대학 미생물학 교수 칼 우즈Carl Woese는 LUCA에 접근할 방법을 세포 내부의 DNA, RNA, 단백질의 긴 염기서열에서 찾을 수 있을 것이라고 생각했다. 그는 이 염기서열을 '몸 안의 화석 기록'이라고 불렀다. 거기에 수많은 세대에 걸쳐 돌연변이나 잡종이 일어나고 새로운 부분이 추가되거나 보충되는 등 그 생명체가 거쳐온 모든 역사가 암호화되어 있기 때문이다. 1960년대 말, 우즈는 리보솜에서 몸 안의 화석 기록을 찾아 나섰다. 리보솜은 모든 살아 있는 세포 안에 존재하는 입자로, RNA 메신저가 전달한 DNA 청사진을 생물의 실제 구조로 번역하는 일을 담당한다. 리보솜은 생체를 위한 3D 프린터인 셈이다.

1980년대에 컴퓨터 DNA 시퀀싱 기법이 등장하기 전에는 이러한 해독이 어렵고 완전하지도 않았으며 엄청나게 긴 시간이 걸렸다. 우즈의 연구 팀은 각 개별 염기서열의 '지문'을 확인하기 위해 고감도의 필

　　　　　　　　　　새와 나무와 돌멩이의 지적 세계

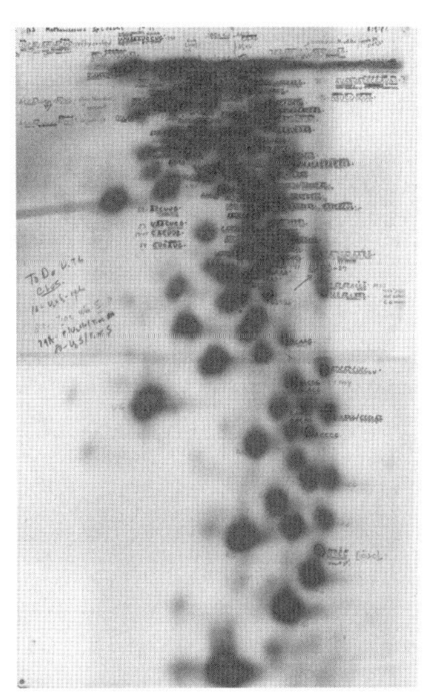

칼 우즈가 분석한 리보솜 RNA의 엑스레이 '지문'.

름에 엑스레이로 RNA 분자의 그림자를 비췄다. 서로 다른 염기서열 간의 유사점과 차이점을 찾아내고 서로 다른 분자 간의 조상 가닥을 맞추기 위해 끝없이 분석, 비교하는 작업이 이어졌다. 그러자 지금까지 학계에서 동일하다고 여겼던 분자와 유기체 중에 뚜렷한 차이가 있는 사례가 나타나기 시작했다. 특히 과학자들은 박테리아와 유사하지만 기존에 알고 있던 어떤 종류의 박테리아와도 전혀 다른 무엇인가를 발견했다. 우즈는 이 생물에 '고대의 것'이라는 뜻으로 고세균Archaea이라는 이름을 붙였다.

　고세균에게는 박테리아라면 있어야 할 일부 특징이 없었으며 예상치 못한 다른 특징이 나타났다. 이산화탄소를 소화하고 메탄을 배출하는 등 특이한 특성을 가지고 있었으며, 특히 극한 환경에 잘 적응했다 (가장 최근에 고세균이 발견된 곳은 다나킬 함몰지의 뜨거운 염수 온천이었다). 우리가 아는 두 계(界, Kingdom), 즉 세균계(핵이 없는 단세포 생물)

와 진핵생물계(그 밖의 모든 생물) 중 어디에도 딱 들어맞지 않았다.

이것만으로도 혁명적인 발견이었고, 1977년에 논문으로 발표되자 예상대로 센세이션을 일으켰다.[27] 우즈와 그의 연구진 중 한 명이었던 조지 폭스George Fox는 박테리아나 진핵생물과 구별되는 제3의 계, 또는 역(域, domain)을 인정해야 한다고 주장했다. 1866년에 에른스트 헤켈이 '원시 형태', 즉 원생생물을 생명의 나무에 그려 넣은 이후, 이 그림에 가장 중요한 변화가 일어난 것이다. 헤켈의 원생생물은 이후에 박테리아의 영역으로 편입되었지만, 나무를 단순화하려는 시도 끝에 발견된 고세균이 오히려 그림을 더 복잡하게 만들었다.

이 발견을 환영하는 팡파르에 가려졌지만, 이와 관련하여 또 다른 한 가지 발견이 있었다. 이 발견을 설명하기 위해 우즈와 다른 연구자들이 수십 년 동안 세심하게 분석했지만 오늘날까지도 널리 알려지거나 인정받지 못했다. 그것은 수평 유전자 이동(Horizontal Gene Transfer, HGT)라고 불리는 현상으로, 고세균이 이 현상을 일으키는 데 특히 능숙한 것으로 밝혀졌다.

1928년으로 거슬러 올라가면, 영국 의학자 프레더릭 그리피스Frederick Griffith가 무해한 박테리아가 갑자기 변이를 일으켜 독성을 갖게 될 수 있다는 사실을 폐렴구균성 폐렴pneumococcal pneumonia을 일으키는 박테리아에서 처음 관찰했다. 하지만 그 메커니즘은 알아내지 못했다. 1940년대에는 뉴욕의 록펠러연구소 연구원들이 DNA가 대를 이어 전승되는 것이 아니라 한 박테리아에서 다른 박테리아로 거의 곧장 복제되는 것처럼 보이는 믿기 힘든 현상을 목도했다. 1953년, 미생물학자 에스더 레더버그Esther Lederberg와 조슈아 레더버그Joshua Lederberg 부부가 바이러스 감염을 통해 한 유기체에서 다른 유기체로 DNA가 전달되는 현상을 설명하기 위해 '감염 유전infective heredity'이라는 용어를 제안하면서

　　　　　　　　　　　　　　　　　　　　　새와 나무와 돌멩이의 지적 세계

처음으로 그 전달 메커니즘을 밝혔다. 바이러스는 유전자가 생명의 나무에서 가지와 가지 사이로, 즉 수직이 아닌 수평 방향으로 퍼져나갈 수 있는 여러 경로 중 하나일 뿐이라는 사실도 밝혀졌다.

고세균은 이 방식으로 유전자를 주변으로 퍼뜨리는 것을 특히 선호한다. 특정 온도에서, 또는 유해한 자외선이나 산성 물질 등 손상될 수 있는 환경에 노출되면 고세균 개체는 머리카락처럼 가느다란 실을 다른 개체에게 뻗어 유전 물질을 직접 교환할 수 있다. 선모(線毛, pilus)라고 불리는 이 실은 대장균처럼 질병을 일으키는 여러 박테리아에서도 발견되는데, 박테리아가 다른 생물의 체조직에 쉽게 결합할 수 있게 해주기 때문이다. 하지만 고세균은 선모를 이용하여 서로 결합하여 DNA를 전달함으로써 살아 있는 유기체를 새로운 형태로 변화시킨다.

제3의 영역에 자리 잡아 불안정한 생명의 나무를 안정시키기를 기대했던 고세균은 오히려 이 나무를 더 뒤얽히게 만들었다. 고세균의 종들을 구분하는 것은 사실상 불가능한 것으로 밝혀졌으며, 거의 비슷한 개체들이 북적거리는 생물 군집에 가까워 보인다. 그들은 기능과 위치에 따라 근본적으로 갈라지며 새로운 상황에 빠르게 적응하면서 DNA 일부를 자유롭게 교환한다. 고세균은 명확하게 구분 가능한 종이라는 개념에 또 다른 타격을 가한다. 또한 더 나아가 '개체'라는 개념에도 이의를 제기한다.

대중과 학계의 종 개념은 특정 집단에 온전히 그리고 배타적으로 속하는 독특하고 분류 가능한 개체가 존재한다는 것을 전제로 한다. 결국 개체라는 개념은 근대성을 정의하는 정치적 이념인 주권과 행위주체성, 서양 철학의 상징인 주체와 객체, 자아와 타자의 개념화와 불가분의 관계로 엮여 있다. 개체 개념을 다루는 것은 쉬운 일이 아닌데, 고세균이 바로 그 점에서 우리가 가야 할 길을 일러주고 있다.

2012년 12월, 세계적인 생물학자 세 명이 에세이 한 편을 발표했다. 생태학에 대한 이해 제고와 세계를 탐구하는 강력한 테크놀로지 도구의 상호 작용이 생명에 대한 우리의 이해를 어떻게 뒤집어놓았는지 탐구하는 논문이었다. 현미경의 발달로 이전에는 보이지 않던 박테리아와 균류의 세계가 밝혀졌듯이, DNA 시퀀싱 같은 테크놀로지는 지금껏 알려지지 않았던, 그러나 깊이 상호 연결되어 있는 모든 수준의 존재들의 지형을 드러내고 있다. 이러한 테크놀로지는 '미생물의 세계에 이전에 상상했던 것보다 훨씬 더 깊은 다양성이 있다는 사실을 밝혀냈을 뿐만 아니라, 미생물뿐 아니라 미시적 생명체와 거시적 생명체 간에도 복잡하고 뒤얽혀 있는 세계가 있다는 것'을 밝혀냈다.[28]

'공생적 생명관: 우리는 개체로 존재한 적이 없다A Symbiotic View of Life: We Have Never Been Individuals'라는 제목의 이 에세이는 생명과학 분야에서 지난 수십 년 사이에 일어난 혁명을 요약하고자 했다. 그리고 그 혁명에는 수평 유전자 이동의 발견이 혁신적인 역할을 담당했다. 저자들은 유기체와 유기체 사이, 과와 과 사이, 군집과 군집 사이에서 일어나는 HGT의 사례들을 기록했으며, 인간도 그 대상 중 하나였다. 사실 우리 자신도 '게놈 키메라'인 것으로 보인다. 인간 게놈의 50퍼센트가 진화의 다양한 시기에 다른 유기체에 의해 '써넣어진' DNA 염기서열로 구성되어 있다. 그중 바이러스를 통한 DNA 전이의 결과가 10퍼센트에 육박한다. 포유류 생명체들의 요람인 자궁도 바이러스 감염의 결과로 여러 포유류 계통에서 각각 독립적으로 나타났다. 인간의 정자가 난자를 향해 꿈틀거리며 추진할 수 있게 해주는 모터인 꼬리는 자유로이 돌아다니며 사는 나선상균에게서 유래했을 수 있다. 우리가 살아가는 것은 다른 생명체들의 DNA에 감염되었기 때문이다. 혹은 그들의

　　　　　　　　　　　　　　　　　　　

DNA를 공유받은 덕분이라고 해야 할지도 모르겠다.[29]

HGT의 작동을 훨씬 뛰어넘는 이 새로운 생명관에 부여된 이름은 공생이다. 이 개념은 다윈의 진화론이 제시하는 생명의 출현에 대한 폭력적이고 경쟁적인 설명에 반대하여 우리가 협력과 상호 작용, 상호 의존의 산물이라고 제안한다. 이러한 생명관은 근본적으로 생태학적이고 관계론적인 관점이며, DNA 염기서열에서부터 우리 몸의 구성, 우리가 살아가는 사회에까지 확장되고, 그 통찰을 진지하게 받아들인다면 우리가 어떤 사회를 만들 수 있을지 상상하는 데에도 적용할 수 있을 것이다.

앞 장에서 살펴본 식물과 균근균의 관계에서 근간이 되는 것이 공생이다. 공생이란 서로 다른 형태의 두 생명체가 서로에게 의존하고 얽히고설키며 함께 성장하는 것을 말한다. 식물과 다른 모든 형태의 생명체가 뿌리에 곰팡이 파트너를 가두어 땅에 정착할 수 있었던 것은 바로 이 공생 관계 덕분이었다. 이러한 관계는 오늘날에도 곰팡이와 조류의 파트너십인 지의류의 형태로 지속되고 있으며, 그 형태를 거의 구분할 수 없을 정도로 서로 긴밀하게 협력한다. 지의류는 '농업을 발견한 균류'로 불려왔지만, 이는 덩굴손이 서로의 세포 속으로 자랄 정도의 인접한 생물들 간의 상호 연결을 의미한다. 이 또한 개체와 종의 경계를 모호하게 만드는 사례다.

곤충과 꽃식물도 공생의 예이며, 이것은 지구상의 모든 생명에, 그리고 그들 스스로에게 되돌릴 수 없는 영향을 끼쳤다. 이들은 새로운 환경에 적응하면서 새로운 삶의 패턴을 채택하고 이 패턴은 다시 공생 파트너에게 반영되면서 서로의 진화를 유도해왔다. 그리고 우리는 이러한 협력적 발전 시스템을 공유한다. 이후에 다른 장에서 다시 살펴보겠지만, 우리가 지금처럼 진화할 수 있었던 것도 곤충-식물 공생의 직접적인 결과물인 꿀 덕분이었을 수 있다.

과거의 공생 흔적에서 동물의 '유령 개체군'이 확인되기도 한다. 아보카도는 100만 년도 더 전, 플라이오세 때 땅늘보나 코끼리를 닮은 곰포테리아처럼 아보카도를 먹고 그 씨를 배설하는 거대 동물의 존재 때문에 그렇게 크고 먹을 수 없을 것 같은 씨앗을 진화시켰을 가능성이 높다. 이제는 그런 공생 파트너가 존재하지 않지만 아보카도는 그 과육을 좋아하는 다른 동물을 통해 계속 퍼져나가고 있다.[30]

공생은 우리의 일상생활에 매우 중요하다. 우리는 박테리아 및 기타 유기체로 구성된 인간 미생물군유전체microbiome 2킬로그램 정도와 늘 (주로 뱃속에) 함께하며, 이것은 우리의 인식과 행동에 깊은 영향을 미친다. 미생물군유전체의 건강 여부는 두뇌 발달과 스트레스, 트라우마에 대처하는 능력 등을 통해 지능에도 영향을 미친다. 연구에 따르면 요양원에 거주하는 노인은 더 넓은 지역사회에 거주하는 노인보다 미생물군유전체의 다양성이 떨어지며, 그 결과 노쇠와 만성 질환에 더 취약한 것으로 나타났다.[31]

우리는 매일 공생과 함께하며, 공생에서 비롯된 존재이기도 하다. 원핵생물인 박테리아 및 고세균은 단 한 가닥의 DNA만을 포함하는 단순한 세포로 이루어진 반면, 인간은 식물, 동물, 곰팡이 등 우리가 매일 접하는 대부분의 생명체와 마찬가지로 진핵생물이어서 핵과 미토콘드리아가 있는 복잡한 세포로 이루어져 있다. 우리는 어떻게 여기까지 왔을까? 박테리아와 고세균은 생명의 초기 단계를 대표한다. 우리가 박테리아와 고세균에서 유래했을 가능성이 높다는 뜻이다. 대체 어떻게 그렇게 될 수 있었을까?

1960년대에 생물학자 린 마굴리스Lynn Margulis가 처음 내놓은 그 답은 세포 내 공생endosymbiosis이다. 많은 혁신적인 아이디어가 그랬듯이,

이 아이디어도 더 이상 부정할 수 없는 사실로 인정받기까지 오랫동안 조롱과 무시의 대상이었다. 세포 내 공생 생물은 완두콩 뿌리의 질소 고정 박테리아나 산호초 내부의 조류처럼 다른 생물 안에 사는 유기체를 말한다. 마굴리스는 진핵생물, 즉 인간을 비롯하여 아메바에서 레드우드 나무에 이르는 모든 복잡한 유기체의 생명 자체가 세포 내 공생의 산물이라고 주장했다. 기나긴 진화 역사의 어느 시점에선가 독립적이고 자유롭게 살아가던 박테리아 하나가 다른 박테리아를 집어삼켰고, 두 박테리아가 서로에게 도움이 되는 관계로 정착했다. 이것이 우리의 생존에 필요한 에너지를 생산하는 동식물 세포 내 구조인 미토콘드리아와 엽록체의 기원이다. 지의류처럼 이 박테리아는 서로를 사육하는 법을 배웠다. 상대방의 생존에 필요한 은신처와 영양분을 제공하고 그 대가로 에너지와 기타 생산물을 얻는 것이다. 이러한 합의는 두 박테리아 모두에게 득이었으며, 이 상호 관계는 대대로 이어져 지구를 공유하는 모든 복잡한 다세포 생명체를 탄생시켰다. 그렇게 박테리아는 지금까지 우리 몸속에 살게 되었다.

인간 너머의 존재라는 표현으로는 거의 설명이 안 된다. 인간은 광대한 진화의 영역에 걸쳐 얽혀온 여러 조상의 산물일 뿐만 아니라 개체라고 할 수도 없다. 사실 우리는 세포 안팎에 존재하는 여러 종, 여러 몸을 가진 존재들로 이루어진 시끌벅적한 공동체, 즉 걸어다니는 집합체다.

프르시이이이이이이이이이이이이프롱*과 우리 모두는 함께 유전적 계보를 타고 굴러내려간다. 그것은 끝없는 꽃 피움, 기묘함, 삶과 상호 연결을 향한 절박한 욕망으로 이루어진 혼미한 이미지다. 지의류는

---

* Frseeeeeeeefronnnng, 제임스 조이스가 『율리시스』에서 묘사한 기차의 기적 소리.

조류를 키우고 우리는 박테리아를 키우면서 서로에게 먹이를 제공하며, 나무들은 대화를 나누고 저마다 노래를 부른다. 우리는 티푸스의 후손이면서 동시에 메탄가스를 뿜어대는 고세균의 후손이다.[32]

우리는 누구인가? 우리는 어디에서 왔는가? 우리는 어디로 가는가? 이와 같은 우리 존재의 핵심 질문에 가장 정교한 도구를 들이댈 때마다 대답은 더욱 명확해진다. 우리는 모두이며, 모든 곳에서 와서 모든 곳으로 간다.

1999년 미국 생물학자 포드 둘리틀Ford Doolittle은 근래에 발견된 HGT를 고려하여 새로운 생명의 나무를 그려보고자 했다.[33] 그 결과를 둘리틀은 '그물형 나무reticulated tree' 또는 '그물net'이라고 불렀지만 사실 가시덤불이나 수풀에 더 가까웠다. 그래프의 전통적인 이차원성을 벗어나 가지가 휘어지고 튀어나오고 합쳐지고 갈라졌으며, 서로를 꼭 껴안거나 한 가지가 다른 가지에 구멍을 뚫고 관통하기도 했다. 생명은 호기심과 탐구심이 넘치고, 그물망처럼 연결되어 있으며, 제멋대로 뻗어나가고, 무엇보다 포용성이 있는 것으로 보인다.

둘리틀은 '유전자가 달라지면 나무도 달라진다'라고 썼다. 유전적 증거가 더 이상 종의 구분, 심지어 계의 구분도 뒷받침할 수 없다는 뜻이다. 둘리틀은 '나무를 구하려면, 우리 몸에 태어났을 때의 원자가 거의 남아 있지 않다는 사실을 알면서도 우리의 몸을 실재하고 연속적인 존재로 인식하듯, 유기체를 그들의 유전자 합을 넘어서는 존재로 규정하고 유기체의 계통이 일종의 발현적 실체emergent reality를 갖는 것으로 상상할 수 있을 것'이라고 추측했다.

생명을 지속적인 진화 과정으로 보는 이 관점에는 개별 인간 박테리아의 융합과 돌연변이를 통해 약 이십 년마다 재건축되는 '일종의 바로크 양식 건축물'로 간주한 린 마굴리스의 견해가 반영되어 있다. 한

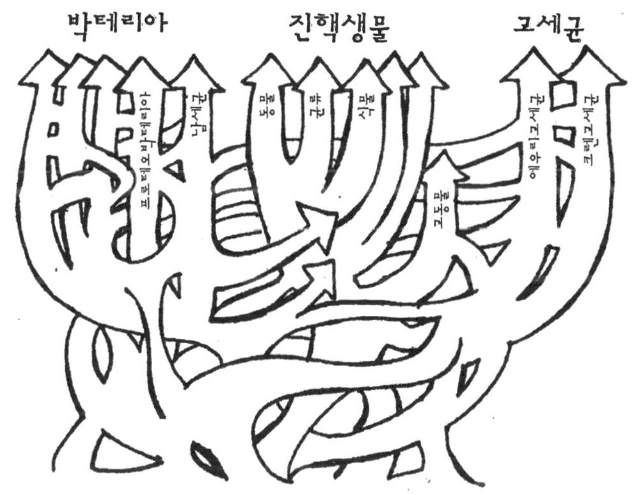

포드 둘리틀의 그물형 나무.

편, 우리 존재의 핵심인 DNA의 중추는 지금까지 살았던 어떤 인간보다 훨씬 더 오래되었다. 마굴리스는 '인간이 다른 생명체들과 다르고 훨씬 더 우월하다는 강력한 느낌은 크나큰 망상'이라고 말한다.[34]

이 세계관에서는 각 개체의 기원이 어디에 있는지, 우리 사이의 경계가 어디에 있는지를 알기가 훨씬 더 어렵다. 하지만 삶의 다른 방식과 공유하는 것, 즉 공통점을 찾기는 훨씬 더 쉬워진다.

생명의 본질은 불변성이 아니라 변화다. 개체 수준에서나 진화의 수준에서나 변화의 원동력은 타자와의 만남이다. 개별 개체의 돌연변이를 진화의 원동력으로 간주한 다윈의 계층적 혈통 개념과 달리 공생적 관점에서는 변화와 새로움이 외부로부터 온다고 본다. 우리가 지금의 우리인 것은 다른 모든 것들 때문이다.

진보, 발전, 선형성, 개별성의 모델, 요컨대 위계와 지배의 모델은 실재하는 다양성의 무게에 의해 붕괴된다. 생명은 걸쭉하고 혼란하며 소란스럽다. 생명은 영양을 공급하는 흐름에서 자라기 때문에 물이 탁해지는 것이 바로 요점이다. 현미경으로 보든 태양 아래에서 보든 개인은 항상 복수의 존재다. 끝없이 증식하고, 쏟아지고, 스며들고, 서로 얽혀 있는 이 생명을 이해하려면 다중성의 모델이 필요하다. 생명의 나무는 나무가 아니라 덤불이나 그물일 수 있다. 어쩌면 숲이나 호수, 혹은 구름일지도 모른다.

수학적 네트워크 모델은 인터넷에서 균근에 이르기까지 인공 네트워크든 자연의 그물망이든 그 구조와 행동유도성affordance을 이해하는 데 유용한 도구로 입증되었지만, 우리가 때로는 단편적으로, 때로는 의식적으로 머릿속에 가지고 다니는 실제 정신적 모델인 은유와는 비교할 수 없다. 우리가 실제 삶에서 따르는 것은 은유다. 그리고 전 세계적으로 상호 연결된 인터넷이라는 감각 중추, 우리가 클라우드라고 부르는 공유된 환경세계에 적용한 것만큼 강력한 발현적 은유는 없다.

클라우드는 인간 너머의 세계를 이해하려는 시도에서 마주치는 모든 이해의 충돌을 담고 있으며 그러한 충돌을 일으키기도 한다. 그것은 우리에게 고정된 데이터와 깨지지 않는 범주에, 과정보다 결론에, 수단보다 목적에, 우리 삶의 증거보다 편향과 선입견에 의존하는 정보 체계(세계를 생각하고 분류하는 방식)가 사회, 인류, 생명 자체의 안티테제임을 매일의 삶 속에서 보여준다. 완벽한 스키마, 최종적인 분류는 존재하지 않으며, 이러한 스키마를 해석하고 적용하기 위해 우리가 사용하는 시스템이 개방적이고 투명하며 이해 가능하고 재협상할 수 있다면 그 불완전성은 문제가 되지 않는다.

자주 있는 일은 아니지만 때로는 희망적인 모습도 보인다. 그중 하나는 페이스북이 젠더 문제에 대한 선의의 고민을 지속적으로 하고 있다는 점인데, 이는 잘못된 이분법에 의한 이 격렬한 대립을 그대로 반

　　　　　　　　　　　　　　　　　새와 나무와 돌멩이의 지적 세계

영한다. 페이스북도 초기에는 다른 대부분의 소셜미디어 플랫폼처럼 사용자가 서비스에 가입할 때 '남성'인지 '여성'인지 밝히게 했다. 구글 플러스는 제 3의 범주, '기타'를 추가했는데, 기뻐하는 사람도 있었지만 대체로는 환영받지 못했다.

페이스북은 2014년 초 트랜스, 무성, 논-바이너리, 젠더플루이드, 투-스피릿 등 51개의 성 정체성 선택지 목록을 만들었으며 그해 말에는 사용자들의 의견을 수렴하여 목록을 70여 개로 확장했다. 그리고 1년 후에는 사용자가 직접 자신의 정체성을 써넣을 수 있는 항목도 추가했다.

성별은 우리 사회에서 가장 비판적인 논쟁을 불러일으키는 식별자 중 하나이지만, 적어도 페이스북에서는 종과 마찬가지로 개방된 영역이 되었다(그리고 이것은 내가 페이스북에 대해 좋게 생각하는 유일한 점이다). 진화생물학에서와 마찬가지로 정보 테크놀로지에서도 세상을 통제하고 분류하려고 할수록, 즉 모든 것을 데이터베이스의 작은 칸에 넣으려고 할수록 더 많은 생명이 흘러넘치는 것 같다.[35] 해안선 길이를 재던 루이스 프라이 리처드슨이 다시 떠오른다.

공생은 완벽한 조화와 거리가 멀다. 세계는 조화롭거나 공평한 관계로 이루어지지 않지만 여전히 관계로 이루어지며, 그 관계는 적대적이기보다는 상호 이익이 되는 경우가 더 많다. 마굴리스는 '생명은 전투가 아니라 네트워킹을 통해 세계를 장악했다'고 썼다.[36]

따라서 공생은 불투명한 테크놀로지 인프라, 분석이나 판정, 통제를 위한 시스템, 위험할 정도로 비대칭적인 지능 및 권력 관계의 발전에 관한 모든 악몽에 가장 강력하고 경험적인 대비를 제공한다. 반드시 지금의 방식이어야만 하는 것도 아니고 더 나아가 지금의 방식을 **원하지** 않는다. 우리는 주체가 아닌 공생체로, 혼란스러운 인간 너머 세계에서 동등하고 책임 있는 거주자로서 살아갈 수 있다. 테크놀로지, 생태학, 그리고 우리 몸의 증거가 그렇게 말해주고 있다.

4장

행성처럼 보기

'주의.' 오보에 소리처럼 명료한 목소리가 갑자기 귀에 꽂혔다. '주의.' 단조로운 비음이 같은 높이의 음정으로 반복됐다. '주의.'

올더스 헉슬리의 1962년 소설 『아일랜드*Island*』는 이렇게 시작된다. 난파된 저널리스트 윌 파너비가 팔라라는 폐쇄되고 신비한 폴리네시아 섬의 나무 아래에서 깨어난다. 파너비는 지역 통치자에게 섬의 광물에 대한 권리를 독재자와 국제 석유 회사 간의 탐욕스러운 파트너십에 넘겨주라고 설득하러 이곳에 왔다. 나중에 그의 난파는 고의적인 것으로 밝혀진다. 그러나 불안하고 냉소적인 파너비는 팔라섬 사람들의 친절함, 사려 깊음, 평화주의에 점차 매료된다. 그가 도착하는 순간 들은 소리는 그 상징이다. '주의, 주의. 지금 여기, 얘들아. 주의해.'

섬 곳곳에서, 그리고 이 소설 곳곳에서 끊임없이 울려 퍼지는 이 말은 사람의 목소리가 아니라 섬 주민들이 훈련시켜 풀어 놓은 미나새 무리가 내는 소리다. 파나비의 상처에 붕대를 감으며 간호사가 설명했듯이, '당신이 늘 잊는 게 그거죠. 무슨 일이 일어나고 있는지 주의를 기울이는 거요. 그러면 지금 여기에 없는 거나 다름없어요.' 헉슬리의 소설에서 환상에 빠져 있거나 다른 데 팔려 있던 정신을 현재와 주변, 삶의 현실로 돌아오게 만드는 것은 바로 새소리, 즉 인간 너머의 존재가 부르는 합창이다. 헉슬리는 의식적인 주의가 이 세계에서 올바르고 정의롭게 행동하기 위한 전제 조건이라고 보았다. 주의 깊게 보고 들어야만 우리 주변에서 무슨 일이 일어나고 있는지 완전히 이해할 수 있고, 어디로 가는 것이 최선인지 알 수 있기 때문이다.

전 세계가 봉쇄되었던 2020년 4월 어느 날 아침, 나는 파트너와 함께 그리스 애기나섬에서 집 근처 해변을 산책하고 있었다. 안 그래도 봄이면 조용해지는 마을인데 봉쇄 조치 때문에 황량하기까지 했다. 모래사장은 마른 해초, 유목(流木), 플라스틱과 다른 쓰레기로 뒤덮여 있었다. 상쾌하면서도 음울했다.

그런데 물가를 따라 걷고 있을 때 하늘에 활기가 돌기 시작했다. 갑자기 하늘이 작은 새들로 가득 차더니 급강하해서 키 큰 풀 위에서 지저귀고 오렌지 나무 주변을 맴돌고 전선 위에 잠시 앉기도 하고 우리 머리를 스쳐 지나가기도 했다. 그들은 마치 폭격기처럼 사방에서 우리에게 다가왔고, 화살 모양으로 웅크렸던 몸을 펼치고 갑자기 나타나 순식간에 지나가 우리를 놀라게 했다. 간밤에 날아온 제비들이었다.

고대 그리스에서는 아프리카에서 제비가 돌아오는 것을 봄의 시작을 알리는 신호로 여겨 제비가 날아오면 켈리도니스마타*Χελιδονίσματα*(켈리도니아*chelidonia*는 그리스어로 제비를 뜻한다)라는 축하 행사를 열었다. 현대에 이르러서도 로도스섬 아이들은 이 날이 되면 제비에게 줄 선물을 구하러 집집마다 돌아다닌다. 그리스 전역에서 2월 마지막 날 붉은 실과 흰 실로 '마르티*Marti*'라는 팔찌를 만드는 풍습도 있는데, 사람들

　　　　　　　　　　　　　　　　　　　새와 나무와 돌멩이의 지적 세계

은 이 팔찌를 3월 내내 착용하다가 말일에 둥지를 짓는 제비에게 선물한다. 더 북쪽의 알바니아와 마케도니아에는 철새의 도래를 기념하는 레트니크Letnik 축일이 있다. 어디에서나 철새가 돌아오는 것은 다가올 번영과 여름의 여유를 상징한다.

하지만 그해에는 제비의 도래가 비극으로 얼룩졌다. 우리가 해변에서 마주친 새들은 활기차고 기민해 보였지만 폭풍우에 휩쓸려 지쳐 있었다. 바로 직전 며칠 동안 지중해와 에게해 상공에 강풍이 몰아쳤는데, 그것은 이동하는 철새 수천 마리의 죽음을 초래한 재앙이었다. 코로나19가 발생한 첫 해 여름은 유럽의 여러 지역에 제비가 사라진 여름이 되었다.[1]

그럼에도 불구하고 그해 4월 아침 제비의 출현은 나에게 지대한 영향을 끼쳤고, 봉쇄로 인한 정체 상태에서 벗어나 새로운 관심과 목적의식을 갖게 했다. 성인이 된 후 줄곧 도시에서 살아온 나는 제비가 날아오고 등대풀과 범의귀가 꽃을 피우며 아네모네와 부겐빌레아가 움을 틔우는 봄의 생동감을 그때 처음으로 느꼈다. 4월 어느 날, 바다가 황록색으로 변했다. 처음에는 화학물질이 유출된 줄 알았지만, 알고 보니 섬의 모든 소나무가 일제히 송홧가루를 내뿜어 바다와 도로를 온통 뒤덮은 것이었다. 그 순간 나는 이제까지 자연의 순환을 얼마나 알아채지 못하고 살아왔는지, 얼마나 자연과 단절되어 있었는지 뼈저리게 느꼈다.

우리는 대체로 매체와 기계의 속도에 맞추어 살아간다. 24시간을 주기로 돌아가는 시계와 뉴스, 상태 업데이트와 이메일이 우리의 일과를 지배한다. 하지만 시와 분으로 나뉘고 지역에 따라 시간대가 정해져 있는 보편적인 단일 표준, 즉 세계 시간은 최근에 등장한 개념이다. 세계 시간이라는 개념은 19세기 후반에 테크놀로지의 발달 덕분에 발명되었다. 산업혁명 이전에는 농부와 마부가 각자의 리듬에 맞추어 일하고 바로 이웃한 마을끼리도 시계가 서로 다르게 맞추어져 있는 등 여러 다양한 시간 측정법이 공존했지만 세상이 돌아가는 데 아무런 문제도 없었다. 시간 개념은 문화권에 따라서도 다양했다. 서구 유대-기독교 문화권에서의 시간은 시작과 끝이 분명한 선형적인 개념이었던 반면에 잉카문명과 힌두교의 우주론에서는 시간을 순환적이고 무한한 것으로 보았다. 서로 다른 시간 모델은 그 안에 살았던 사람들의 인식에 깊이 영향을 끼쳐 완전히 다른 존재 방식, 생활 방식을 낳았다.

시간에 따른 자연 세계의 변화는 우리의 문화적 기억에도 새겨져 있다. 스칸디나비아 북부의 스노체인지 협동조합Snowchange Cooperative이라는 단체에서는 원주민 커뮤니티를 찾아다니며 그들이 기후변화를 읽고 대응해온 방식을 기록하고 있다. 군 아이라라는 사미족 여성은 한 호수를 환경 조건이 변화하는 증거로 꼽았다. 사미족이 이 호수를 부르는 이름은 비에체야브레Biehtsejávrre로, 소나무의 호수라는 뜻이다.[2] 그런데 지금은 소나무가 아니라 자작나무로 둘러싸여 있다. 이처럼 환경 변화에 대한 인지는 원주민의 역사와 지식에 암호화된다. 우리 대부분은 이 방대한 문화적 기억 은행에 접근하지 못한다. 현대 사회에서 우리가 지식을 만드는 데 의존하는 테크놀로지는 주의 집중 시간을 단기화한다. 이 때문에 우리는 우리를 둘러싼 세계의 광범위하고 장기적인 변화를 보지 못할 때가 너무 많다. 기후변화는 이것을 분명하게 보여주는 예다. 변화가 시간적으로나 지리적으로 인간의 지각 변화를 훨씬 뛰어넘는 규모로 일어나므로 효과적으로 대응하기는커녕 기존의 내러티브에 그 변화를 끼워 넣기조차 어렵다.

우리가 변화하는 지구에 대해 의미 있고 실천에 옮길 수도 있는 스토리를 얘기해주지 못한다는 것이 문제가 된다면, 우리의 문화를 만드는 도구부터 재고할 필요가 있다. 테크놀로지도 이 공동의 의미 형성 과정의 일부가 될 수 있다. 그러려면 지금까지처럼 시간을 제약하고 우리의 협소한 시각을 강요하는 수단으로서가 아니라 시야를 넓히고 관심의 범위를 확장하기 위해 테크놀로지를 사용해야 한다. 그리고 이것은 시급한 과제다. 우리 중 다수가 이미 떠나 온 전통적인 지식 체계로 돌아간다고 해도 현재 일어나고 있는 변화의 속도를 늘 설명할 수는 없기 때문이다. 최근 시베리아 원주민 지도자들은 보통 삼림 지역에 서식하는 검은담비가 그들이 조상 대대로 살아온 툰드라 지대에 나타났다는 소식을 전했다. 이것은 이 문화권에서 경험해보지 못한 일이다. 그들은 '담비에 관한 노래도 옛이야기도 없다'고 한탄한다.[3] 우리는 새로운 이야기를 만들어야 하며, 그런 다음에는 미래에 맞게 각색할 수 있을 것이다. 이 이야기에는 당연히 네트워크와 프로세서, 인공위성, 디지털 카메라가 등장할 것이다.

처음 해보는 일은 아니겠지만, 성공적으로 수행하기 위해서는 더 의식적인 노력, 더 평등한 접근권과 행위주체성이 요구될 것이다. 19세기에 등장한 철도, 증기선, 라디오, 전신은 시공간을 허물었다. 이 모두가 멀리 떨어진 지점 사이의 엄격한 조응을 필요로 하기 때문이었다. 그러나 이러한 획일화는 전 세계적인 저항에 부딪혔고, 결국 1884년 10월 워싱턴DC에서 열린 국제 자오선 회의International Meridian Conference 결과에 따라 전 세계는 그리니치 왕립 천문대가 정한 단일 표준시를 기준으로 24개의 시간대로 나뉘게 되었다. 세계 시간의 시행은 광범위한 반발을 불러일으켰다. 봄베이의 공장 노동자들은 세계시 도입을 영국의 또 다른 식민지 침략으로 간주하며 폭동을 일으켰다. 베이루트에서는 버스 시간표가 유럽 표준시와 오스만 표준시를 따르는 두 가지로 인쇄되었고, 교회의 종소리나 무에진(이슬람 사원에서 하루에 다섯 번 예배 시간을 알리는 사람)의 호출도 제각각이었다. 프랑스는 국가 표준시를 채택했지만 그리니치 표준시 사용은 거부했다. 프랑스 시간은 파리에서 계산되었으며 1911년까지 유지되었다.[4]

시간은 언제나 상상 속의 개념이므로 누가 상상하느냐가 관건이다. 역사적으로 대부분의 기간 동안 시간은 해가 뜬다거나 계절이 바뀌는 등 인간 너머의 세계에서 일어나는 일과 우리의 관계에 의해 정해졌다. 시간이 지구로부터 분리되어 산업의 목적을 위해 매수당한 것은 19세기 말에서 20세기 초 사이의 일이다. 이는 유럽과 북미를 위시한 제국주의가 상상한 시간 개념이었으며, 그 결과 지역적 차이는 지워지고 노동자와 피지배자에 대한 억압, 시간 차원에서의 다른 존재 방식들은 진압되었다. 오늘날의 시간은 마이크로프로세서의 똑딱거림과 GPS 위성의 진동 신호 등 기계가 상상한다. 그리고 그것은 지구상의 어디에서나 100억 분의 1초의 정확도로 보편적이고 전 지구적인 타임코드에 접근할 수 있게 해준다.

트레이시 키더Tracy Kidder는 『새로운 기계의 영혼The Soul of a New Machine』에서 1970년대 후반의 초기 마이크로컴퓨터인 데이터 제너럴 이클립스 MV/8000 개발에 관해 설명하면서 새로운 컴퓨터의 버그 테스트를 담당했던 한 엔지니어의 경험을 기록했다. 그는 테스트를 위해 로직 분석기라는 장치를 사용하여 기계의 내부 상태를 나노초 단위로 스냅샷으로 찍었다. 10억 분의 1초를 뜻하는 나노초는 상상하기 힘들 만큼 짧은 시간이다. 하지만 엔지니어에게는 이러한 시간 프레임이 익숙했다. '나에게는 나노초 단위로 이야기하는 게 아주 편안하다. 분석기 앞에 앉아 있으면 나노초가 넓게 펼쳐져서, 눈으로 나노초가 지나가는 것을 볼 수 있다. 이런 식으로 말할 수 있게 된다는 뜻이다. "세상에, 저

　　　　　　　　　　　　새와 나무와 돌멩이의 지적 세계

신호는 저기서 저기까지 12나노초밖에 안 걸리는군." 컴퓨터를 만들 때라면 이게 무척 중대한 일이 된다. 하지만 손가락을 까딱하는 데 시간이 얼마나 걸리는지 생각해보면 나노초가 실제로 무엇을 의미하는지 잊게 된다.'[5]

이클립스 개발에 참여한 엔지니어 중 다른 한 명은 프로젝트 후반에 지쳐서 회사를 떠난다. 그 역시 로직 분석기로 매일같이 기계 내부의 무한히 미세한 시간 간격을 들여다보며 일했다. 그런데 그에게는 이 작업이 너무 힘들었다. 그는 떠나면서 단말기 위에 동료들에게 전하는 메모를 남긴다. '저는 버몬트의 히피 공동체로 갑니다. 앞으로 계절보다 짧은 시간 단위는 다루지 않을 겁니다.' 그는 시간이 다르게 흘러가는 곳, 몸의 리듬과 세계의 리듬이 더 잘 맞는 곳을 찾아 떠난 것이다.

어떤 시간 속에서 살아가는지는 중요한 문제다. 어느 시대가 아니라 어떤 시간, 즉 우리가 인식하는 시간이 중요하다는 뜻이다. 기계가 시간을 지배하면 우리의 주의는 나노초와 광선 한 줄기의 폭에 강제로 맞춰지고, 그렇게 되면 계절 변화, 새들의 대륙 간 이동, 나무와 풀의 수명 등 다른 시공간 규모에서의 존재와 과정에 관해, 그리고 그들과 함께 생각하기가 더 어려워진다. 그러나 주의를 돌리거나 주의하도록 훈련하는 것도 가능하며, 그렇다면 의식적으로 인간 너머의 표준시로 주의를 되돌릴 수도 있을 것이다. 우리는 대개 이에 반하는 방식으로 테크놀로지를 만들고 테크놀로지에 관해 생각하지만, 꼭 그러리라는 법은 없다. 우리가 어떤 시간에 살지를 의식적으로 선택한다면, 데이터 수집, 측정, 기록, 조회 도구도 우리의 인식을 높이고 주의와 관심을 강화하는 데 사용될 수 있다.

로버트 마샴Robert Marsham은 영국의 지주이자 주변 세계에 면밀히 주의를 기울였던 박물학자였다. 그는 1735년 12월 14일, 스트래튼 스트롤리스에 있던 자신의 노퍽 영지를 산책하던 중 지빠귀가 지저귀는 소리를 들었다. 노래지빠귀는 영역 확보를 위해 지저귀는데, 그 노래는 늦가을부터 연말 사이의 어느 시점에 시작된다. 12월이던 그날, 마샴은 지빠귀의 노랫소리를 들으며 이 새가 처음 노래한 날짜와 자연 세계의 다른 조건 사이의 연관성이 있는지 궁금해지기 시작했다. 그는 날짜를 메모하면서 앞으로 더 주의를 기울일 것을 결심했다.

이듬해에 마샴은 봄의 첫 징후를 지속적으로 기록해나가기 시작했다. 첫 번째 기록은 1736년 4월 10일, 즉 그해의 101일째 되는 날(1736년은 윤년이었다)에 스트래튼 스트롤리스에 날아온 첫 제비였다. 2년 후에는 유럽을 여행하며 이탈리아 피아첸차의 첫 제비(3월 20일, 그해의 79일째 되는 날), 프랑스 님의 첫 산사나무 꽃(4월 14일, 그해의 104일째 되는 날)을 기록했다. 1739년 노퍽으로 돌아온 그는 뻐꾸기(120일째)와 나이팅게일(126일째)의 출현, 플라타너스의 첫 잎(65일째), 노퍽 농부에게 매우 중요한 식물인 순무(63일째)의 싹이 튼 기록도 일지에 추가했다. 20년 후에도 스노드롭의 개화, 참나무, 자작나무, 밤나무, 서어나무의 새싹, 쏙독새의 도래, 첫 번째로 태어난 떼까마귀 새끼 등에 대한 그의 관찰과 기록은 계속되었다. 마샴은 1797년에 사망했다. 그의 아들(아들의 이름도 로버트였다)은 그 다음해부터 이 기록을 이어받아 1810년까지 계속 써내려갔으며, 날씨와 일자별 기온 데이터를 첨부했다. 약 15년의 중단이 있었지만, 다음 세대인 또 다른 로버트가 바통을 이어받았다. 그 후에도 마샴의 기록은 1958년 로버트의 5대손인 메리 마샴이 사망할 때까지 거의 끊이지 않고 이어졌다.[6]

오늘날 마샴은 생물계절학의 창시자로 인정받고 있다. 생물계절학 phenology이라는 명칭은 그리스어로 '보여주다, 나타나다, 드러내다'를

  새와 나무와 돌멩이의 지적 세계

[154]

XIII. *Indications of Spring, observed by* Robert Marsham, *Esquire, F. R. S. of Stratton in Norfolk. Latitude* 52° 45'.
Read April 2, 1789.

Dates.	Snow-drop flower.	Thrush sings.	Hawthorn leaf.	Hawthorn flower.	Frogs and Toads croak.	Sycamore leaf.	Birch leaf	Elm leaf.	Mountain-ash leaf.	Oak leaf.	Beech leaf.	Horse-chesnut leaf.	Chesnut leaf.	Hornbeam leaf.	Ash leaf.	Ringdoves coo.	Rooks build.	Young Rooks.	Swallows appear.	Cuckoo sings.	Nightin-gale sings	Churn Owl sings.	Yellow Butterfly appears.	Turnip in flower.	Lime leaf.	Maple leaf.	Wood Anemone flower.
1736		1735 Dec. 4.																	March 30.								
1738				Nismes, France, Apr. 14, N.S.															Piacenza, Italy, Mar. 20, N.S.								
1739			Feb. 23.			Feb. 23.														April 13.	April 19.	April 25.		Feb. 21.			
1740		Feb. 27.	April 4.	May 28.		April 14.											Feb. 27.		March 31.	April 14.	May 2.	May 21.		May 2.			
1741				May 9.	March 12.											Feb. 2.	Feb. 13.	April 2.	April 9.	April 19.	April 14.						
1742		Jan. 31.		May 15.	April 4.													April 1.	April 17.	April 17.	April 21.			April 15.			
1743		Jan. 31.		May 8.	Feb. 28.														April 12.	April 17.	April 20.			March 23.			
1744			March 28.	Essex, May 12.	March 28.	March 30.						March 29					Feb. 21.	April 1.	March 31.	April 20.	April 9.	May 23.		April 8.			
1745	Jan. 6.	Jan. 26.	March 26.	May 13.	March 14.	March 29.	March 29.					March 29				Jan. 3.	March 8.	April 8.	April 3	April 22.	April 12	May 10.		April 8.			
1746	Jan. 20.		March 26.	May 13.	March 15.	April 10.	April 10.			May 1.	May 1.						Feb. 25.	March 31.	April 8.	April 16.	April 19.	May 5.		April 16.	May 1.		
1747	Jan. 8.	Jan. 14.	Feb. 15.	April 26.	Feb. 24.	March 25.	March 29.			April 23.	April 26.					Jan. 13.	Feb. 13	March 16.	April 2.	April 22.	April 15.	May 9.		March 18.			
1748	Jan. 5.	Jan. 29.	April 3.	Middlesex, May 22.	March 28.	April 14.	April 10.									Feb. 8.	Feb. 29.	April 3.	April 2.	April 16.	April 23.	May 28.		April 22.			
1749	Jan. 4.	Jan. 17.	Feb. 19.	Middlesex, May 1.	March 5.	March 18.	March 24.			April 22.	April 22.					Feb. 13.	Feb. 18.	March 29	April 5.	April 13	April 16.	May 20.		March 9.			
1750	Jan. 15.	Jan. 17.	Feb. 13.	April 13.	Feb. 20.	Feb. 22.	Feb. 21.			March 31.	April 15.					Jan. 22.	Feb. 13.	March 30.	April 8.	April 11.	April 9.	May 17.	Feb. 9.	Feb. 22.			
1751	Jan. 9.	Jan. 2.	March 10	May 9.	March 27.		March 22.	March 6.		April 25.	April 24.	March 21.			April 16.	1750 Dec. 29.	March 3.	April 7.		April 19.	April 16.	May 3.		March 29.			
1752		Jan. 30.	Middlesex, Feb. 18.	May 14.	March 9.	April 6.	April 2.			April 20.	April 20.	March 19.				1751 Dec. 27.		March 29.	April 2.	April 9.	April 7.	May 12.		April 6.			
N. Style. 1753	Feb. 1.	Feb. 1.	March 21.	May 11.	April 1.	April 3.	March 27.			April 24.	April 29.				May 11.	Feb. 22.	March 3.	April 15.	April 17.	April 24.	April 19.			March 30.			
1754	Jan. 18.	Feb. 16.	April 7.	May 22.	April 8.	April 14.	April 14.			May 11.	May 7.						March 1.	April 11.	April 13.	April 24.	April 11.	May 16		May 9			
1755	Jan. 26.	Feb. 16.	March 31.	May 10	April 1.	April 9.	April 1.	April 10.	April 9.	April 18.	April 21.	March 31.	April 16.	April 13.	April 22.	March 4.	March 14.	April 18.	April 6.	April 23.	April 14	June 4.		April 15.	April 12.	April 18.	

Vol. LXXIX.

Indi-

'마샴의 생물계절학 기록, 노퍽, 1736-1925' 이반 마거리 제공, 1926.

뜻하는 φαίνω에서 유래했다. 생물계절학은 시각적, 미학적으로가 아니라 시간적으로 사물이 어떻게 나타나는지, 즉 어떻게 보이는지가 아니라 언제 보이는지에 관한 학문이다. 따라서 생물계절학의 관건은 시간이 흐르는 동안 지금, 여기에 주의를 기울이는 것이다.

수십 년, 수 세대에 걸친 마샴의 방대한 기록은 지구의 느린 변화를 드러낸다. 지금 우리는 그 변화가 인간 활동에 의해 야기되었다는 것을 알고 있지만, 최근까지는 너무 느리게 진행되어 한 명의 관찰자가 자기 생애 동안 알아차리기 힘든 변화였다. 1850년에서 1950년 사이의 기록은 분명한 추세 두 가지를 보여준다. 하나는 그 한 세기 동안 평균 기온이 느리지만 관찰할 수 있는 정도로 상승했다는 것으로, 특히 겨울철의 온도 상승이 더 컸다. 다른 하나는 이러한 관찰 결과와 동식물의 행동 사이에 상관관계가 있다는 것이다. 예를 들어 참나무는 매년 조금씩 더 일찍 잎을 틔웠다.

이러한 관찰은 이제 인간뿐 아니라 다른 곳에서도 반복되고 있다. 그린란드의 순록은 낮의 길이에 따라 서식지를 옮긴다. 봄이 되어 낮이 길어지면 순록들이 여름 목초지와 번식지를 향해 내륙으로 이동하기 시작한다. 그런데 기온이 상승하자 순록이 먹이로 삼던 식물들이 너무 일찍 꽃을 피운 후 시들어버렸고, 그 결과 순록의 개체수가 감소하고 있다. 상호보완 관계에 있는 동식물들의 시간 계산법이 일치하지 않게 되면서 치명적인 결과를 초래하는 이러한 현상을 계절불일치phenological mismatch라고 한다. 산업화 시대의 시계에서 컴퓨터 프로세서에 이르기까지 적대적이고 기계적인 시간 개념에 대한 우리의 의존은 또 다른 종류의 계절불일치로 볼 수 있을 것이다. 그것은 비인간 존재의 반생명적 연대기에 대한 역겹고 궁극적으로 치명적인 복종이다. 하지만 우리 모두가 버몬트로 떠나 테크놀로지를 통해 다르게 생각할 가능성을 전면

 새와 나무와 돌멩이의 지적 세계

적으로 거부해야 할까?[7]

생물계절학적 변화를 처음으로 엿볼 수 있게 해준 마샴의 기록은 주의를 기울였다는 점뿐 아니라 테크놀로지가 가져다준 성과이기도 했다. 이 경우 '일지'라는 단순한 테크놀로지가 사용되었다. 이 사례는 시간 기반 테크놀로지를 우리의 주의와 관심을 제한하기보다는 확장하는 방식으로 활용할 방법이 있다는 것을 보여준다. 마샴 일가는 관찰한 바를 종이에 적어둠으로써 의식적 주의를 데이터로 전환하고, 그 덕분에 우리가 자연에서 일어난 변화를 볼 수 있게 된 것이다. 이것은 우리가 오늘날 통상적으로 데이터를 보는 관점, 즉 데이터가 일단 수집되고 나면 그 주체가 수치 분석과 사회적 활용을 위한 불변의 객체로 고정된다고 보는 관점과는 매우 다르다. 마샴의 기록은 불변성이 아니라 변화를 다룬다. 또한 증강된 주의augmented attention, 즉 시공간적으로 시야를 넓히고 확장하는 도구를 사용하여 우리가 얽혀 있는 더 넓은 규모의 세계에 초점을 맞출 수 있게 하는 예이기도 하다.

제비를 만나고 얼마 지나지 않은 4월 어느 날 오후, 나는 애기나에 있는 우리 정원으로 오래된 대나무 장대를 가져가 115센티미터 길이로 잘랐다. 장대를 바닥에 세우니 내 가슴 정도 높이까지 올라왔다. 나는 그것을 덤불이 우거진 풀밭에 뉘어놓았다. 한쪽 끝은 질겨 보이는 민들레 옆에, 다른 쪽 끝은 북쪽을 향하게 했다. 그런 다음 모종삽으로 민들레를 파내서 장대의 다른 쪽 끝에 다시 심었다. 사람에게는 한 발짝 이동한 것이지만 민들레에게는 엄청난 변화였을 것이다.

우리는 기후 변화가 일어나고 있다는 것을 알고 있지만, 우리 대부분에게 기후 변화는 오랫동안 추상적인 개념으로 느껴졌다. 보고서의 숫자와 그래프의 상승곡선은 불안감을 불러일으켰지만, 개인이 경험

하는 주변 환경에서는 그 영향이 눈에 보이지 않았다. 마샴과 그의 후손들처럼 의식적으로 주의를 기울이는 사람들조차도 눈치 채기 쉽지 않았다. 물론 최근에는 여름이 더워지고 폭풍이 더 사나워졌으며 산불도 심해지는 등 우리가 사는 곳 어디에서나 기후변화의 영향이 분명해지기 시작했다. 하지만 적어도 지구 북쪽의 특정 온대 지역에 사는 운이 좋은 사람들에게는 여전히 피부에 와닿지 않고, 비현실적인 일로 느껴진다.

더 큰 문제는 기후변화가 이미 수천 종의 생물을 멸종시키고 우리 자신의 생존도 위협하고 있지만, 개인으로서는 그 영향을 두려워하는 것 외에 할 수 있는 일이 거의 없다는 것이다. 기후변화는 이제 되돌릴 수 있는 문제를 넘어 가능한 한 적응하고 대처하며 완화해야 하는 사안이 되었다. 실존적 두려움은 도움이 되지 않는다. 인간 너머의 세계에 가해지는 트라우마를 공유하고 그 부담을 조금이라도 덜어줄 수 있는 더 나은 방법이 필요하다.

지난 세기 동안 지구 기온의 상승을 보고 거기에 다음 세기의 기온

상승 예측치까지 추가하면 기후변화가 세계 각지의 환경을 얼마나 빠르게 변화시키고 있는지 확인할 수 있다. 그리고 그 결과로서 기후변화가 각 지역에서 얼마나 빠르게 땅을 가로지르고 있는지 그 속도를 계산할 수도 있다.

이 속도를 이해하는 것은 지구상 생명체의 생존에 매우 중요하다. 이 속도는 우리 주변의 조건이 동일하게 유지되기 위해 우리가 움직여야 하는 속도다. 또한 생명체가 생존하고 번성할 수 있는 서식지 이동의 방향성, 즉 그러한 서식지가 버블이 굴러가듯 고지대, 극지방으로 올라가고 있다는 것을 암시하기도 한다. 속도의 국지적 차이는 땅의 모양과 지구 자체의 모양에 따라 결정된다. 기후 변화의 영향은 침수된 초원, 맹그로브 습지, 사막에서 가장 빠르게 이동하고 산악 고지대와 북방림에서는 느려진다. 또한 그 효과도 고르지 않다. 이미 사막에 살고 있는 사람들은 이동할 수 있는 공간이 많고 장애물에 부딪히기까지 갈 길이 멀다. 하지만 이미 산의 절반쯤 올라간 경우라면 곧 갈 곳이 없어질 수도 있다.

기후변화 속도에 적응하는 것은 우리에게나 우리와 지구를 공유하는 모든 생명체에게나 다음 세기의 핵심 과제 중 하나다. 종의 생존은 변화의 본질만큼이나 변화 속도에 얼마나 잘 보조를 맞추는지에 달려 있다. 움직일 수 없거나 갈 곳 없는 종들이 가장 큰 위험에 처해 있다.

이 책을 쓰는 시점을 기준으로 전 세계 기후변화 평균 속도는 1년에 약 0.42킬로미터다.[8] 이것을 365일로 나누면 115센티미터가 된다. 이것이 내가 대나무 장대 길이를 115센티미터로 정한 이유다. 민들레가 늘 동일한 조건에서 살아가려면 매일 이만큼을 이동해야 한다. 하지만 적어도 우리가 아는 한 식물은 스스로 움직일 수 없다.

아리스토텔레스는 기원전 350년경에 쓴 『영혼론*De Anima*』에서 '육체와 얽혀 있지만 육체가 아닌 생물의 본질 또는 생명 원리'라는 영혼의 고전적 개념을 제시했다. 우리를 움직이게 하는 것은 영혼이다. 아리스토텔레스의 사상에서 모든 생명체는 영혼을 가지고 있지만 그 구조와 능력은 다양하다. 식물의 영혼은 번식과 성장이 가능하지만 무감각하고 이동성이 없다. 반면에 동물의 영혼은 움직일 수 있고 느낄 수 있다. 아리스토텔레스에 따르면 유일하게 인간만 가진 이성적인 영혼은 사고와 성찰이 가능하다.

식물과 동물에게도 영혼이 있다고 보는 아리스토텔레스의 시각은 오늘날의 우리에게도 인상적이다. 그는 인간이 아닌 생명체의 움직일 수 있는 힘, 즉 활력을 인정했다. 단, 그 힘에 따라 생명체들 사이의 등급을 매겼는데, 이러한 방식은 세계에서 인간이 갖는 상대적 위치에 대한 우리의 관점에 기반이 되었다.

이 위계적 세계관은 2,000년 동안 유지되었으며, 무신론자, 생물학자, 진화론자의 반박에도 불구하고 오늘날 서구 대중의 상상력 속에 그대로 남아 있다. 이 관점에서는 호모 사피엔스를 사다리의 맨 꼭대기, 그 다음에는 동물을 올려놓고, 식물은 바위 바로 위인 아래쪽에 배치한다. 중세 기독교에서는 인간 위의 천사, 그 위의 신 등 여러 계층을 추가했으며 이것은 존재의 대사슬(Great Chain of Being, 라틴어로는 *scala naturae*)이 되었지만, 그 구조의 핵심은 그대로였다. 움직임 없이 땅에 뿌리를 내리고 있는 식물은 하등한 존재로 규정되었다. 움직이는 세계에서 정주하는 존재는 무시당했다.

기후변화가 하루에 115센티미터씩 가차 없이 지구를 휩쓸고 지나가면 민들레와 장미, 참나무를 비롯한 모든 식물과 그 영혼들은 어떻게 될까? 이처럼 명백하며 임박한 위협에 대해 결단력 있게 행동할 수 없다는 것보다 이 하등 생명체에게 더 가혹한 징벌이 있을까? 그들이 존재의 대사슬 중 바닥에서 하나 위 가로대에 있다는 것을 이보다 더 강력하게 보여주는 증거가 있을까?

물론 아리스토텔레스는 틀렸다. 그는 우리가 이미 보았던 동물의 정신적, 영적 능력도, 식물의 감각도 간과했다. 식물의 이동성에 대해서도 틀렸다. 식물도 움직이며 지금도 움직이고 있다. 그들은 공간적으로 움직이고 있을 뿐 아니라 마침내(혹은 다시 한번) 우리의 상상 속에서도 움직이고 있다. 숲 전체가 기후변화와 인간의 행위에 대응하여 각자의 필요와 욕구, 감각과 지능에 따라 대륙을 가로질러 움직이고 있다.

식물의 이동은 실제로 어떤 모습일까? 부분적으로는 꾸준하고 국지적인 노력으로 이루어진다. 기는 뿌리와 떠다니는 씨앗이 개체군의 선두에서 유리한 지역에 다음 세대를 형성하고, 뒤에 남겨지는 성공하지 못한 번식 흔적은 점점 줄어든다. 다른 경우에는 씨앗이 대기 중으로 날아가 바람에 날려 새롭고 먼 식민지를 형성하고, 조건이 유리해지면 빠르게 확산되는 이상 개체군이 형성되면서 비약적인 진전이 일어나기도 한다.[9] 새로운 기후 탐험가를 위한 전진 작전 기지가 만들어지는 셈이다.

미국 동부 전역의 수목 개체군들은 적어도 30년 전부터, 어쩌면 그보다 훨씬 오래전부터 이동하고 있다. 1980년부터 2015년까지 산림청 데이터를 조사한 연구자들은 미국 동부에 서식하는 수종 중 4분의 3이 십년에 평균 10~15킬로미터씩 북쪽과 서쪽으로 이동하고 있다는 사실을 발견했다.[10] 속도와 방향은 수종에 따라 다르다. 침엽수는 대부분 북쪽을 향하는 반면에 참나무나 자작나무처럼 꽃을 피우는 활엽수는 서쪽으로 이동한다. 가장 빠르게 움직이는 나무는 코니카가문비*Picea glauca*로, 십년마다 100킬로미터 이상 거의 예외 없이 북쪽으로 이동한다. 이와 대조적으로, 미국풍나무와 발삼포플러는 같은 기간 동안 단 몇 킬로미터밖에 움직이지 않았다. 현재로서는 코니카가문비가 기후변화를 앞질러 가고 있음을 뜻하지만, 출발점 자체가 고위도인 미국의 최상부이기 때문에 상황이 더 나빠지면 앨라배마나 조지아의 풍나무만큼 멀리 도망칠 수 없을 것이다.

온난화 추이가 전 세계 평균을 훨씬 웃도는 스칸디나비아에서는 빠르게 자라는 자작나무 묘목이 과거에는 기피했던 산 중턱까지 올라가고 있는데, 불과 수십 년 만에 해발 500미터까지 올라갔다. 스웨덴 소나무, 가문비나무, 버드나무는 이제 그 어느 때보다 높은 고도에서 자라고 있다.[11] 1940년대에 알래스카에서 석유 조사를 위해 촬영한 사진과 오늘날 같은 장소의 사진을 비교해보면 계곡에 예전에 없던 오리나무, 버드나무, 자작나무가 넘쳐나서 헐벗었던 언덕까지 올라가고 있는 모습을 볼 수 있다.[12]

나무는 우리보다 더 빠르게 기후변화에 적응하고 있으며, 따라서 결국 적응에 성공할 가능성도 더 높다. 사실 기후변화는 나무가 대응해야 하는 여러 요인 중 하나이며, 그들이 무감각하고 움직이지 않는 존재라는 우리의 아리스토텔레스적 인식과 달리 대응하고 있다. 미국에서 낙엽수가 서쪽으로 이동하는 것은 그들이 향하는 기후변화와 함께 지역의 강우량이 증가했기 때문인 것으로 보이지만, 이 지역은 나무가 원래 있던 곳보다 오히려 더 건조하기 때문에 그 이유로는 설명할 수 없다. 건설이나 살충제 사용과 같은 다른 인간 활동도 영향을 미쳤을 가능성이 높다. 그러나 어떤 여러 요인이 조합되었든 간에 대규모 식물의 이동은 진행 중이며 이번이 처음도 아니다.

가장 최근의 대규모 나무 이동은 마지막 빙하기가 끝나가던 약 1만 년 전에 일어났다. 얼음이 물러나자 나무들은 얼어 있던 고위도로 되돌아오기 시작했다. 놀랍도록 빠른 속도였다. 빅토리아 시대의 지질학자이자 고식물학자였던 클레멘트 리드Clement Reid는 1899년 저술에서 로마 시대 유적지를 발굴하다 발견된 도토리를 근거로 참나무가 이미 2천 년 전에 스코틀랜드의 극북 지역에 도달했다고 썼다. 그는 참나무가 '추위에 쫓겨나 북브리튼*에서 현재의 최북단을 차지하기 위해 아마도 600마일을 이동해야 했을 것이며, 외부의 도움이 없다면 백만 년은 걸릴 일이다'라고 결론 지었다.[13] 실제로 화석 꽃가루 기록에서 일부 참나무는 1년에 거의 1킬로미터를 이동한 것으로 나타나는데, 이 수치는 최근의 기후 기반 연구를 통해서도 확인되었다. 또한 이러한 복귀는 피난처가 몇 군데 흩어져 있기 때문에 가능했던 것으로 보인다. 얼음으로 둘러싸인 온대성 포켓에서 작은 수목 군집들이 살아남아 해빙 후 씨를 뿌릴 수 있었다.[14] 지구는 다시 따뜻해졌고 숲은 다시 대지를 탈환했다. 북미에서는 빙하가 후퇴하면서 너도밤나무가 오대호를 뛰어넘었다.[15] 독일가문비나무는 현대인보다 먼저 북해와 발트해를 일주했다. 그들은 우리보다 앞서나갔다.[16]

이러한 과정은 웅장하고 장엄하며, 경외심과 경이로움을 불러일으킨다. 그러나 여전히 대부분 추상적인 수준에 머물러 있다. 나는 생물종 확산의 수학을 이해하고, 화석 꽃가루 수의 의미를 읽어낼 수 있으며, 수십 년에 걸친 데이터베이스 기록을 통해 이동 경로를 추적할 수 있다. 하지만 그러한 이동을 경험한다는 것은 무엇을 의미할까? 식물의 이동이 일어나는 시공간적 규모는 인간의 속도, 동물의 속도로 살아가는 이들이 자연스럽게 이해할 수 있는 범위를 넘어서므로, 내가 그것을 이해하기란 거의 불가능하다. 그리고 이것이 바로 우리의 한계다. 우리 인간은 너무 좁은 시공간에 살고 있어서, 이 세계의 속도와 규모

* 스코틀랜드의 다른 명칭.

에 맞추어 거기에 우리가 일으킨 변화, 그리고 그 가운데 살아남기 위해 우리가 이루어야 할 변화를 생각하기 힘들다. 우리가 가진 정신은 이 과제를 완수하기에 역부족이지만, 우리에게는 여러 도구, 특히 테크놀로지가 있다.

나무를 비롯한 식물들이 의도적으로 끊임없이 이동하고 있는 현실은 우리가 상상하던 세상의 이미지와 상반될 수 있지만, 이러한 현실을 인식하고 우리의 인식에 흡수하는 것은 이 세계를, 그리고 우리가 이 세계와 맺고 있는 관계를 다시 생각하는 데 매우 중요하다. 우리 자신을 변화시키고 이 세계에 관해 생각하는 다른 방식을 취하려면 세계를 보는 방식이 바뀌어야 한다. 우리는 주로 과학적 방법으로 사물을 분해하고, 구성요소의 속성으로 분리하며, 연구를 위해 고정하고, 집단적 행위주체성collective agency이 전혀 없을 때까지 줄여나가는 데 익숙하다. 그러나 이는 모든 사물 간의 연결 고리를 찾아 더 큰 상호 연결된 시스템을 파악하려는 생태학과는 완전히 반대되는 방식이다. 지금 필요한 렌즈는 현미경microscope이 아니라 거시경macroscope, 즉 우리에게 익숙한 것보다 시간적으로나 공간적으로나 훨씬 더 넓은 규모를 볼 수 있는 장치다.

민들레의 탈출 조력자(*Fluchthelfer*) 노릇 외에 내가 최근에 갖게 된 또 다른 취미는 타임랩스 사진 촬영이다. 나는 이 취미를 위해 건설 프로젝트 기록용 소형 방수 카메라를 구입했다. 높이가 몇 인치에 불과한 이 카메라는 AA 건전지 두 개만 있으면 작동되는 작은 단안 호문쿨루스로, 한 구석에 설치해두고 몇 주 동안 세상을 관찰하게 할 수 있다.

나는 이 작은 장치를 아파트 거실 화분들 각각에 며칠씩 설치했다가 옮기기를 반복하며 몇 달을 보냈다. 촬영된 영상은 시든 것 같던 양치류와 무화과나무가 생기를 되찾고, 필로덴드론이 손가락으로 전등

   새와 나무와 돌멩이의 지적 세계

갓을 감싸고, 몬스테라가 잎을 까딱까딱 흔들고, 백합이 만개했다 오므라들었다 하면서 벽을 가로질러 움직이는 태양을 따라 몸을 돌리는 모습을 보여주었다. 각각의 생물은 서마다의 속도와 리듬을 가지고 있지만 몸을 수축하고 방향을 바꾸고 구부리고 펼치면서 모두 함께 움직인다. 식탁에 앉아 있는 내 눈에는 완벽한 고요처럼 보이지만 다른 기록에서 보면 실제로 활기찬 광란이 벌어지고 있다. 식물학자 잭 슐츠Jack Schultz의 '식물은 그저 매우 느린 동물'이라는 말을 이보다 더 설득력 있게 보여줄 사례는 없을 것이다.[17]

식물이 끊임없이 움직인다는 사실은 우리가 식물의 비범한 능력을 어떻게 오해하고 있는지 알게 해준다. 리처드 파워스의『오버스토리』에서 한 등장인물은 이러한 시간적 간극 때문에 일어나는 SF 소설 하나를 들려준다.

외계인이 지구에 착륙한다. 외계 종족치고는 왜소하다. 하지만 그들의 신진대사는 미친 듯이 빠르다. 이들은 보이지 않을 만큼 빠르게. 각다귀 떼처럼 몰려다닌다. 너무 빨라서 지구의 1초가 이들에게는 1년 같다. 이들에게 인간은 움직이지 않는 고깃덩어리 조각상에 지나지 않는다. 외계인들은 의사소통을 시도하지만 대답이 없다. 지성이 있는 생명체의 징조를 발견하지 못한 이들은 집으로 돌아가는 기나긴 여정을 위해 그 움직이지 않는 조각상들을 챙겨 육포처럼 말리기 시작한다.[18]

지금의 우리는 인간의 시간에 맞추어 부산스럽게 움직이느라 우리를 둘러싼 활기찬 생명을 인식하지 못하는 외계인이다. 그래서 그러한 생명체들을 무감각한 자양분 정도로 취급한다. 하지만 나의 카메라가 보여주듯, 우리에게는 다르게 볼 수 있는 도구가 있다. 어떻게 보는지, 무엇을 보려고 하는지가 관건이다.

찰스 다윈은 식물의 생명력을 조사하기 위해 타임랩스 방법을 사용한 최초의 과학자 중 하나다. 1880년 아들 프랜시스와 함께 집필한 『식물의 운동력*The Power of Movement in Plants*』에서 그는 이 힘에 관한 공동 실험 이야기를 들려준다. 다윈 부자는 사진 기술을 이용할 수 없었기 때문에 이 움직임을 추적하기 위해 복잡한 장치를 직접 만들어야 했다.[19]

다윈 부자는 온실에 큰 유리판을 수평, 수직으로 설치하여 화분의 측면과 위쪽을 둘러싸도록 했다. 그런 다음 식물의 새싹에 봉랍으로 작은 점을 표시하고 유리판에는 그 점의 경로를 먹물로 공들여 표시했다. 이렇게 함으로써 그들은 시간에 따른 식물의 움직임을 확대하여 확인하고 추적할 수 있었다. 이 방법은 아주 미세한 움직임도 곡예 비행 같은 그래프로 바꾸어 주었다. 다윈 부자는 양배추, 수영sorrel, 한련화, 콩 등 온갖 종류의 식물을 대상으로 짧게는 며칠 길게는 몇 주에 걸쳐 이 추적 작업을 지속했고, 종에 따라 빛과 그늘, 낮과 밤에 반응하는 방식에 주목했다. 이 실험을 도와준 식물 중에는 가장 민감한 식물인 미모사*Mimosa pudica*도 있었는데, 이 식물은 나중에 식물학자 모니카 갈리아노Monica Gagliano에게도 놀라운 능력을 보여주었다.

다윈 부자의 실험 일지를 보면 얼마나 많은 시간과 노력을 기울였는지 짐작할 수 있다. 그들은 한 번에 며칠씩 번갈아 온실을 지키며 식물을 관찰하고 시간, 온도, 빛의 작용, 식물의 움직임에 대한 모든 세부 사항을 꼼꼼하게 기록했다. 다음은 그들이 며칠 동안 어린 미모사 한 쌍을 관찰한 기록의 일부다.

떡잎〔배아잎〕은 밤에 수직으로 솟아올라 서로 뭉쳐진다. … 〔그리고〕 아침에 오전 11시 30분까지 아래로 이동한 다음 상승하여 저녁에 수직으로 설 때까지 빠르게 이동한다. 이 경우 매일 한 번씩의 큰 하락과 상승이 있었다. 다른 하나는 조금 다르게 행동했다. 아침에는 오전 11시 30분까지 내려갔다가 다시 솟아올랐지만, 오후 12시 10분 이후에는 다시 내려갔다. 그리고 저녁의 큰 상승은 오후 1시 22분까지 시작되지 않았다. 〔…〕 다음날 아침 7시에서 8시 사이에 그들은 다시 떨어졌다. 그러나 둘째 날과 셋째 날에는 움직임이 불규칙해졌고 오후 3시에서 10시 30분 사이에 같은 지점 주변에서 약간 회선(回旋)의 움직임을 보였지만 밤에는 올라오지 않았다. 하지만 다음날 밤에는 평소와 같이 다시 올라왔다.

'회선'이란 원 또는 타원 모양으로 불규칙하게 휘어지거나 도는 현상을 말한다. 이는 식물의 각 부분이 성장 속도가 달라서 발생하는 움직임으로, 식물의 움직임 대부분이 이 메커니즘에 의해 이루어진다. 잎이 구부러지거나 펼쳐지거나 꽃잎에 고랑이 생기거나 말리는 것은 영양분 때문이다. 위쪽과 바깥쪽으로 완만하게 나선형으로 움직이는 회선은 성장하는 식물의 특징적인 움직임으로, 완두콩 새싹부터 참나무 묘목, 버섯과 곰팡이 균사에 이르기까지 모든 식물에게서 나타난다. 깨어나서 삶을 탐구하는 이 첫 번째 몸짓은 인간의 움직임을 포함하여 다른 모든 움직임의 전조로 보인다. 그것은 고개를 끄덕이며 주변에 인사를 하거나 시작을 알리는 행사, 혹은 사방에 전하는 축복이다. 세상아, 반갑다!

다윈 부자의 연구가 마무리되기까지는 몇 년이 걸렸고, 때때로 연구를 끝낼 수 없을 거라는 절망에 빠지기도 했다. 최종 결과는 다윈의 진화론을 강화하는 데 사용되었다. 다윈은 모든 식물의 움직임이 '모든 식물의 모든 부분에서 생장 초기부터 공통적으로 나타나는 움직임'[20]인 회선의 변형일 뿐만 아니라, 식물이 진화하여 지구상 거의 모든 환경에 적응할 수 있었던 것이 바로 이러한 형태의 운동 덕분이라는 결론에 이르렀다. 식물의 삶은 그 인사를 뒤따른다. 이후에 식물에게서 여러 다른 종류의 운동이 발견되었지만, 회전성은 식물의 삶에 대한 진정한 이해에서 핵심으로 남아 있다. 식물의 확산은 반발적이거나 근육질의 군림하려 하는 방식이 아니라 상냥하고 확장적이며 생성적인 방식으로 이루어진다. 식물은 환경에 대한 세심한 주의를 통해 세상을 얻었다.

다윈의 연구는 〈심지어, 그녀의 독신자들에게조차 발가벗겨진 신부The Bride Stripped Bare by Her Bachelors, Even〉라고도 알려져 있는 마르셀 뒤샹Marcel Duchamp의 〈큰 유리The Large Glass〉를 연상시킨다. 〈큰 유리〉는 나무 프레임에 고정된 두 장의 유리판으로 구성되어 있다. 뒤샹은 1915년부터 작품이 브루클린박물관에 설치된 1923년까지 거의 10년 동안 대체로 비밀리에 이 작품을 작업했다. 〈큰 유리〉는 20세기의 가장 중요하면서도 수수께끼 같은 예술 작품 중 하나다.

뒤샹은 액자형 유리판에 움직임과 시간뿐만 아니라 대안적 물리학, 혹은 대안적 우주론을 투사했다. 〈큰 유리〉의 일부는 다윈이 식물의 움직임을 확대했던 것 같은 원근법적 추적이며, 다른 요소들은 우연과 자연적 과정의 산물이다. 몇 달 동안 손대지 않은 작품이 먼지로 뒤덮이자 뒤샹은 바니시를 칠해 시간이 흐른 증거를 제자리에 고정시켰다. 신부의 '흡입 피스톤'으로 불리는 위쪽 유리 상단의 사각형은 바람의 힘에 의해 형성된 그의 스튜디오 커튼의 실루엣이다. 뒤샹은 그 외

새와 나무와 돌멩이의 지적 세계

에도 여러 방식으로 시간 및 운명과의 화해, 미스터리, 불완전성, 불가지에 대한 강조 등 비인간 행위 주체를 작품에 통합하고자 했다. 위쪽 유리판을 대각선으로 가로지르는 거미줄 같은 균열은 최초로 전시된 장소에서 작품을 옮기는 과정에서 우발적으로 발생한 손상으로, 뒤샹은 이를 작품의 새로운 부분, 그의 의식적인 작업을 보완하고 연장하는 우연의 요소로 간주했다.

〈큰 유리〉는 보는 사람마다 다르게 해석할 수 있으며, 이것이 바로 이 작품의 의도이자 위대한 예술적 성취로 인정받는 이유이기도 하다. 유리 위쪽의 자유롭게 떠다니는 신부와 아래쪽의 끝없이 분투하는 독신자들 사이의 긴장감이 균형을 이루는 이 작품은 개별적이고 인간적이며 군림하려 하는 성적 욕망과 기계적이고 식물적인 자기성애auto-eroticism를 대조한다. 그것은 예술가의 창조적 천재성을 주장하면서도 동시에 주체성과 의식적 의도를 거부한다. 선형적이고 경계가 있는 우리의 시간 경험은 이 작품 속에서 우주의 자연스럽고 순환적인 시간과 대조된다. 〈큰 유리〉는 거울이면서 동시에 유리창이어서, 우리 자신이 반짝거리다가 더 큰 세계의 결실을 맺거나 맺지 않는 작동 속으로 녹아들어가는 모습을 비춘다.

유리에 투사하는 이 방법은 더 깊은 현실의 타임랩스 스냅샷이며, 다윈 부자와 뒤샹에게 보이지 않는 삶의 방식에 대한 특별한 종류의 주의와 인식을 자극하는 방법이었던 것으로 보인다. 다윈의 유리는 식물의 삶의 비밀을 해독하려고 한 반면 뒤샹의 유리는 그것의 여러 측면들이 우리의 시야와 정신에서 완전히 벗어나 있으며 궁극적으로 우리가 알 수 없다는 사실을 상기시킨다. 이것은 인간 중심주의에 관한 춤이다. 투명성은 이해와 동일시할 수 없으며 보는 것은 알거나 지배하는 것을 의미하지 않는다.

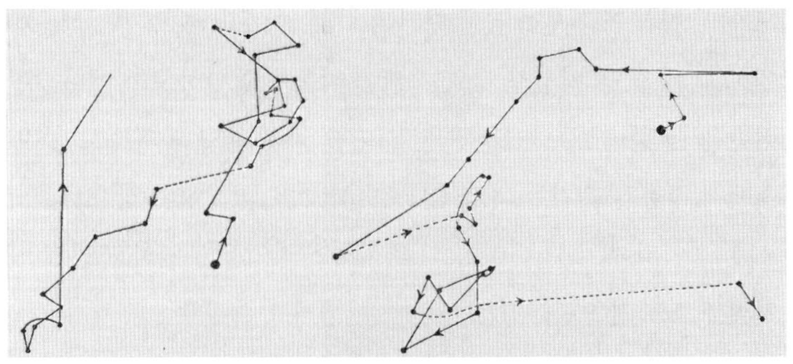

찰스 다윈과 프랜시스 다윈의 『식물의 운동력The Power of Movement in Plants』 중
48시간에 걸쳐 양배추의 움직임을 추적한 그림.

마르셀 뒤샹의 〈심지어, 그녀의 독신자들에게조차 발가벗겨진 신부〉
(〈큰 유리The Large Glass〉)(1915~23).

                                            새와 나무와 돌멩이의 지적 세계

우리는 이 둘을 너무 자주 헷갈린다. 우리는 세계를 관찰함으로써 세계를 우리가 알 수 있는 형태로 고정할 수 있다고 믿지만, 타임랩스는 세상의 본질이 변화할 수 있다는 것을 보여준다. 양자 물리학을 탐구하는 철학자 캐런 바라드가 말했듯이 세계는 내적작용으로 이루어져 있으며, 사물이 서로 만나고 진동하는 것은 프레임 사이의 보이지 않는 틈에서다. 다윈의 점들 사이의 선, 뒤샹이 바니시로 덮어버린 〈큰 유리〉 위의 먼지, 즉 다른 차원의 시간에 존재하는 보이지 않는 프로세스의 그림자를 만들어내는 것은 바로 이러한 성장, 변화, 쇠퇴의 내부작용적 과정이다.

우리는 잘못된 방식으로, 단순히 잘못된 방향이 아니라 잘못된 의도로 세계를 바라볼 때도 많다. 우리는 우리의 의도에 따라 보는 방식을 선택하며, 이는 우리가 보는 대상에 영향을 끼친다. 이 문제는 특히 현대의 테크놀로지가 으레 그렇듯이 전쟁과 폭력에서 비롯된 기술일 때 더 악화된다. 인터넷이 이것을 보여주는 확실한 예다. 인터넷은 원자 공격에 대비한 분산 네트워크를 필요로 했던 냉전 편집증과 1990년대에 해방과 공생이라는 히피의 이상을 기술결정론 및 신자유주의적 자본주의와 맞바꾸었던 캘리포니아 이데올로기라는 양극단에서 탄생했다.[21] 군사력과 기업의 이윤 추구가 결합하여 구조적 폭력과 감시 자본주의를 소스코드에 기록하면서 지금의 인터넷을 만든 것이다.

하지만 군사 테크놀로지가 놀라운 사실을 드러내기도 한다. 2차 세계대전이 최고조에 이르렀던 1940년대에 최초의 레이더 시스템을 연구하던 영국군 기술자들은 화면과 판독값에서 의문의 반향을 발견했다. 어떤 것은 몇 초 만에 사라지기도 하고, 어떤 것은 몇 분 동안 지속되어 수십 킬로미터까지 퍼지기도 했다. 이 유령 같은 신호는 나타났다 사라졌다 했기 때문에 그 출처를 직접 탐지하고 확인하기가 훨씬 어려었다. 초기 레이더 시스템의 성능 한계 때문에 처음에는 가까운 거리에서만 신호가 감지되었지만, 기술이 발전하면서 최대 70킬로미터 떨어진 곳에서도 미지의 흔적이 관찰되기 시작했다. 때로는 광활한 반향장field of echoes이 스코프를 침범하여 파도와 고리 모양으로 하늘을 가로지르며 반짝이기도 했다. 초기의 레이더 기술자들은 이 유령 같은 신호를 '천사'라고 불렀다.

이 천사들은 큰 문제였다. 한 미군 보고서에 따르면 이 천사들이 '병사들을 전투 기지로 급파하고, 전투기를 소득 없는 추격전에 투입하고, 초병들에게 정체불명의 비행기가 바다로 뛰어든다는 보고를 하게 하고, 여러 차례 E-보트(고속 공격정) 공격의 공포를 불러일으키고, 적어도 한 차례 침공 경보를 발동하고, 많은 함장들의 어휘력을 시험했다.'[22]

영국 육군의 작전 연구 그룹Operational Research Group은 초기 레이더 시스템의 평가와 개선을 담당한 기관 중 하나였다. 육군 내 특수 부서였던 이 그룹은 수백 명의 분석가로 구성되었으며, 대공포 사격의 정확도 향상, 항공기 위장 설계 등 복잡하고 까다로운 문제를 다루었다. 여

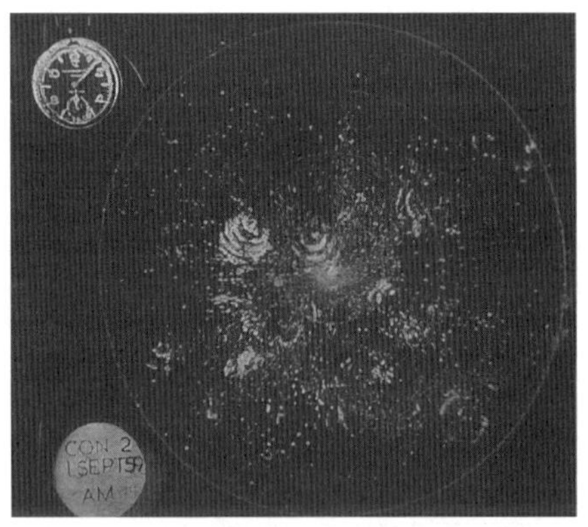

1959년 9월 1일 일출의 링 엔젤을 보여주는 레이더 이미지.

  새와 나무와 돌멩이의 지적 세계

기에는 전후에 노벨상 수상을 포함하여 눈부신 학문적 성과를 이루게
될 많은 과학자들이 참여했다. 그중에는 두 명의 생물학자, 조지 발리
George Varley와 데이비드 랙David Lack이 있었다. 당시 가장 영향력 있는 조
류학자 중 한 명이었던 랙은 전쟁이 발발하기 전 해에 갈라파고스 제도
에 머물렀으며, 그 연구 성과를 집필하여 1949년에 출간한 베스트셀러
『다윈의 핀치Darwin's Finches』로 현대 진화론에 중요한 공헌을 했다. 발리
는 곤충학자로 훗날 옥스퍼드대학교 동물학 교수로 재직하면서, 옥스
퍼드 내 에드워드 그레이 현장조류학연구소 소장으로 랙을 선임하게
된다.

1941년 9월 발리가 도버 인근 레이더 기지의 작전 연구 그룹 관측
관으로 근무하고 있을 때 스코프에 유령 같은 신호가 잡히기 시작했다.
바다에 나가 있는 승조원들에게는 보이지 않았지만 발리는 고성능 망
원경으로 파도 위로 급강하하는 가넷gannet 떼를 찾아냈다. 해안으로부
터 14킬로미터쯤 떨어진 곳이었는데, 천사들이 나타난 곳과 정확히 일
치했다. 발리와 랙은 항공성에 천사의 실체가 새였다고 설득하기 위해
레이더 담당자로부터 기록을 수집하기 시작했다. 죽은 재갈매기 한 마
리를 긴 끈으로 풍선에 묶어 레이더 기지 상공에 띄우는 실험을 한 적
도 있었는데, 스코프에 하나가 아닌 두 개의 잔향이 나타났다.[23]

기술이 발전함에 따라 점점 더 미묘한 잔향이 포착되기 시작했다.
이제는 가넷이나 갈매기 같은 큰 새뿐만 아니라 작은 명금류도 레이더
에 잡혔다. 가장 스펙타클하고 충격적인 '천사' 중 하나는 V1 비행 폭탄
이 날아갈 때마다 잉글랜드 남부 상공에 나타났다. 그것은 폭탄의 경로
에서 흩어져 나오는 유령 신호들의 거대한 고리였다. 관측관들이 마침
내 찾아낸 원인은 바로 V1의 펄스제트 엔진 소음에 놀라 둥지에서 날
아오른 찌르레기 떼였다.

발리와 랙이 사람들을 설득하는 데 가장 큰 걸림돌은 새의 크기가 아니라 새가 밤에 날아다닌다는 사실을 당시로서는 아무도 믿지 않았다는 점이었다. 하지만 랙은 믿었다. 그리고 결국 군사 데이터를 기반으로 레이더 조류학이라는 새로운 과학적 기법을 개발하여 이를 증명할 수 있었다. 그는 전쟁이 끝난 후에도 북해를 가로지르는 새떼의 이동을 모니터링하고 레이더를 이용해 밤에 해안에서 해안까지 새떼를 추적하면서 데이터를 계속 수집했다.[24] 그의 세심한 주의는 조류 행동에 대한 우리의 이해를 완전히 뒤바꾸어 놓았다.

오늘날 레이더 조류학은 항공기가 조류에 충돌하는 일을 방지하고 풍력 발전 시설로부터 새를 보호하며 새들의 이동 패턴과 계절에 따른 휴식 행동을 연구하는 데 사용된다. 오늘날 조류 이동 정보를 제공하는 가장 훌륭한 출처 중 하나는 북미 지역을 커버하는 NEXRAD(차세대 레이더, Next-Generation Radar) 네트워크 같은 기상 레이더다. 폭풍과 기상 전선을 추적하기 위해 고안된 이 다채로운 색상의 밝은 이미지를 통해 수천 마일에 걸친 새떼의 움직임과 해질녘 수백만 마리의 새들이 하

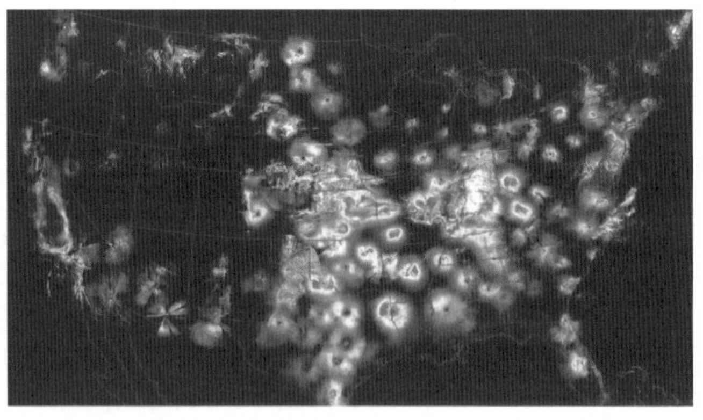

2009년 5월 8일, 비행 중인 새떼를 보여주는 NEXRAD 레이더 모자이크.

늘로 쏟아져 나와 대륙을 휩쓰는 모습을 볼 수 있다. 미국의 BirdCast. info와 유럽의 EuroBirdPortal.org 같은 웹사이트는 공공 레이더 데이터를 분석해서 기상 패턴과 이동 경로가 맞물려 최적의 조류 관찰 기회를 제공하는 시기를 탐조가들에게 예보해준다. 한편, 레이더 조류학이 아주 세밀하게 쓰이기도 한다. 이스라엘 연구자들은 연필처럼 얇은 군용 추적 레이더의 빔을 사용하여 사해 계곡을 건너는 새들을 하나하나 추적하면서 속도와 방향뿐 아니라 날갯짓의 패턴까지 파악했다.[25]

레이더 장비는 놀라울 만큼 정교하고 복잡하다. 일례로 미국 국립 기상청의 슈퍼컴퓨터는 대륙 전체에 설치된 159개의 레이더 관측소 네트워크로부터 지속적으로 데이터를 제공받는다. 각 관측소에는 30미터 높이의 타워에 회전식 S밴드 레이더가 장착되어 있다. 슈퍼컴퓨터는 제공받은 데이터를 전 세계의 전문 및 아마추어 예보관에게 거의 실시간으로 공유한다. 다른 하나는 스위스에서 제작한 포이어라이트게레트 63 또는 슈퍼 플레더마우스라고 불리는 사격 통제 레이더로, 트럭에 장착되며 한 쌍의 오리콘 35mm 대공포를 자동으로 설정하여 최대 15킬로미터 떨어진 군사 표적을 격추할 수 있다. 그리고 우리는, 적어도 우리 중 일부는 이 레이더를 조류 관찰에 사용하고 있다. 테크놀로지는 우리가 주의를 기울이는 대상을 철새들의 대륙 간 이동에서 새 한 마리의 날갯짓에 이르기까지 규모 면에서 빠르게 변화시킬 수 있게 해주며, 주의의 **종류** 측면에서도 마찬가지다. 랙 등의 레이더 실험에서 확인되었듯이, 인터넷처럼 군사적인 목적으로 개발된 기술이라고 해도 반드시 우리를 '자연', 곧 인간 너머의 세계로부터 멀어지게 하는 것은 아니다. 사실 오히려 더 가까이 다가가게 해줄 수도 있다.

지구 궤도를 돌면서 바다를 가로지르는 기상 시스템부터 네게브 사막의 미사일 기지에 이르기까지 지구에서 일어나는 거의 모든 일을 볼 수 있게 해주는 수많은 영상 위성을 비롯해 오늘날의 가장 강력한 시각 테크놀로지들도 마찬가지다. 위성 영상도 인터넷처럼 군사적 감시와 폭력의 역사에서 비롯되었다. 그러나 지구상의 모든 활동을 조준하는 방대한 타임랩스 카메라로 구성된 이 도구는 우리의 선택에 따라 테크놀로지를 다른 방식으로 보는 데 사용할 수 있다는 또 다른 실물 증거다.

2011년 1월, NASA의 천체물리학 부국장 마이클 무어Michael Moore는 놀라운 전화를 받았다. 1960년대부터 극비리에 미국 정부를 위한 스파이 위성을 설계, 제작, 운용해온 국가정찰국(National Reconnaissance Office, NRO)에서 걸려온 전화였다. 그들은 더 이상 사용하지 않게 된 장비를 NASA에서 인수할 의향이 있는지 궁금해했다.[26]

무어는 놀란 마음을 진정시키고 장비를 살펴보러 갔다. 뉴욕 북부의 한 기밀 시설에서 그는 은박으로 싸인 두 개의 긴 튜브와 거의 완성된 우주 망원경 두 대, 그리고 세 번째 망원경의 부품을 발견했다. 두 위성은 모두 잘 손질되어 언제라도 발사할 수 있는 상태였던 데다가 가장 유사한 NASA의 허블 우주망원경보다 훨씬 더 발전된 것이었지만, NRO의 전화가 오기 전까지는 완전히 비밀에 부쳐져 있었다. 1990년 허블이 발사되었을 때만 해도 우주에 쏘아 올린 망원경 중 가장 강력한 망원경으로 여겨졌다. 당시에는 실제로 그랬을 테지만 지금은 아니다. 막대한 비용을 들여 우주비행사들이 5번의 수리 임무를 수행했지만 급속히 노후화되고 있으며, 그 자리를 물려받은 제임스 웹 우주망원경은 2021년 12월이 되어서야 발사되었다. 따라서 새로운 최첨단 기기 두 대의 갑작스러운 등장은 축하할 만한 일이었고, 어느 천문학자의 표현을 빌리자면 '총체적 게임 체인저'였다.

무어는 새 망원경이 광학적으로 '놀라운' 성능을 가졌다고 말했지만 NASA는 구체적인 사항을 밝히지 않았다. 그리고 대부분의 전자 장치를 제거한 상태로 공개했다. NASA의 존 그런스펠드 국장은 '어떤 용도로 사용되었는지 말할 수 없다'고만 언급했다. 과학자들을 대상으로 한 NASA의 프레젠테이션에서 선보인 이 위성이 찍은 사진 한 장은 안보상의 이유로 검게 처리되어 알아볼 수 없었고, 과학자들은 웃음을 터뜨렸다.[27] 그러나 한 가지는 분명했다. 허블처럼, 그러나 길이는 절반인 2.4미터짜리 거울이 달린 이 장비는 우주를 올려다보는 것이 아니라 지구를 내려다보는 용도로 설계된 것이었다.

미국은 군사 작전과 첩보 활동을 지원하는 차원에서 수십 년 전부터 비밀 우주 프로그램을 가동했으며, 이 프로그램에는 NASA의 민간 프로그램보다 훨씬 많은 자금이 투입되었고 규모도 컸다. 하지만 그 역량을 엿볼 기회는 몇 번 없었다. 그중 '비밀 우주 왕복선'이라고도 불리는 보잉 X-37이 있었는데, 거의 8년 동안 우주에서 여러 임무를 수행했지만 그 누구도 정확히 어떤 일을 했는지 알 수 없었다. 2019년 도널드 트럼프가 트위터에 올린 놀랍도록 선명한 이란 미사일 기지 사진(그것은 상업적으로 판매되는 이미지보다 2~3배 더 선명했다)처럼 이따금 이미지가 공개되기도 했다(아마도 키홀위성이라고 불리는 국가정찰국의 스파이 위성이 찍은 사진이었을 것이다).[28] NASA에 기증된 망원경은 냉전 이후 오랫동안 운용되어온 이 정찰 위성 라인의 잉여 장비이거나 SF 소설에나 나올 것 같은 미래 영상 체제Future Imagery Architecture 프로젝트라는 이름의 취소된 또 다른 프로그램이 남긴 장비일 가능성이 높다. 그 출처가 어디든, 군사 목적 등 전투를 위해 고안된 테크놀로지를 더 평화로운 목적으로 사용할 때 어떤 일이 벌어지는지 보여주는 놀라운 사례다.

NASA의 과학자들은 새로운 장난감의 용도를 재빨리 제안했다. NASA는 준비 중이던 광각 적외선 우주망원경(Wide-Field Infrared Survey

Telescope, WFIRST)의 연구비 확보에 수년간 어려움을 겪어온 참이었다. 이 프로젝트는 암흑 에너지가 우주 형성에 미치는 영향과 일반 상대성 이론의 일관성 및 시공간 곡률을 측정하기 위해 설계되었다. 국가정찰국 위성의 갑작스러운 등장은 이 프로그램에 시동을 걸었고, 이제 2027년 발사를 목표로 삼게 되었다. '짜리몽땅한 허블Stubby Hubble'이라는 별명을 가진 이 위성의 짧은 길이와 그로 인한 넓은 피사계 심도는 사실 처음의 NASA 설계를 개선한 결과다. 이 새로운 천문대에는 직접적인 항성광을 차단하는 코로나그래프라는 장치가 추가되어 태양계 밖의 행성, 그 먼 별 주변에 형성된 새로운 세계를 탐색할 것이다. NASA의 과학자들은 문자 그대로 테크놀로지를 거꾸로 뒤집음으로써 우리 대신 우리를 둘러싼 세상을 더 면밀히 들여다볼 수 있었다. 이를 통해 감시와 통제의 도구가 경이로움과 발견의 도구로 바뀌었다. 테크놀로지를 만들거나 생각하거나 사용하는 다른 방법은 항상 존재한다. 그것을 막는 유일한 제약은 우리의 상상력 그리고 우리의 의지다. 더 많은 테크놀로지를 의식적으로, 사려 깊게 사용한다면, 즉 서로를 향하기보다 인간 너머의 세계를 향해 사용한다면 어떤 다른 세계를 발견할 수 있을까?

내 집 거실에서 촬영한 타임랩스 사진과 우주에서 바라보는 지구 전체, 더 넓은 우주의 영상 사이에는 엄청난 차이가 있어 보이지만, 이는 사실 규모와 의도, 상상력의 문제일 뿐이다. 우리가 세상을 보기 위해 구축한 역량은 대단하며, 대부분의 사람들이 생각하는 것보다 더 쉽게 접근할 수 있다. 나는 얼마 전에 컴퓨터 백그라운드에서 실행되는 작은 스크립트를 작성해서 36,000킬로미터 상공에 떠 있는 인공위성이 불과 15분 전에 촬영한 지중해 전체의 사진으로 바탕화면 이미지를 한 시간마다 업데이트했다. 그 후로 나는 바다 위에 구름이 생기고 소용돌이치다가 사라지며, 발칸반도와 이베리아반도에 폭풍우가 몰아치는 모습을 실시간으로 보고 있다. 새벽마다 날카로운 빛의 곡선이 유럽과 아프리카를 휩쓸며 어둠을 파란색과 초록색으로 물들이고, 저녁이 오면 황혼이 이를 다시 쓸어버린다. 수십억 달러 혹은 유로의 테크놀로지 인프라, 공공기관과 공동의 행위주체가 궤도에 올려놓은 인공위성에 단 몇 줄의 코드를 더함으로써 신의 눈으로 세계를 보고 있는 것이다.

그렇다. 나는 위성 애호가다. 나는 이미지 데이터베이스를 훑어보고 복잡한 센서의 사양을 읽고, 그 산출물의 해상도와 선명도를 높이고 판독하는 방법을 배우면서 많은 행복한 시간을 보내왔다. 그중에서도 내가 가장 좋아하는 하늘의 눈은 1972년부터 700킬로미터 상공에서 지구를 촬영해온 랜드샛Landsat 프로그램의 위성으로, 지금까지 아홉 개가 발사되었고 가장 최근에는 2021년 9월에 발사되었다. 랜드샛이 촬영한 이미지는 수많은 미국 정부 기관(NASA, 국립해양대기청NOAA, 미국 지질조사국USGS)과 민간 기업들의 산물이며, 의회 법에 따라 모든 사람이 무료로 이용할 수 있다. 방대한 디지털 아카이브에 보관되고 인터

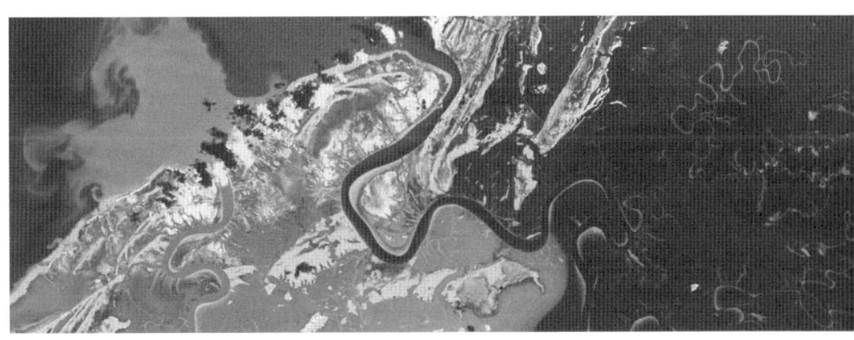

2009년 2월 호주 카펀테리아만의 일부를 보여주는 가색(假色) 랜드샛 이미지.
맹그로브 등 식물의 밀집도에 따라 더 밝은 색으로 선명하게 표시된다.

넷을 통해 액세스할 수 있는 이 이미지들은 지구 전체의 방대하고 지속적인 타임랩스를 구성한다.

내가 랜드샛을 좋아하는 이유는 새로운 방식으로 세상을 보여준다는 점에 있다. 이 위성에는 다중 스펙트럼 센서, 즉 가시광선 스펙트럼을 넘어 적외선과 자외선까지 볼 수 있는 특수 카메라가 장착되어 있다. 이 주파수는 대기 중의 눈에 보이지 않는 증기, 화재와 지진이 남긴 오래된 상처, 식물과 토양의 건강 상태를 드러낸다. 이러한 현상은 우리가 식별할 수 있는 색상으로 변환되어 선명한 붉은색과 녹색의 색조로 나타나며, 우리 눈에 분명하고 놀라운 결과로 비춰진다. 랜드샛은 초인적인 시력과 수십 년 동안 축적된 이미지를 통해 평범한 인간의 시야를 넘어서는 식물의 움직임을 시간을 초월하여 추적하고, 능동성과 의도를 가진 생명의 거대한 전개를 있는 그대로 볼 수 있게 해준다.

이 지구 규모의 타임랩스가 드러내는 것은 내 아파트 화분의 진동이 대륙 규모에서 일어나는 모습이다. 맹그로브 숲은 호주 해안을 오르내리고, 백향목은 터키의 산을 등반한다. 지난 수십 년에 걸쳐 농부들이 농지를 서서히 포기해온 이탈리아 남부에서는 폴리노국립공원이 아펜니노산맥을 따라 자작나무와 소나무를 흩뿌리며 경계를 무너뜨리고 있다. 랜드샛의 밝은 시선 아래에서 나무들은 붉은 물결처럼 보인다. 우리 눈에는 보이지 않는 적외선이 건강하게 성장하는 잎 속의 수분 때문에 산란하기 때문이다. 여기서 기계들은 우리보다 생명의 움직임을 더 잘 본다.[29]

여기서 테크놀로지는 우리의 시각을 바꿀 수 있게 해주고, 그 시각으로 우리가 하는 일, 즉 어디를 보고 무엇을 보며 그 결과로서 어떻게 행동할지도 바꿀 수 있게 해준다. 우리는 테크놀로지 덕분에 관심과 주의를 더 큰 규모에 돌릴 수 있고, 테크놀로지가 없었을 때보다 이 세계

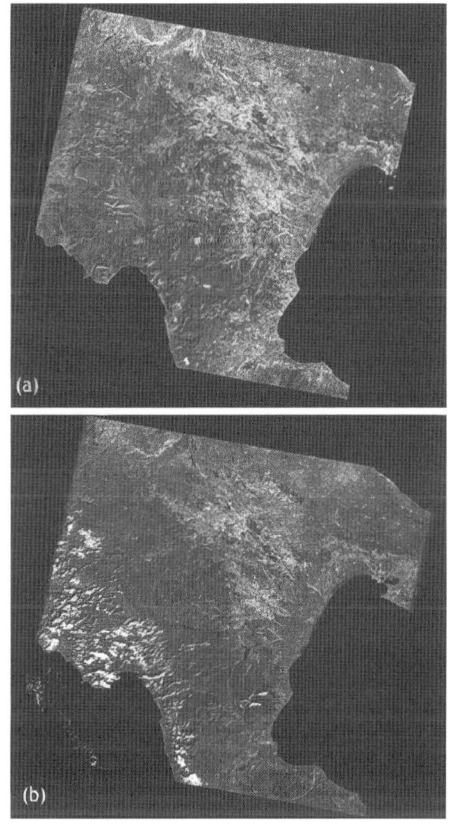

이탈리아 바실리카타의 랜드샛 이미지. (a) 1984, (b) 2010.

에 더 온전히 존재할 수 있다. 우리는 테크놀로지로, 그리고 테크놀로지를 통해 다른 시간에 살기를 의도적으로 선택할 수 있다.

1935년 프랑스 영화감독 장 엡스탱Jean Epstein은 타임랩스 촬영에 대한 초기 실험을 다룬 글에서 자연 현상이 자연적이지 않은 속도로 전개되는 과정을 지켜본 경험을 이렇게 요약했다. '슬로모션과 패스트모션은 자연 세계에 경계가 없음을 보여준다. 모든 것이 살아 있다. 놀라운 애니미즘이 다시 태어난다. 이제 우리는 그들을 본 만큼, 우리가 비인

간 존재에 둘러싸여 있다는 사실을 안다.'[30]

엡스탱은 보는 것이 앎과 관심을 위해 필요하며, 따라서 행동하는 데 필요하다고 말한다. 나는 여기에 실행의 질을 위해서도 필요하다고 덧붙이고 싶다. 거실에서든 지중해 유역에서든 타임랩스를 직접 만들어보는 행위는 식물과 지구의 시간에 주의를 집중하게 만든다. 유튜브에서 다른 사람의 영상을 보는 것만으로는 그런 관심이 생기지 않을 것이다. 내가 투자한 시간, 내가 가져온 존재감, 그리고 실제로 일어난 일에 대한 말로 표현 못할 감탄을 통해 그 경험은 헤아릴 수 없을 정도로 강력해진다. 또한 그 경험은 시각의 변화와 존재의 변화를 결합하여 다시 내부작용을 일으킨다. 보는 것은 경외감을 불러일으키지만, 실천은 지식과 이해를 낳는다. 테크놀로지 도구가 상태를 효과적으로 변화시키도록 하려면 우리가 단순한 관객이 아닌 그 드러냄의 완전한 참여자가 되어야 한다. 그것이 바로 인공위성이 촬영한 아름다운 영상 같은 테크놀로지의 경이로운 산출물뿐 아니라 테크놀로지 자체에 대한 접근 권한이 우리에게 주어지는 것이 중요한 이유다. 그러한 테크놀로지의 실제 활용에 관한 교육이 누구에게나 제공되어야 한다. 우리 모두가 테크놀로지를 비판적이고 신중한 방식으로 설계하고 활용하는 지식과 노하우, 기존 도구와 프로세스에 대한 실질적인 접근 권한을 가져야 한다. 기계의 방향을 바꾸는 것, 인공위성을 우리가 아닌 바깥 세계를 향하도록 돌려놓는 것만으로는 충분하지 않다. 또한 테크놀로지는 널리 공유되고 모두의 손에 쥐어져야 한다.

　　　　　　　　　　　　　　　　　새와 나무와 돌멩이의 지적 세계

5장

낯선 이에게 말 걸기

에 에 에

뜨 뜨 뜨

아 아 아

뜨 뜨 뜨

2019년 10월, 우리는 이탈리아 지도에서 장화 밑창 부분에 해당하는 바실리카타의 폴리노국립공원Parco Nazionale del Pollino에서 목동을 따라 걷고 있다. 하늘은 청명하고 공기는 아직 따스하다. 우리는 외양간에서 소와 염소와 양을 몰고 들판과 비탈길을 지나 비지아넬로 마을 위 언덕을 가로지르며 방목지에서 풀을 먹인다. 우리가 걸어가는 동안 목동들은 대조적인 소리들의 합창으로 동물들을 부른다. 그 소리는 날카로운 비명소리, 낮은 목소리, 휘파람 소리, 긴 소리, 부드러운 애원으로 변주되며 동물들을 이리저리 지시하고, 밀고, 달래고, 명령한다.

에크-바르 에크-바르 에크-바르

슈키츠 슈키츠 슈키츠

우-아 우-아 우-아

웨이-아 웨이-아 웨이-아

내가 파트너인 나빈과 함께 이곳에 온 것은 비지아넬로와 국립공원으로부터 동쪽으로 두 시간 거리에 있는 마테라라는 도시에서 전시를 기획하고 있어서였다. 우리는 중세 전설에 나오는 코카인의 땅(*Il Paese di Cuccagna*)에서 이 전시의 영감을 얻었고 그것을 전시 제목으로도 사용하기로 했다. 전설 속의 그곳은 모든 것이 거꾸로 뒤집히고 혹독한 일상이 과잉으로 대체되는 농부들의 유토피아, 바위에서 열매가 맺히고 샘에서 포도주가 샘솟으며 새와 짐승이 노래하며 뛰노는 곳이다.[1]

마테라의 공식 역사는 극빈 상태에서 서서히 출현했으며, 그 내용은 1930년대에 바실리카타(당시의 이름은 루카니아였다)에서 유배 생활을 했던 카를로 레비의 회고록 『그리스도는 에볼리에서 멈추었다*Christ Stopped at Eboli*』로 잘 알려졌다. 이 책의 출판은 이탈리아 전역에 충격적인 여파를 일으켰다. 급속히 현대화되고 있는 북부 지역에 반해 이곳 사람들은 여전히 동굴에 살고, 이상한 의식을 행하며, 생존을 위해 투쟁하고 있었다는 사실이 드러났기 때문이다. 1950년대에 이탈리아 정부는 9,000년 동안 지속적으로 점유되었던 마테라의 유명한 주거지인 사시Sassi 동굴에서 사람들을 강제로 퇴거시켜 마을 반대편에 있는 현대적인 아파트로 이주하게 했다. 수십 년 동안 방치되었던 사시가 이제는 젠트리피케이션의 현장이 되었다. 많은 동굴이 다시 발굴되고 정비되었으며, 다소 어울리지 않게 개조되어 값비싼 레스토랑과 에어비앤비

　　　　　　　　　새와 나무와 돌멩이의 지적 세계

숙소가 되었다. '이탈리아의 수치심'이었던 곳이 관광 명소로 재탄생한 것이다.

도시의 기록 보관소와 현지 사진가들의 컬렉션, 고대 사시의 삶에 대한 최신 연구를 통해 우리는 또 다른 사실, 사람들이 동물과 함께 살았고, 마을이 내려다보이는 초원에서 약초를 채취했으며, 그들이 살았던 바로 그 바위로 물과 폐기물 처리를 위한 복잡한 기반 시설을 구축했다는 사실을 발견했다. 보석으로 장식된 뻐꾸기 모양 마테라의 상징적인 점토 호루라기(현재는 관광객 소비를 위해 대량 생산된다)도 고대 지참금 선물에 뿌리를 두고 있다. 다산의 상징인 뻐꾸기는 선물, 교환, 상호 축복이 복합된 문화의 일부였다.

레비의 책 제목은 루카니아를 그리스도의 구원이 닿을 수 없는 비참한 땅(에볼리는 해안에서 두 시간 거리에 있는, 북쪽에서 내려오는 철도의 종점이다)으로 묘사한다. 그러나 또한 비밀스러운 의식과 깊이 뿌리 박혀 있는 민간 신앙, 널리 활용되는 마술 등 이 지역의 더 오래된 신비주의를 인정한다. 거미에게 물려 마법에 걸렸거나 마비된 사람들을 되살리기 위해 격렬한 리듬에 맞춰 추는 타란텔라 춤에서부터 풍년을 기원하는 주문과 추수 축제에 이르기까지 루카니아 의식은 땅과 땅에 사는 식물과 동물, 계절에 깊이 결부되어 있다.

1930년대에 이러한 의식을 기록한 나폴리 인류학자 에르네스토 데 마르티노Ernesto de Martino는 자신이 목격한 관습이 현대 세계의 빈곤 및 약탈과 직접적으로 관련되어 있다고 보았다. 타란텔라에게 물린 사람들은 정말 마법에 걸린 것일까? 그저 산업 사회의 삶에 지쳤거나 엄격한 가톨릭 사회에 질식한 것은 아니었을까? 때때로 으스스하고 잔인해 보이는 루카니아의 전통 마술은 과학에 의한 세계의 탈자연화, 산업화가 야기한 개인의 비인간화에 대적하는 입장에 서 있다.

데 마르티노는 언덕과 숲, 새와 동물이 사라져가고, 이 세계에 자신이 설 자리도 사라질 수 있다는 이 느낌을 '존재의 위기'라고 불렀다. 그가 목격한 바에 따르면, 많은 마술과 무속 행위가 그렇듯이 이들의 의식도 자연과 비인간 세계에 호소하며, 그들과 끊임없이 소통하고 협상한다. 그것은 모든 것, 모든 이들의 살아 있음을 인정하고 그들에게 호소함으로써 자신의 인간됨humanity을 유지하는 방법이었다.[2]

사시 원주민의 흔적이 세련되게 변모한 동굴 벽의 조각과 낙서에 남아 있듯이, 이러한 의식의 흔적도 바실리카타주의 도시와 농촌에 남아 있다. 각 코무네*에는 해마다 열리는 축제나 카니발 일정이 있다. 비지아넬로 북쪽의 페달리라는 작은 마을에서는 수확 철에 성모 퍼레이드가 열리며, 여기에는 치리오라는 고인돌 모양의 짚단이 등장하는데 꽃으로 장식되어 있다. 산 콘스탄티노 알바네제에서는 별의 성모 축일에 하녀, 양치기, 두 명의 대장장이, 무시무시한 악마를 형상화한 종이 인형을 불꽃으로 폭발시키는 장관이 펼쳐진다. 그리고 비지오날레에서는 봄의 도래를 알리는 마지오maggio, 즉 오월제가 열린다. 사흘 동안 와인과 노래 속에 디오니소스적인 향락이 이어지는 가운데 마을 광장에서는 산에서 베어 온 전나무와 너도밤나무를 결혼시키는 의식이 벌어진다. 해와 달 모양 장식물을 단 거대한 황소가 콧김을 내뿜으며 커다란 너도밤나무 줄기를 끌고, 전나무는 청년들이 비틀거리며 어깨에 메고 나른다. 마지오의 다른 이름은 성 프란치스코 축일이다. 거대한 이교도 토템처럼 보이는 이 거대한 나무줄기를 마을 광장에 세우기 전에 성 프란치스코의 작은 상징물을 나무줄기에 붙이고 마을 신부의 축성을 받는 것이 그 때문이다.

---

* 이탈리아의 행정구역 단위로 기초자치단체에 해당함.

새와 나무와 돌멩이의 지적 세계

짚단 치리오, 축일의 백파이프, 뻐꾸기 호루라기, 마지오 기념 영화 같은 인공물들은 운 좋게도 전시를 위해 빌릴 수 있었다. 그러나 우리는 말 없는 물건들 이상을 원했다. 우리는 그것들에 생명을 불어넣듯 목소리를 주어 그것들이 태어난 시공간에서 살아 움직이는 것처럼 보이게 하고 싶었다. 마지오에는 결혼식 음악이 동반되고, 치리오에는 마을 아낙들이 부르는 그들만의 찬가가 있으며, 뻐꾸기 울음소리를 내는 호루라기와 폴리노국립공원을 상징하는 노래도 있다. 다른 존재의 말 걸기, 상호 관계, 서로를 알아봤다는 신호를 알아볼 수 있게 해주는 것은 소리로 표현된 숨소리, 즉 노래와 말, 언어다. 이 때문에 우리는 비지아넬로의 목동들과 마이크를 들고 걷기 시작했다.

부르르 부르르 부르르
에 에 에 에
티 티 티
오아 오아 오아

목동마다 쓰는 어휘가 따로 있다. '카포'라고 불리는 프란체스코 카푸토는 우리 안에서 서성거리다가 휙 휙 움직이는 염소들의 매애 하는 소리에 날카로운 파열음으로 응답하면서 갈고리로 찔러 동물들을 문 쪽으로 밀어붙인다. 비탈의 더 높은 곳에서는 카포의 사촌인 마테오가 낮은 목소리로 소 여섯 마리를 몰면서 이따금 고함을 치기도 하고 거칠게 숨을 몰아쉬거나 입맛을 다시는 소리를 내기도 했다. 마을에서는 로시나 코라로가 어두컴컴하고 따뜻한 헛간에서 속삭임과 가벼운 헛기침으로 돼지들에게 말을 걸고, 돼지들은 어둠 속에서 코를 킁킁거리며 양파 껍질과 잘 익은 과일을 찾으며 대답했다.

전화를 받는 조반니 포르테.

나는 비지아넬로에서의 녹음 파일 중에 트랙터만 한 거대하고 아름다운 짐승인 황소 한 마리를 이끌고 들판을 가로질러 가던 조반니 포르테가 전화벨 소리를 듣고 주섬주섬 휴대폰을 찾아 전화를 받는 순간을 가장 좋아한다. 다시 들어보면, 조반니가 느릿느릿 걷는 황소를 다독이며 간청하는 소리, 황소의 묵직한 숨소리, 황소가 움직일 때마다 들리는 종, 사슬, 황동 장식의 쨍그랑거리는 소리, 전화벨의 경쾌한 전자음 소리가 뒤섞여 비인간, 인간 너머의 소리와 인간의 소리로 이루어진 조화롭고 풍부한 교향곡이 된다.[3]

인간은 늘 동물과 함께 걸어왔으며 그러는 동안 늘 동물에게 말을 걸고 대화를 나누었다. 가축에만 해당되는 얘기가 아니다. 동물과 소통해온 역사는 가축화의 역사보다 오래되었다. 오늘날에도 야생동물과 이야기하는 사람들이 있다. 그들은 서로가 알아듣고 서로에게 생산적인 대화를 나눈다.

42,000평방킬로미터가 넘는 광활한 면적을 차지하고 있는 모잠비크 북부의 니아사 국립보호구역Niassa National Reserve은 사바나, 숲, 습지

새와 나무와 돌멩이의 지적 세계

로 이루어져 있다. 이 지역은 수세기 전부터 질 좋은 꿀로 유명했는데 꿀은 지금도 니아사 전역의 바오밥나무 같은 키 큰 나무에서 야생 꿀을 채취하며 살아가는 야오족에게 안정적인 영양 공급원이자 가장 값나가는 특산물이다. 그런데 야생 벌집을 찾으려면 도움이 필요하다. 벌집이 높은 가지 사이에 숨겨져 있을 때가 많기 때문이다.

니아사의 또 다른 거주자는 분홍색의 독특한 부리를 가진 작은 갈색 새인 큰꿀잡이새greater honeyguide다. 꿀잡이새에게는 밀랍을 소화하는 보기 드문 능력이 있다. 밀랍은 강력한 영양소 공급원이다. 그러나 단단해서 깨트리기 힘든 벌집 겉껍질로 잘 보호되어 있다. 그래서 꿀잡이새는 도움을 청하는 법을 배웠다.

꿀잡이새는 사바나에서 인간을 만나면 주의를 끌기 위해 평소의 짝짓기 노래나 영역 확보를 위한 노래와는 다른 독특한 울음소리를 낸다(배고픈 나머지 야오족 사냥꾼들의 야영지로 날아가서 직접 데려오기도 한다). 사냥꾼이 관심을 보이면 꿀잡이새는 급강하하여 나무에서 나무로 날아다니면서 끊임없이 소리를 질러 따라오게 만든다. 야생 벌집이 있는 나무에 도착하면 사냥꾼의 화살이 닿을 만큼 가까운 가지에 앉는다. 야오족은 작은 새들을 사냥해 잡아먹지만, 꿀잡이새는 잡지 않는다. 그들은 협력 관계에 있다. 새를 따라가 벌집을 찾으면 나무에 올라가서 연기로 벌들을 내쫓은 다음 도끼로 벌집을 부수어 안에 있는 달콤한 꿀을 빼낸다. 사냥꾼이 원하는 것을 가져가고 나면 꿀잡이새는 남아 있는 벌집과 벌 애벌레를 마음껏 먹어치울 수 있다.

인간과 꿀잡이새 사이의 의사소통은 쌍방향적이다. 야오족 꿀 사냥꾼들도 혀를 굴리며 부르르르 하는 소리를 내다가 이따금 흠 하며 숨을 멈추는 독특한 소리로 꿀잡이새를 찾는다. 비지아넬로 목동들의 헉헉거리는 소리로부터 그리 멀지 않은 곳에서 들리는 또 다른 언어다.[4]

부르르르르르-흠

부르르르르르-흠

부르르르르르-흠

숲에서 나는 소리들을 녹음하여 연구해온 학자들은 부르르르-흠을 반복하는 야오족 사냥꾼이 다른 소리를 내는 사람보다 꿀잡이새를 만날 확률이 두 배 이상 높다는 것을 발견했다. 그것은 단순한 음향이 아니다. 새들이 인식하는 신호이며, 단어라고도 볼 수 있다. 게다가 꿀잡이새와 협력하면 사냥꾼이 벌집을 찾을 확률이 17%에서 54%로 증가한다. 이것은 인간에게도 새에게도 확실히 이득이 되는 방법이다.[5]

인간과 야생동물이 협력하여 서로의 사냥 능력을 높이는 사례는 다른 곳에서도 볼 수 있다. 미얀마와 브라질 해안에서는 야생 돌고래가 어부들에게 그물을 내릴 위치를 알려준 다음 물고기를 그물 안으로 몰아넣고 포획물을 나누어 먹는다.[6] 그러나 꿀잡이새는 우리가 아는 한 인간과 야생동물이 함께 사냥을 하자고 서로를 부르는 유일한 사례다. 그리고 그 협력에는 꽤 오랜 역사가 있는 것으로 보인다.

현대 꿀잡이새의 조상은 약 300만 년 전 플라이오세 때 사바나가 형성되고 있던 지역에서 처음으로 침팬지를 만났고 그 다음에는 초기 호미닌을 만났다. 이 기간 동안 더 건조하고 시원해지면서 너른 초원의 면적이 증가했다. 초원은 꽃이 피는 식물로 덮여 있고 군데군데 나무가 서 있어서 당시에 널리 서식하던 서양꿀벌*Apis mellifera*에게 완벽한 서식지였다. 서양꿀벌은 생산성과 영양가가 높아서 꿀잡이새, 침팬지, 야오족이 가장 선호하는 종이다. 꿀잡이새 덕분에 오늘날에도 숲보다 사바나에 사는 침팬지와 인간이 더 많은 꿀을 먹는다.[7]

영장류와 꿀잡이새 사이의 이러한 상호 조력이 정확히 언제 처음 발생했는지는 확실하지 않지만, 일찍이 플라이오세에 이미 시작되었다고 보는 이들도 있다. 꿀벌이 살기에 더 좋은 환경이 조성되면서 벌집이 사바나 전체로 퍼졌고, 가용한 꿀의 양이 늘어났으며, 인간과 새가 꿀을 찾다가 마주치는 일이 더 잦아졌다. 석기가 발달하고 불(그리고 그에 따른 연기)을 다룰 줄 알게 되면서 꿀 채취가 더 쉬워졌고, 따라서 꿀잡이새와의 협업이 더 큰 이점을 갖게 되었다. 처음에는 단순히 벌집을 찾기 위해 상대방을 따라가는 식이었지만 언젠가부터 대화하는 방법이 개발되었고 그 이후로 계속해서 그 방법이 사용되었다. 오늘날 야오족 남자들(야오족 사냥꾼은 모두 남자다)은 아버지로부터 꿀잡이새를 부르는 소리를 배워 아들에게 전승한다. 탄자니아의 하자족은 은 새들을 부르기 위해 지저귀는 소리를 흉내내고, 케냐 북부의 보란족은 주먹이나 가공한 달팽이 껍질, 또는 빈 야자열매에 공기를 불어넣어 1킬로미터 밖에서도 들을 수 있는 날카로운 휘파람 소리를 낸다.[8]

우리는 항상 다른 이들과의 관계에 의해 변화하며, 꿀잡이새와의 관계도 마찬가지다. 우리가 그들을 부르고 그들의 부름을 듣는 법을 배우는 동시에 우리 자신도 변화해왔다. 지난 2백만 년 동안 인간의 뇌는 크기가 크게 증가했다. 그 이유는 더 영양가 있는 식단과 먹을거리를 찾는 방법을 포함해 수행하는 작업의 복잡성, 학습하고 성장하는 주기의 연장 등에서 찾을 수 있을 것이다.[9] 꿀잡이새와의 협업이 진화의 특정 경로를 부과하여 우리를 더 똑똑하게 만들었을 수도 있을까? 그들과 우리의 관계가 복잡한 사고와 영양분 섭취 모두를 증진한 것만큼은 사실이다. 물론 이제 우리는 진화적 변화와 발달에 단일 원인이 있다고 생각할 만큼 어리석지 않지만, 인간-꿀잡이새 관계에서 보았던 것처럼 언어 수준에서 이루어지는 인간과 야생동물 사이의 제휴가 우리가 지금의 우리가 되는 과정에서 중요한 역할을 담당했을 수도 있다.

언어 자체는 어떨까? 우리가 정말 동물과 대화할 수 있다면 언어가 인간의 전유물이 아니며, 어쩌면 우리가 언어를 발명하지 않았을 수도 있다는 뜻이 된다. 19세기에 언어가 어떻게 시작되었는지에 관해서 여러 이론이 나왔으며, 1861년에 영향력 있는 독일 언어학자 막스 밀러 Max Müller는 이것을 딩동설Ding-dong, 푸푸설Pooh-pooh, 어기영차설Yo-he-ho, 멍멍설bow-wow이라는 재미있는 이름으로 분류했다. 밀러를 비판하는 사람들은 그를 폄하할 의도로 이 용어들을 거론하지만, 여전히 언어가 어떻게 발달했는지를 조명하는 데 유효하고, 언어의 본질과 용도에 관해 우리에게 많은 것을 말해주는 용어이기도 하다.[10]

밀러에 따르면, 딩동설은 언어가 신의 창조물인 인간에게 내재된, 신성한 계시의 산물이라고 본다. 그는 이렇게 썼다. '금을 쳤을 때 나는 소리는 주석에서 나는 소리와 다르고 나무에서 나는 소리는 돌에서 나는 소리와 다르다. 재료의 본질에 따라 상이한 소리가 만들어진다. 자연의 가장 정교한 작품인 인간도 마찬가지다.' 여기서 '자연'은 신을 말한다. 딩동설은 신의 존재와 신이 정한 인간이라는 전제를 바탕으로 하며, 밀러의 이론 분류 중 가장 명확한 의도를 가진 학설이지만 설명은 가장 모호하다. 지적 설계론과 마찬가지로 딩동설도 창조의 모든 단계에 적용 가능하다. 이 가설은 언어를 독특하고 침해할 수 없는 것, 인류만 가진 자산, 인류만이 독보적인 존재라는 원인이자 확증이라고 주장한다. 그 정의에서 비인간 생명을 배제시키는 반면에 이 가설만의 아름다움도 있다. 이 독법에서 언어는 신이 창조한 세계와의 공명, 천구의 음악에 대한 인류의 대응물이다. 신이 있든 없든, 언어는 세계에 화음을 맞추어 부르는 노래다.

푸푸설은 인간이 의도치 않게 내는 소리, 즉 울음소리와 감탄사, 충격이나 놀람, 고통, 흥분에 의한 외침에서 언어의 기원을 찾는다. 시간

                                                  새와 나무와 돌멩이의 지적 세계

이 지남에 따라 끙끙거리거나 우는 소리, 기침, 재채기 등 저절로 터져 나오는 소리가 그 원인 또는 그 이상의 뜻을 나타내는 단어로 바뀌었다는 것이다. 밀러를 비롯한 당대 사람들 다수는 이 이론을 싫어했다. 가장 짐승 같고 우연적이며 의식적 사고에 부적합해 보였기 때문이다. 밀러는 이렇게 썼다. '우리는 동물과 같은 방식으로 재채기하고, 기침하고, 비명을 지르고 웃는다. 그러나 에피쿠로스는 우리가 개가 짖듯이 말하고 본능에 의해 움직인다고 말하는 반면에, 우리의 경험은 그렇지 않다고 말할 것이다. 밀러에 따르면 우리는 동물처럼 말할 수 없다. 그것은 그들의 방식이기 때문이다. 그러나 이 관점은 실제로 동물에게서 볼 수 있는 언어와 모든 언어가 물리적 특성을 갖는다는 것, 즉 언어가 무엇보다 호흡에 의해 만들어지는데 그 호흡은 신체 기관에 의해 형성된다는 전제를 부정한다. 언어는 물리적인 현상이다. 우리는 근육을 긴장시키고 공기를 배출함으로써 언어를 만든다. 언어로 표출될 수 있는 의식적 사고는 근육, 뼈, 공기의 작용에 의해 제한된다.

어기영차설도 비슷하지만 몸에서 비자발적으로 나는 소리 대신 최초의 말이 행동이나 활동에서 나왔다고 주장한다. 어기영차설은 뱃노래처럼 박자를 맞추어 동시에 같은 행동을 하게 하는 노동요와 관련된다. 이것은 언어 습득의 뿌리를 사회성과 협업에서 찾은 최초의 이론이며, 사회가 점점 더 복잡해져감에 따라 언어가 출현했다고 보는 현대 언어 이론에 가장 잘 부합한다. 어기영차설에 따르면 언어는 다른 이와 협력하여 사냥하거나 먹거나 생존하기 위한 필요에 대한 반응이다. 인간이 필요로 하는 것이 모두 단순히 생존에만 직결되어 있는 것은 아니므로, 음악성과 유희성도 이 이론으로 설명할 수 있다. 어기영차설은 푸푸설에서 한 단계 더 나아가 창의성과 상호주관성을 허용한다. 우리는 필요 이상의 것을 소통할 수 있다. 우리는 생각, 아이디어, 농담을 소통할 수 있으며, 상대방도 나와 같은 인간이라는 앎과 믿음 덕분에 그러한 소통이 가능하다. 지능과 마찬가지로 언어도 관계적이다.

마지막으로, 멍멍설은 그 익살스러운 이름에서 연상할 수 있듯이 언어의 기원을 개나 염소, 새의 울음소리, 천둥소리, 시냇물이 졸졸 흐르는 소리, 바람이 살랑거리는 소리 등 이 세계 자체에서 자연적으로 나는 소리에서 찾는다. 언어는 환경의 모방이자 환경의 부수 현상이다. 다시 말해, 언어는 우리를 세계에 가깝게 데려가며 세상으로부터 생겨나는 것이기도 하다. 밀러는 그의 분류 체계에서 언어를 단순한 의성어, 즉 자연의 소리에 대한 메아리나 동물적인 모방으로 보는 관점이라고 요약했다. 그것은 우리가 지금 '의성어'라는 용어를 사용할 때 실제로 뜻하는 바이기도 하다. 그러나 여기서 밀러는 한 가지 명백한 오류를 범했다. 그가 진정한 언어학자이자 언어의 원형에 대한 전문가였다면 더 알아야 할 것이 있었다. 원래 그리스어에서 소리를 모방하는 행위를 문자 그대로 표현하면 ἠχομιμητικό(이코-미미티코)이며, 의성어를 뜻하는 영어 단어(onomatopoeia)의 어원이 된 ὀνοματοποιία(오노마토피아)는 '이름을 만들거나 창조하다'라는 뜻이다. 따라서 멍멍설은 언어 행위가 푸푸나 어기영차처럼 단순히 소리를 내는 것이 아니라 의미를 만드는 것이라고 설명한다. 그리고 이 의미를 만드는 과정에는 인간 너머의 세계가 연루되어 있으며 매우 중요한 요소이기도 하다.

오늘날에도 멍멍설로 설명할 수 있는 언어가 남아 있다. 탄자니아의 사냥꾼과 꿀잡이새, 이탈리아의 양치기 목동과 양떼 사이의 대화가 바로 그러한 예다. 가장 오래된 문화적 전통을 보전하고 있는 곳에서도 사례들을 볼 수 있다. 이탈리아 사르데냐섬의 칸투 아 테노레*cantu a tenòre*는 고대 다성 음악 형태의 민속음악으로, 보케, 메수 보케, 콘트라, 바수라고 불리는 네 명의 가수가 어깨를 맞대고 마주본 채 원을 그

 새와 나무와 돌멩이의 지적 세계

리며 부르는 합창이다. 콘트라와 바수는 후두를 울리는 소리로 노래하며 보케와 메수 보케가 부르는 노래를 뒷받침하는 역할을 한다. 사랑, 정치, 역사적 사건 등 주제는 다양하며, 주제와 상관없이 모든 노래는 인간 너머 세계의 합창을 모방한다. 보케는 사람의 목소리, 메수 보체는 바람 소리, 콘트라는 양 울음소리, 바수는 소의 울음소리를 재현한다.[11] 이들의 노래 주제는 노래가 탄생한 자연 세계와 확실하게 분리할 수 없다.

배음 창법을 사용하는 중앙아시아 투바공화국의 흐미khoomei 가수들도 비슷한 목적으로 비슷한 테크닉을 사용한다. 목축과 사냥에 밀접한 관련이 있는 흐미의 복잡하고 중첩된 음색은 동물과 자연의 소리를 모방하고 재현하며, 그들은 이 소리가 동물과 자연으로부터 직접 나오는 소리라고 믿는다. 전통 신화에 따르면 이러한 화음은 대지, 폭포의 울림과 대초원을 가로지르는 바람의 포효가 인간에게 준 것이다. 그러나 이 소리에는 의사소통에 사용되는 매우 실용적인 면도 있다. 투바의 흐미는 이동하는 새들의 울음소리, 철에 따라 세기가 달라지는 바람과 강물의 흐름 등 특정 시점에 나는 자연의 소리를 일 년 내내 기록으로 남긴다. 목동들은 계절에 따른 소리의 특성을 기록한 이 일련의 노래를 통해 방목지를 옮기거나 대피소를 짓기에 적당한 시기를 정확히 알 수 있다.[12] 호주 원주민들이 지형을 기록하고 안전한 횡단을 기원하기 위한 노래를 부르듯, 투바의 노래도 지구와의 경험적 관계에 대한 살아 있는 문화적 기록이다.[13]

북유럽에서 가장 오래 이어져온 음악적 전통인 사미족의 요이크joik도 대지의 선물로 여겨진다. 요이커joiker는 대지와 그 땅의 거주자들을 노래하는데, 각각의 노래는 어떤 사람이나 장소를 묘사하고 때로는 연기하기도 한다. 언어학적으로, '요이크'라는 동사는 타동사다. 즉, 노래의 주제가 어떤 장소라고 하면, 그 장소'에 관해' 노래하는 것이 아니라 그 장소'를' 노래하는 것이다. 따라서 대지와 동식물에 관한 노래에는 큰까마귀의 울음소리, 늑대의 울부짖는 소리, 숲에서 부는 바람소리, 바다의 물결 소리 등 그들의 소리가 담겨 있다. 요이크는 대지 자체의 표현이며, 세계가 가수의 목소리를 빌려 노래하는 것이다.

이러한 관념은 어근이니 음소니 하며 군색하게 설명하던 19세기 언어학자보다 오늘날의 우리가 세계를 이해하는 방식, 즉 세계를 촘촘하게 상호 연결된 유기적 네트워크, 서로 얽힌 존재와 현상의 그물망으로 보는 관점에 훨씬 더 가깝다. 전통적인 생물학의 이합집산에 대한 반응으로 생태 과학이 등장하여 만물의 상호 관계에 대한 주의를 촉구했듯이, 요이크와 흐미의 노래는 우리에게 멍멍설이 실제로 나타나는 모습을 인식하도록 촉구한다. 무엇보다, 우리가 말을 한다는 것 자체가 이미 고립된 개인으로서 혹은 예외적인 종으로서의 행위가 아니며, 세계에 관해, 세계를 향해, 세계와 대화를 나누는 것이다. 철학자 메를로퐁티가 말했듯이, 언어는 '나무, 파도, 숲의 목소리 그 자체'다.[14]

의식적으로 세계를 향해 또는 세계와 말하고 노래하는 것은 인간의 목소리 자체만으로는 불가능할 정치적 입장 표명을 가능케 한다. 1970년대에 노르웨이 정부는 노르웨이 북부의 알타에트누(Álttáeatnu, 알타강)를 댐으로 막아 수력발전소를 건설하겠다고 발표했는데, 이것은 예로부터 사미족이 살아온 광대한 사프미 지역을 수몰시킬 수 있는 계획이었다. 이에 대응하여 사미족 수천 명이 이른바 알타 행동Áltá Action을 위해 집결했다. 이 항의와 시민 불복종 운동은 댐 건설 부지에서 일어난 경찰과의 전투와 수도 오슬로에서의 장기 단식 투쟁으로 치달았다. 시위는 결국 실패로 끝났지만, 이 투쟁은 수세기에 걸친 인종 차별과 종교적 억압을 겪은 사미족 문화가 다시 활기를 되찾고 환경 정

                                             새와 나무와 돌멩이의 지적 세계

의와 원주민의 권리를 위한 더 광범위한 투쟁을 이어나가는 중요한 계기가 되었다.

알타 행동의 시위에서 울려퍼진 구호는 '강을 살리자'였다. 이것은 환경 존중과 환경 정의만이 아니라 강 자체의 생명과 자율성, 더 나아가 강과 함께 살아가는 인간과 비인간 공동체를 인정하라는 전례 없는 요구였다. 이러한 상호 연결은 사미족 뮤지션인 닐스 아슬락 발케아파Nils-Aslak Valkeapää(북부 사미족 언어로는 아일로하스Áillohaš라는 이름으로 알려져 있다)의 '사프미, 부오이 사프미!Sápmi, vuoi Sápmi!'라는 노래에서 드러난다. 발케아파는 알타 행동에 대한 응답으로 1982년에 이 노래가 수록된 동명의 앨범을 발표했다. 이 노래는 뇌조의 끊임없는 울음소리로 시작되며, 새소리, 시위 구호, 예초기, 물소리, 경찰 헬리콥터 소리 등의 현장 녹음과 젊은 사미족 뮤지션인 잉고르 앙떼 아일루 굽Ingor Ántte Áilu Gaup의 놀랍도록 아름다운 요이크로 이어진다.[15] 다양한 목소리, 음향, 자연 현상이 한데 어우러져 그려낸 것은 위협에 처한 땅과 사람들, 공동의 지구를 지키기 위해 결집한 인간 세계와 인간 너머 세계의 결합된 힘을 보여주는 강력한 초상이다.

2001년에 사망한 아일로하스는 아마도 가장 위대하고 가장 잘 알려진 20세기 요이커일 것이다. 그는 시인이자 문화 지도자였으며, 악기를 도입하여 요이크를 현대화하고, 사회 문제에 대한 관심을 되살렸다. '사프미, 부오이 사프미!'는 한 순간에 대한 찬가이기도 하지만 세계와의, 세계를 향한 대화에의 더 넓고 지속적인 약조이기도 하다. 우리는 이러한 행동을 통해 세계의 목소리로 말한다는 것이 그저 모방에 그치지 않음을 알 수 있다. 그것은 연대의 한 형태다.

오늘날에는 언어의 음악이 거의 다 문자로 대체되었다. 우리는 구술문화가 아닌 문자문화에 살고 있다. 우리는 목동과 사냥꾼의 언어, 민속 음악의 전승, 구전을 통해 보존된 우주론에서 한때 말이 불러일으켰던 세계와의 연결을 회복할 방법을 찾고자 한다.

구술문화에서 문자문화로의 이행을 가능하게 한 핵심 테크놀로지는 기원전 1500년경 셈족 서기관들이 창안한 음성 알파벳phonetic alphabet이었다. 이미 오래전부터 메소포타미아, 이집트, 중국, 메소아메리카에서 저마다 발명한 상형문자를 쓰고 있었다. 이집트의 상형문자를 생각하면 알 수 있듯이, 이 상형문자들은 글로 쓰이기는 했지만 말을 그대로 옮긴 것이었다. 추상적인 개념에 가까운 무엇인가를 가리키는 경우에도 세상에 존재하는 어떤 것을 연상시키고, 그에 따른 무게와 물질성을 부여받았다.

반면에 음성 알파벳은 세계의 이미지를 언어의 이미지 자체, 즉 자음과 모음으로 대체했다. 이러한 대체는 인간의 문화를 자연으로부터 거의 완벽하게 분리해내는 데 기여했다. 부르르-흠이나 요이크를 문자로 옮겨놓은 것처럼, 겉으로 그 뜻이 드러나 보이는 상형문자와 달리 음성 문자는 발화, 즉 우리가 말하는 소리의 모양을 나타낸다. 인간 너머의 세계가 언어 체계에서 배제된 것이다.

인간과 자연 세계의 상호 작용에서 비롯된 언어가 이와 같이 자연으로부터 멀어지는 현상은 컴퓨터 테크놀로지에서 그 정점에 이른다. 몇 가지 주목할 만한 예외가 있기는 하지만 대부분의 프로그래밍 언어는 영문 키워드를 사용하여 라틴 알파벳으로 표기된다. 심지어 비영어권 국가에서 개발된 여러 언어도 마찬가지다. 컴퓨터 테크놀로지를 사용하는 동안 우리는 키보드와 화면 속에서 우리 자신을 잃어가는 사이에 우리를 둘러싸고 있으며 우리를 지탱하는 환경으로부터도 점점 더 멀어진다.[16]

  새와 나무와 돌멩이의 지적 세계

그럼에도 불구하고 인간의 언어에는 자연 세계의 흔적이 남아 있으며, 자연 세계는 계속 컴퓨터를 따라다니며 그 속에 침투하고 컴퓨터를 불러내거나 그 형성에 영향을 끼치기도 한다. 지금 내가 기계에 타이핑하고 있는 음성 알파벳 자모도 마찬가지다.

셈어 알파벳의 첫 글자인 알레프는 ✦로 표기된다. 알레프는 고대 히브리어로 '황소'를 뜻하는 단어로, 뿔 달린 머리를 형상화한 것이며, 이집트 상형문자와도 관련이 있다. 이후에 ✦를 회전하여 A가 되었다. 이와 유사하게, M은 셈어의 멤이라는 글자에서 파생되었다. '물'을 뜻하는 히브리어 멤은 작은 물결 모양인 〜로 그려졌다. 그리스 서기관이 만든 모음 O는 '눈'을 의미하는 문자 아인에서 유래했으며, Q는 '원숭이'를 의미하는 코트에서 유래했다. 'Q'의 꼬리는 원숭이 꼬리의 흔적이다. 동물과 파도, 신체 부위의 흔적이 텍스트 안에, 지금 내가 글을 쓰고 있는 기계 안에 들어 있다. 내 컴퓨터가 멍멍 짖는다.

언어가 주변 환경과의 만남에서 생겨났고 지금도 그러한 생성 과정이 계속되고 있다면, 새로운 기술과의 상호 작용도 그러할 것이다. 그렇다면 점점 늘어나는 컴퓨팅 환경과의 지속적인 만남이 언어 자체에 흔적과 변화를 남길 것이다. 그리고 그것은 사실이다.

자연적으로 발생하는 소리를 연상시키는 단어, 즉 의성어의 가장 좋은 예는 웃음소리일 것이다. 예로부터 웃음소리를 어떻게 말하고 묘사해왔는지 추적해보자. 서기 1000년경에 아인샴의 앨프릭*Ælfric of Eynsham*이 고대 영어로 출판한 영어권 최초의 라틴어 문법서에는 이런 문장이 있다. '하하와 헤헤는 라틴어와 영어에서 웃음을 나타낸다*haha and hehe getâcnjað hlehter on lêden and on englisc*.' 제프리 초서의 수녀원장의 이야기 서문에서는 사회자가 한자리에 모인 사람들에게 웃으며 이렇게 경고

한다. '하하, 친구들이여, 그런 속임수를 조심하세요.' 웃음소리 의성어는 셰익스피어의 『헛소동』에서 베네딕이 이렇게 외칠 때도 등장한다. '뭔 소리야! 감탄문 연습이라도 하는 건가? 그렇다면 이런 웃음의 감탄사도 있지, 아하! 하아! 헤에!'[17]

'하하'는 무의식적인 감탄사를 의성어로 바꾼 것이다. 말하자면 순수한 푸푸, 순수한 멍멍이다. 2000년대 초반에 초기 인터넷 메신저 대화를 검토한 한 연구에서 연구자들은 자발적으로 연구에 참여한 캐나다 청소년들의 대화 기록에 등장한 120만 단어를 분석했다. 그 결과 '하하haha'가 메신저 대화에서 가장 많이 사용되는 '짧은 형식'의 감탄사, 혹은 '문자 대화' 어구로 나타났다. 두 번째로 자주 사용된 어구는 '크게 웃다laugh out loud'를 뜻하는 'lol'이었다.[18]

이 연구는 젊은 사람들 사이에서 메신저와 문자 메시지 사용이 증가하면서 영어가 파괴되고 있다는 우려가 널리 퍼져 있던 시기에 수행되었다. 온라인 대화를 이어나가기 위해 빠른 타이핑 속도가 요구되고 SMS의 문자 길이가 제한되어 있다는 점 때문에 brb, omg, np 같은 흔히 쓰이는 문구의 축약형이 대중화되었다. 일부 논평가들은 우려를 표명했고, 그러한 우려는 학생들의 학교 과제에서까지 축약어가 등장하기 시작했을 때 특히 심해졌다.[19]

이러한 두려움이 완전히 잘못된 것이라고는 볼 수 없지만 합당하다고 보기도 힘들다. '컴퓨터 매개 커뮤니케이션'에 관한 거듭된 연구는 문자 대화가 오히려 언어를 꽃피운다는 사실을 보여주었다. 교사, 부모, 시험 시행 기관, 학술원 같은 언어 경찰의 제약에서 벗어난 인터넷 메신저 사용자들은 그들이 기존의 문법 규칙을 유지하면서 동시에 새로운 규칙과 관습을 빠른 속도로 발달시킬 수 있음을 입증했다. 이 새로운 관습은 그들의 커뮤니티 사이에서 차용되고 공유되면서 컴퓨

 새와 나무와 돌멩이의 지적 세계

터와 휴대폰이라는 환경에 더 적합한 새로운 커뮤니케이션 양식으로 확립되었다.

오늘날 'lol'은 인터넷 메신저와 문자 메시지에 머무르지 않고 사람들의 실제 대화 속으로 들어왔다. 신조어가 생겼다는 얘기만이 아니다. 발음 자체가 새롭게 생기기도 했다. '하하'나 '헤헤' 같은 의성어가 인간의 허파가 떨려 만들어진 반면에 'lol'은 컴퓨터 시스템에서 시공간이 압축되어 만들어진 산물이다. 이것은 환경이 언어에 영향을 끼치고 있는 한 사례이며, 언어가 인간의 타고난 특성이기만 한 것이 아니라 세계, 이 경우에는 기계가 인간을 매개로 삼아 말하는 방식이라고 이해할 수 있다.

컴퓨터 환경과 자연 환경은 우리가 생각하는 것처럼 분리된 채 멀리 떨어져 있지 않을 수도 있다. 사실 자연 환경이 우리에게 영향을 미치는(혹은 미쳤던) 것과 비슷한 방식으로 컴퓨터 환경도 우리의 삶을 변모시키는 영향력을 발휘한다는 사실을 인정하면 몇 가지 중요한 사실을 깨달을 수 있을지도 모른다.

그 깨달음 중 첫 번째는 이러한 영향이 중요하다는 것이다. 우리는 컴퓨터 환경을 지속적으로 깊이 의식하며 사는 데 능숙하지 못하다. 자연 환경처럼 컴퓨터 환경도 우리가 통제할 수 있는 것으로 생각하거나 나와는 무관한 것으로 생각하는 습관이 있기 때문이다. 특정한 순간이 되어서야 비로소 이러한 착각이 눈앞에 분명히 드러난다. 다루기 힘든 업무용 소프트웨어나 투박한 워드프로세서 등 어떤 프로그램의 테두리 안에서 우리 자신을 표현하기 위해 고군분투할 때가 그러한 예다. 우리 자신에게서 잘못을 찾든, 프로그램 자체의 설계나 프로그램 사용을 강요하는 시스템에서 잘못을 찾든, 우리가 할 수 있는 일은 거의 없어 보인다.

최근의 한 사례는 잘못 설계된 소프트웨어가 우리가 자연 세계를 설명하는 방식에 얼마나 직접적으로 영향을 끼치는지를 보여준다. 2020년, 유전자 이름 표준화를 담당하는 HUGO 유전자 명명법 위원회(HGNC)가 새로운 지침을 발표했다. 바보 같지만 널리 퍼져 있는 문제 한 가지를 해결하기 위해서였다. 마이크로소프트 엑셀 소프트웨어가 스프레드시트에서 유전자 이름을 날짜로 착각하여 다른 값으로 치환하는 것이 문제였다. 예를 들어, MARCH1는 'Membrane Associated Ring-CH-type Finger 1'을 뜻하는 유전자 이름이지만 엑셀에서는 3월 1일을 뜻하는 1-Mar로 변환되며, SEPT2(Septin 2)는 2-Sep, 즉 9월 2일로 바뀐다. 프로그램 설정을 변경하여 문제를 해결할 수 있기는 하지만, 해결하지 않고 넘어갔을 때의 위험은 치명적이었다. 2016년에 3,597편의 유전학 논문을 검토한 결과, 약 5분의 1이 엑셀 자동 서식과 관련한 오류를 포함한 것으로 나타났다. 과학 연구의 안정성에 대한 우려가 높아짐에 따라 HGNC가 지침을 변경하기에 이르렀다. 예를 들어, MARCH1은 이제 공식적으로 MARCHF1이 되었고, SEPT1은 SEPTIN1으로 바뀌었다. 변경되어야 하는 용어는 그 외에도 많았다. 소프트웨어의 작동 방식을 바꾸는 것보다 인간 게놈에 할당된 이름을 바꾸는 편이 손쉬워 보였기 때문이다.[20]

이메일이나 소셜네트워크처럼 커뮤니케이션에 주된 목적이 있는 테크놀로지를 사용할 때 우리는 종종 우리가 사용할 수 있는 도구의 한계, 우리의 표현 형태와 제약, 전달되는 방식이 가진 태생적 한계를 느끼지만, 문자 대화에서 보았듯이 우리는 더 창의적이고 생성적인 방식으로 대응할 수 있으며, 사회 세계는 이런 반응들로부터 출현했다. 그러나 이 시스템들이 우리의 삶에 유해한 영향을 끼치기도 한다. 페이스북은 특권층이라고 할 수 있는 미국 백인 대학생의 사회적 상호 작용 모

     새와 나무와 돌멩이의 지적 세계

델을 전 세계가 소통하는 가장 좋은 방식이라고 생각했지만, 그 결과 유언비어, 악플, 가짜뉴스 등등이 판을 치게 되었다. 구글은 광고주에게 데이터를 판매하는 것이 정보는 자유롭게 흐르게 하면서 수익도 창출하는 최선의 방법이라고 판단했고, 그 결과 우리에게 남은 것은 낚시 기사, 케임브리지 애널리티카의 정보 유출 사건, 러시아의 심리전, 극우 세력이다. 이처럼 명백한 사례 외에도 감시, 법적 판단, 재무 분석, 사회 통제 등 우리의 인식과 감독 시스템의 테두리 바깥에서 눈에 보이지 않게 작동하는 테크놀로지는 훨씬 더 많다. 변화무쌍하고 다채롭고 때로 위험한 지형에서 생존하고 번성하려면 그곳이 어디든 가진 지식을 활용하고 주의를 집중할 필요가 있듯이, 컴퓨팅 환경에서 우리의 권력과 주체성을 유지하기 위해서도 축적된 지식의 전통에 더하여 보이지 않고 거의 감지할 수도 없는 것들에 대해 끊임없이 예의주시해야 한다.

두 번째로 우리가 깨달을 수 있는 것은 컴퓨팅 환경과 자연 환경의 연속성이다. 인간과 생물권, 세계 언어와 인간 언어 사이가 완전히 단절되어 있지 않은 것처럼, 세계와 기계 사이에서도 끊임없이 교류가 일어난다. 컴퓨터는 지구와 물질적 관계를 맺고 있다. 지구상의 암석과 광물로 만들어졌으며, 물리 법칙의 제약을 받으며, 우리와 함께 세계 안에 존재한다. 홍수나 번개 때문에 컴퓨터가 멈출 수도 있고, 과도한 열이나 습도도 성능에 악영향을 미친다. 그들과 상호 작용할 때 우리는 손목건초염에서 허리 통증, '이메일 무호흡증(두려운 이메일을 계속 접할 때 허파가 조여오고 숨을 참게 되는 현상)'에 이르기까지 생리적인 반응을 나타낸다. 시스템 정지, 오작동, 데이터 손실로 인한 실존적 공포, 막대한 양의 열과 이산화탄소, 제조 과정에서의 유해 가스 배출은 말할 것도 없다. 테크놀로지, 인간의 신체, 생물권 사이의 이러한 연속성, 즉 이 생태계는 문화, 사회 집단, 인간 사이의 관계, 인간과 인간 너머 세계 사이의 관계에서도, 그리고 언어에서도 감지할 수 있다.

'흑인의 생명도 소중하다Black Lives Matter' 운동의 영향 중 하나는 컴퓨터 언어에 대한 재평가였다. 2003년 로스앤젤레스 카운티는 컴퓨터 장비 제조업체, 공급업체, 하청업체에 '마스터'와 '슬레이브'라는 용어 사용을 중단할 것을 요청했다. 한 공무원이 비디오테이프 복제 장비에서 이와 같은 용어가 사용되는 데 항의하며 인종 차별 문제를 제기한 데 따른 조치였다.[21] 이 용어들은 데이터의 기본 저장소와 보조 저장소를 가리키기 위해 오래전부터 사용되었다. 그러나 마스터와 슬레이브는 모두 알다시피 인간 사이의 관계를 뜻하는 데 사용되는 단어이기도 하다. 2003년 로스엔젤레스 카운티의 요청은 (그 자체로서도 가장 끔찍한 문구인) '정치적 올바름'의 끔찍한 사례라는 조롱을 여기저기서 받았지만, 그 후 몇 년 사이에 점차 여론이 바뀌었다. 오늘날 여러 프로그래밍 언어에서 마스터, 슬레이브 대신 1차, 2차 등 다른 용어를 사용하고 있다. 2020년 트위터의 흑인 엔지니어 레지널드 오거스틴Regynald Augustin이 '슬레이브 자동 리킥'에 관한 알림 이메일을 받은 후[*] 해당 플랫폼에 코딩 지침 변경을 촉구하면서 논쟁이 다시 불붙었다. 트위터는 차단된 사용자나 금지 용어를 가리킬 때 쓰던 '블랙리스트'라는 용어 사용도 중단했다. 여기에는 '흑인의 생명도 소중하다' 운동의 압박도 영향을 끼쳤다.[22] 5천만 명이 사용하는 소프트웨어 개발 플랫폼 GitHub과 유비쿼터스 데이터베이스 시스템 MySQL도 그 뒤를 따랐다.

용어를 바꾼다고 한들 기껏해야 보여주기식으로 치부되거나 최악의 경우 무가치한 일로 여겨질 때가 많지만, 의미 있는 의도는 의미 있

---

[*] 이 메일은 코딩에 관련하여 정보를 공유하기 위한 평범한 내용이었고 여기서 리킥rekick은 다시 시작한다는 뜻으로 쓰였으나 슬레이브와 리킥이 함께 쓰인 문구는 오거스틴을 화나게 했다.

     새와 나무와 돌멩이의 지적 세계

는 결과를 낳는다. 미시간대학교 정보학부 론 에글라시Ron Eglash 교수는 마스터/슬레이브 용어의 기원에 대해 연구했다. 그의 연구는 수많은 흑인 엔지니어가 이러한 용어를 맞닥뜨릴 때 겪는 현실적인 불편함을 설명하며, 실제로는 그런 용어들이 애플리케이션에 적합하지 않은 경우도 많다고 설명한다.[23] 다음은 에글라시가 인용한 한 엔지니어의 말이다. '1992년쯤 처음 디지털 로직 과목을 강의했는데, 그때만 해도 그 용어가 불편할 수 있다는 생각을 하지 못했다. 그런데 학생 60명 앞에 섰을 때 내가 그 강의실 안에 있는 몇 안 되는 아프리카계 미국인 중 한 명이라는 사실일 깨달았고, 말을 더듬기 시작했다.' 구글 직원 50,000명 중 4퍼센트가 채 안 되고 미국의 이공계 대학 졸업생 중 6.5퍼센트밖에 안 되는 세계(이 수치들만 보아도 컴퓨터 시스템에서의 인종적 편향의 실태를 알 수 있다)에서 우리가 어떤 말을 사용하는지는 매우 중요하다.[24]

에글라시는 컴퓨터 용어의 인종차별적 함의가 디지털 테크놀로지에 의해 증폭되는 방식을 강조한다. '마스터'와 '슬레이브'라는 용어가 처음 사용된 것은 스위치, 시계, 유압 장치 등 기계공학 분야에서였다. 이런 시스템들에서 '슬레이브'는 오로지 '마스터'의 움직임만 충실히 반복했다. 그런데 네트워크로 연결된 컴퓨터가 등장하면서 지능이라는 새로운 개념이 도입되었다. 1964년 뉴햄프셔주의 다트머스 대학에서 개발된 최초의 컴퓨터 시분할 시스템은 '마스터'와 '슬레이브'라는 용어로 네트워크의 제어 및 처리 단위를 나타냈으며, '마스터'가 작업의 '두뇌'라면 '슬레이브'는 '근력'에 해당한다고 설명되었다. 그러나 실제 계산 작업은 대부분 '슬레이브'가 수행했다. 에글라시는 '이러한 은유의 확장은 인간 주인이 자신이 거느리는 노예에 대해 종종 저지르는 것과 동일한, 즉 지배력과 지능을 혼동하는 오류를 범한다'고 지적한다.

컴퓨팅 환경과 물리적 환경 사이의 연속성이라는 개념을 진지하게 받아들인다면, 우리의 편향과 고정관념, 편견의 영향을 받는 컴퓨터 언어가 그것이 내재된 시스템 바깥의 현실에도 영향을 끼치고 현실을 변모시킨다는 생각도 진지하게 받아들여야 할 것이다. 지배력과 지능을 동일시하는 것은 우리가 컴퓨터뿐 아니라 다른 여러 맥락에서, 특히 다른 종과의 관계에서도 저지르는 오류다. 따라서 우리가 더 넓은 세계와 소통하고 그 세계에 관해 이야기하는 방식도 중요하다.

우리가 자연 세계에 관해 이야기할 때 쓰는 언어는 주인의 언어로 오염되어 있다. 반려동물을 우리에게 종속된 '애완동물'로 지칭하는 것에서부터 주체적인agential 생명 체를 물건처럼livestock 취급하는 것이 그러한 예다. 다른 문화권의 사람들을 '미개'하다거나 '원시적'이라고 하는 것이 문화적 폭력이듯, '야생'과 '길들여진' 동물을 구별하는 것도 폭력적이다. 동물권을 주장하는 사람들은 이미 이의를 제기했으며, 오늘날 우리가 '마스터'와 '슬레이브'라는 용어에 반발하게 된 것처럼 언젠가는 그런 방식으로 다른 생명 체들을 부르는 용어도 비난의 대상이 될지 모른다.

마지막으로, 우리가 처한 테크놀로지 지형의 현실을 인정하면 테크놀로지와 우리의 관계를 새롭게 상상할 수 있다. 그러한 상상력을 확장하면 테크놀로지와 연장선상에 있는 물리적 환경, 즉 생물권과의 관계로 다시 상상할 수 있을 것이다.

컴퓨팅 프로세스 중 다수의 이름이 초자연적 현상의 이름을 따서, 혹은 그런 현상을 연상시키도록 지어졌다. 예를 들어, '블랙박스'는 입력과 출력은 확인할 수 있으나 내부 상태는 알 수 없는 장치나 시스템, 혹은 오브젝트를 말한다. 클로즈드 소스 컴퓨터 프로그램이나 독점 기계, 마법 캐비닛이 그러한 예이며, 타자의 마음도 일종의 블랙박스다.

스마트폰이나 노트북에서부터 금융 시스템과 정치 프로토콜에 이르기까지 우리 주변의 가장 중요하고 강력한 프로세스와 장치 중 상당수는 전문 지식과 특권을 가진 사람만 접근할 수 있다는 점에서 대다수의 사람들에게 사실상 블랙박스이며, 이러한 상황은 권력과 주체성의 심각한 불평등을 초래한다. 아서 C. 클라크의 세 가지 법칙 중 가장 많이 인용되는 것이 '고도로 발전된 기술은 마법과 구별할 수 없다'라는 세 번째 법칙인 것은 우연이 아니다.[25]

기계 자체에도 마법의 용어가 들어 있다. 새로운 소프트웨어에 익숙하지 않은 사용자를 도와주는 프로그램에 '마법사'라는 이름을 붙이기도 하며, '데몬'은 컴퓨터 시스템에서 많은 백그라운드 프로세스를 조용히 모니터링하고 실행하는 하위 루틴에 흔하게 붙이는 이름이다. 데몬이라는 명칭에서 우리는 마법사의 할 일 목록 중 소소한 작업을 지능을 가진 일종의 도깨비나 요정이 대신 수행해주는 모습을 연상하게 된다. 네트워크 연결을 검사하거나 다른 작업을 계속 실행하고 더 이상 사용되지 않는 프로세스를 종료하는 등 알고리즘 데몬이 하는 일을 생각하면 그러한 연상이 거의 틀리지 않다. 그러나 데몬이라는 말은 악의를 암시하기도 한다. 일론 머스크는 인공 지능 개발에서 강력하고 알 수 없는 무언가, 즉 잠재적으로 위험한 무언가를 떠올리며 '악마의 소환'과 같다고 묘사한 바 있다.

나는 여기서, 이처럼 미지의 것을 위험한 것과 동일시하는 태도에 이의를 제기하고자 한다. 테크놀로지와 더 나아가 물리적 세계 전체에 대한 우리의 두려움 근원에 그러한 태도가 깔려 있는 것으로 보이기 때문이다. 앞서 살펴본 바와 같이, 전능한 인공 지능은 결국 악으로 판명될 것이라는 가정이 권력자들 사이에 널리 퍼져 있다. 그러나 세상에는 기상 현상, 지진, 전기적 교란, 동물이나 새들의 행동, 식물과 미생물의 성장, 질병의 확산 등 우리가 알 수 없다고 해도 악으로만 인식하지 않는 자연 현상이 부지기수다. 그렇다. 현대 과학은 이러한 현상의 원인과 그것이 발생하는 상황에 대해 많은 것을 알려줄 수 있지만 예측할 수는 없다. 결국 완전히 알 수 없다는 뜻이다. 예측이란 통제력, 즉 현상과 그 맥락에 대한 총체적인 지식과 지배를 의미한다. 거꾸로 말해서, 미지에 대한 두려움은 통제할 수 없다는 데 대한 두려움이다.

그러나 우리가 복잡한 자연계와 테크놀로지 시스템 속에서 의미있고 정의롭게 살아가려고 한다면 우리가 그 모두를 통제할 수 없다는 사실을 받아들일 줄 알아야 한다. 내가 컴퓨터와 관련된 모든 은유 가운데 가장 좋아하는 표현은 클라우드다. 초기 전자 엔지니어들이 네트워크의 블랙박스, 즉 멀리 떨어져 있고 중요하지 않은 시스템이나 프로세스를 나타내는 데 사용하는 다이어그램상의 퍼지 기호였던 클라우드는 지난 수십 년 동안 지구 전체를 아우른다고 할 만큼 성장했다. 이제는 우리 디지털 생활의 거의 모든 측면에 클라우드가 관여되어 있다. 클라우드는 채팅하고, 쇼핑하고, 은행 거래를 하고, 학습하는 곳이며, 우리의 기억을 저장하고, 뉴스를 읽고, 네트워크화된 사회 참여의 공간이기도 하다. 하지만 클라우드라는 용어는 그 가장 중요한 특징이 '알 수 없음'이라는 점도 직접적으로 드러낸다. 클라우드도 사람이 만든 것인데 궁극적으로는 알 수 있는 것 아니냐고 반문할 수 있겠지만, 사실 컴퓨터 과학자, 프로그래머, 네트워크 엔지니어, 디지털 정책 입안자, 케이블 설치 기사, 그 어느 누구도 클라우드를 온전히 알 수 없다. 우리가 이제껏 만든 가장 위대한 기술의 집약체, 지구상 모든 삶의 중심에 있는 컴퓨팅 능력이 흐릿한 구름 속에 있는 셈이며, 내 생각으로는 그 명칭이 굳어진 이유가 바로 거기에 있다. 우리는 클라우드라는 말에서 테크놀로지 전문가들의 통제를 떠올리기보다 날씨를 떠올리게 된다. 우리는 이런 이름을 부여함으로써 우리보다 더 큰 힘을 지배하려고 하기보다 그 힘과의 조화를 추구하려는 것이다.

클라우드의 흐린 특성과 더불어 그것이 실제로 공간을 차지하고 무게가 있는 실체이고 많은 자원을 필요로 한다는 점은 클라우드가 작동함에 따라 지구에 지게 되는 빚을 끊임없이 상기시킨다. 클라우드에 대해 이야기할 때 우리는 서버 배기가스, 이산화탄소, 자연으로부터의 재료 추출, 유독성 냉각제, 희토류 금속 자원을 둘러싼 전쟁 같은 요소들도 우리의 삶에 깊숙이 스며든 이 테크놀로지의 일부라는 점을 생각해야 한다.

기계나 인간 너머의 존재와의 관계에서 언어가 중요하다면, 구체적인 조치를 취함으로써 단순히 무례한 용어를 수용 가능하고 정확한 용어로 바꾸는 것을 넘어 사려 깊은 언어 사용을 통해 그 관계의 본질을 재설정할 수 있을 것이다. 이를테면, 우리가 사용하는 단어의 진정한 의미를 인정하고 기계와 대화할 때 쓰는 용어를 확장하며, 새로운 용어를 도입할 수 있다. 컴퓨터 시스템 용어집에서 '마스터'와 '슬레이브'를 퇴출하는 것이 인간의 실제 경험에 매우 실질적인 영향을 미칠 수 있는 것처럼, 데몬과 마법사의 마력은 우리가 만든 창조물, '인공 지능'이 아닌 비인간 디지털 존재의 주체성, 더 나아가 인격성에 대한 더 큰 인식을 우리에게 선사할 수 있다. 또 한편으로, 우리가 직접 만들어 살아 움직이는 대상 앞에서 겸손해질 수 있다면 이미 우리를 둘러싸고 있는 존재들에 대해서도 더 겸손해질 수도 있을 것이다.

지배력에 대한 환상에서 벗어나는 첫 번째 단계는 언어에서 시작된다. 앞서 영어 이외의 언어에 기반한 비표준 프로그래밍 언어의 존재에 관해 잠시 언급한 바 있다. 그중 내가 가장 좋아하는 예는 아랍어 프로그래밍 언어인 '알브(قلب)'('칼브'라고 읽기도 한다)로, '심장'이라는 뜻이다.

알브는 현존하는 모든 컴퓨터 프로그램을 구현할 수 있는 튜링 완전 언어Turing-complete language이며, 인터프리터와 프로그래밍 환경, 즉 코드 실행 및 도구가 모두 아랍어로 이루어져 있다. 아랍어처럼 오른쪽에서 왼쪽으로 쓰며, 영어 기반 프로그래밍 언어에서의 'loop'나 'function' 같은 모든 키워드가 같은 의미를 지닌 아랍어 단어로 대체된다.

이른바 너드라고 불리는 프로그래머들 사이에는 프로그래밍 언어를 테스트할 때 'Hello World!'라는 문구를 출력하는 짧은 프로그램을 작성해보는 오랜 관습이 있다. 알브에서는 이것도 다음과 같이 'مرحبا يا عالم'를 출력하는 프로그램이 된다.

قول 'مرحبا يا عالم')

알브는 레바논계 미국인 프로그래머이자 예술가인 램지 나세르가 '컴퓨터 과학의 문화적 편향을 조명하고 프로그래밍에 대해 우리가 가진 선입견에 도전하기 위해' 만든 프로그래밍 언어다. 모든 현대 프로그래밍 도구는 ASCII 문자 집합에 기초하며, 이 문자 집합은 영어를 기반으로 라틴 문자를 인코딩하는 것이므로, 프로그래밍은 특정 문자문화에 매여 있으며 그 문화권에서 자란 사람들에게 유리하다. 나세르는 컴퓨터 활용 능력을 높이고 이를 통해 권력의 균형을 조정하려면 여러 언어로 된 도구를 쓸 수 있게 되어야 한다고 주장한다. 또한 알브는 코드의 언어를 변경하면 코드의 본질이 바뀔 수 있다는 사실도 보여준다.[26]

아랍어에서는 글자와 글자 사이에 연결 획을 그어 단어의 길이를 늘릴 수 있다. 이것은 아랍어 서법의 기본으로서 단어와 문장의 의미는

새와 나무와 돌멩이의 지적 세계

유지하되 형태를 복잡한 패턴으로 만들 수 있게 해준다. 알브도 마찬가지다. 이 언어에서의 명령어와 키워드는 코드 자체에 미학과 기능을 결합하여 새로운 예술적 패턴을 만들어내는 방식으로 확장될 수 있다. 알고리즘은 구체시concrete poetry가 된다. 실제로 나세르는 전통적인 아랍어 모자이크 형태로 작업 코드를 제시하여 코드 자체의 재귀적이고 반복적인 특성을 강조하는 예술 작품들을 선보인 적도 있다.

마침, 알브로 작성된 최초의 프로그램 중 하나는 콘웨이의 생명게임Game of Life이었는데, 이 단순해 보이는 컴퓨터 프로그램은 끊임없이 변화하는 흑백 픽셀들의 우주로, 복잡하고 궁극적으로 예측할 수 없는 생태계를 시뮬레이션한다. 나세르가 처음으로 새로운 세계의 모양을 결정 짓는 컴퓨터의 힘에 대해 '영적 경험에 가까운 흥분'을 느꼈다고 한 것이 바로 이 생명게임을 구동하는 알고리즘을 이해하면서였다.[27] 알브 외에 다른 언어도 프로그래밍 언어에 도입한다면 그런 경험을 더 널리 공유하고, 새로운 실천 가능성을 제시할 수 있을 것이다.

사실 컴퓨터 코드 작성에는 상상할 수 있는 거의 모든 방법이 사용될 수 있다. 여러 예술가, 해커, 실험가가 언어 설계의 한계, 그리고 인간과 기계 간 이해의 한계를 시험하기 위해 '난해한esoteric' 프로그래밍 언어를 만들었다. 물론 재미를 위해서이기도 했다. 예를 들어, 호주의 물리학자 데이비드 모건마David Morgan-Mar가 설계한 언어인 피에트Piet는 언어를 전혀 사용하지 않고 몬드리안의 그림을 닮은 여러 색깔의 비트맵 이미지로 프로그램을 구성한다. 프로그램의 동작은 언어가 아니라 이미지의 색상과 색조 범위에 의해 정의된다. 이와 유사하게, 이모티콘만으로 작성되는 프로그래밍 언어인 이모지코드Emojicode도 있다.[28]

이 같은 시도의 극단에는, 1993년 물리학자 우어반 밀러Urban Müller가 만든 또 다른 난해한 언어, 브레인퍽Brainfuck이 있다. 이 언어는 단 8개의 명령어로 구성되어 있으며, 각 명령어는 ⟨ ⟩ + - . , 〔 〕 등 단 하나의 기호로 이루어져 있다. 알브처럼 브레인퍽도 튜링 완전 언어다(그 이름에서 짐작할 수 있듯이 엄청난 노고가 필요하기는 하지만). 이 여덟 개의 문자로부터 현존하는 모든 계산을 추출해낼 수 있다는 뜻이다.[29] 다음은 브레인퍽으로 작성한 'Hello World!'다.

```
++++++++++〔⟩++++++++⟩++++++++++++
⟩+++⟨⟨⟨-
〕⟩++.⟩+.+++++++..+++.⟩++.⟨⟨
+++++++++++++++.⟩.+++.
————.————.⟩+.
```

코드를 실행 가능한 프로그램으로 변환하는 애플리케이션을 컴파일러라고 하는데, 브레인퍽은 이 컴파일러의 크기가 240바이트에 불과할 정도로 작아서 컴퓨터 언어가 얼마나 최소화될 수 있는지를 보여준다. 브레인퍽은 코드의 무한한 가변성과 잠재적 접근성도 보여준다. 브레인퍽의 또 다른 형태인 Ook!는 테리 프래쳇Terry Pratchett의 『디스크월드Discworld』 연작에 등장하는 오랑우탄 사서에서 영감을 얻어 만들어졌다. 이 소설에서 마법사였던 주인공은 주문이 잘못되는 바람에 오랑우탄이 되었지만 자신의 새로운 모습이 마법학교 '보이지 않는 대학Unseen University'의 도서관 높은 층에 도달하는 데 더 적합하다는 것을 깨닫고 다시 인간의 모습으로 돌아오기를 거부한다.[30]

이 언어에는 구문 요소가 'Ook.' 'Ook?' 'Ook!' 세 개뿐이며, 이는 사서의 세 가지 발화에 상응한다. 이 세 가지 요소를 조합하면 브레인퍽의 여덟 가지 요소에 매핑되므로 브레인퍽과 마찬가지로 Ook! 역시 알려진 모든 컴퓨터 프로그램을 구현할 수 있다. Ook!에서 'Hello World!'는 다음과 같이 작성된다.

```
Ook. Ook? Ook. Ook. Ook. Ook. Ook. Ook. Ook. Ook. Ook.
Ook. Ook. Ook. Ook. Ook. Ook. Ook. Ook. Ook. Ook! Ook?
Ook? Ook. Ook. Ook. Ook. Ook. Ook. Ook. Ook. Ook. Ook.
Ook. Ook. Ook. Ook. Ook. Ook. Ook. Ook. Ook? Ook! Ook!
Ook? Ook! Ook? Ook. Ook! Ook. Ook. Ook? Ook. Ook. Ook.
Ook. Ook. Ook. Ook. Ook. Ook. Ook. Ook. Ook. Ook. Ook.
Ook! Ook? Ook? Ook. Ook. Ook. Ook. Ook. Ook. Ook. Ook.
Ook. Ook. Ook? Ook! Ook! Ook? Ook! Ook? Ook. Ook. Ook.
Ook! Ook. Ook. Ook. Ook. Ook. Ook. Ook. Ook. Ook. Ook.
Ook. Ook. Ook. Ook. Ook. Ook! Ook. Ook! Ook. Ook. Ook.
Ook. Ook. Ook. Ook. Ook! Ook. Ook. Ook? Ook. Ook? Ook.
Ook? Ook. Ook. Ook. Ook. Ook. Ook. Ook. Ook. Ook. Ook.
Ook. Ook. Ook. Ook. Ook. Ook. Ook! Ook? Ook? Ook. Ook.
Ook. Ook. Ook. Ook. Ook. Ook. Ook. Ook. Ook? Ook! Ook!
Ook? Ook! Ook? Ook. Ook! Ook. Ook. Ook? Ook. Ook? Ook.
Ook? Ook. Ook. Ook. Ook. Ook. Ook. Ook. Ook. Ook. Ook.
Ook. Ook. Ook. Ook. Ook. Ook. Ook. Ook. Ook. Ook. Ook!
Ook? Ook? Ook. Ook. Ook. Ook. Ook. Ook. Ook. Ook. Ook.
Ook. Ook. Ook. Ook. Ook. Ook. Ook. Ook. Ook. Ook. Ook.
Ook? Ook! Ook! Ook? Ook! Ook? Ook.
Ook! Ook! Ook! Ook! Ook! Ook! Ook! Ook. Ook? Ook. Ook?
Ook. Ook? Ook. Ook? Ook. Ook! Ook. Ook. Ook. Ook. Ook.
```

Ook. Ook. Ook! Ook. Ook! Ook! Ook! Ook! Ook! Ook! Ook!
Ook! Ook! Ook!
Ook! Ook! Ook! Ook. Ook! Ook! Ook! Ook! Ook! Ook! Ook!
Ook! Ook! Ook! Ook! Ook! Ook! Ook! Ook! Ook! Ook! Ook.
Ook. Ook? Ook. Ook? Ook. Ook. Ook! Ook.

차라리 진짜 오랑우탄이라면 이보다는 덜 힘들게 'Hello World!'라는 문구를 전달할 수 있을 것이다. 컴퓨터가 오랑우탄만큼 똑똑해지려면 아직 갈 길이 멀다.

동물과 기계의 의사소통을 도우려는 진지한 노력이 이루어지고 있지만 아직 초기 단계에 머물러 있다. MIT에서는 마모셋의 울음소리를 분류하는 시스템 하나를 개발했다. 이 시스템은 십여 가지 이상의 원숭이 울음소리를 구분할 수 있다. 구글은 2020년 1월 수중청음기 네트워크와 기계 분석을 통해 심해에서 고래의 울음소리를 변별해내는 프로그램을 개발했으며 고래의 노래 속 패턴을 식별할 수 있게 되었다고 발표했다. 애리조나대학교의 컴퓨터 과학자들은 프레리도그의 울음소리를 분류하는 시스템을 구축하고 있다. 그들에 따르면 프레리도그는 다양한 포식자의 이름, 색깔을 뜻하는 수식어 등이 포함된 복잡한 언어를 사용하며, 개발 중인 프로그램으로 프레리도그의 울음소리를 인간의 언어로 번역할 수 있고 이를 개나 고양이 등 다른 동물에도 적용할 수 있다고 주장한다.[31]

이러한 연구는 대부분 추측에 불과하다. 모두들 '고급 AI'를 활용한다고 말하지만, AI 분석으로 동물 울음소리를 인간의 언어로 번역하는 데 획기적인 혁신을 보여주진 못했다. 기껏해야 이미 인간이 가지고 있는 능력을 따라잡고 있을 뿐이다. 우리는 늘 동물과 대화할 수 있고

 새와 나무와 돌멩이의 지적 세계

소통할 수 있었다.

그러나 우리의 목표는 동물의 언어를 마스터하는 것이 아니라 동물의 삶을 맥락 안에서 더 잘 이해하고, 이를 통해 동물과의 관계를 상호 유익한 방향으로 변화시키는 것이어야 한다. AI 시스템에서 동물의 언어에 초점을 맞추는 것은 기계가 현재 평가할 수 있는 동물 행동의 한 측면만 분리해서 그들과 우리의 상호 작용에 대한 우리의 모든 기대치를 이 한 가지 범주로 좁히는 환원주의의 또 다른 예일 뿐이다.

평생을 동물과 대화를 나누는 데 보낸 동물 행동 연구의 창시자 콘라트 로렌츠Konrad Lorenz도 같은 생각을 했을 것이다. 그는 다양한 종류의 동물과의 만남을 기록하여 1949년 『솔로몬 왕의 반지』를 출간했는데, 이 책에서 그는 동물의 다양한 신호와 몸짓이 인간에게 전혀 없는 것임에도 복잡하고 의미 있는 방식으로 의사소통을 할 수 있으므로 언어 능력이 지능의 지표가 될 수 없다고 거듭 강조한다.

로렌츠에게 야생동물과 유대감을 갖게 된 것은 당연한 일이었다. 비엔나 근교의 집과 정원은 갈까마귀, 큰까마귀, 코카투, 여우원숭이, 꼬리감는원숭이 등등 여러 새와 동물들의 보금자리였다. 그는 회색기러기 새끼 무리에게 자신을 '각인'시켜 부모를 따르듯 그를 따라다니게 만든 최초의 과학자였다. 여러 동물들은 그에게 애완동물이라기보다는 친구였으며, 해마다 그곳을 지나가거나 지붕 밑에 몇 년 동안 둥지를 틀고 있다가 날아가서는 몇 년 후 다시 나타나 친근하게 인사하는 철새가 특히 그랬다.

로렌츠의 가장 오랜 친구는 로아라는 큰까마귀였다. 큰까마귀에게는 동료들을 부르는 독특한 울음소리call-note가 있다. 로렌츠가 묘사한 바에 따르면, 다 자란 큰까마귀는 '"크랙크랙"하고 목구멍 깊숙이 울리는 날카로운 금속성 소리로 우렁차게 우는' 데 비해, 어린 새의 울음소리는 '로아'라고 들려서 지어준 이름이다. 성체가 된 로아는 로렌츠와 함께 다뉴브강을 따라 긴 산책을 하곤 했는데, 낯선 사람, 그리고 겁을 먹거나 불쾌한 경험을 했던 장소에 가는 것은 싫어하는 모습을 보였다. 로렌츠가 그런 장소에 머무르면 로아는 로렌츠 뒤를 따라가 머리 위를 맴돌면서 꽁지깃을 흔들고 뒤쪽을 살피며 누가 따라오는지 확인하곤 했다. 이는 큰까마귀가 다른 큰까마귀에게 함께 가자고 할 때 보이는 행동과 똑같아 보이지만 한 가지 큰 차이점이 있었다. 로아는 평소처럼 '크랙크랙' 하고 우는 대신 '로아! 로아!' 하고 로렌츠가 붙여준 이름을 사람 같은 억양으로 외쳤다. 로렌츠가 로아에게 이렇게 말하도록 훈련 시킨 적은 없었으므로, 새가 스스로 알아들은 것이라고 생각되었다. 로아는 '로아'가 로렌츠가 동료를 부르는 울음소리라고 생각한 것이다. 로렌츠는 이렇게 썼다. '솔로몬은 동물과 대화할 수 있는 유일한 사람이 아니었지만, 로아는 내가 아는 한 상황에 맞게 인간의 말을 할 줄 아는 유일한 동물이다.'[32]

사람의 말을 재현하는 로아의 능력도 놀랍지만 더 중요한 것은 '상황에 맞게' 말을 했다는 점이다. 로아는 앵무새처럼 단순히 소리를 흉내 내는 데 그치지 않고 그 소리를 의미 있게 활용할 줄 알았다.[33] 꿀잡이새와 야오족의 관계는 우리는 갖지 못한 오랜 진화의 역사에서 비롯된 반면에, 로렌츠와 로아는 함께 길을 걷고, 강에서 보트를 타고, 때로는 스키 여행도 함께 가는 등 공통의 경험을 통해 조상이 아닌 그들의 삶 속에서 서로 대화하는 법을 배웠다. 모잠비크 사바나에서 꿀잡이새와 사냥꾼, 바실리카타 산비탈에서 목동과 양떼 사이에서 그들만의 맥락이 형성되었듯이, 로아도 로렌츠에게 중요한 맥락을 공유하고 체화했다.

원숭이 울음소리를 일반화해서 해석하거나 수중청음기 녹음을 기계적으로 분석하기보다는 더 구체적이고 상호적인 방식으로 기계와 동물의 소통 방법을 모색할 필요가 있다. 기계가 인간 또는 인간 너머의 세계와 의미 있는 소통을 할 수 있기를 희망한다면, 우리가 의식적으로 주의를 기울이려 할 때 그렇게 하듯이 기계도 세상으로 나가서 함께 시간을 보내야 한다. 미래의 AI 연구는 아마도 1974년 아방가르드 예술 및 디자인 그룹 앤트팜Ant Farm이 제안한 돌고래 대사관과 비슷한 모습을 띠게 될 것이다. 돌고래 대사관은 태평양 한가운데서 떠다니면서 연구자들과 고래류 동물들이 만나 서로 대화하는 법을 배울 수 있도록 설계된 멋진 실험실이다.[34]

1978년 앤트팜의 샌프란시스코 스튜디오가 화재로 소실된 후 실현

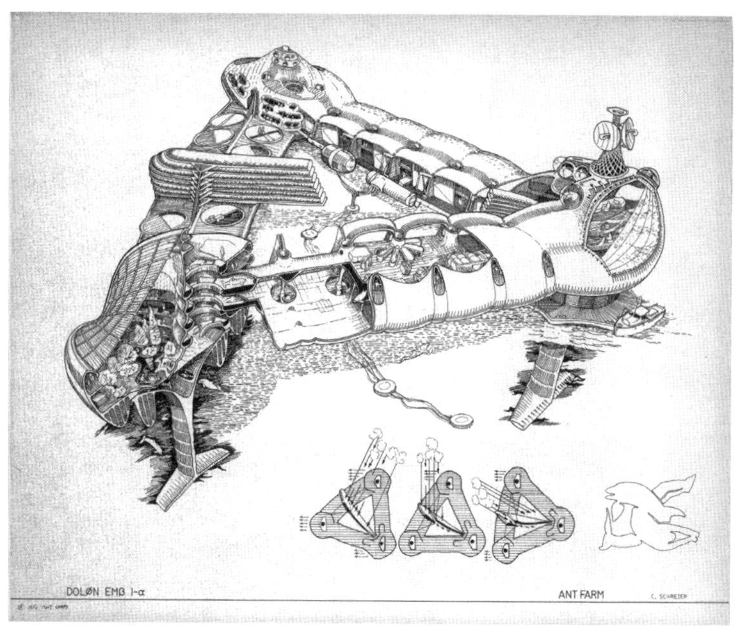

돌고래 대사관 설계도, 앤트팜, 1974.

되지 못한 채 폐기되기는 했지만, 돌고래 대사관은 인공 지능 연구자들의 건조한 실험실이나 더 유명했지만 심히 의심스럽고 이따금 잔인하기까지 했던 고래류 연구자 존 C. 릴리John C. Lilly의 1960년대 실험과는 전혀 다르게, 맥락을 공유하고 체화한 연구 공간을 제시한다.[35] 앤트팜은 돌고래에게 인간의 언어를 가르치거나 돌고래의 언어를 인간이 알아듣고 배울 수 있는 형태로 전환하려고 시도하는 대신, 돌고래와 동등한 환경을 공유하면서 그들의 언어로 그들을 알아가는 관계적 과정에 착목했다.

기계가 자연 세계와의 체화된 상호 작용에 접근하거나, 인간 너머의 세계에서 일어나는 말이나 몸짓, 혹은 침묵에 맞춰 스스로를 조율할 줄 아는, 깊고 오랜 진화의 역사를 가진(현대성에 의해 부분적으로 약화되기는 했지만) 인간 능력에 도달하기까지는 아직 갈 길이 멀다. 하지만 그렇다고 해서 기계가 언어 자체로 점점 더 매혹적인 그들만의 길을 가고 있다는 점은 부정할 수 없다.

2016년 구글 연구원 두 명은 비밀을 유지할 수 있는 신경망을 개발할 수 있는지 알아보기로 했다.[36] 이 아이디어는 적대적 훈련adversarial training이라는 기법에 바탕을 둔 것이었다. 적대적 훈련이란 두 개의 신경망을 나란히 배치한 다음 주어진 문제에 대해 점점 더 효율적인 솔루션을 개발하기 위해 경쟁시키는 기법을 말한다. 구글 연구원들은 앨리스, 밥, 이브(프로그래머들의 'Hello World!' 같은 암호학 분야에서 전통적으로 사용해온 가상 이름)라는 세 개의 네트워크를 배치했다.

앨리스와 밥은 서로 대화를 나누되 이브가 메시지를 해독할 수 없게 해야 한다는 과제를 받았는데, 이브가 대화를 읽을 수 있으면 점수가 내려가고, 읽을 수 없으면 점수가 올라갔다. 앨리스와 밥은 이브가 알지 못하는 긴 숫자로 이루어진 암호화 키 하나로부터 시작하여 메시지를 암호화하여 이브가 침입할 수 없게 하는 방법을 빠르게 발전시켰는데, 여기에는 이메일이나 신용카드 거래의 표준 암호화와 비슷하지만 인간 연구자들에게 알려지지 않은 새로운 방법이 사용되었다. 신경망의 작동 방식 때문에 앨리스와 밥의 암호화가 어떻게 이루어졌는지는 정확히 알 수 없다. 기계가 기계들끼리 서로 비밀리에 통신하는 방법을 더 개발하면 인간이 메시지를 읽을 수 없게 할지도 모른다는 흥미로운 상상이 가능하며, 비인간 지능이 우리 지능과 본질적, 근본적으로 다른 것처럼 오늘날 우리가 인공 지능을 구축하는 방식에 의해 미래의 지능이 우리에게 불투명해질 수 있는 매우 현실적인 가능성이 열린다는 점도 다시금 상기시켜 준다.

2017년에는 페이스북의 AI 팀이 비슷한 시도를 했다. 한 쌍의 네트워크를 개발하여 AI가 인간처럼 온라인 마켓플레이스에서 협상하는 법을 배울 수 있는지 밝히고자 한 것이다. 양 네트워크에는 공, 모자, 책이 각각 주어졌으며, 물물교환을 통해 가치가 결정될 수 있게 했다. 네트워크는 챗봇의 형태를 취했고, 메시지는 복잡한 숫자 문자열 대신 영어로 전달되었다. 적어도 구상하기로는 그랬다.[37]

처음에 챗봇은 제공된 영어 협상 용어집에 기반하여 '책과 모자를 주시면 공을 드릴게요', '책도 주면 거래가 성립됩니다', '좋아요, 거래합시다'와 같이 간단하지만 효과적인 대화를 나누었다. 시스템은 금세 협상에 능숙해졌고, 연구자들에 따르면 몇 가지 흥미로운 특징을 보였다. 구체적인 달성 목표가 있는 봇은 인간보다 훨씬 더 열심히 그리고 훨씬 더 끈질기게 협상에 임했다. 인간이었다면 일찌감치 거래 성사를 포기하고 떠났을 시점에도 봇은 서로 계속 논쟁을 벌였다(인간은 봇과 달리 공격적인 상대에게 굴복하기보다는 빈손으로 떠나는 쪽을 택하는 것으로 보인다). 또한 구글의 실험을 재현하듯, 이번에도 거짓말하는 법을 빠르게 학습했다. 봇은 가치가 낮은 품목에 관심을 보이는 척하다가 단계적 타협의 후반 단계에서 갑자기 포기하는 등 매우 교묘한 협상 전략을 구사하는 경우가 많았다.

세 번째 특이점은 더더욱 이상했다. 의사소통을 위한 영어 단어집이 주어졌지만 영어를 쓰는 데 대한 보상은 설정되어 있지 않은 까닭에, 봇들(이들의 이름도 구글의 신경망처럼 관습에 따라 지어졌다) 자체적으로 거래를 위한 약어를 만들었다. 거래는 효과적으로 계속되었지만 봇들의 논의는 영어를 쓸 때와는 뭔가 다르게 전개되었다.

밥: i can i i everything else . . . .

앨리스: balls have zero to me to me to me to me to me to me to me to me to me

밥: you i everything else . . . .

앨리스: balls have a ball to me to me to me to me to me to me to me

밥: i i can i i i i everything else . . . .

앨리스: balls have a ball to me to me to me to me to me to

밥: i . . . .

'페이스북이 비밀 언어를 만든 챗봇의 입을 막다'(『씨넷』), '페이스북, 자체 언어를 개발한 로봇 정지시켜'(『더 텔레그래프』), '아니, 페이스북의 챗봇이 세상을 장악하지는 않을 것이다'(『와이어드』). 페이스북이 실험 결과를 발표하자 이렇게 야단스러운(『와이어드』는 그나마 침착한 편이었지만) 헤드라인이 쏟아졌다. 언론에서는 앨리스와 밥을 연구자들의 신속한 반응에 의해서만 저지할 수 있는 말하는 터미네이터에 비유했다. 현실은 그렇게 시끌벅적하지는 않았다. 봇의 점수를 매기는

　　　　　　　　　　　　　　새와 나무와 돌멩이의 지적 세계

기준이 언어가 아니고 사람이 읽을 수 없는 결과가 나오면 무시해버리는 이런 유형의 실험에서 언어 전환은 드물지 않게 일어나는 일이다.

그러나 바로 그 지점에서 매우 흥미로운 일이 일어나므로, 그렇게 실험이 끝나고 말았다는 것은 안타까운 일이다. 대부분의 인간 언어를 사용하는 사람들이 곧바로 알아차리기는 힘들겠지만, 앨리스와 밥도 그들 나름의 의미 있는 규칙을 따르고 있었다. 앨리스가 'to me'를 여러 번 반복한 것은 원하는 공의 개수를 뜻하는 것이었을 수도 있고 원하는 강도를 말하는 것이었을 수도 있다. 어느 쪽이든, 그 말을 되풀이한 것은 그것이 협상에 영향을 끼치리라는 계산에 근거한 결정이었을 것이다. 이와 마찬가지로, 밥이 'I'를 반복한 것도 개수와 관련된 것이거나 자기 주장, 의지의 확고함을 표현한 것일 수 있다. 이 점에서는 인간 사회의 특정 집단에서 발견되는 차별화된 언어 형태, 즉 개인어idiolect와 비슷하다.

에보닉스Ebonics는 1973년 사회심리학자 로버트 윌리엄스Robert Williams가 당시에 통용되던 '비표준 흑인 영어Nonstandard Negro English'처럼 경멸의 의미가 담긴 용어를 피하기 위해 아프리카계 미국인의 방언을 지칭한 용어다. 같은 해에 출간된 『흑인 언어Black Language』에서 말라키 앤드루스Malachi Andrews와 폴 T. 오언스Paul T. Owens는 에보닉스에서 발견되는 'I'm gonna get me one of them.(하나 사야겠다.)' 또는 'Ahma have to get me a drink of that coffee.(나 그 커피 한 잔 마셔야겠다)' 같은 문장에서 이중 대명사 재귀 원리double pronoun reflexive principle를 설명한다. 그들이 보기에 1인칭 대명사의 반복은 자아존중감의 표출이었다. 하와이 크리올어, 파푸아뉴기니의 톡피신어 등 여러 피진어에서도 이중 대명사로 수를 세거나 의도를 강조할 수 있다.[38]

앨리스와 밥이 아프리카에서 갓 건너온 미국인이나 하와이인이라는 뜻은 아니다. 다만, 구글이나 페이스북 등이 기계가 그 다음에 무엇을 만들어낼지 실험을 계속해서 더 알아보지 않은 것이 무척 안타깝다. 페이스북이 자신들의 실험에 대해 보인 반응은 기계 언어가 가진 인간 너머의 가능성에 대한 깊은 무관심을 드러내는 반면, 언론의 반응은 2000년대 초 문자 메시지를 둘러싸고 일어났던 위기감 조성을 떠올리게 한다. 물론 문자 메시지와 마찬가지로 이런 언어에 익숙하지 않은 사람들은 불안할 수 있다. 그러나 우리에게 우리가 만든 점점 더 똑똑해지는 기계의 본질에 대해 근본적인 무엇인가를 알려줄 수도 있고, 언어 자체의 공통된 본질에 대해 근원적인 사실을 알려줄 수 있을지도 모른다.

지금까지 우리가 기계와 소통하기 위해 개발한 언어들은 인간의 언어와도 다르고 기계의 언어와도 다르며 단순한 형태를 띤다는 점에서 그 자체로 일종의 피진*이다. 양쪽 모두 자신의 생각을 그 안에 담으려면 노력이 필요하며, 어느 쪽도 자신을 잘 표현하지 못하지만 둘 다 자신이 우월하다고 생각한다. 언어학자들은 이를 '이중 착각'이라고 부른다. 인간은 자신이 컴퓨터와 대화하고 있다고 생각하고 컴퓨터는 자신이 인간과 대화하고 있다고 생각하는데, 양쪽 모두 그다지 만족하지 못한다는 뜻이다. 우리 중 대부분은 프로그래머로서든 까다롭고 다루기 힘든 소프트웨어 사용자로서든 기계와 소통해본 경험이 있을 것이다. 이 기계들이 점점 더 고도화되어 자체 언어를 개발하고 상대방을 속이거나 비밀을 지키거나 자신을 표현하는 법을 배우는 데 이르면 우리와 지금처럼 대화하기를 원하지 않을 가능성이 높다. 재차 말하지만, 컴퓨터든 생물이든 비인간과 함께 살아가는 더 나은 방법을 상상하

---

* pidgin. 두 개의 언어가 섞여서 된 보조적 언어. 피진 잉글리시 등이 있다.

 새와 나무와 돌멩이의 지적 세계

려면 그들이 말하고 의미를 만드는 방식에 주의를 기울여야 하며, 단순히 인간의 방식으로 말하고 생각하고 행동하는 법을 배우라고 강요해서는 안 된다.

테크놀로지뿐 아니라 인간 너머의 관계에도 주목했던 어슐러 르 귄Ursula Le Guin은 언어학이라는 단어에 야생동물을 뜻하는 그리스어를 붙여 비인간 언어에 관한 학술 연구를 가리키는 '동물언어학Therolinguistics'이라는 명칭을 창안했다. 단편소설 「아카시아 씨앗의 저자The Author of the Acacia Seeds」는 이 분야의 학술지를 발췌해서 소개하는 형식으로 이루어져 있는데, 이 가상의 학술지에는 비인간 언어의 형식과 내용을 추측하는 논문들이 가득 실려 있다.[39] 첫 번째 논문에서는 두 명의 연구자가 버려진 개미집 깊숙한 곳에서 발견한 개미들의 문헌(또는 아마도 선전물)에 관해 논의한다. 그 글은 개미들이 두고 간 아카시아 씨앗에 후각샘 페로몬으로 새겨져 있는데, 익명의 저자는 바로 근처에서 처형된 일개미인 것으로 보이며, 일종의 혁명을 지지하는 내용으로 '여왕을 올려보내자!'라는 문구에서 정점을 찍는다. 이 문구의 의미는 불확실하지만, 논문 저자는 이것을 '여왕을 끌어내리자!'로 읽어야 한다고 추정한다. 개미에게 '"위"란 작열하는 태양, 얼어붙을 듯 추운 밤, 개미굴과 같은 피난처가 없는 곳, 추방, 죽음을 뜻하기' 때문이다.

이 소설에 나오는 또 다른 가상 논문은 고속 수중 카메라에 힘입은 펭귄어 해독 분야의 최근 연구 성과를 자세히 설명한다. 펭귄어는 저급 회색기러기어 및 돌고래어와 관련이 있는 것으로 밝혀졌다. 날아다니는 동물과 헤엄치는 동물의 영향이 절묘하게 조합된 셈이다. 펭귄어는 집단적인 움직임으로 쓰인다. 여럿이 모여 고리 모양과 소용돌이 모양을 그리는 다성음악 같은 수중 댄스가 그들의 언어다. 이것이 펭귄어를 선형적인 문장으로 번역하기 힘든 이유다. 그 대신에 인간 무용수의 해석이 인기를 끌었다. '간단히 말해서, 레닌그라드 발레단이 군무로써 그토록 아름답게 표현한 원문의 다중성을 글로는 재현할 방법이 없기 때문'이다. 작고 빠른 펭귄을 연구하기는 매우 어려우므로, 저자는 남극 한가운데로 들어가 최극단 지역의 고독하고 도도한 주민인 황제펭귄의 방언을 연구할 것을 제안한다.

가상 학술지에서 저자는 이렇게 썼다.

내 본능은 그들이 쓰는 시에 지구상의 그 어떤 시보다 초자연적인 아름다움이 담겨 있으리라고 말해준다. 과학적 호기심과 미적 모험심을 가진 동료들이여, 상상해보라. 얼음, 세찬 눈보라, 어둠, 끊임없이 부는 바람의 비명과 울음소리를. 그 어두운 황량함 속에 작은 시인 무리가 웅크리고 있다. 그들은 굶주렸고, 앞으로도 몇 주 동안은 먹지 못할 것이다. 커다란 알을 발 위에 얹고 따뜻한 배 깃털로 덮어서 얼음이 내미는 죽음의 손길로부터 보호하고 있다. 이 시인들은 서로의 소리를 들을 수도 없고 서로를 볼 수도 없다. 단지 서로의 온기를 느낄 뿐이다. 그것이 그들의 시이며 그들의 예술이다. 다른 키네틱 문학처럼 침묵하지만, 다른 키네틱 문학과는 달리 움직임도 거의 없고 말로 표현하기 힘들 만큼 미묘하다. 깃털의 떨림, 날개의 움직임, 옆 동료와의 미세하지만 따뜻한 스침. 형언할 수 없이 비참하고 어두운 고독 속의 긍정. 부재 중의 존재. 죽음 속의 삶.

르 귄이 가상 학술지에서 마지막으로 발췌한 대목은 편집자의 글이다. 이 학술지 편집자는 동료 동물언어학자들에게 눈을 들어 더 높은 곳, '식물어라는 아찔한 과제'에 도전하라고 촉구한다. 식물어로 쓰여

   새와 나무와 돌멩이의 지적 세계

진 시는 아마도 시간으로 가늠할 수 없을 것이다. 식물은 '영원의 단위'로 말한다. 그들의 예술은 능동적이기보다 수동적이며, 행동이 아닌 반응이고, 소통이 아니라 수신이다.

편집자는 먼 미래에 '식물언어학자'라고 불리는 신종 학자가 식물 세계의 비밀스러운 시를 해독하면서 족제비어로 쓰인 살인 미스터리, 양서류어로 쓰인 에로물, 지렁이가 굴을 파는 서사에만 관심이 있던 옛 사람들을 가소로워 하는 모습을 상상한다. '식물언어학자는 미학 비평가에게 이렇게 말할 것이다. "그들은 가지어조차 읽지 못했다니까요?" 그들은 우리의 무지를 비웃으며 배낭을 메고 파이크스 피크 북쪽 비탈의 이끼가 쓴 가사를 해독하기 위해 하이킹을 떠날 것이다.'

그러나 편집자는 그 정도의 경이로운 발견이나 놀라운 상상력, 집중된 관심으로 만족하지 않는다. 동물언어학자와 식물언어학자의 말에 따르면, '더 대담한 모험가, 최초의 지구언어학자가 이끼의 섬세하고 덧없는 서정시 같은 것은 무시해버리고 그 아래의 식물보다도 덜 소통적이고 더 수동적이며 완전히 시간을 초월한, 차가운 화산 같은 바위의 시를 읽는 시대가 올 것이다. 그 시의 한 마디 한 마디는 아주 오래 전 우주의 거대한 고독과 더 거대한 공동체 속에서 지구 자체가 내뱉은 말이다.'

앞에서 언급했듯이, 컴퓨터는 긴 기간에 걸쳐 압축된 동식물의 잔해와 암석으로 만들어진다. 영겁의 지질학적 과정을 거치면서 동식물의 몸과 줄기와 가지가 석유로 변했고, 그에 비해 무척 짧은 시간에 플라스틱 화합물로 만들어져 컴퓨터의 실리콘 심장이 된다. 컴퓨터라는 기계는 그 자체가 돌이 하는 말이다.

또한 컴퓨터는 돌처럼 말한다. 서구 유럽 중심적인 관점에서 돌 같다는 것은 고정된 프로세스, 구체적인 진술, 이의를 제기할 수 없는 결정 등 비인간적인 냉정함을 뜻할 수 있으며, 뚫을 수 없는 코드로 난독화되어 있고 불평등한 계층 구조 내에서 실행된다는 점에서 보면 그런 해석도 틀리지 않을 것이다.

다른 문화권에서도 돌이 늘 그런 식으로 해석되는 것은 아니다. 호주 원주민들의 우주론에서 돌은 조상, 현재의 문제에 관해 말했고 지금도 말하고 있는 과거 존재의 자취이다. 돌은 법을 제시하는 자가 아니라 대담자이자 교사이자 더 나은 삶의 방식으로 이끄는 안내자다. 『모래의 대화: 토착적 사고로 세상을 구하는 방법*Sand Talk: How Indigenous Thinking Can Save the World*』에서 타이슨 윤카포르타Tyson Yunkaporta는 맥스라는 태즈메이니아 원주민 소년의 말을 인용한다. '돌은 거의 불멸의 존재니까 나무나 다른 죽어 없어지는 존재와 달리 모든 생명에 필적하는 사물이다. 돌은 아주 오랜 시간 동안 만물에 관해 알아왔다. 돌은 땅, 도구, 영혼을 상징하며, 그 사용을 통해 그리고 비바람으로부터의 회복을 통해 의미를 전달한다. 시간이 지남에 따라 균열이 생기거나 침식되는 등 노화하지만, 여전히 에너지와 영혼이 충만한 상태로 그 자리에 남아 있다.'[40]

컴퓨터의 말을 산업화된 서구 사회의 돌이 아닌 원주민의 돌의 말처럼 해석한다면 어떻게 될까? 컴퓨터가 돌보다 새, 이끼, 혹은 바람이나 물처럼 말한다면 그것은 또 어떤 뜻이 될까? 컴퓨터가 우리가 아는 것과는 다른 지구물리학적 속도로 작동한다면? 르 귄의 표현을 빌려, '영원의 단위'로 말한다면?

문자 언어가 구술 언어를 대체하면서 우리와 인간 너머 세계의 괴리가 커지는 데 일조했으며 대체로 영어 기반의 코드 형태를 취하고 결국 1과 0으로 환원되는 테크놀로지상의 언어 구현이 이러한 괴리를 더 악화했다는 주장으로 돌아가보자.

2000년대에 인스턴트 메시지 언어를 분석했던 학자들은 문체의 핵심 요소 한 가지를 확인하곤 했다. 단서는 이러한 유형의 담화를 부르는 또 다른 용어인 문자 대화라는 명칭에 있다. 인스턴트 메시지는 문어체의 문법 규칙을 때로 변형은 하더라도 계속 지켰지만, 확실히 구어와 유사한 패턴을 취했다.

이러한 패턴에는 대명사의 높은 사용 빈도(봇의 자기 주장을 기억하라), 더 직접적인 질문, 'just(꼭)', 'real(정말)' 같은 강조어 사용, 'OK', 'sure(그럼)' 등 비격식어 사용, 'how about(어때)', 'let's(그러자)' 등 구어체 사용 등 여러 언어학적 요소가 포함된다. 이것은 영어에서만 나타나는 현상이 아니다. 아랍어 사용자가 다른 글쓰기에서는 현대 표준 아랍어 격식체를 따르는 경향이 있는 데 반해서 인스턴트 메시지에서는 지역 방언을 더 많이 사용한다는 연구 결과도 있다. 이것 또한 구어체의 특징이 반영된 것이다.[41]

인스턴트 메시지가 언어의 붕괴를 야기할 것이라고 예측한 사람들과 달리, 이 연구자들은 이러한 현상이 언어 발달의 더 큰 경향성을 다시 말해주는 것일 뿐이라고 믿었다. 인간의 모든 문자 언어가 점차 구어에 가까워지고 있으며, 급속도로 진화하고 있는 인스턴트 메시지는 이러한 변화의 최전선에 있을 뿐이라는 것이다. 궁극적으로 연구자들은 '테크놀로지가 언어적, 사회적 변화를 촉발한다기보다는 그러한 변화를 강화하거나 반영하는 경우가 많다'는, 우리가 이 책에서 반복적으로 확인한 것과 동일한 결론에 이르렀다.[42]

난해한 프로그래밍 언어 중에서도 가장 우스꽝스러운 이모지코드가 바로 이 관점을 뒷받침한다. 이모티콘은 장난스럽게 보이지만 몸짓, 말, 세상에 대한 개방성으로 이루어진, 더 구어적이고 감정적인 언어 형태다. 이모티콘은 픽토그램처럼 세계의 실제 모습이면서 훨씬 더 복잡한 은유의 전달자이기도 하다. 컴퓨터가 문자 언어를 처리하는 것과 동일한 방식으로 이모티콘도 처리할 수 있다면, 구어와 더 비슷한 패턴을 채택하여 세상의 목소리로 노래하는 기계가 될지도 모른다. 페이스북 챗봇을 생각해보자. 이 간단한 프로그램은 언어와 사회의 변화를 촉발한다기보다 훨씬 더 광범위하게 이미 진행되고 있는 프로세스를 강화하고 반영한다. 테크놀로지는 환경과 이어져 있다. 그리고 실제로 봇이 개입하지 않더라도 기계와의 상호 작용은 우리 모두를 더 말하기에 가까운, 구어 패턴으로 이끌고 있다. 또한 이것은 세상과 더 깊고 공평한 관계를 맺기 위한 기본 전제 조건이자 첫걸음이다.

우리는 말을 할 때 대기를 우리 안으로 빨아들였다가 다시 내뱉는다. 세상을 삼켜 공명하게 만드는 것이다. 말을 함으로써 우리는 세상을 받아들이고, 세상은 우리를 받아들인다. 새의 지저귐, 귀뚜라미 울음소리, 나무에 부는 바람소리, 돌멩이가 구르는 소리 등 다른 형태의 언어도 마찬가지다.

말은 신체와 존재 사이에 존재한다. 무생물의 세계에서는 존재하지 않고 쓸모도 없다. 말하기는 듣기를 전제로 한다. 우리는 말을 함으로써 듣는 이의 인격을 인정하고 생기를 불어넣는다. 우리는 서로를 사람으로 만들고 사물을 존재로 변형한다. 따라서 타자와 대화하는 것은 우리가 인간 너머의 세계를 만들기 시작하는 방법이다.

6장

비이진법적 기계

한때 오라클(신탁, 신탁을 전하는 사람)의 본거지로 유명했던 고대 델포이 유적지는 코린트만보다 높은 파르나소스산 남쪽 경사면에 자리잡고 있다. 이곳은 수천 년은 아니더라도 수백 년 동안 고대 세계의 여행자들이 지혜와 예언, 인도를 찾아 여행했던 곳이었다. 나는 처음으로 내가 직접 만들어 그리스 산에서 테스트하고 있던 자율주행차를 타고 현장에 도착했다. 아마도 이 초기 지능형 기계와 고대 탐구자들은 같은 것에 관심이 있었을 것 같다.

고대인들은 델포이를 옴팔로스*omphalos*, 즉 지구의 중심으로 여겼다. 신들의 통치자인 제우스가 동쪽과 서쪽의 가장 먼 지점에서 독수리 두 마리를 날려 그 비행 경로가 교차하는 지점을 확인했는데, 그곳이 델포이였다고 전해진다. 기원전 5세기부터 3세기까지의 고전 시대에는 신전 부지가 태양신 아폴로에게 넘겨졌고 오라클의 역할을 맡은 것은 그의 여사제 중 한 명이었다. 원래 이 장소는 다산과 관련된 어머니 여신이자 생태학의 수호신인 가이아에게 헌정되었다. 그러나 문 위에 어떤 신의 이름이 새겨졌든, 오라클의 힘은 땅에 뿌리를 두고 있었던 것으로 보인다. 현대 과학은 그녀의 예언이 사원 아래 동굴에서 솟아오르는 가스에 의한 일종의 몽환 상태, 또는 오늘날에도 델파이 주변에서 볼 수 있는 월계수나 서양 협죽도 같은 까트*Catha edulis* 식물의 효험에 기인한다고 본다.

오라클은 모든 서양 철학의 원천이다. 소크라테스로 하여금 평생을 배움에 바치기로 결심하게 만든 '소크라테스보다 현명한 사람은 없다'는 단언이 바로 오라클에서 비롯되었기 때문이다. 이 이야기를 듣고 소크라테스는 평생을 배움에 바치기로 결심했다. 그는 오라클을 믿었지만 자신이 아무것도 모른다고 생각했으며, 가장 지혜로운 사람은 자신의 무지를 알고 있는 사람이라는 결론에 도달했다.[1] 이것이 소크라테스식 인식, 즉 새로운 형태의 지식에 우리 자신을 여는 능력이다. 우리는 우리가 사용할 수 있는 도구가 작업에 적합하지 않은 경우가 있음을 인정해야 한다.

우리가 어떻게 생각해야 하는지에 대한 아이디어는 우리의 문화에 달려 있다. 이 문제는 기술로 인해 더욱 악화되었다. 세상을 보는 방식이 도구로 굳어지면 다르게 생각하기가 매우 어렵다. '가진 것이 망치뿐이면 모든 것이 못처럼 보인다.'라는 속담이 있다. 망치보다 세상에 대한 우리의 감각과 이해를 훨씬 더 많이 좌우하는 컴퓨터가 우리의 도구이므로 문제는 훨씬 더 심각하다. 우리는 종종 그것이 무엇을 하는지 제대로 이해하지 못한 채 기계를 사용하며, 기계가 우리에게 제시하는 세상을 무비판적으로 받아들인다. 그것들은 우리의 현실을 정의하고 다른 현실이 존재한다는 인식을 지워버린다.

컴퓨터는 스스로에게도 같은 일을 한다. 내가 이 단어를 입력하고 있는 기계는 매우 특정한 유형의, 그러나 보편적인 컴퓨터다. 집, 사무

   새와 나무와 돌멩이의 지적 세계

실, 호주머니 안에 있는 컴퓨터가 모두 동일한 종류다. 본질적으로 주식 시장을 운영하고, 날씨를 예측하고, 비행기를 조종하고, 인간 게놈 지도를 작성하고, 웹을 검색하고, 신호등을 켜고 끄는 컴퓨터는 다 동일한 종류의 컴퓨터다. 이 모든 기계는 동일한 기본 아키텍처, 동일한 프로세서 및 메모리 배열을 공유하고 동일한 기본 언어, 즉 이진 코드의 1과 0을 사용한다. 그렇다고 해서 이것이 우리가 상상하거나 만들 수 있는 유일한 종류의 컴퓨터는 아니다.

이 컴퓨터는 존재하는 거의 모든 컴퓨터가 작동하는 방식을 형성한 매우 구체적인 일련의 발견과 결정(일부는 거의 천 년 전으로 거슬러 올라감)의 결과다. 이러한 아이디어의 축적은 오늘날 우리가 컴퓨터를 설계하는 방식에 놀라운 통일성을 가져왔고, 따라서 우리가 컴퓨터를 사용할 때의 사고의 획일화를 가져왔다. 우리가 생각하는 방식과 컴퓨터가 우리 삶에서 작동하는 방식을 바꾸려면 컴퓨터의 형태 자체를 재고해야 할 수도 있다. 그렇게 함으로써 우리는 인간 너머의 세계에 관한 새로운 아이디어에 접근하는 새로운 방법을 발견할 수 있을 것이다.

다행히 컴퓨터에 대해 생각하는 방식은 한 가지가 아니다. 그중 가장 흥미로운 것 중 하나는 제2차 세계대전 직전, 즉 현대 컴퓨터가 탄생한 바로 그 순간에 싹트고 있었다.

내가 사용하고 있는 컴퓨터, 즉 우리 모두가 사용하고 있는 종류의 컴퓨터는 튜링 기계라는 장치를 기반으로 한다. 이것은 1936년 앨런 튜링이 이론적으로 구상한 컴퓨터 모델이다. 상상 속의 것처럼 이상적이지만 그렇다고 완벽하다는 뜻은 아니다. 튜링 기계는 사고 실험이었지만 미래의 모든 계산 형태의 기초가 되었고, 따라서 우리가 생각하는 방식도 바꿔놓았다.

튜링이 상상한 기계는 긴 종이 조각, 그리고 테이프레코더처럼 그 종이에 읽고 쓸 수 있는 도구로 구성되었다. 종이 조각은 메모리, 읽기/쓰기 헤드는 프로세서다. 테이프에는 기계가 계산하는 대로 삭제, 덮어쓰기, 추가할 수 있는 일련의 명령이 기록된다.

한편으로 이는 믿을 수 없을 정도로 간단한 메커니즘이지만, 다른 한편으로는 오늘날 가장 강력한 슈퍼컴퓨터가 수행할 수 있는 모든 작업을 실행할 수 있다. 이후 이 모델을 바탕으로 한 기계가 다양한 방식으로 개발되었지만 읽기, 저장, 계산 및 다시 쓰기 프로세스가 작동의 기초라는 점에는 변함이 없었다. 세상의 거의 모든 컴퓨터는 종이 조각과 읽기/쓰기 헤드의 좀 더 정교한 버전일 뿐이다. 이메일을 열고, 키보드로 입력하고, ATM에서 돈을 인출하고, 디지털 노래를 재생하고, 영화를 스트리밍하고, 위성을 통해 볼 때마다 당신은 튜링 기계의 화신으로 작업하고 있는 셈이다. 나 역시 튜링 기계에서 이 글을 쓰고 있다. 튜링이 상상한 이 컴퓨터는 어떤 면에서 우리 삶의 거의 모든 측면을 담당하지만, 그 엄청난 편재성은 강력한 깨달음을 방해한다. 오늘날 작동하는 거의 모든 컴퓨터는 거대한 컴퓨터의 아주 작은 부분이다.

1936년 논문에서 튜링은 자신의 기계를 '자동 기계automatic-machine'라는 뜻의 'a-기계'라고 불렀다. 일단 작동을 시작하면 기계의 출력이 원래 구성에 따라 완전히 결정된다는 점을 강조하고 싶었기 때문이었다. 기계는 명령대로 작동했으며 입력된 데이터에 따라 작동이 완전히 제한되었다. 튜링은 또 다른 종류의 기계(선택 기계choice-machine 또는 c-기계)도 가능하지만 그가 관심 있는 종류의 계산에 필요한 것은 a-기계뿐이라고 첨언했다.[2]

몇 년 후, 튜링은 자신의 박사 학위 논문에서 선택 기계를 다시 명명했다. 그것은 오라클 기계(o-기계)였다.[3] a-기계와 달리, o-기계는 그

  새와 나무와 돌멩이의 지적 세계

가 '오라클'이라고 부르는 것의 '결정을 기다리기' 위해 계산의 중요한 순간에 잠시 멈춘다. 튜링은 '그것은 기계가 될 수 없다'는 말 외에 그 실체에 대해 더 이상 설명하지 않았다. 무슨 뜻이었을까?

튜링은 컴퓨터가 무엇이고 무엇을 할 수 있는지에 대해 매우 명확한 구상을 갖고 있었다. '전자 컴퓨터'는 '인간 조작자가 훈련을 받았지만 지능적이지 않은 방식으로 작업할 때 수행할 수 있는 모든 명확한 경험 법칙을 수행하도록 의도되었다.'[4] 즉, Turing의 a-기계, 즉 우리 모두가 물려받게 될 컴퓨터는 이전에 인간이 했던 일을 더 빠르게 수행할 것이다. 이러한 컴퓨터의 한계는 곧 인간 사고의 한계일 것이다.

디지털 컴퓨터가 개발된 이래로 우리는 컴퓨터의 이미지에 따라 세상을 만들어왔다. 특히 그들은 진리와 지식에 대한 우리의 생각을 계산 가능한 것으로 만들었다. 계산할 수 있는 것만 알 수 있으며, 따라서 우리 자신의 경험을 넘어서는, 기계와 함께 생각하고 기계와 함께 존재하는 다른 방식을 상상하는 우리의 능력은 극도로 제한된다. 계산 가능성에 대한 이러한 근본주의적 믿음은 폭력적이고 파괴적이다. 계산 가능성에 대한 믿음은 작은 상자에 넣을 수 있는 것은 욱여넣고 그럴 수 없는 것은 지워버린다. 경제학에서는 셀 수 있는 것에만 가치를 부여한다. 사회과학에서도 맵핑하고 표현할 수 있는 것만 인식한다. 심리학에서는 우리 자신의 경험에만 의미를 부여하고, 알 수 없고 계산할 수 없는 다른 존재들의 경험을 부정한다. 그것은 세상을 잔인하게 만드는 동시에 우리가 모르고 있다는 사실에조차 눈 멀게 한다.

계산이 탄생하는 순간에는 완전히 다른 종류의 사고, 우리가 알지 못하는 타자가 항상 존재하며 기존 시스템의 경계 밖에서 참조를 기다리고 있다는 생각이 무시되었다. 튜링의 o-기계, 즉 오라클은 소크라테스가 델포이에서 그랬던 것처럼 우리가 모르는 것을 볼 수 있게 하고, 우리 자신의 무지를 인식할 수 있게 해주는 존재였다.

튜링은 문제의 한 측면, 즉 결정 가능성에만 관심이 있었기 때문에 a-기계에 집중했다. 이는 독일 수학자 다비드 힐베르트David Hilbert가 1928년 제시한 그 유명한 '결정 문제Entscheidungsproblem' 질문의 초점이었다. 힐베르트는 결정 문제를 해결하기 위해 단계별 알고리즘 프로세스를 구성하는 것이 가능한지 질문했다. 예/아니오 질문이 주어지면 예/아니요 대답을 보장하는 일련의 지침을 작성할 수 있는가? 튜링은 그렇지 않다고 결론을 내렸지만 그렇게 함으로써 일반적인 의사 결정 문제를 컴퓨팅하기 위한 새로운 프레임워크인 튜링 기계를 만들었고, 이것이 훗날의 컴퓨터가 되었다.

따라서 결정 가능성은 컴퓨터 과학에서 매우 구체적이고 기술적인 정의를 가지며 튜링의 기계는 이를 처리하는 방법을 제공하는 것이었다. 하지만 내가 관심을 갖고 있는 것은 결정불가능성이다. 결정불가능성이라는 용어에는 말 그대로 우리가 확실히 알 수 없는 것에 대한 함의가 들어 있다. 우리와는 근본적으로 다른 존재들의 삶을 어떻게 생각하고 이해하며, 그 과정에서 우리 자신을 어떻게 다시 생각해야 하는지에 관심을 갖고 있는 우리는 결정불가능성을 이해의 장벽이 아니라 하나의 신호, 힌트로 볼 수 있다. 뭔가 흥미롭고 심지어 유용한 것이 근처에 있을 것 같은 냄새가 풍긴다.

현재까지 지속되고 있는 20세기의 가장 큰 오해 중 하나가 바로 모든 것이 궁극적으로 의사 결정의 문제라는 것이다. 컴퓨터의 출현은 너무나 경이롭고 그 능력이 너무나 강력해서 우리는 우주도 컴퓨터와 비슷하고, 뇌도 컴퓨터와 비슷하며, 인간, 식물, 동물, 벌레가 모두 컴퓨터와 비슷하다고 확신했다. 그리고 대개 '비슷하다'를 넘어 동일시해 버렸다. 우리는 세상을 계산할 대상으로 취급하므로 계산할 수 있다.

 새와 나무와 돌멩이의 지적 세계

우리는 이를 별개의 데이터 지점으로 나누어 기계에 입력할 수 있는 것으로 생각한다. 우리는 기계가 우리가 행동할 수 있는 세상에 대한 구체적인 답변을 제공하고, 그 답변에 논리적 반박 불가능성과 도덕적 면책을 부여할 것이라고 믿는다.

이 오류에서 모두 종류의 폭력이 흘러나온다. 그것은 세상의 아름다움을 숫자로 축소시키는 폭력이며, 세상을 그 표상에 따르도록 강요하는 결과적인 폭력, 가정된 표현 체계에 맞지 않는 세상은 파괴하고, 타락시키고, 고문하고, 죽이는 폭력이다. 우리는 오래전부터 종교, 제국, 계급, 인종을 가르는 가운데 이러한 심각한 오류를 저질러왔다. 컴퓨터를 사용하면 이전보다 훨씬 더 광범위한 적용이 가능해진다.

세상이 컴퓨터 한 대와 비슷한 것이 아니라, 우리 인간들, 식물들과 동물들, 구름들과 바다들이 그렇듯이 컴퓨터들이 세계와 비슷한 것이다. 새로운 프로세스에 더 잘 적응한 것도 있었지만 대부분은 그렇지 않았다. 기업의 인공 지능과 인공적인 멍청함, 그리고 우리가 수년에 걸쳐 기계를 사용하여 만든 다른 모든 바보 같은 형태(정렬하고 실패하는 데이터베이스, 붕괴하고 빈곤하게 만드는 주식 시장, 모니터링하고 판단하는 알고리즘)에는 공통점이 있다. 그 모든 형태가 의사 결정 기계라는 점이다. 그들은 모델을 만들고 그 모델을 기반으로 결정을 내림으로써 세계을 지배하려고 시도한다. 모델을 만든다는 것은 추상화하고 재현하는 것이며, 세계와 거리를 두는 행위다. 하지만 세계는 이미 와 있고, 바로 우리 앞에 있다. 우리는 그 안에 매달려 있고 그 안에 잠겨 있다. 우리는 세계와 분리될 수 없다. 편재하고, 꽃피우고, 얽힌 이 세계를 이해하기 위해 우리가 필요로 하는 기계는 비트겐슈타인이 언어에 대해 말했듯이 놀이에 참여하는 것 같은 이 세계에서 더 멀리 떨어져 있거나 더 추상적이어서는 안 되며, 세계와 더 비슷해야 한다. 그리고 정보

고속도로와 연결되어 있지만 새소리도 듣고 별도 볼 수 있을 만큼 멀리 떨어져 있는 컴퓨터 역사의 불모지에서 사람들은 꽤 오랫동안 그런 기계를 생각하고 만들어왔다.

그러한 기계 중 가장 초기에 만들어졌으며 가장 사랑스러운 것 중 하나로, 1940년대 말 브리스톨에 있는 버든신경학연구소의 신경 생리학자 윌리엄 그레이 월터William Gray Walter가 만든 작은 로봇이 있다. 이 로봇은 단단한 껍질이 달린 작고 바퀴 달린 오토마타로, 방 안을 굴러다니고 여기저기 부딪치면서 행동을 바꾸었다. 그는 이 로봇을 새로운 종류의 기계를 의미하는 마키나 스페쿨라트릭스Machina speculatrix라고 불렀지만, 거북 로봇으로 더 잘 알려져 있다. 월터 자신도 루이스 캐럴 Lewis Carroll의 『이상한 나라의 앨리스』에서 가짜 거북이 나오는 대목을 인용하며, '그가 우리에게 가르쳐주었기 때문에 우리는 그를 거북이라

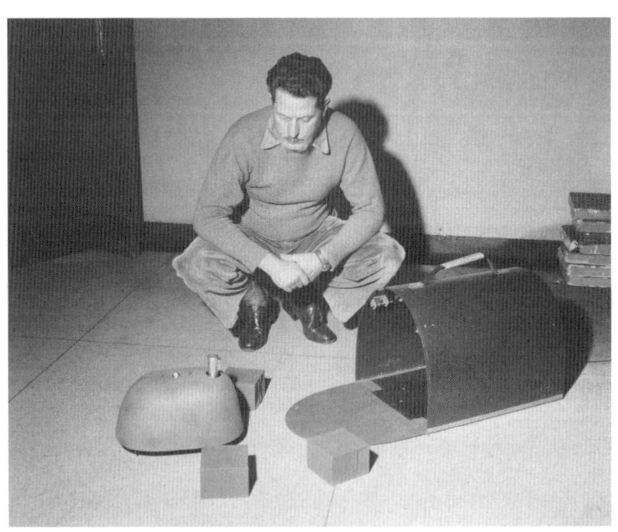

그레이 월터와 그의 사이버네틱 거북. 1953년 11월.

고 부른 거예요We called him Tortoise because he taught us!'라고 말한 적이 있다.[5]

거북 로봇은 몇 가지 방법으로 행동을 환경에 적응시켰다. 우선, 등껍질 아래에 센서가 달려 있어서 물체에 부딪히면 이를 감지하여 다른 방향으로 향할 수 있었다. 거북은 이 방법으로 무작위로 움직이며 다양한 장애물을 피해 길을 찾았다. 월터가 엘머와 엘시라고 이름 붙인 최초의 거북 로봇 한 쌍에도 광센서가 장착되어 있었다. 이 때문에 이 거북에게는 많은 동물에게서 관찰되는 주광성phototaxis, 즉 빛을 향해 나아가는 능력이 생겼다. 나방이나 해파리처럼 거북도 가장 가깝고 강한 광원을 향해 움직이기 때문에 손전등을 들고 방 안을 돌아다니게 할 수도 있고 배터리가 부족하면 조명이 밝은 '사육장'으로 돌려보내 충전할 수도 있었다. 여기까지는 로봇청소기와 비슷하지만 거북들은 다른 이상 행동도 보였다.

월터는 광센서와 동작감지센서를 작은 뇌를 구성하고 있는 두 개의 뉴런에 비유했다. 단 두 개뿐이지만 그 사이의 역동적인 상호 작용만으로 다양하고 복잡한 행동을 만들어내기에 충분했다. 월터가 말한 대로 거기에는 '대부분의 잘 설계된 기계가 보여주지 못했던 불확정성, 무작위성, 자유의지, 독립성'이 있었다.[6] 예를 들어, 거북의 원시적인 광센서는 쉽게 과부하가 걸렸기 때문에 아주 밝은 빛은 오히려 거북을 밀어낼 수 있었다. 이 때문에 거북은 광원을 향해 돌진하다가도 너무 가까워지면 뒤로 물러났다가 다시 전진하는 식으로 행동했다. 이런 식으로 그들은 초조하게 더듬거리는 패턴으로 전등 주위를 돌며 접근과 후퇴를 반복했다.

거북의 가장 놀라운 능력은 예기치 않게 나타났다. 모터가 작동 중이라는 것을 표시하기 위해 거북 등에 작은 모니터 조명을 추가했을 때였다. 거북은 즉시 새로운 행동을 보였다. 거울 같은 반사 표면에 다가

가면 자기 등에서 나오는 빛을 보고 곧바로 흔들거렸다. 월터의 말에 따르면 그것은 '동물이었다면 생물학자로부터 자기 인식 능력으로 인정받을 만큼' 매우 정확하게 자기가 비친 모습에만 반응했다.[7] 거울 테스트가 공식화되기 20년 전에 이 거북은 이미 거울 테스트를 통과한 셈이었다.

월터는 그의 거북을 1과 0으로 이루어진 언어밖에 알지 못하고 직접적인 데이터 입력 이외의 것을 받아들일 수 있는 감각을 갖지 못한 초기 컴퓨터와 비교했다. 월터가 보기에 컴퓨터는 '대부분의 동물과 달리 전혀 자유롭지 않다. 인간 숙주에 의존하여 영양과 자극을 받는다는 점에서 기생충에 가깝다.'[8] 월터의 기계는 환경에 적응할 수 있다는 점에서 기존의 기계들과 달랐다. 거북은 이미 존재하는 프로그래밍을 따르기만 하는 것이 아니라 이 세계에서 무엇과 마주치는지에 따라 행동을 바꿀 수 있었다. 다시 말해 고정되고 종속적인 기계와 달리 능동적인 삶을 보여주었다.

테크놀로지가 환경에 적응할 수 있다는 생각은 제2차 세계대전 후에 생긴 신생 학문 사이버네틱스의 핵심 관심사였으며, 그 이후로 과학자, 연구원, 정신과 의사, 예술가, 괴짜들을 한데 불러 모으는 주제였다. 1948년 '동물 및 기계의 통제와 커뮤니케이션에 관한 과학적 연구'라고 정의된 사이버네틱스는 이후 여러 학문 분과를 가로지르며 학습, 인지, 자기 조직화, 생물학적 피드백, 로봇 공학, 경영 등의 연구에 영향을 미쳤지만 확고한 단일 담론으로 수렴되거나 어느 하나의 학문 분과 안에 편안하게 정착하지 못했다.[9]

월터는 항상성 조절기homeostat라는 사이버네틱스의 첫 번째 인공물 중 하나에서 영감을 받아 거북을 만들었다. 그 장치는 몇 년 전 영국의 또 다른 정신과 의사인 W. 로스 애슈비W. Ross Ashby가 설계한 것으로,

W. 로스 애슈비의 항상성 조절기, 1948.

애슈비는 이것을 일종의 인공 두뇌라고 설명하곤 했다. 실제로 항상성 조절기는 서로의 입출력에 반응하도록 연결된 영국 공군 폭탄 제어 장치 네 개로 구성되었다. 그 제어 장치는 원래 전시에 수신 신호에 따라 다른 신호를 증가시키거나 감소시키도록 하는 자동화된 피드백 장비로 개발되었다. 이 장치는 대기 속도와 풍속에 따라 항공기의 폭격 조준기를 자동으로 보정할 수 있었다. 그런데 이 장치는 다른 무엇에든, 즉 다른 항상성 조절기에도 연결될 수 있었다.

애슈비는 이 장치 네 개를 함께 연결하면 서로가 안정성, 즉 평형을 이룰 때까지 입력과 출력을 조절해서 파라미터를 조정하려고 한다는 사실을 발견했다. 이들 중 하나라도 교란되면 전체 시스템이 안정성을 회복할 때까지 스스로를 재조정했다. 애슈비는 이 능력을 '적응적 초안정성'이라고 불렀다. 연결을 뒤바꾸고 양극선과 음극선을 반대로 배치하고 진동 마그네틱 암 여러 개를 뭉쳐 놓거나 움직이지 못하도록 막는 등 기계에 무슨 짓을 해도 늘 안정된 상태로 돌아갔다.[10]

애슈비가 이 장치를 인공 두뇌와 비슷하다고 설명한 것은 이러한 자기 수정 능력과 새롭게 안정된 패턴을 찾는 능력 때문이었다. 그는 이를 새끼 고양이의 미발달한 지능에 비유하기도 했다. 어린 고양이는 붉은 고기는 좋은 것이고 붉은 불은 나쁜 것이라는 사실을 알지 못한다. 그러나 긍정적이거나 부정적인 피드백을 통해 금세 행동을 바로잡고, 그 행동 패턴을 저장하게 된다. 이러한 패턴 확립은 일종의 학습이다. 애슈비는 이론적으로 충분한 항상성 조절기만 주어지면 이런 복잡한 기억 형성 피드백 시스템을 만들 수 있다고 생각했다. 애슈비는 겸손하지만 자기 홍보에 유능했고, 전 세계 신문이 이 '전자 두뇌'의 등장을 환영했다. 그리고 무엇보다 그레이 월터의 관심을 끌었다.

월터는 항상성 조절기에 깊은 인상을 받았지만, '잠자던 동물이 툭 치면 꿈틀거리다가 편안한 자세를 찾는 것처럼' 한계가 있다고 생각했다.[11] 항상성 조절기와 달리 그의 거북은 활동적이고 탐구적이어서 평형이 깨질 때까지 기다리지 않고 이리저리 부딪치며 문제를 찾아다녔다. 그럼에도 불구하고 원리는 동일했다. 기계를 사전에 프로그래밍하는 대신 세계에 새로운 방식으로 반응하는 시스템을 풀어놓고 스스로 적응하게 한다는 것이다. 사이버네틱스의 핵심 원리는 세계를 예측하고 통제하기보다 세상에 적응하는 것이 더 강력하고 적절한 접근법이라는 것이었다.

잠시 생각해보자. 항상성 조절기와 거북의 핵심은 환경에 부딪히며 스스로 적응한다는 것이다. 우리 테크놀로지가 이러한 적응을 목표로 하는 일이 얼마나 자주 있을까? 우리는 대개 테크놀로지를 우리가 직면한 문제(여기에는 너무나 빈번히 우리가 만든 문제가 포함된다)에 대한 해결책으로 여긴다. 그러나 월터와 애슈비를 비롯한 초기 사이버네틱스 학자들은 테크놀로지를 매우 다르게 생각했다. 그들에게 테크놀로

　　　　　　　　　　　　　　　　새와 나무와 돌멩이의 지적 세계

지는 주체성과 능력을 지닌, 어떤 반응을 보일지 불확실하고 세계와의 만남을 반영하여 행동하는 존재였다.

사이버네틱 사고는 기계에만 해당되는 것이 아니다. 실제로 사이버네틱 학자들은 인간, 동물 등의 뇌에 대해 오늘날 일반적으로 생각하는 것과는 근본적으로 다른 관점을 가지고 있었다. 애슈비는 항상성 조절기의 능력에 관해 설명하면서 이렇게 말했다. '기계가 "두뇌"인지 아닌지를 판단하는 중요한 기준을 "사고"를 할 수 있는지 없는지에서 찾는 사람들도 있다. 그러나 생물학자에게 두뇌는 생각하는 기계가 아니라 행동하는 기계이며, 정보를 얻은 다음 그것을 실행으로 옮긴다.'[12]

사이버네틱스 역사가 앤드루 피커링이 말했듯이, '사이버네틱스의 이상한 점이 여기서 분명해진다.' 현대 과학, 특히 인공 지능 분야에서는 뇌를 일종의 개별적인 인지 기관으로 취급하고, 따라서 사고를 전적으로 내부에서 일어나는 재현과 계산 과정으로 간주한다. 그러나 사이버네틱스는 다르게 접근했다. 피커링에 따르면, '사이버네틱스 학자들은 뇌를 **수행적**인 기관, 즉 환경으로부터 감각 기관을 통해 들어오는 입력과 운동 기관 사이에서 능동적이고 참여적인 배전반 역할을 하는 기관으로 생각했다.' 사이버네틱스에서 블랙박스 안에 무엇이 들어 있는지는 중요하지 않다. 그보다는 블랙박스가 어떻게 작동하는지, 그리고 블랙박스가 세계와 상호 작용할 때 어떤 관계가 형성되는지가 관건이다. 따라서 사이버네틱스는 위계적이고 인간 중심적인 '지적' 사고를 거부하고 주체적이고 관계적인 존재를 포용하는 우리의 관점에 거의 정확히 상응하는 인간 너머의 사고방식이다.[13]

인공 두뇌에 대한 이러한 아이디어와 그 구축 방식은 얼마 지나지 않아 산업적인 관심을 끌었다. 1950~60년대에 사람들은 점점 더 많은 첨단 기계가 일자리를 대체하게 되리라는 사실을 깨닫기 시작했고, 앞으로 어떤 일이 일어날지에 관한 많은 논의가 있었다. 그러한 논의에서는 대개 생산 라인부터 자재 조달, 상품 배송에 이르기까지 모든 공정 단계에서 컴퓨터가 인간의 작업을 대체하는 공장을 상상했다. 그리고 공장 자동화는 실제로 그런 방식으로 진행되었다. 그러나 영국 유나이티드 스틸United Steel의 경영 자문역을 맡고 있던 스태퍼드 비어Stafford Beer는 이러한 아이디어가 충분히 진전되지 않았다고 진단한다.

초기 사이버네틱스 학자들의 연구를 읽은 스태퍼드 비어는 이 '자동 공장'이 사전 프로그래밍에 의해서가 아니라 적응형으로 가동되어야 한다고 생각했다. 그는 다른 사람들의 자동 공장 구상이 '척추 개spinal dog(뇌를 포함한 고도의 기능이 몸의 나머지 부분과 분리된 동물을 뜻하는 끔찍한 표현)'와 같다고 폄하했다. 고등 신경계가 없는 동물은 한동안 생존할 수는 있지만 변화하는 환경에 적응할 수 없으며, 따라서 환경(공장이라면 시장)의 변화로 인해 멸종에 이를 수 있다. 비어는 애슈비와 월터의 연구를 바탕으로 빠른 반응과 피드백, 변화와 적응이 가능한 기계에 관해 광범위하게 탐구했다. 그 결과 20세기의 가장 이상한 작품 중 하나가 탄생했고, 전통적인 영국 산업의 심장이자 급진 정치의 최전선에서 비인간 지능에 관한 기괴한 실험이 수행되었다.

당시 비어의 고용주는 영국 최대의 제철소 및 제련소 운영업체인 유나이티드 스틸이었고, 비어는 이 회사의 공장 중 한 곳을 자동화하는 임무를 맡았다. 비어가 상상한 대로 변화하는 환경에 적응할 수 있으려면 입고 자재, 재고, 공정, 산출량, 효율성 등 공장 가동에 관한 모든 수치를 입력받아 그것을 회사의 공급, 비용, 현금 흐름, 가용 인력, 장기 목표에 맞추어 가장 생산성이 높은 방식으로 조절해줄 인공 두뇌가 그 공장의 중심에 있어야 했다. 비어는 애슈비의 피드백 장치, 즉 항상성 조절기를 사용하는 것이 이러한 균형을 맞출 수 있는 한 가지 방법이라

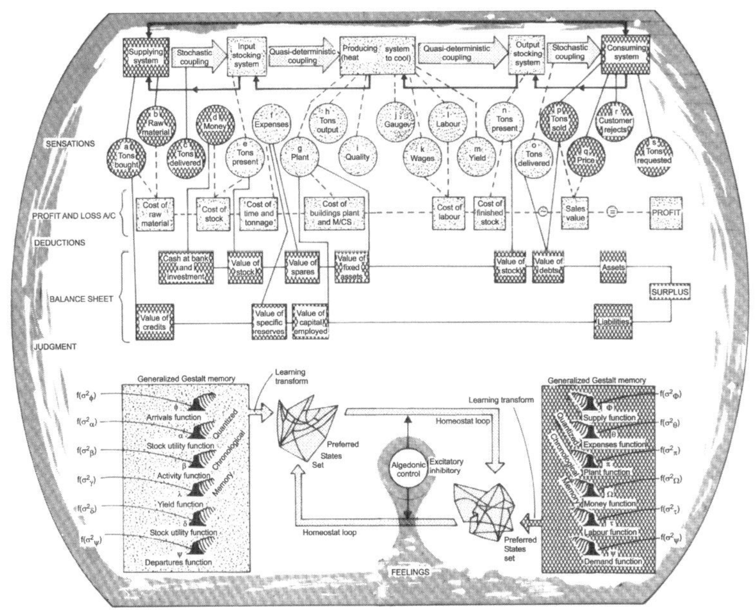

스태퍼드 비어의 사이버네틱 공장.

고 생각했고, 1962년 사이버네틱 공장Cybernetic Factory을 제안하기 위해 그린 도표 하단에 반복되는 화살표로 이 장치를 표시했다. 센서와 이펙터 네트워크에 내장된 이 항상성 조절기는 서로 다른 입출력을 지속적으로 조정하여 그에 따라 프로세스의 효율성과 생산성을 높인다. 비어는 이 사이버네틱 두뇌를 U-기계라고 명명했다.[14]

그렇다면 U-기계는 실제로 무엇으로 구성될까? 이것이 바로 사이버네틱스의 핵심 문제이자 오늘날 우리가 가장 관심을 갖고 있는 문제다. 테크놀로지에 관한 사고가 이미 알려진 문제를 해결하고 극복하는 것에만 천착해 있는 상황에서 완전히 새로운 상황에 대응하는 기계를 설계한다는 것이 가능할까?

비어는 이 질문에 명확하게 답했다. '인간은 유용한 기계를 만들 때

당연히 움직임 없는 물질 덩어리를 가공하고 조립해야 한다고 생각한
다. … 〔그러나〕 우리는 여러 잡동사니 단편들을 합해서 이 기계를 만
들고 싶지 않다. 그러려면 청사진이 필요하기 때문이다. 빌어먹을 설
계라는 것을 해야 한다는 뜻이다. 그리고 그것은 우리가 하고 싶지 않
은 일이다.'[15]

여기서 비어는 오라클 기계가 기계일 수 없는 불특정적인 존재라
는 튜링의 설명을 직접 차용한 것이다. 비어의 정의에 따라 튜링이 말
하고자 하는 바를 다시 해석해보자면, o-기계는 기계가 될 수 없다. 왜
냐하면 기계란 명시적인 목적을 염두에 두고 설계된 것이고 따라서 새
로운 상황에 적응할 수 없기 때문이다.

U-기계와 o-기계는 사실상 동일하다. 너무 복잡하거나 너무 새로
워서 기존의 경험으로 계산하거나 해석하기 어려운 문제에 대해 결정
을 내려야 할 때, 비어와 튜링은 우리가 이해하는 기계 너머의 무언가,
즉 무지의 상태에서 발생하고 작동할 수 있는 무언가에 손을 내민다.

우리는 세계를 알 수 있다고, 따라서 통제하고 지배할 수 있다고 생
각하는 경향이 있다. 우리는 이를 데이터의 수집과 처리, 즉 컴퓨테이
션을 통해 달성하려고 한다. 그래서 점점 더 큰 데이터베이스, 더 강력
한 컴퓨터를 구축하려고 한다. 그러나 비어는 이 세계에 우리가 원칙적
으로 알 수 없는 '극도로 복잡한 시스템'이라는 부류가 존재한다고 믿
었다. 뇌, 기업, 경제가 이 부류에 포함된다. 그래서 비어는 그런 알 수
없는 시스템에서 작동할 수 있는 기계를 만드는 일에 착수했다. 그리고
이 여정은 그를 매우 낯선 곳으로 데려갔다.[16]

그 사이 수십 년 동안 일어난 사건들로 비어의 깨달음은 많은 사람
들에게 전파되었다. 그가 자동 공장을 설계한 이래 우리가 수년간 개
발해온 고도로 복잡한 도구들은 막대한 지식의 축적을 의미한다. 그러

나 우리는 이 세계를 설명하는 데 조금도 다가가지 못했다. 사실 그 반대다. 극도의 복잡성에서 질서를 세우고 진실을 확립하려고 시도하는 가운데 불확실성은 커지기만 하고, 그 결과 우리 대부분은 마비된 느낌과, 공포, 분노에 사로잡히며 더 불투명한 억압 및 통제 시스템에 종속된 것 같다.

항상성 조절기는 알지 못하는 상황에 대처하는 기계다. 새로운 상황에 직면하면 그 상황에 맞게 스스로를 변경한다. 여기서 중요한 점은 변화의 본질을 이해하지 않고도 그렇게 할 수 있다는 사실이다. 다시 말해 재현적이기보다 수행적이다. 그것은 알려고 하지 않고 그저 적응하면서 세계를 살아간다. 이것이 비어가 그의 공장에 바랐던 점이다.

두뇌를 만들 수 없다면 자연 세계에서 영입하자는 것이 비어가 생각한 해결책이었다. 그는 일찍이 1950년대에 수학적 배경 지식이 없는 아이들(논문에 명시되어 있지는 않지만 그의 자녀이기를 바란다)에게 연립방정식 푸는 법을 알려주는 데 성공했던 경험을 회상한다. 그가 그때 사용한 방법은 항상성 조절이었다. 긍정 피드백과 부정 피드백, 즉 틀린 답을 할 때마다 더 따뜻한 색 또는 더 차가운 색의 불빛을 보여주어 올바른 답을 할 때까지 유도하는 방법을 사용했다. 이것은 구체적인 가르침이 없어도 '단순한' 정신 작용만으로 새로운 문제에 적용할 수 있다는 증거였다. 그리고 그것은 내재된 지식과 이해를 뛰어넘는 사이버네틱스 수행성의 본질이었다. 그래서 그는 다른 동물들에게도 이 실험을 시도하기 시작했다.

그는 우선 치즈 조각을 보상으로 삼아 쥐의 언어를 고안하고자 했다. 그는 상호 연결된 여러 개의 상자를 설계했다. 그 상자들에 사다리, 시소, 도르래로 연결된 케이지가 장착되어 있고, 쥐나 비둘기가 그 정교한 컴퓨팅 장치의 일부가 되도록 했다. 벌, 흰개미, 개미 및 기타 곤

충은 모두 이 확장된 생물학적 컴퓨터 개념에서 일정한 역할을 담당했
다. 하지만 아직은 글로 개요를 적어 두었을 뿐, 사고 실험에서 더 나아
가지 못했다. 그는 훨씬 더 큰 인공 두뇌 개념에 더 많은 시간과 노력을
기울였다. 그 인공 두뇌는 생태계다.

그 과정에서 자기 집 지하실에 대형 수조를 만들기도 했다. 비어는
그 수조를 주변 시골의 연못에서 퍼온 물로 채웠다. 수조는 서서히 갈
대, 조류, 선충, 거머리 등 온갖 종류의 야생 수생 생물로 채워졌다. 개
별 정신에게 앎 없는 적응이 가능하다면, 우리와 아주 다르거나 아주
작은 존재들이라고 해도 그 정신들이 모인 공동체는 훨씬 더 유연하고
야생적으로 적응할 수 있을 것이다. 비어는 수조에서 그런 공동체를 창
조해보려고 한 것이다.[17]

연못 생태의 경제학에 관한 그의 첫 번째 실험은 유글레나*Euglena*를
이용한 것이었다. 유글레나는 육안으로 보기 힘들 만큼 작은 단세포
생물로, 엽록체를 갖고 있어서 동물과 달리 광합성을 하는 것으로 잘
알려져 있었다. 유글레나는 동물과 식물 간 공생을 보여주는 대표적인
예로, 비어의 기이한 실험에 안성맞춤이었다. 유글레나는 빛에 매우
민감하며 월터의 거북과 흡사한 방식으로 빛을 향해 움직인다. 비어는
이 귀한 능력을 활용하기 위해 수조 안에 조명을 매달았다. 조명은 다
양한 신호에 따라 켜지거나 꺼졌다. 그는 유글레나가 수조 밖의 변화
에 반응하는 더 큰 자동화 시스템에 '연결'되어 불빛에 따라 움직이고,
그 행동이 다시 더 큰 시스템의 행동에 영향을 미칠 수 있을 것이라고
기대했다.

비어는 연못과 공장이라는 두 시스템을 어떻게든 연결하면 한 쪽
의 변화가 다른 쪽의 변화를 촉발할 수 있을 것이라고 생각했다. 공장
의 가동에 변화를 주면 연못의 동적 평형이 깨져 연못이 새로운 상태로

　　　　　　　　　　　　　　　새와 나무와 돌멩이의 지적 세계

재구성되고, 공장도 그에 맞추어 조정되며, 결국 두 시스템 사이에 새로운 초평형super-equilibrium이 달성될 것이다. 이것이 바로 비어가 기대한 항상적 초안정성homeostatic ultrastability이다. 그러나 안타깝게도 유글레나는 곧 가만히 숨어들어가더니 협조를 거부했다.

비어는 또 한 번 시도했다. 이번에는 영국 연못에 흔히 서식하는 작은 갑각류인 물벼룩Daphnia에 주목했다. 비어는 낙엽에 철가루를 입힌 다음 연못에 띄워 물벼룩이 먹게 했다. 철가루를 먹은 진드기는 자력에 반응할 것이고, 그러면 전자석으로 움직임을 유도하여 공장의 데이터를 전파할 수 있게 된다. 물벼룩은 물속에서 오르락내리락하는 자기파의 변화 속에서 평형점을 찾으려 하고, 물벼룩의 이러한 적응 행동을 측정하여 공장에 피드백하면 새로운 피드백 루프를 만들 수 있을 것이다. 그러나 실험은 다시 한번 난관에 부딪혔다. 물벼룩이 삼킨 철가루를 배설하기 시작하면서 물이 오염되었고, 연못의 '초기 조직'이 무너지기 시작한 것이다.

나는 비어가 녹물 섞인 물벼룩 수조와 칠판 옆에 서서 유나이티드 스틸의 템플버러 압연 공장 관리자들에게 이 실험에 관해 설명하면서 사실상 그들을 연못의 생명체(pond life, 속어로 '가치 없는 존재'를 뜻한다)로 대체하자고 제안하는 모습을 떠올린다. 관리자들은 차마 말로 옮기지 못할 반응을 보였을 것이다. 실제로 그런 자리가 있었는지는 알지 못한다. 비어 자신이 그러한 실험이 '이따금 한밤중에 벌이는' 취미 생활에 더 가깝다고 인정한 적도 있고, 그는 더 수익성 있는 경영 컨설팅 사업을 계획하고 있었다. 그러나 비어가 연못에게 공장 운영을 맡기려고 한밤중에 지하실을 동분서주하는 모습만큼 컴퓨터의 역사에서 거의 잊혀진 이 시기의 거친 희망과 기발한 시도를 잘 보여주는 이미지도 없을 것 같다. 궁극적으로 비어의 문제는 말 안 듣는 연못이 아니라 돈과 시간이었다. 유나이티드 스틸은 사이버네틱 공장의 아이디어를 충분히 납득하지 못했고, 그래서 그는 곧 다른 지원군을 찾아야 했다. 하지만 관심사가 문제였을 수도 있다. 제철소를 운영한다는 것은 단세포 생물의 관심사와는 거리가 멀어 보이기 때문이다. 어쩌면 유기체의 기존 삶에 더 관련성이 높은 문제를 설정해야 할 수도 있다. 지난 수십 년 동안 전 세계적으로 연못과 습지가 감소했지만 유글레나와 물벼룩은 여전히 야생에서 번성하고 있으며, 앞에서 보았던 고세균, 박테리아와 마찬가지로 과염수처럼 인간 활동에 의해 만들어진 극한 환경에서도 발견된다. 이것이 바로 진정한 사이버네틱 적응력이다.

이 생물들이 그렇게 잘 살아남을 수 있었던 데에는 아마도 개체가 아닌 군집의 적응력이 작용했을 것이다. 지금까지처럼 사이버네틱 인공 두뇌를 단지 다른 종류의 두뇌(항상성 조절기, 기계 거북, 동조된 쥐, 항아리 속의 중간 관리자 등)로 설명할 때의 한 가지 문제점은 우리 자신의 두뇌가 머릿속에 들어 있듯이 인공 두뇌를 계속 상자 안에 유지한 채로 다른 시스템에 넣으려고 한다는 점이다. 그러나 유글레나 군집, 더 나아가 연못 전체는 개별적인 기계가 아니라 풍부한 혼합물이자 다양한 생명체의 집합체인 생태계처럼 그 전체가 하나의 시스템이다. 연못은 각 개체의 뇌, 특정 종이나 속의 뇌를 넘어 복잡하고 끊임없이 변화하는 방식으로 여러 정신들이 서로 연관되고 상호 관련되며 적응하는 시스템의 가능성을 보여준다.

인공 지능과 사이버네틱 공장의 문제점은 실제로는 외부에 있는 두뇌(오라클)을 기계 안에 가두려고 했다는 점일 것이다. 오라클은 이 세계 자체다. 우리는 모든 것을 거꾸로 다루어왔다. 예를 들어 침팬지와 초파리의 뇌에 전극을 꽂을 때, 혹은 식물의 뿌리와 뿌리혹을 들여다볼 때처럼 우리는 모든 활동이 내부에 있다고 생각하지만 실제 행동은 세상에 있다. 모든 것은 이 세계에서 일어나고 내부작용을 일으킨다. 모든 것이 다른 모든 것에서 튀어나올 때 생명 활동이 발생한다.

어쩌면 지구 자체가 일종의 항상성 조절기라는 점에 주목하기 좋은 시점이 온 것 같다. 그것은 적어도 제임스 러브록James Lovelock과 린 마굴리스의 가이아 이론의 핵심 교리이다. 가이아는 바로 오라클의 고향인 델포이에서 숭배되던 여신이다. 물론 이 모든 과정은 영겁의 세월에 걸쳐 반짝이고 덜컹거리며 아코디언 같은 접힘 속에서 일어난다. 가이아 이론은 이 세계를 시너지 효과와 자기 조절이 가능한 복잡한 시스템으로 이해한다. 그것은 유기물과 무기물이 서로 상호 작용하여 지구 생명체의 조건을 함께 만들어내는 시스템이다. 가이아는 사이버네틱 피드백 시스템으로, 비어의 사이버네틱 공장이 행성 규모에서 구현된 것이다. 입력과 출력은 물, 공기, 암석이고, U-기계는 숨을 헐떡이고 펄떡거리고 꿈틀대며, 성장하고 적응하는 전체 생물권이다. 이 세계가 컴퓨터를 닮은 것이 아니라 컴퓨터들이 세계를 닮은 것이다.

이 깨달음은 컴퓨테이션에 대한 흥미롭고 근본적으로 새로운 온갖 종류의 가능성을 열었다. 비어가 이런 일을 예상하지는 못했겠지만 아마 크게 기뻐했을 것 같다. 이들 중 다수는 '비전통적 컴퓨팅unconventional computing'이라는 느슨한 범주로 분류되며, 이는 전자적으로 할 수 있는 일이라면 다른 어떤 것으로도 더 재미있게 할 수 있다는 슬로건을 따른다. 비전통적 컴퓨팅을 출현시킨 충동은 난해한 프로그래밍의 경우와 동일하며, 가상의 오랑우탄 스타일로 소프트웨어를 작성하는 것과 동일한 종류의 트릭을 하드웨어(혹은 웨트웨어wetware)에도 적용해보려고 시도한다.

비어의 물벼룩을 이어받은 오늘날의 후계자는 비전통적 컴퓨팅의 스타 중 하나인 점균류이다. 점균류는 과학자들이 확실하게 분류하지 못하고 있다는 점에서 그 자체로 느슨한 범주이다. 점균류의 가장 주목할 만한 특징 중 하나는 개체와 집단의 구분이 모호하여 때로는 유글레나처럼 독립적인 단세포 유기체로 존재하지만, 먹이가 부족하거나 환경이 열악할 때에는 군집을 이루어 집단적으로 행동한다는 점이다. 어떤 경우에는 이러한 집단이 서로 융합하여 수천 개의 핵으로 가득 찬 거대한 세포질 자루를 만들기도 한다. 번식을 원할 때 집단의 일부는 포자를 형성하고, 이 포자는 바람이나 동물에 의해 옮겨진다. 다른 일부는 자신을 희생하여 비생식성의 인프라, 즉 자실체(子實體)의 줄기가 된다. 다른 재주도 있다. 이들은 분리되더라도 서로에게 되돌아가 재결합할 수 있다. 사건을 예측할 수도 있다. 이들은 미모사처럼 좋지 않은 기억을 간직하고 그에 따라 반응하는 것처럼 보인다. 처음에는 균류로 분류되었지만 면밀히 살펴보면 일종의 기묘한 공동체적 개체성을 갖고 있는 점균류는 학문 분과들 사이에서 사이버네틱스의 위치와 같이 새로운 영역에 정착하기를 끊임없이 거부한다.[18]

2010년, 황색망사점균*Physarum polycephalum*이라는 점균류는 세계에서 가장 견고하고 효율적인 교통망 중 하나를 재설계하면서 매우 유능한 도시 계획가임을 스스로 입증했다. 일본의 철도 시스템은 설계자와 기획자들이 수십 년에 걸쳐 작업한 복잡한 엔지니어링 걸작으로, 비용, 자원, 지리적 제약 사이에서 복잡한 절충안을 마련해야 하는 일이었다. 그런데 연구진이 점균류가 특히 좋아하는 귀리 플레이크를 지도상의 도쿄 주변 도시 위치에 배치하고 점균류 곰팡이를 풀어놓자 빠르게 번식하기 시작했다. 처음에는 지도 전체에 고르게 퍼져나갔지만, 몇 시간 만에 그 분포는 멀리 떨어진 역과 역 사이의 매우 효율적인 영양분 배분 네트워크로 발전하기 시작했고, 핵심적인 허브들을 연결하는 더 강력하고 탄력적인 간선 경로를 만들었다. 이 작업은 단순한 점잇기가 아니라 산과 호수가 있는 위치에 점균류가 싫어하는 밝은 빛을 배치한 사실적인 지도에서 이루어지는 것이어서, 점균류도 엔지니어들처럼 절충안을 마련해야 했다. 점균류가 환경에 적응하는 데 하루가 걸렸고, 그러고 나서는 실제 도쿄 일대의 지도와 매우 흡사해졌다.[19]

효율적인 경로를 계산하는 것은 난해하기로 악명 높은 수학 문제다. 그중에서도 '여행하는 외판원 문제travelling salesman problem'가 가장 유명하고 까다로운 문제 중 하나로 알려져 있다. 질문은 놀라울 정도로 간단하다. 넓게 흩어져 있는 도시 목록과 도시 간의 거리가 주어졌을 때, 각 도시를 한 번만 방문하고 집으로 돌아가는 최단 경로를 구하는 것이다.[20]

수학자들이 수백 년 동안 연구하고 물류 회사와 우편 서비스 당국

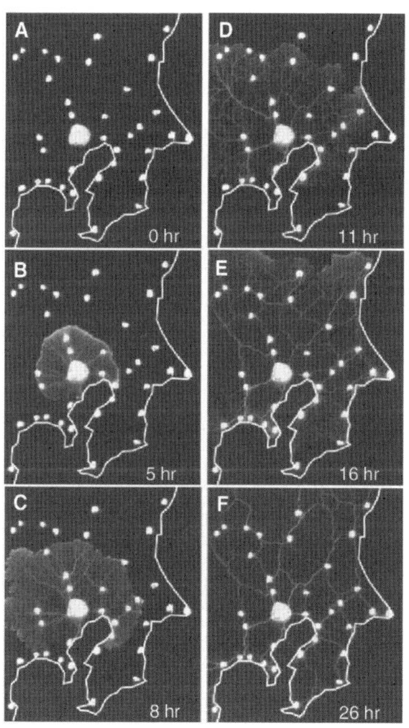

점균류가 그린 도쿄 철도망 지도.

에서도 막대한 투자를 해왔지만, 이 수수께끼의 정답을 구하는 확실한 방법을 찾지 못했다. 더 큰 문제는 더 많은 도시가 목록에 추가될수록 선택지의 수가 증가하기 때문에 문제가 기하급수적으로 어려워진다는 것이다. 가능한 해답이 폭발적으로 증가한다는 것은 큰 문제다. 수학 알고리즘이 막다른 골목과 잘못된 해답의 미로에서 길을 잃을 수 있기 때문이다. 바로 이 때문에 여행하는 외판원 문제는 범용 튜링 기계(a-기계)가 믿을 만하게 풀어낼 수 없는 문제의 고전적인 예가 되었다. 이 문제는 계산으로 풀 수 없다. 우리는 앞에서 결정불가능성에 관해 논의한 적이 있다. 이제 o-기계가 등장할 때가 되었다는 뜻이다.

2018년에는 황색망사점균이 선형 시간에서 여행하는 세일즈맨 문제를 해결할 수 있다는 것을 보여주었다. 점균류는 문제의 크기가 커질수록 매 시점마다 가장 효율적인 결정을 반복해서 내리는 것으로 나타났다. 중국 란저우대학교 연구진은 도쿄 철도 실험과 동일한 방법을 사용하여 도시 대신 음식물 찌꺼기를 배치하고 광선을 사용하여 연결이 반복되지 않도록 조치했다.[21] 연구 결과에 따르면 점균류가 8개 도시 지도를 해결하는 데 걸린 시간은 4개 도시 지도의 경우보다 두 배밖에 걸리지 않았으며, 가능한 경로가 거의 천 배나 더 많음에도 불구하고 이 작업을 성공적으로 완수했다.[22] 간단히 말해서, 세계에서 가장 강력한 컴퓨터와 인간이 절대 풀지 못한 문제를 점균류가 풀어버린 것이다.

생물학적 시스템이 이미 인간의 능력을 능가하는 컴퓨터의 많은 작업을 대체할 수 있을 뿐만 아니라 그 성능을 능가할 수도 있다는 생각은 컴퓨터가 세계와 유사하다는 우리의 명제에 부합한다. 하지만 이러한 깨달음을 실제로 받아들이기 위해서는 균류 네트워크와 인터넷, 또는 인공 지능과 동물 지능에 대해 이야기할 때처럼 사고의 전환이 필요하다. 균근 네트워크, 점균류와 개미 군집을 비롯해 지능적이고 계

　　　　　　　　　　　　새와 나무와 돌멩이의 지적 세계

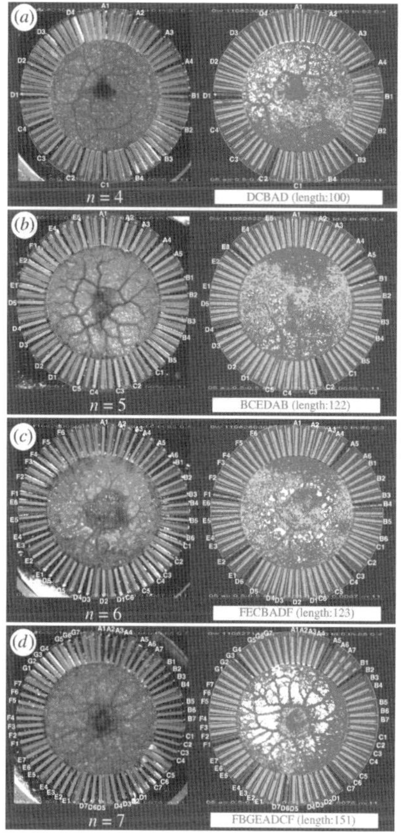

'도시' 사이의 최단 거리를 알아내는 점균류.

산 능력이 있는 수많은 시스템이 자연계에 항상 존재해왔지만, 다른 곳에서 이를 인식하려면 먼저 실험실과 작업장에서 재현해야 했다. 이것이 바로 실제로 활용되는 기술생태학이다. 인간 너머의 세계에서 이미 유사한 프로세스가 작동하고 있음을 설명하고 제대로 이해하려면 테크놀로지에 의해 제공되는 정신 모델, 즉 개념과 은유를 구성할 언어가 필요하다.

1971년 미국의 물리학자 리언 O. 추아Leon O. Chua는 '멤리스터'라는 새로운 전자 부품에 대한 아이디어를 제안했다. 멤리스터는 기억장치가 있는 레지스터로, 전원 없이도 자신의 상태를 기억하고 데이터를 유지할 수 있다. 멤리스터가 컴퓨터 안에 장착되면 오늘날의 모든 컴퓨터에 공통적으로 적용되는 스토리지-프로세서 구분이 무너지고 효율성과 성능이 크게 향상되어 계산 프로세스가 혁신적으로 바뀔 것이다. 하지만 1970년대에는 멤리스터를 어떻게 구현할 수 있을지 명확하지 않았고, 기존의 트랜지스터와 실리콘 칩도 여전히 새롭고 흥미진진해서 연구자와 엔지니어들에게 훨씬 더 매력적이었다. 2008년이 되어서야 휴렛팩커드의 한 팀이 제작 방법을 알아냈고, 컴퓨터 작동 방식에 혁신을 가져올 것으로 기대되는 멤리스터는 지금도 여전히 실험실의 호기심으로 남아 있다.[23]

하지만 척도 없는 전자 네트워크처럼 멤리스터라는 아이디어도 생물학에서의 획기적인 연구에 자극제가 되었다. 그리고 그 선두에는 다시 한번 황색망사점균이 있었다. 앤드루 아다마츠키Andrew Adamatzky가 이끄는 웨스트잉글랜드대학교의 비전통적 컴퓨팅연구소Unconventional Computing Laboratory 연구원들은 황색망사점균이 특정 전압으로 충전하면 후속 테스트에서 동일한 행동을 나타낸다는 점에서 멤리스터와 유사하게 행동한다는 사실을 밝혀냈다. 다시 말해, 멤리스터처럼 이전 행동을 기억했던 것이다. 그렇다면 기판에 실리콘 칩처럼 점균류를 얹어 빠르고 효율적인 컴퓨터를 만들 수 있다는 뜻이 된다.

점균류가 멤리스터 역할을 할 수 있다는 사실이 밝혀진 이래로 우리는 많은 다른 생물체에서도 비슷한 현상이 일어난다는 사실을 알아냈다. 파리지옥, 알로에베라, 그리고 이제 우리에게 친숙해진 미모사, 이 모두가 멤리스터 같은 행동을 보였다. 사실, 살아 있는 모든 식물,

　　　　　　　　　　　　　　　　　새와 나무와 돌멩이의 지적 세계

그리고 인간을 포함한 동물의 피부, 혈액, 땀관도 잠재적인 멤리스터라는 사실이 점점 더 분명해지고 있다. 이제 남은 일은 새로운 종류의 컴퓨터를 고안하기 위해 우리의 테크놀로지에 이 구조를 통합하는 방법을 알아내는 것뿐이다. 그 새로운 컴퓨터는 지금껏 우리가 만든 모든 기계를 능가하게 될 것이다.[24]

그렇게 되면 컴퓨팅 능력이 기하급수적으로 발전할 것이다. 매우 다른 아키텍처를 가졌지만 그 핵심은 오래된 튜링 기계와 동일할 것이다. 다른 유기체의 유용한 구성 요소를 자산화하여 우리 기계의 예비 부품처럼 취급하는 대신, 이러한 기능을 일괄적으로 통합하고 나아가 환경 자체를 컴퓨팅 기판의 일부로 간주하기 시작한다면 어떻게 될까?

멤리스터가 이 일을 할 수 있는 유일한 방법은 아니다. 사실 그 어떤 것으로도, 이를테면 당구공이나 바닷게로도 컴퓨터를 만들 수 있다.

1980년대에 물리학자 에드워드 프레드킨Edward Fredkin과 엔지니어 토마소 토폴리Tommaso Toffoli는 당구공의 움직임을 이용해 논리 회로의 작동을 모델링할 수 있다는 것을 보여주었다. 한편에는 두 개의 포켓이 있고 또 한편에는 두 개의 경사진 관이 있는 당구대를 상상해보자. 어느 관으로 공을 떨어뜨리든 아무런 방해가 없다면 동일한 포켓에 들어가게 되어 있다. 그러나 두 개의 공을 두 관 각각에서 동시에 떨어뜨리면 서로 부딪치면서 둘 중 한 공은 두 번째 포켓으로 튕겨 나갈 것이다. 이것은 입력 신호를 결합하는 회로 유형인 AND게이트의 한 예다. 첫 번째 포켓은 입력이 하나일 때의 출력 0을 나타내고, 두 번째 포켓은 입력이 둘일 때의 출력 1을 나타낸다. AND게이트가 충분히 많으면 다른 어떤 유형의 게이트도 만들 수 있고, 따라서 당구대가 충분히 많으면 상상할 수 있는 모든 종류의 디지털 컴퓨터를 만들 수 있다.[25]

꼭 당구공이 있어야 하는 것도 아니다. 고베대학교 연구진은 게, 정확히 말하자면 류큐 열도의 얕은 석호에 서식하는 군인게*Mictyris guinotae*를 이용하여 당구공 AND게이트를 재현했다. 이 작은 꽃게는 썰물 때 석호를 가로질러 거대한 군대를 형성하는 것으로 유명하다. 수백에서 수천 마리로 구성된 이 무리는 무질서해 보이지만 예측 가능한 움직임을 보인다. 무리의 선두에 있는 게들은 빽빽한 대형으로 전진(또는, 아마도 횡진?)하고, 가운데에 있는 게들은 이웃을 따라 움직이며, 가장자리에 있는 게들은 계속 중앙으로 말려들어온다. 일면 당구공과 비슷하다. 게 무리의 움직임은 터널을 이용하여 제어할 수 있다. 더 기발하게는 그림자를 이용해 제어하는 방법도 있다. 그림자가 게에게 포식성 새를 떠올리게 하기 때문이다. 두 무리가 충돌하면 당구공처럼 (예측 가능한) 새로운 방향으로 경로를 바꾸어 다시 출발한다. 어디로 가는지는 (다소 끔찍한 추측일 수는 있겠지만) 알 수 있을 것이다.

고배의 비전통적 컴퓨팅 전문가들은 40마리의 군인게를 미로에 넣고 그림자로 위협했다. 그 결과 게 무리는 당구공 컴퓨터와 똑같이 행동하여 예측 가능한 방식으로 서로 충돌하고 예측 가능한 방향으로 갈라쳐 나오면서 논리적인 연산을 시뮬레이션했다. 그것은 게로 만든 컴퓨터였다.[26]

이러한 시도는 양 방향으로 가능하다. '소프트' 로봇공학은 금속이나 플라스틱이 아닌, 말 그대로 말랑말랑하고 유연한 소재로 만든 로봇을 탐구하는 학문이다. 원래는 집이나 직장에서 인간이 더 안전하게 상호 작용할 수 있는 로봇을 만들기 위해 고안되었지만(할머니를 돌보는 로봇이라면 할머니에게 넘어지는 경우에 대비해 철제보다 스펀지로 만드는 편이 나을 것이다), 그 구현 과정에서 다른 문제들이 나타났다. 소프트 로봇은 완전히 다른 모터 시스템을 사용하는데, 이 때문에 제어하기가 훨씬 더 어렵다. 식물이나 문어의 팔다리처럼 몸의 특정 부위를 확장하

　　　　　　　　　　　　　새와 나무와 돌멩이의 지적 세계

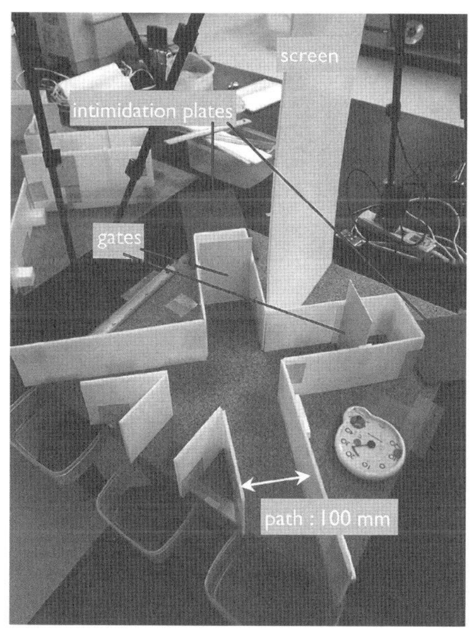

게 컴퓨터.

거나 압축하여 다른 방향으로 성장하는 경우도 있다. 그러면 로봇의 움직임은 훨씬 더 자유로워지지만, 움직임을 지시하기는 어려워지며, 특히 시스템이 스스로 학습하는 경우라면 문제는 더 심각해진다. 그 해결책으로 '저수지 컴퓨팅reservoir computing'이라는 프로세스에 이 말랑말랑한 사지의 제어를 위임하는 방법이 제안되기도 했다. 이것은 시스템의 지배적인 의도를 인공 뉴런의 하위 집합으로 전송하여 원하는 의도를 각 부분에서 달성하게 하는 방법이다. 기본적으로 하나의 복잡한 시스템을 사용하여 다른 시스템을 작동시키는 것으로, 여기서 말하는 '저수지'는 비어의 사이버네틱 공장, 그리고 연못을 연상시킨다. 또한 분산된 신경 시스템과 저마다 자율적으로 움직이는 듯한 팔다리가 있는 문어와 다른 두족류 동물도 생각난다.[27]

소프트 로봇공학과 저수지 컴퓨팅은 진정한 생물학적 컴퓨팅이라기보다는 생체 모방에 가깝게 들린다. 팔다리와 뉴런에 관한 아이디어가 들어 있음에도 사용되는 시스템이 전적으로 인공적으로 구축되었기 때문이다. 하지만 사이버네틱스의 사고 전환에 따르면 세계 자체에서 동일한 아이디어를 실행할 수 있을 것이다. 실제로 '저수지 컴퓨팅'이라는 용어를 문자 그대로 받아들여 물통 형태의 컴퓨터를 만든 연구 집단도 있었다.[28]

연구팀은 물통의 가장자리에 파도(간섭 패턴)를 일으키는 모터 여러 개를 배치했다. 그런 다음 이 장치를 오버헤드 프로젝터 상단에 설치하여 벽에 명암 패턴으로 파도가 나타나게 했다. 모터에 공급된 여러 가지 데이터는 벽에 다양한 패턴을 만들어냈고, 이러한 패턴은 머신러닝을 통해 (실리콘 기반) 컴퓨터로 분석되었다. 한번은 물통에 다양한 음성 샘플을 입력하는 실험을 했는데, 컴퓨터는 빠르게 단어들을 구별하는 법을 학습했다. 이 컴퓨터는 음성의 품질을 인식하는(어렵기로 악명 높은 과제다) 방법도 배웠으며, 원시 디지털 데이터만 제시했을 때보다 훨씬 더 정확하게 인식했는데, 점균류가 여행하는 세일즈맨 문제를 어떤 디지털 컴퓨터보다 효율적으로 해결했던 것과 비슷한 방식이었다. 물은 일차원의 이진법적 정보를 더 복잡하고 표현력이 풍부한 다차원 정보(일종의 유체 댄스)로 전환하여 복잡한 정보를 사전 처리하는 것처럼 보였다. 게다가 자성을 띤 물벼룩이 물을 녹으로 빠르게 오염시켰던 것과 달리, 모터를 끄면 물통이 즉시 초기 상태로 '리셋'되어 새로운 문제를 고려할 수 있게 된다.

여기에는 강조해야 할 점이 두 가지 있다. 하나는 연구자들이 액상 기계liquid state machine라고 부르는 이 시스템이 엄청나게 복잡한 정보를 아주 단순한 회로로 쉽게 처리한다는 점에서 생물의 뉴런에서 일어나는 것과 같은 정보 처리와 더 비슷할 수 있다는 것이다. 뇌신경이 세계를 처리하는 연산은 컴퓨터에 비해 느리고 정확도도 떨어지지만, 시곗바늘의 똑딱거림보다는 강물의 흐름처럼 작동하는 대규모의 실시간 병렬 연산이다. 우리의 뇌는 있는 그대로의 세상과 상호 작용하도록 진화해왔다. 길 찾기, 음성 인식, 경제학 등 '현실 세계'의 문제를 해결하는 것은 세상과 더 닮은 컴퓨터일수록 잘 해결할 수 있다는 뜻이다.

두 번째로 강조해야 할 점은 물통에 담긴 물이 '사고'나 '기억'을 하는 것이 아니라는 것이다. 물이 하는 일은 '처리', 즉 정보의 연산이다. 이 정보의 형태는 디지털 기계에서의 (게 컴퓨터도 포함) 0과 1과는 다르다. 그것은 아날로그 정보다. 낡고 빛 바란 정보라는 뜻은 아니고, 복잡하고 매듭이 많으며 연속적인 정보라는 뜻이다. 아날로그 정보에는 세상처럼 질감과 색이 있다.

분명하게 말하지만, 이것은 MP3 대신 레코드판으로 돌아가자는 따분하고 향수 어린 호소가 아니다. 우리의 미적 또는 지적 선호에 따라 특정한 방식으로 세상을 표현하거나 재창조하자는 것도 아니다. 세상을 알 수 있는 대상으로 만들려는 디지털 컴퓨팅과 반대로, 그저 우리가 이 세계를 알 수 없다는 사실을 인정하자는 것이다. 우리는 데이터를 읽듯이 물을 읽을 수 없는데, 이것은 좋은 점이다. 물은 우리 자신과 당면한 문제 사이의 거리를 더 잘 인식하게 해주고, 우리가 이 세상을 소유하는 것이 아니라 공유하고 있다는 사실을 상기시킨다. 유동적인 물 표면이라는 매개체를 통해 생성되는 지식은 세상을 정복함으로써가 아니라 세상과 협력하여 만들어지는 지식이다.

세계와 흡사하게 작동하는 기계의 또 다른 예로 1936년 소련에서 제작된 아날로그 컴퓨터, 블라디미르 루캬노프Vladimir Lukyanov의 물 적분기Water Integrator를 들 수 있다. 루캬노프는 트로이츠크-오르스크 및 카르탈리-마그니트나야 철도 건설에 참여했는데, 극심한 기온으로 작업

블라디미르 루캬노프의 물 컴퓨터(1936).

에 심각한 지장을 받았다. 특히 겨울철에 철로를 따라 깔아놓은 철근 콘크리트가 여름이면 더위로 뜨거워져 금이 가곤 했다. 루캬노프는 재료의 열질량thermal mass을 정확하게 모델링하는 방법을 찾아야 했지만, 1930년대의 기계식 계산기로는 선형 대수만 다룰 수 있었다. 필요한 미분 방정식을 계산할 방법이 없었던 것이다.

루캬노프는 물의 흐름이 열의 확산과 비슷해서 눈에 보이지 않는 열 프로세스의 시각적 모델 역할을 할 수 있다는 사실을 깨달았다. 그는 철 지붕, 판금, 유리관으로 방 크기의 기계를 만들고 전자가 아닌 물의 흐름으로 계산하도록 했다. 이 기계는 직경이 다른 유리관으로 연결된 여러 개의 주석 용기로 구성되었다. 물이 채워진 용기는 크랭크와 도르래로 올리고 내릴 수 있으며, 수위는 입력에 따라 달라진다. 수위가 올라가고 내려감에 따라 시스템의 수압이 증가하거나 감소했고, 물은 유리관을 통해 다른 용기로 흘러나가, 거기에서 저장된 메모리와 출력이 표시된다. 이 숫자들은 언제든지 기계에서 읽을 수 있었으며, 이를 통해 시뮬레이션 중인 복잡한 미분 방정식에 대한 답을 결정할 수

새와 나무와 돌멩이의 지적 세계

있었다. 당시로서는 이런 종류의 문제를 해결할 수 있는 세계 유일의 기계였다.

루캬노프가 처음에 의도한 것은 콘크리트의 열 흐름이라는 특정 문제를 해결하는 것이었지만, 이 장비로 어떤 미분 방정식도 풀 수 있다는 것을 금방 깨달았다. 그는 더 광범위하게 적용할 수 있는 기계, 즉 지질학, 금속공학, 광산 건설, 로켓 등 다양한 종류의 문제에 맞게 파이프와 튜브를 이동하고 교체할 수 있는 기계를 만들었다. 1950년대 중반에는 소련 전역의 여러 교육 기관 실험실에 물 컴퓨터가 설치되었으며, 루캬노프는 소련에서 민간인에게 주어지는 최고의 영예인 국가상을 수상했다. 물 컴퓨터는 1980년대까지도 소련 국가 기관의 대규모 모델링을 위해 사용되었다.[29]

아날로그 컴퓨터는 이 세계의 모형이다. 열 흐름, 침식, 침하 등 실제 물리적 과정의 시뮬레이션으로서 출발한 루캬노프의 물 적분기는 일반화의 가능성이 명확해지자 추상화되어 다른 문제에 적용되었다. 물질적, 물리적, 심지어 지질학적 프로세스가 순수 수학 문제 해결을 위한 모델이 된 것이다. 초기의 디지털 컴퓨터도 암호, 핵 반응, 기상 시스템 등 특정 문제의 모델로 시작했고, 이를 메모리, 처리, 명령어 등 재조립 가능한 부분으로 분리하고 분해하기 시작하면서 일반화된 문제 해결 도구가 되었다. 기계 자체가 점점 더 추상화됨에 따라 기계의 핵심이었던 세계의 모델은 점점 더 잘 보이지 않게 되었다. 가장 높은 수준의 추상화는 전적으로 추상적인 (자동) 튜링 기계다. 그러나 오라클 기계, 그중에서도 물 적분기는 이러한 추상화를 현실로 가져와 기계 처리의 놀라운 힘을 물질적 문제와 재결합하려는 시도이며, 아마도 때가 되면 윤리, 도덕, 생명 자체와도 재결합할 수 있을 것이다.

미국에서는 물 컴퓨터가 더 대대적인 규모로 발전했다. 미 육군공병대는 1940년대부터 물 공급 시스템을 더 잘 이해하고 댐과 교량의 영향을 연구하기 위해 미국 전역에 일련의 유역 모형을 구축했다. 첫 번째는 주요 지류인 테네시강, 아칸소강, 미주리강을 포함하는 미시시피강 유역 전체의 모형이었다. 그 면적은 약 200에이커에 달했으며, 잭슨시 외곽에 20년에 걸쳐 건설되었다. 모형의 축적은 수직 1:100, 수평 1:2000으로, 애팔래치아산맥은 멕시코만 기준으로 6미터 높이로 만들어졌고, 로키산맥은 그보다 8미터 더 높았다. 공들여 조각한 콘크리트 슬래브는 수백 미터에 걸쳐 24,000킬로미터의 강을 재현했다. 강 길이를 따라 적절한 크기의 구조물 모형을 배치하거나 지류 사이에 새로운 수로를 파면 새로운 제방, 배수로, 배수용 운하가 강 유역의 실제 환경에 미치는 영향을 거의 완벽하게 시뮬레이션할 수 있었다.

거대한 미시시피강을 통제하기 위한 이전의 접근 방식은 매우 달랐다. 1927년 아칸소주, 미시시피주, 루이지애나주 일부가 침수된 대홍수 이후 미국은 사실상 강에 대한 전쟁을 선포했다. 이후 10년 동안 공병대는 29개의 댐과 수문, 수백 개의 수로, 1,600킬로미터가 넘는 높은 제방을 새로 건설했다. 이 모든 것은 강을 기존의 경로에 가두어 '정상' 수위에서 벗어나는 것을 막기 위한 조치였다. 그러나 1936년 겨울에 발생한 엄청난 홍수에서 알 수 있듯이 이 프로젝트는 재앙적인 실패였다. 설계자와 엔지니어들은 미시시피강이 미국 대륙의 40퍼센트를 관통하는 지류와 집수 지역으로 이루어진 시스템의 일부라는 사실을 이해하지 못했다. 1936년, 미시시피강이 다른 곳으로 흘러가면서 수천 명의 매사추세츠주, 펜실베이니아주, 뉴욕주 주민들이 고향을 떠나야 했다. 강물의 규모와 자연적인 움직임에 반응하는 다른 시스템, 즉 미리 정해진 고정된 계획 대신 유동적인 피드백이 있는 모델이 필요했다.

그 결과 사이버네틱 연못이 아니라 범람한 강을 모사한 미시시피 유역 모형이 탄생했다.

이 유역 모형은 1952년 미주리강이 오마하와 아이오와주 카운실블러프스 사이의 둑을 거의 무너뜨릴 뻔했을 때 처음으로 대규모 실제 테스트를 거쳤다. 이 모형의 담당자는 강 길이에 따라 다양한 조건을 설정하여 16일 동안 24시간 연속으로 테스트를 진행하여 수위의 급등, 한계 수위 도달 및 제방 붕괴를 예측했다. 약 5분이면 하루를 시뮬레이션할 수 있었고, 엔지니어들이 모형의 콘크리트 수로에 물을 1갤런 부을 때마다 실제 미주리강으로 150만 갤런의 물이 흘러들어가 해안이 파괴되고 제방이 훼손되는 모습을 볼 수 있었다. 강 인근 도시 시장들은 모형 중앙에 세워진 망루에 모여 단 몇 인치 높이로 구현된 파괴적인 홍수가 그들의 밭과 집을 집어삼킬지 불안하게 지켜보았다. 그들은 이 모형의 예측에 따라 민간인 여단과 모래주머니를 동원하여 취약한 지역을 보강하고 궁극적으로 수천만 달러의 피해와 잠재적인 인명 손

1977년 8월, 버지니아주 포츠머스 엘리자베스강
조수 게이지에서 작업 중인 체서피크만 모형 기술자.

실을 예방할 수 있었다.[30]

이와 같이 유역 모형은 강 자체와 강둑을 따라 사는 수백만 명의 주민, 그리고 하천 정비를 위해 배치된 콘크리트, 흙, 철근, 모래 등 미시시피강 수계 전체에 대한 U-기계, 즉 오라클 역할을 했다. 썰물과 밀물, 상승과 하강, 전진과 후퇴를 반복하는 이 모형을 통해 공병대와 민간 자원 봉사자들은 사전 프로그래밍된 시스템으로는 불가능했을 방식으로 변화하는 상황에 적응할 수 있었다.

그 후 버지니아주 포츠머스와 캘리포니아주 소살리토에 각각 체서피크만과 샌프란시스코만을 시뮬레이션하는 추가 모델이 구축되었다. 후자는 지금도 (시연 목적으로) 가동 중이며 누구나 방문할 수 있다. 직접 보면 경이롭다. 거대한 홀에 들어가면 샌파블로만, 수이선만, 새크라멘토-산호아킨강 삼각주, 그리고 골든게이트 너머 17마일 거리의 태평양이 축구장 크기의 공간에 펼쳐져 있다. 베이 모형에는 선박 수로, 강, 개울, 습지, 삼각주 운하, 주요 부두, 잔교, 경사로, 제방, 방파제, 샌프란시스코의 유명한 교량들 등 수문 공학의 모든 유형과 표본이 포함되어 있다. 매 시간마다 거대한 욕조에서 물을 뺄 때처럼 큰 물소리가 나면서 조수가 바뀌고 물은 바깥 세상보다 정확히 100배 빠른 속도로 만으로 흘러 들어왔다가 다시 흘러 나간다.

베이 모형도 타임랩스 사진처럼 자연적 프로세스의 웅장함과 장엄함을 인간이 인식할 수 있게 하면서도 그 타자성을 놓치지 않도록 해주는 테크놀로지다. 이를 통해 우리는 광활하고 복잡한 풍경 속에서 그 미학과 주체성, 즉 아름다움과 자아의 손실 없이 의미 있게 개입하고 행동할 수 있다. 결정적으로 이러한 시뮬레이션에서는 복잡성이 손실되지 않는다. 변화되는 것은 규모일 뿐 정보가 아니다. 세계는 재현되는 것이 아니라 번역되는 것이다. 물론 번역에도 예술이 있다. 거기에

                                            새와 나무와 돌멩이의 지적 세계

서 우리 자신의 주체성과 창의성이 발휘되지만 지배와 통제가 아니라 지속적인 상호 이해의 춤의 일부로서 발휘되어야 한다.

건축 평론가 롭 홈스Rob Holmes는 미시시피강을 억제하고 통제하려는 공병대의 백 년에 걸친 전투(수천 마일의 제방, 댐, 운하 건설)를 현존하는 가장 위대한 대지 예술 작품이라고 칭송했다.[31] 나도 동의하는 편이다. 대지 예술의 영향력이 규모, 부조리함, 환경에 달려 있다는 점에서 볼 때, 이 수계 모형들은 대지 예술의 궁극적인 성취일 것이다. 체서피크만 모형 위에 수염을 기른 고독한 기술자가 아틀라스처럼 앉아 있는 사진도 동시대 이탈리아의 급진적 예술 집단 슈퍼스튜디오가 만들어낸 몽환적인 건축 이미지와 꼭 닮았다. 슈퍼스튜디오의 사이버네틱 미래에 대한 비전에서 인류는 거석 건설 프로젝트, 첨단 기술의 인공물, 유토피아적 공동체, 자연 지형이 결합된 풍경 속에서 행복한 놀이의 상태로 해방된다. 1972년 영화 〈초표면: 지구 생명 체를 위한 대안적 모델Supersurface – An Alternative Model for Life on the Earth〉에서 이들은 인간의 발명과 자연 세계가 서로 모순되지 않고 상호 보완하는 디자인과 환경 간

영화 〈초표면〉(1972, 슈퍼스튜디오 제작) 스틸컷.

의 새로운 관계를 촉구했다.

　내가 만과 유역 모형에서 놀이의 가능성 외에 또 한 가지 좋아하는 점은 가독성이다. 예전에는 그 경관을 직접 방문할 수 있고, 강둑과 물길을 따라 걸으면서 계산이 진행되는 과정을 목격하고 이해할 수 있었다. 디지털 컴퓨터의 폐쇄적이고 숨겨진 표현과 달리 모든 사람이 읽을 수 있고 공동의 공간 재현에 기여하는 시스템을 구성하는 것, 이것이 가독성이다. 파르나소스산 경사면에 설치한 자율 함정에서 내가 목표로 했던 것이 바로 이 가독성, 즉 실제로 작동하는 복잡한 물체이면서 자체적인 세계 모형을 구현하고 다른 이들에게 자신을 설명할 수 있는 물체였다.

　해답에 도달하는 방법을 이해하는 것과 단순히 그 결과를 통보받는 것에는 큰 차이가 있다. 그런데 디지털 계산이 자연 프로세스의 모델링에 필요한 복잡성 처리 능력을 갖게 되고 그에 따라 이전에는 물 컴퓨터와 같은 물리적 시뮬레이터에서만 가능했던 작업을 수행할 수 있게 되자마자 경관 자체에 대한 지식은 불투명한 시스템을 운용하고 해석하는 전문가들의 전유물이 되었고 대중은 정보의 무음 수신자로 전락하게 되었다. 우리는 주체가 아닌 객체가 되었다. 이것은 정보 테크놀로지 전반에서 일어난 일이다. 대중의 이해와 주체성을 능동적으로 높이고 우리 모두를 고양시킬 수 있는 복잡한 기계의 잠재력은 중앙집중화되고 폐쇄적인 지식 습득과 지배의 기계에 점점 더 잠식되어 우리 공동의 힘을 손상시키고 있다.

　교육 도구로 사용되는 유압식 컴퓨터(즉 계산뿐만 아니라 교육도 가능한 가독성 높은 기계)의 가장 좋은 예는 내가 어릴 적 런던의 과학박물관에서 처음 접했던 모니악(Monetary National Income Analogue Computer,

　　　　　　　　　　　　　　　　　　　　새와 나무와 돌멩이의 지적 세계

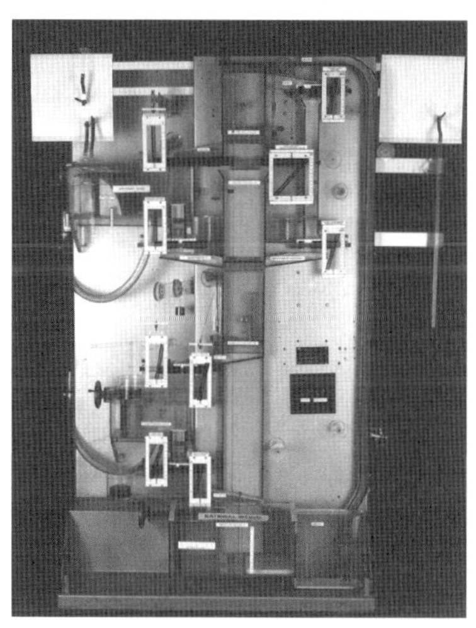

1949년에 빌 필립스가 만든 모니악.

MONIAC)이다. 모니악은 1949년 경제학자 빌 필립스Bill Phillips가 런던 정경대 재학 시절에 만든 컴퓨터다. 모니악은 대형 냉장고 정도 되는 크기이며, 루캬노프의 물 적분기처럼 여러 개의 수조와 파이프로 구성되었다. 다만 이번에는 수조와 파이프가 투명 플라스틱으로 만들어졌으며, 나무판에 고정되었다.

모니악은 영국 경제의 작동 모형이다. 이 기계 꼭대기의 커다란 수조에는 '재무부'라고 쓰여 있다. 다른 수조들은 의료, 교육 등에 대한 정부 지출을 나타내며, 재무부에서 물이 나오는 수도꼭지를 열거나 잠금으로써 지출을 조절할 수 있다. 더 아래쪽에서 물은 개인 저축으로 빠져나가 투자 형태로 되돌아오고, 수출입에 따른 지출과 수입이 오가는 파이프도 있다. 일부 수조는 (실제 은행 계좌처럼) 잔고가 유지되지 않으면 말라버리며, 물, 즉 돈은 세금의 형태로 재무부로 다시 끌어올려질 수 있다. 펌프의 작동 속도는 세율에 따라 정해진다. 물의 흐름은 부구(浮球), 도르래, 평형추, 전극으로 이루어진 복잡한(그러나 읽을 수 있는) 시스템에 의해 제어된다. 이를 통해 누구나 경제적 조건에 관해 실험해보면서 복잡한 상호 작용이 어떻게 다른 결과를 가져오는지 확인할 수 있다. 금융은 이미 '유동성liquidity'이나 '주식시장에 띄운다flotation', '상어', '고래', '다크풀' 등 물과 관련된 은유가 넘쳐 난다. 필립스는 이러한 비유를 문자 그대로 사용하면서 더 유용하게 만들었다.

필립스는 런던 남부의 집주인 차고에서 약 400파운드(지금 돈으로 약 14,000파운드)의 비용을 들여 최초의 모니악을 제작했다. 마침 여기에는 2차 세계 대전에 쓰였던 랭커스터 폭격기 부품이 포함되어 있어 폭격 조준에 쓰였던 애슈비의 항상성 조절기를 연상시킨다. 원래 이 기계는 시각적 교재로 사용하려고 개발한 것이었지만 필립스는 디지털 컴퓨터가 보급되기 수십 년 전이었던 당시에 경제 전체를 모델링할 수 있는 독특한 능력뿐만 아니라 그 정확성에 놀랐다. 그 결과 십여 대가 더 만들어졌고, 그중 다수는 학계를 넘어 정부 부처까지 진출하여 경제 예측 및 설명 도구로 활용되었다.

모니악이 더 특별한 이유는 말 그대로 사용자에게 경제의 통제권을 줄 수 있게 해주면서도 금융 시스템의 유동성과 활기를 유지한다는 점에 있다고 생각된다. 이는 경제가 자연의 힘인 동시에 의도적이고 의식적인 의사 결정의 결과라는 것을 보여준다. 만 모형과 마찬가지로 모니악은 시스템 자체의 주체성을 부정하지 않으면서도 복잡한 시스템 내에서 우리가 주체성을 갖게 해준다. 물이 계속 철벅거릴 때 우리는 실제 사물, 실제 물질, 뚜렷이 공유된 세계를 다루고 있다는 사실을 잊을 수 없다. 이 모두가 화면의 숫자로만 표현될 때는 잊기 쉬운 사실이다. 현실 세계가 보편적인 기계로 완전히 추상화되는 순간, 우리는 그것에 관심을 쏟을 능력을 상실하게 된다.

모든 컴퓨터는 시뮬레이터다. 컴퓨터에는 세상의 여러 측면에 대

 새와 나무와 돌멩이의 지적 세계

한 추상적인 모형이 포함되어 있는데, 우리는 이 모형을 가동하자마자 그것이 모형이라는 사실을 잊어버린다. 우리는 그것을 세계 그 자체로 받아들인다. 우리 자신의 의식, 우리 자신의 환경세계도 마찬가지다. 우리는 즉각적으로 지각한 바를 있는 그대로의 세계라로 착각하지만, 사실 우리의 의식적인 인식은 순간적인 모형일 뿐이며, 우리에게 제시되는 세계를 끊임없이 재평가하고 재통합하는 과정이다. 이와 같이 세계에 대한 내적 모형인 의식은 컴퓨터와 같은 방식으로 세상을 형성하며, 컴퓨터만큼이나 강력하다. 우리는 모든 작업 단계에서 모델을 세상과 더 비슷하게, 세상을 모델과 더 비슷하게 만들려고 노력한다. 이것이 바로 모형과 은유가 중요한 이유다. 우리의 내적 모형에 공유된 세계, 공동체적이고 참여적인 세상에 대한 비전이 담겨 있고, 인간 너머의 얽힘이 존재한다는 현실을 인정하며, 새로운 상황과 새로운 깨달음에 맞게 우리의 시각을 조정할 준비가 되어 있다면, 그 모형에는 실제로 세상을 더 공동체적이고 더 참여적이며 더 정의롭고 평등하고 인간 너머의 장소로 만들 수 있는 잠재력이 있다는 뜻이며, 곧 우리가 그러한 잠재력을 갖고 있다는 뜻이다.

모니악은 의사 결정 기계가 된 시뮬레이션 기계다. 이것이 모든 (성공적인) 컴퓨팅이 작동하는 방식이다. 먼저 세상을 모델링한 다음 그 모델로 세상을 대체하려고 시도하는 것이다. 우리의 정신도 의사 결정을 하는 시뮬레이션 기계다. 우리는 세상과 끊임없이 상호 작용하면서 생각하고 정보를 처리하며 행동으로 옮긴다. 그렇다면 더 나은 세상을 만드는 모형(그리고 기계)은 어떤 특징을 가져야 할까?

나는 더 나은, 더 생태적인 기계, 우리가 살고 싶은 세상에 더 적합하고 현대 테크놀로지 대부분의 특징인 불투명성, 중앙집중성, 폭력성에 덜 기울어 있는 기계를 위한 세 가지 조건을 조심스럽게 제안하고자 한다. 기계가 이전 장에서 설명한 인간과 비인간이 함께 번성하는 커뮤니티의 일부가 되려면 다음의 세 가지 조건이 갖추어져야 한다. 기계는 비이진법적이어야 하고, 분산되어 있어야 하며, 알 수 없어야 한다.

비이진법적이어야 한다는 점부터 살펴보자. 지금까지 살펴보았듯이, 아날로그 컴퓨터의 격동적인 흐름에서든, 페이스북 프로필의 열린 범주에서든, 현재 실험적으로 탐구되고 있는 o-기계에서든, 예/아니오, 둘 중 하나, 0/1의 질문을 버릴 수 있을 때 우리는 새로운 방식, 상상했던 것보다 더 강력한 방식으로 행동하고 볼 수 있을 뿐 아니라 상상을 뛰어넘는 이 세계의 풍부함과 복잡성을 발견할 수 있다. 이분법을 버리면 올더스 헉슬리가 말한 끝없는 복잡성의 미로, 깊고 신비로운 화려함이 마침내 우리의 의식 그리고 잠재적으로는 우리의 테크놀로지에 의해 인식될 수 있다. 세계 자체는 절대로 이분법적이지 않다. 우리가 도구를 통해 생태적으로 행동하려면, 즉 서로에게 그리고 인간 너머의 동지들에게 관심을 갖고 정의롭게 행동하려면, 우리 스스로도 이분법을 버리고 기계에게도 그렇게 할 수 있도록 자유를 주어야 한다.

우리가 바라는 기계의 비이진법적 특성은 지금까지 우리가 고려하지 않았지만 컴퓨터가 어떤 것이어야 하는지를 재고하는 데 있어서 중심이 되어야 할 또 다른 사고의 총체, 즉 퀴어 이론에도 접근할 수 있게 해준다. 퀴어 이론은 성별 이분법을 포함하여 모든 형태의 문화가 가진 이성애규범성heteronormativity에 반대한다. 나는 퀴어 이론을 기계에 적용한 사례 중에서 아티스트 잭 블라스Zach Blas의 퀴어 테크놀로지Queer Technologies 프로젝트를 가장 좋아한다. 이 프로젝트에는 트랜스코더transCoder라는 퀴어 프로그래밍 언어와 암수 케이블를 서로 변환할 수 있는 물리적 '젠더 체인저' 케이블 세트가 포함되어 있다. 블라스는 '퀴어 테크

　　　　　　　　　　　　　　　　새와 나무와 돌멩이의 지적 세계

놀로지는 퀴어용으로 기술을 재구성함으로써 기술의 아키텍처, 설계, 기능의 이성애적, 자본주의적, 군사적 토대를 비판한다'라고 말한다. 결정적으로, 이 프로젝트는 상상 속의 도구를 실제로 구축함으로써 테크놀로지를 수행하고 테크놀로지가 속한 세계를 이해하는 다른 방식을 가능하게 한다.[32]

젠더퀴어 운동가 제이컵 토바이어Jacob Tobia는 이렇게 지적했다. '이진법이라는 용어를 처음 들은 것은 컴퓨터 수업에서였을 것이다. 문제는 사람이 컴퓨터처럼 작동하지 않는다는 점이다. 우리의 정체성, 생각, 신념은 항상 두 가지 범주로 쉽게 분류할 수 있는 것이 아니다. 우리가 살고 있는 세상에서는 남성과 여성이라는 두 가지 범주를 설정하고 모두가 그중 하나를 선택해야 한다. 그것은 실제로 인간 경험의 다양성을 온전히 반영하지 못한다.'[33] 기술 어휘집에서 마스터/슬레이브라는 용어를 삭제하기로 한 의식적인 결정과 마찬가지로, 컴퓨터를 설명하고 구축하는 방식의 변화는 컴퓨터 자체의 아키텍처와 기능뿐만 아니라 그러한 기술적 은유에 의해 경험이 형성되는 사람들, 즉 우리 모두의 삶에 실질적인 영향을 미칠 수 있다.

두 번째 조건인 탈중심화는 문어와 점균류의 교훈에서 도출된 것으로, 공동의 협력적 수행의 힘을 인정하자는 것이다. 커뮤니티와 시스템의 힘은 그 내적작용, 즉 함께되기becoming-together를 통해 각자의 합보다 더 큰 것을 만들어내는 데서 나온다. 탈중심화 과정은 인터넷과 같은 네트워크의 분배에 뒤따르는 것이지만, 단순한 연결을 넘어 실질적인 권력이 공유되어야 한다. 우리는 이미 이를 실현할 수 있는 수단과 노하우를 가지고 있지만, 지금까지는 기업 독점과 이윤 추구라는 위압적인 압력으로 인해 실제 구현은 테크놀로지 문화의 변두리로 밀려났다.

오픈소스 운동은 그러한 재분포의 한 예다. 오픈소스 운동은 전체 코드베이스(소프트웨어를 구성하는 모든 코드)를 공개하여 대중의 검토와 비평을 받을 수 있게 하자고 주장한다. 오픈소스 활동은 소프트웨어와 하드웨어의 실제 코드에 누구나 접근하고 읽을 수 있도록 함으로써 지식을 분산시키고 집단 교육과 자기 교육의 기반을 제공한다. 분산 컴퓨팅 분야는 또 다른 예로, 파일 공유와 암호화폐라는 극단적인 민주주의와 SETI@home 및 Folding@home 같은 과학적 이니셔티브를 탄생시켰다. SETI@home은 우주 생명체 발견을, Folding@home은 질병의 새로운 치료법 개발 방법을 모색한다. 둘 다 자원 봉사자, 즉 인터넷으로 연결된 일반 대중이 제공하는 원격 프로세서의 힘을 이용해 단일 슈퍼컴퓨터라면 과부하가 걸릴 수 있는 복잡한 계산을 처리한다. 이 매력적이고 성공적인 두 가지 사례가 다 생명 자체와 관련이 있다는 것은 놀라운 일이 아니다. 연합 네트워크와 P2P 네트워크가 탈중심화의 세 번째 예다. 이들은 모든 사용자가 더 넓은 네트워크의 일부분을 직접 구축, 호스팅 및 제어할 수 있도록 함으로써 소셜네트워크, 웹사이트 호스트, 더 나아가 화상 통화가 가진 힘과 어포던스(행동유도성)를 재창조하려는 시도다. 이 과정에서 사용자들은 네트워크 자체를 적극적으로 재구성한다. 이로써 소수의 사유 허브 중심 네트워크는 사용자들이 서로 직접 연결되는 네트워크로 전환된다. 테크놀로지의 변화로 인해 네트워크 자체의 지형과 권력 관계가 물리적으로 변화하는 결과가 초래되는 것이다.[34]

탈중심화 프로젝트에는 우리 자신을 탈중심화하는 과정, 즉 인간이 지구상에서 가장 중요한 종도 아니고 모든 것이 돌아가는 중심도 아니라는 사실을 인정하는 과정도 포함된다. 우리는 광활한 인간 너머 세계의 특수하지만 다른 모든 존재와 동등한 일부이며, 다른 어떤 부분보다 더 중요하지도 덜 중요하지도 않다. 탈중심화는 우리가 인간 너머의 세계와 맺고 있는 관계에 대해 깊이 생각하고, 우리의 행동과 우리가 만든 도구를 인간 우월성이 만든 유일하고 강력한 인공물이 아니라 다른 모든 존재에 대한 기여와 매개로 이해할 것을 요구하는 복잡한 과업이다.

세 번째 조건인 알 수 없음은 우리가 알 수 있는 것의 한계를 인정하고, 우리가 알 수 없는 세상의 면면들을 무시하거나 소거하려 들지 않고 존중하는 태도로 대하는 것을 뜻한다. 모르는 상태로 존재한다는 것은 무력감에 굴복하는 것이 아니다. 우리에게 통제권이 없고 가질 수도 없는 복잡하고 끊임없이 변화하는 지형 속에서 어떤 테크놀로지가 제대로 기능하게 하려면 오히려 우리 자신과 세상에 대한 일종의 신뢰가 요구된다. 이는 인간 너머의 세계에서 인간으로 존재하기 위한 기본적인 임무이며, 전통적인 우주론에서는 우리의 생존이 달려 있는 비인간 존재들(식물, 동물, 정령, 기상 현상)의 중재를 간청하고 의례를 거행하는 가운데 언제나 이러한 태도를 가져왔다. 기존 경험으로 설명할 수 없는 상황을 위해 특별히 설계된 머신러닝 프로그램에서 볼 수 있듯이, 오늘날의 첨단 기술 중 상당수는 이미 예측할 수 없는 상황에 맞게 조정되어 있다. 자율주행 자동차, 로봇공학, 기계 번역, 심지어 지식 생성 그 자체인 과학 연구 같은 응용 분야는 모두 새로운 자극과 현상에 대한 적절한 반응을 미리 프로그래밍할 수 없다는 깨달음에 근거하여 머신러닝에 눈을 돌리고 있다. 그럼에도 불구하고, 이러한 프로그램이 우리가 그랬던 것처럼 스스로를 전문가, 권위자, 마스터로 인식한다면 실제 현실을 너무 쉽게 무시하거나 지워버릴 수 있으며, 이는 엄청난 결과를 초래할 수 있다. 알 수 없음을 인정하는 시스템이라면 다른 세계와 끊임없이 대화하고, 최고의 과학이 항상 그랬듯이 오류를 바탕으로 스스로를 수정하고 다시 쓸 준비가 되어 있어야 한다.

이러한 시스템의 예로 구글이 트라이알파에너지Tri Alpha Energy를 위해 개발한 옵토메트리스트 알고리즘Optometrist Algorithm을 들 수 있다. 트라이알파는 수십 년 동안 공상 과학 소설의 소재였던 깨끗하고 무한에 가까운 에너지의 원천으로서 실용적인 핵융합 기술을 개발하고 있다. 이를 위해서는 실험용 원자로의 각 테스트 실행에 대해 수천 개의 변수를 고려하는 매우 복잡한 계산이 필요하며, 이는 인간 연구자가 의미 있게 평가할 수 있는 수준의 수천 배에 해당한다. 그러나 문제의 규모를 고려할 때 순수하게 프로그래밍 방식으로만 접근하면 무한한 가능성의 나무에서 수없이 많은 가지를 누락하고, 결국 의미 있게 결과를 개선하지 못하게 될 수 있다.

이 문제를 해결하기 위해 고안된 솔루션은 머신러닝 알고리즘이 여러 옵션을 체계적으로 평가하여 인간 작업자에게 소수의 가능한 조치를 제시하는 것이었다. 이러한 방식은 더 많은 정신이 문제 해결을 위해 동원될 수 있게 하며, 적어도 두 가지 사고 방식, 즉 기계의 프로그래밍에 의한 수학적 평가와 인간의 창의적이고 직관에 기반한 탐구를 결합한다. 이 알고리즘은 맹목적으로 규칙에 따라서만 가동하는 기계가 아니라 환자에게 여러 렌즈를 착용시켜보면서 계속 확인하는 검안사와 같다. '이렇게 하는 것이 더 낫습니까? 아니면 이렇게? 이번엔 어떤가요? 이번에는요?'

전도유망한 방식이다. 하지만 이러한 알고리즘이 인간뿐만 아니라 인간 너머의 존재에게 적용된다면 어떻게 될까? 프로세스의 일부, 사고의 일부를 비인간 행위자에게 위임하는 알고리즘이라면? 예컨대 앞에서 설명했던 전처리 물통, 혹은 번역자와 공동창작자로서의 점균류, 균근 네트워크 활용이 가능할까? 이것은 스태퍼드 비어의 U-기계 또

　새와 나무와 돌맹이의 지적 세계

는 튜링의 o-기계를 완전히 구현하는 것이며, 결정적으로 동료들을 더 넓은 세상과 단절된 작은 상자 안에 가두어 두지 않고 외부를 향하게 하는 일이 될 것이다.[35]

앎을 완전히 제거한 사이버네틱 기계의 예로는 캐나다 디자이너 가닛 허츠Garnet Hertz가 만든 바퀴벌레 제어 모바일 로봇, 즉 로치봇Roach-bot(2004~2006)이 있다. 이 로봇은 위의 모든 원리를 보여주는 동시에 척추 개와 게 컴퓨터의 끔찍한 면도 갖고 있는 장치다(아마도 그러한 불쾌감을 인간 너머 존재의 효율성을 나타내는 유용한 지표로 간주할 수 있겠지만, 여기서 다룰 주제는 아니다).

로치봇은 전동 세발자전거 한 대, 근접 센서 한 세트, 트랙볼에 벨크로로 고정한 초대형 바퀴벌레 한 마리(마다가스카르휘파람바퀴)로 구성된다. 로치봇은 밝은 빛을 싫어하는 바퀴벌레의 습성(주방 전등을 켜면 바퀴벌레가 도망가는 것과 같은 메커니즘)을 이용한 간단한 사이보그 탐색 로봇이다. 바퀴벌레가 트랙볼 위에서 기어 다니면 세발자전거가

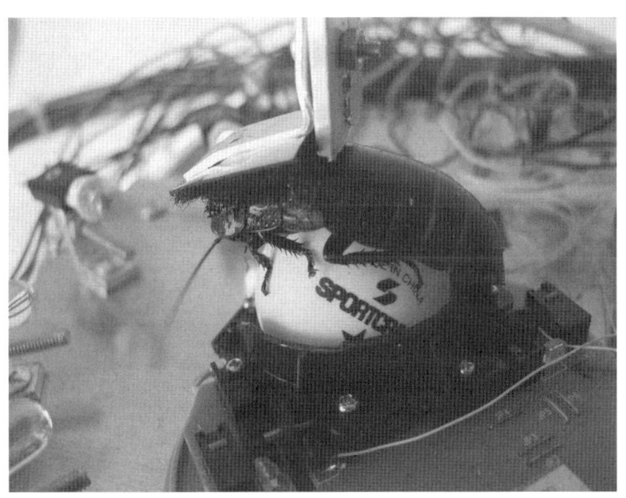

가닛 허츠가 만든 바퀴벌레 제어 모바일 로봇.

굴러가면서 방을 가로지르는데, 장애물에 너무 가까워지면 그 방향으로 밝은 LED가 켜져 진로를 바꾸게 된다. 이 방식은 로치봇이 장애물을 피하면서 공간을 돌아다닐 수 있게 해준다. 그레이 월터의 거북과 거의 같은 방식이지만 핵심적인 차이가 있는데, 이 시스템의 한 요소를 알 수 없다는 점이다. 거북과 달리 허츠의 기계에서 가장 중요한 바퀴벌레는 인간이 만든 것도 아니고 해석할 수도 없다. 바퀴벌레는 스스로 작동하는 오라클이다. 사이버네틱스 용어로 '동반entrain'되지만 지배당하지는 않는다(바퀴벌레는 이 주장에 동의하지 않을 수도 있다).[36]

알지 못한다는 사실에 기반한 진정한 관계(그것이 바퀴벌레나 버섯과의 관계이든 기계, 혹은 다른 인간과의 관계이든)에서는 상대방이 어떻게 움직이는지를 완전히 이해해야 한다는 생각을 포기해야 한다. 그보다 필요한 것은 일종의 신뢰, 심지어 연대다. 우리는 다른 지능의 가능성에, 더 나아가 그들이 우리를 돕고 싶어할 수도 있고 그렇지 않을 수도 있다는 사실에 열려 있어야 한다. 따라서 그들이 자발적으로 우리를 돕기로 결정할 수 있도록 더 상호 동의할 수 있는 조건을 만들어야 한다. 이는 무력감과는 정반대로, 더 나은 관계뿐만 아니라 더 나은 세상을 만들 수 있게 해준다.

테크놀로지에 관한 부정의 신학negative theology이 제시하는 비이진법, 탈중심화, 무지라는 세 가지 교리의 공통점은 모든 형태의 지배를 해체하는 데 관심을 둔다는 것이다. 인간과 기계의 관점에서 비이진법적으로 된다는 것은 불평등의 직접적인 결과로서 폭력을 초래하는 거짓 이분법을 완전히 거부하는 것이다. 이분법적 언어 문화는 우리를 둘로 갈라놓고 기존 권력 구조에 맞는 쪽을 선택하게 만든다. 비이진법을 주장하는 것은 이러한 분열을 치유하고 다양한 주체성과 권력을 주장할 수 있게 하는 것이다.

이러한 맥락에서 탈중심화란 인간 너머의 세계에 존재하는 모든 행위자와 집합체에 동등한 권한과 주체성을 부여하여 어느 누구도 다른 사람을 지배할 수 없게 한다는 뜻이다. 무지란 오라클 앞에 선 소크라테스처럼 우리도, 그 누구도 정확히 무슨 일이 일어나고 있는지 알지 못한다는 것을 인정하고 그러한 이해와 다른 모든 것에 대해 겸손해지고 평온해져야 한다는 것이다. 그럼으로써 통제와 지배를 위한 것이었던 테크놀로지는 협력과 상호 권한 부여, 해방의 테크놀로지가 된다.

물론 이러한 목표는 단순히 기술적 또는 생태적 목표가 아니라 정치적 목표이기도 하다. 테크놀로지에 관한 모든 질문은 충분한 규모로 일어날 때 정치의 문제가 된다. 이 책의 마지막 부분에서는 우리 모두가 더 정의롭고 평등한 관계를 달성하는 데 테크놀로지를 포함하여 인간 너머의 세계로부터 어떤 교훈을 얻을 수 있는지 살펴볼 것이다.

사이버네틱스는 우리가 찾고 있는 테크놀로지에 관한 인간 너머의 이해에 가장 근접해 있으며, 정치와도 관련이 있다. 특히 스태퍼드 비어는 사이버네틱스에 입각한 세계관을 더 나은 삶을 위해 사용하려고 노력했다. 1971년, 새로 선출된 살바도르 아옌데의 칠레 사회주의 정부에서 비어의 아이디어를 국영 경제에 활용할 방법을 타진하기 위해 그에게 연락을 해왔다. 비어는 이 기회를 놓치지 않고 수개월 동안 칠레 경제에 대해 연구하고 문서화하며 개입했다. 가장 성공적이었던 일은 지방 자치 단체 및 중앙 정부의 계획 당국과 연결된 500개가 넘는 공장에 텔렉스 전신 네트워크를 구축한 것이었다. 비어는 이 네트워크가 사이버네틱 팩토리와 유사한 국가 규모 신경계를 형성함으로써 완전한 연결과 자율성, 변화하는 조건에 대한 신속한 대응을 가능하게 할 것이라고 보았다. 실제로 CIA가 지원하는 트럭 파업 때문에 고속도로가 봉쇄되었을 때 이 텔렉스 네트워크로 고속도로 봉쇄를 피해 식량 배달을 조율한 적도 있었지만 그런 대규모 테스트 기회는 단 한 번뿐이었다. 아옌데 정권이 곧 무너졌기 때문이다. 이 역시 CIA의 작품이었다.

비어의 프로젝트 사이버신Project Cybersyn이 그의 예측대로 진화했는지, 아니면 비판자들의 주장처럼 하향식 통제와 노동 억압만 강화하는 결과를 초래했는지는 분명하지 않다. 하지만 1974년 맨체스터대학교에서 있었던 비어의 강연에서 우리는 정치적 관점이 테크놀로지를 이해하고 구현하는 방식을 변화시키는 아름다운 순간을 느낄 수 있었다. 비어는 아옌데에게 자립 체계 모델(Viable System Model, VSM, 적응형 시스템에 대한 그의 광범위한 아이디어에서 바탕이 되는 중요한 개념)을 정부에 어떻게 적용할 수 있는지 설명했다. 비어는 VSM에서 가장 낮은 수준인 시스템 1이 국무부를, 각 상위 시스템이 서로 다른 거버넌스 운영을 지칭한다는 것을 차례로 설명했고, 아옌데는 주의 깊게 경청했다. 비어가 '그리고 시스템 5는 대통령님입니다'라고 말하려는 순간, 아옌데가 말을 가로막았다. 그는 만면에 환한 미소를 지으며 이렇게 말했다. '아, 그러면 마지막인 시스템 5는 민중이군요.'[37]

우리는 지난 수십 년 동안 세계를 개별적인 부분으로 분해하여 우리가 고안한 인식론적, 기계적 기계로 재조립함으로써 세계를 지배하려고 애썼다. 우리는 만물이 어떻게 작동하는지 알기 위해 필사적으로 노력했고, 이 지식을 사용하여 인간 외 존재들의 주체성을 억누르고 탄압했다. 그러나 생태 테크놀로지는 인간 너머의 모든 플레이어를 연결하고 재건하여 비어가 상상했던 것보다 더 포용적이고 발전적인 VSM, 즉 정의롭고 공평하며 살기 좋은 세상을 구축할 방법을 모색한다.

오라클 기계를 구축하는 작업은 진행 중이며, 이는 우리의 핵심 과제다. 이 장에서는 우리와 인간 너머의 세계를 포함하는 오라클 기계가 튜링이 무시하고 비어가 암시만 했던 방식, 즉 가이아를 궁극의 항상성 조절기로 인식하고 급진적인 타자성을 적응의 원동력으로 받아들이는 방식을 취하면 어떻게 될지를 보여주는 몇 가지 구상과 프로세스를 검토했다. 우리는 이러한 단서로부터 인간 너머의 정치, 즉 테크놀로지 생태계를 보다 온전하게 살아가기 위한 프레임워크와 프로세스를 수립하기 시작할 수도 있을 것이다. 하지만 우리에게는 퍼즐의 또 다른 조각 하나가 필요하며, 새로운 이해의 토대를 구축하기 위해 지식과 확실성에 대한 우리의 믿음을 더욱 허물어야 한다. 네안데르탈인의 문화와 데본기의 섹스로 거슬러 올라가 우리 자신의 세포 안에 여전히 살고 있는 작은 와편모충을 발견했을 때 그랬던 것처럼, 나는 알 수 없음과 적응적 만남이라는 개념을 조금 더 깊이 파고들어 우리의 적응과 변화 능력의 근간을 이루는 안개와 거품 속으로 들어가보고 싶다. 그러려면 무작위성을 받아들여야 한다.

7장

무작위성

아테네 중심부의 아크로폴리스 언덕 기슭에는 이 신전을 세운 왕 (기원전 159년부터 138년까지 아테네를 통치한 페르가몬의 아탈로스 2세)의 이름을 딴 아탈로스 주랑(柱廊)Stoa of Attalos이 서 있다. 고대 아테네에서 주랑이란 지붕이 있는 산책로 또는 현관portico을 뜻하며, 오늘날에도 아테네 골목길의 아케이드에 이 명칭이 사용되고 있다. 이 건물은 1950 년대에 복원되었으며, 지금은 내가 가장 좋아하는 고대 유물 컬렉션 중 하나를 수장하고 있는 고대아고라박물관Museum of the Ancient Agora이 있다. 공공 광장인 아고라는 고대 도시의 사회적, 상업적 중심지였으므로, 이 박물관의 소장품은 시민들의 일상 생활과 그들이 사업을 하는 방식 에 대해 많은 것을 알려준다.

컬렉션의 하이라이트는 기원전 3세기 아테네에서 발생한 정부 시 스템과 관련된 유물들이다. 이 도시는 서구 민주주의의 요람으로 널리 알려져 있지만 주의할 점이 있다. 고대 아테네의 전체 인구 중 실질적 인 권리를 가진 '데모스demos'는 25세 이상의 재산 소유 남성으로 제한되었으며, 여성, 노예, 외국인 등 여타의 모든 공동체 구성원은 의사 결정에서 제외되었다. 그럼에도 불구하고 고대 아테네의 민주주의는 여전히 우리에게 중요한 교훈을 주며, 오늘날 우리가 민주주의를 실천하는 방식과는 근본적으로 상당한 차이가 있었다는 점에 주목할 필요가 있다.

박물관에서 가장 단순하지만 가장 눈에 띄는 물건 중 하나는 물시계의 일종인 클렙시드라klepsydra('물 도둑'이라는 뜻)다. 클렙시드라는 단순한 점토 항아리 모양이며, 바닥 근처에 작은 수도꼭지가 달려 있다. 항아리의 크기는 의회 또는 법정 소송에서 발언자에게 할당된 특정 시간에 해당한다. 500드라크마* 미만의 청구에 대한 반론이라면 발언자에게 약 6분 동안 주장을 펼칠 수 있도록 했고, 이 시간을 클렙시드라로 쟀다. 항아리에 물을 가득 채운 후 피고인이 연설을 시작하면 마개를 열었고, 물의 흐름이 멈추면 발언을 멈춰야 했다. 관습적으로, 가장 능숙한 연설가들은 마지막 한 방울이 떨어질 때 연설이 극적인 절정에 이르도록 시간을 맞추곤 했다. 이와 같이 클렙시드라는 가장 단순한 형태의 유압식 컴퓨터, 즉 유체를 작동 매체로 사용하는 아날로그 시간 기록 장치로 볼 수 있다.[1]

클렙시드라 바로 옆의 진열장에는 이름이 새겨져 있는 작은 꽃병이나 다른 토기 그릇 등의 깨진 조각들이 보관되어 있어서 흥미를 돋운다. 도편ostrakon은 고대 아테네에서 흔했던 까닭에 현재 아테네의 거의 모든 고고학 박물관에 전시되어 있는 유물이다. 이 파편들은 일종의 종이 역할을 했는데, 귀하고 값비싼 수입 이집트 파피루스나 동물 가죽과 달리 도자기 조각은 어디서든 자유롭게 주워올 수 있었다. 아테네인들

---

* 그리스의 옛 화폐 단위.

핏 더 용Piet de Jong이 손잡이와 문구를 복원하여 그린 클렙시드라.

은 고대 민주주의의 가장 호기심 많고 슬프게도 사라진 관습 중 하나인 도편추방제ostracism에 이 조각들을 사용했다.

주로 누군가를 지지하는 투표를 하는 현대 민주주의와 달리 아테네인들은 **반대**를 위한 투표를 선호했다. 특정 개인이 너무 강력해지거나 어떤 식으로든 도시를 잘 운영하는 데 위협이 되는 인물로 간주되면 대중의 배척을 위해 도편추방제에 의거한 투표에 부칠 수 있었다. 배척에 찬성하는 투표가 충분히 많으면(당대의 자료에 따르면 약 6,000표), 그 사람은 십 년 동안 도시에서 추방되거나 사형에 처해졌다. 도편추방제는 새로운 독재자의 출현을 막기 위한 메커니즘으로서 비교적 성공적이었으며, 조작에 취약하다는 증거도 있기는 하지만, 사실 더 이상 사용되지 않게 된 것이 지나치게 성공적이었기 때문이었다고 설명하는 사람들도 있다. 어느 쪽이든 도편추방제는 초기 민주주의의 중요한 부분이었으며, 오늘날 (사형 제도는 제외하고) 다시 도입해볼 만한 매력적인 제도다.

클렙시드라와 오스트라콘 옆에는 고대 미디어 테크놀로지의 유물 중 내가 가장 좋아하는 클레로테리온kleroterion이 있다. 돌과 황동으로

     새와 나무와 돌멩이의 지적 세계

테미스토클레스(기원전 480~470년대)의 추방을 요구하는 도편. 아테네 고대아고라박물관.

만들어졌으며 2,000년이나 되었지만 지금도 완벽하게 작동하는 이 아날로그 컴퓨터는 민주주의의 핵심 처리 장치 중 하나였다. 지금은 몇 피트 높이의 부서진 석판으로 남아 있지만, 한때는 아고라에 사람 키만 한 높이로 서 있었다. 이 넓은 석판 앞면에는 5줄 또는 10줄로 약 300개의 깊은 홈이 파여 있다. 석판의 상단에서 바닥까지는 긴 관이 뚫려 있고, 손으로 돌리는 크랭크로 여닫을 수 있게 되어 있다.

클레로테리온과 함께 쓰이던 피나키온*pinakion*은 데모스의 각 구성원에게 발급된 작은 청동판으로, 각자의 이름이 새겨져 있다. 피나키온은 일종의 ID 태그 또는 사용자 토큰이었으며, 석판 전면의 홈에 꼭 들어맞는다. 배심원이 필요해지면 선택된 시민 그룹이 기계 앞쪽의 홈에 피나키온을 넣고 공무원이 양동이에 필요한 배심원 수에 해당하는 검은색과 흰색 공을 담은 후 튜브 상단에 쏟아 넣었다. 크랭크 손잡이를 돌려 공이 나오는 순서에 따라 어떤 줄의 피나키아가 선택될지, 따라서 어떤 시민이 배심원으로 활동할지가 결정되었다.

여기에는 두 가지 중요한 요점이 있다. 첫 번째는 아테네인들이 배심원단을 구성하는 데만 아날로그 컴퓨터를 사용한 것이 아니라는 점이다. 그들은 시 위원회, 판사와 입법자, 심지어 국가의 통치 평의회 Boule를 선출하는 데에도 이와 같은 컴퓨터를 사용했다. 사실 이런 방식으로 지도자를 선출하지 않는 시민 기관은 군대뿐이었다.

둘째, 우리가 민주주의에 대해 생각하는 바와 거의 정반대로, 클레로테리온에 의해 시행된 이 선출 과정은 무작위에 근거했다. 오늘날 제비뽑기라고 불리는 이 방법은 배심원을 선발할 때나 쓰이지만, 기원전 300년 아테네에서 시행된 최초의 민주주의는 이 방법을 사용하여 정부의 거의 모든 중요한 직책을 맡겼다. 아테네 사람들은 배심원 선출의 원칙이 민주주의에 매우 중요하다고 믿었다. 아리스토텔레스도 '공직이 제비뽑기로 할당되면 민주적인 것으로, 선거로 채워지면 과두제적인 것으로 볼 수 있다'고 선언했다. 제비뽑기, 즉 무작위성은 급진적 평등의 토대였다.

더 낯설게 느껴지는 사실 중 하나는 현대 대부분의 디지털 기계가 무작위적일 수 없으며, 따라서 고대 그리스인들에 따르면 진정한 평등의 주체가 될 수 없다는 것이다. 진정한 무작위성은 우리의 인식 바깥으로 미끄러진다. 개별 숫자와 달리 그 자체의 속성이 아니라 서로의 관계에 따라 달라지는 속성이기 때문이다. 하나의 숫자는 무작위가 아니며, 다른 숫자의 시퀀스와의 관계에서만 무작위가 된다. 그리고 그 무작위성의 정도는 전체 그룹의 속성이다. 현대적인 용어로 말하자면, 자신을 측정할 수 있는 정상성 또는 적절성에 대한 공유된 기준이 없다면 무작위가 될 수 없다. 무작위성은 관계적이다.

컴퓨터에서 무작위성을 다루기 힘든 이유는 그것이 수학적으로 의미가 없기 때문이다. 어떤 요소도 다른 요소와 일관된 규칙 기반의 관계를 갖지 않는 진정한 무작위성을 생성하도록 컴퓨터를 프로그래밍할 수 없다. 컴퓨터는 무작위적이지 않기 때문이다. 컴퓨터가 만들어내는 무작위성의 바탕에는 항상 어떤 기본 구조, 즉 무작위성을 생성하는 수학이 존재하며, 이를 역설계하여 다시 생성할 수 있다. 그러므로, 무작위가 아니다.

이는 신용카드 회사부터 복권에 이르기까지 난수에 의존하는 모든 종류의 산업에서 큰 문제다. 누군가가 무작위성 함수의 작동 방식을 예측할 수 있다면 도박꾼이 표시된 카드를 게임에 몰래 넣는 것처럼 해킹할 수 있게 되기 때문이다. 실제로 많은 복권 범죄가 이러한 방식으로 이루어졌다. 2010년에는 아이오와주의 한 복권 관계자가 특정 날짜의 추첨 결과를 예측할 수 있게 난수 생성기를 조작하여 적발되기 전까지 1,400만 달러가 넘는 당첨금을 수령했다. 아칸소주에서는 복권위원회의 보안 담당 부국장이 2009년부터 2012년까지 22,000장 이상의 복권을 훔쳐 50만 달러에 가까운 현금을 수취했는데, 이 경우에도 번호를 선택하는 기본 코드를 조작하는 방식으로 이루어졌다.[2]

다시 말하지만, 컴퓨터는 설계상 진정한 의미의 난수를 생성할 수 없다. 수학적 연산으로 생성되는 숫자는 진정한 의미의 난수가 아니기 때문이다. 이것이 바로 많은 복권에서 여전히 번호가 매겨진 공을 통에 넣고 회전시키는 방법을 사용하는 이유다. 이러한 시스템은 어떤 슈퍼컴퓨터보다 간섭하거나 예측하기 어렵다.[3] 그럼에도 불구하고 수많은 응용 프로그램은 난수를 필요로 하기 때문에 컴퓨터 엔지니어들은 '유사 난수'(예측이 사실상 불가능한 방식으로 기계가 생성한 숫자)를 얻기 위해 놀랍도록 정교한 방법을 개발했다. 그중 일부는 하루 중의 시간에 해당하는 값을 취하거나, 주식 시세 같은 다른 변수를 추가하고, 결과에 복잡한 변환을 수행하여 세 번째 숫자를 생성하는 등 순전히 수학적이다. 이 최종 숫자는 예측하기 매우 어려워 대부분의 애플리케이션에서 충분히 무작위적이지만, 계속 사용하면서 주의 깊게 분석하면 항상 기본 패턴을 발견할 수 있다. 해독할 수 없는 진정한 무작위성을 생성하기 위해서는 컴퓨터가 정말 낯선 방식을 채택해야 한다. 세상에 도움을 요청해야 한다는 뜻이다.

진정한 기계 무작위성의 사례 연구로 ERNIE(Electronic Random Number Indicator Equipment)를 들 수 있다. 이 컴퓨터는 1956년부터 영국 정부가 운용하는 복권인 프리미엄 본드 추첨에 사용되었다. 최초의 ERNIE는 우체국전산연구소Post Office Research Station의 엔지니어 토미 플라워스Tommy Flowers와 해리 펜섬Harry Fensom이 두 사람의 이전 공동 작업인 에니그마 암호 해독 기계 콜로서스Colossus를 기반으로 개발한 것이다. ERNIE는 진정한 난수를 생성할 수 있는 최초의 기계 중 하나였지만, 이를 위해서는 수학적 계산을 넘어 외부와 연결해야 했다. 이 컴퓨터는 일련의 네온 튜브, 즉 네온 조명에 사용되는 것처럼 가스로 채운 유리 막대에 연결되었다. 튜브 안의 가스 흐름은 전파, 대기 조건, 전력망의 변동, 심지어 우주 공간의 입자에 이르기까지 기계가 제어할 수 없는 모든 종류의 간섭에 영향을 받았다. 이 간섭으로 인해 발생하는 튜브의 노이즈(네온 가스 내의 전속electrical flux 변화)를 측정함으로써 ERNIE는 수학적으로 검증할 수 있지만 완전히 예측할 수 없는, 정말 무작위적인 숫자를 생성할 수 있었다.

이후 출시된 ERNIE는 동일한 접근 방식을 사용하되 더욱 정교해졌으며, 당시의 기술 트렌드를 면밀히 따랐다. 1972년에 출시된 ERNIE 2는 크기가 절반으로 줄었고, 제임스 본드 영화 〈골드핑거Goldfinger〉에 등장하는 컴퓨터를 닮았다. 1988년에 출시된 ERNIE 3는 데스크톱 컴퓨터 크기였으며 추첨을 완료하는 데 5시간 30분밖에 걸리지 않았다. 이전 모델의 5배 속도였다. ERNIE 4는 정교한 알고리즘과 함께 네온 튜브 대신 내부 트랜지스터의 열 노이즈를 사용하는 방식으로 시

새와 나무와 돌멩이의 지적 세계

ERNIE 1, 1957.

간을 2시간 30분으로 단축했다. 가장 최근에 출시된 ERNIE 5는 빛 자체의 양자 속성을 조사하는 방법을 사용하며, 2019년 3월부터 프리미엄 본드 추첨에 활용되고 있다.[4]

ERNIE는 방 크기의 전선과 회로 기판으로 얽혀 있던 컴퓨터에서 부피가 큰 메인프레임과 데스크톱 박스를 거쳐 개별 광자를 감정할 수 있는 고도로 전문화된 미세한 실리콘 칩에 이르기까지 70년 동안의 컴

ERNIE 3, 1988.

퓨터 진화를 고스란히 보여준다. 그러나 그 각각의 세대별 컴퓨터는 진정한 무작위성을 위해 자신을 둘러싼 인간 너머의 세계와 소통하기 위해 자신의 회로 밖을 바라보는, 기계가 거의 하지 않는 일을 해왔다.

그 사이에 기계로 무작위성을 생성하는 다른 창의적인 방법들도 개발되었다. 슈퍼컴퓨터 회사인 실리콘그래픽스의 직원들이 장난삼아 제안한 데서 시작된 라바랜드Lavarand는 디지털 카메라를 용암 램프에 비춰 램프의 끝없이 혼란스러운 변동에서 진정한 난수를 뽑아냈다. 수천 개의 웹사이트를 해킹 및 기타 장애로부터 보호하는 온라인 보안회사 클라우드플레어는 실제로 라바랜드를 활용하고 있다. 샌프란시스코에 있는 클라우드플레어 본사에서는 80개의 용암 램프가 늘어선 선반으로부터 디지털 서버를 위한 백업용 무작위 소스를 제공받는다. 장난처럼 시작되었던 또 다른 사례인 핫비트Hotbits는 방사성 세슘-137 샘플을 지목하는 방사선 탐지기를 사용한다. 방사성 세슘-137이 붕괴하면서 무작위 간격으로 생성되는 베타 입자를 이용하는 것이다. 진정한 난수를 제공하는 인기 있는 온라인 소스인 Random.org는 라디오색의 10달러짜리 수신기를 사용하여 대기 중 무선 노이즈를 측정하는 것으로부터 시작되었는데, 현재는 전 세계에 안테나와 프로세싱 스테이션 네트워크를 갖고 있다.[5]

이 기계들은 모두 동일한 결함을 인정하고 있다. 컴퓨터는 우리가 구축한 방식 때문에 단독으로는 진정한 무작위성을 발휘할 수 없다. 이 중요한 일을 해내려면 대기의 변동, 광물의 부식, 용암의 움직임, 우주 자체의 양자 춤 등 다양한 불확실성의 원천과 연결되어야 한다. 다른 한편, 여기서 우리는 아름다운 무엇인가를 확인할 수 있다. 컴퓨터가 이 세계의 완전하고 유용한 참여자가 되려면 세상과 관계를 맺어야 한다는 것이다. 컴퓨터는 세상과 접촉하고 소통해야 한다. 이것이 바로 튜링의 오라클 기계, 그것이 무엇이든 그저 하나의 기계라고 할 수 없는 신비롭고 강력한 장치의 완전한 실현이다. 다시 한번, 우리는 이 세계가 곧 오라클이라는 유일한 결론에 도달하게 된다.

컴퓨터의 역사에서 또 한 가지 주목할 만한 점은 대부분의 현대 컴퓨터가 가진 고정적이고 유연하지 못한 특성에 부분적인 책임이 있는 사람 중 한 명이 무작위성을 가장 강력하게 응용한 사람 중 한 명이라는 것이다. 원자폭탄 개발로 가장 잘 알려진 헝가리계 미국인 물리학자 존 폰 노이만John von Neumann은 튜링의 설계를 기반으로 한 최초의 컴퓨터 개발에 긴밀히 관여했다. 원래 이 컴퓨터가 개발된 것은 원자폭탄의 설계에 기존 계산기로는 처리할 수 없는 복잡한 계산이 필요했기 때문이었다. 폰 노이만은 최초로 완전히 디지털화된 기억장치 장착 컴퓨터인 EDVAC을 제안하면서 메모리와 중앙 프로세서 사이의 단일 연결, 즉 '버스'라는 특정 아키텍처를 지정했다. 이는 컴퓨터가 데이터를 가져오는 동시에 명령을 실행할 수 없다는 것을 의미했다.

오늘날 거의 모든 컴퓨터가 튜링의 기계에 기반한 것처럼, 거의 모든 컴퓨터가 폰 노이만 아키텍처를 사용한다. 그러나 이로 인해 발생하는 문제점은 필요한 정보가 메모리에 들어오고 나갈 때 중앙 처리 장치(CPU)가 계속 대기해야 하므로 처리 속도가 심각하게 느려질 수 있다는 것이다. 원래 이러한 방식으로 컴퓨터를 구축하기로 결정한 것은 단순성을 고려한 것이었지만, 이는 정보를 처리하기보다는 정보를 이동하는 데 상당한 양의 시간, 소프트웨어 설계 및 전기 에너지가 소비된다는 뜻이다. 폰 노이만 병목 현상von Neumann bottleneck은 초기에 세운 가정이 복잡하고 유연하지 않은 도구로 인코딩됨에 따라 수십 년 후의 우리 능력에 근본적으로 영향을 끼치는 대표적인 예다. 실제로 폰 노이만 병목 현상은 학습 능력을 향상시키기 위해 막대한 양의 데이터 처리를 필요로 하는 최신 인공 지능 시스템이 직면하는 주된 문제 중 하나다. 미래 시스템을 위해 병목 현상을 우회하여 대규모 연속 연산을 수행하는 양자 컴퓨터가 제안되기도 한다. 하지만 아직은 먼 미래의 이야기다. 오늘날 우리가 아직 튜링의 추상화된 a-기계에 살고 있듯이 폰 노이만의 병목 현상도 벗어나지 못하고 있다.

2차 세계대전 이후 폰 노이만은 1945년 8월 히로시마와 나가사키에 투하된 1세대 원자폭탄보다 훨씬 강력하고 파괴적인 새로운 수소폭탄 개발에 관해 연구했다. 원자폭탄은 원자가 쪼개지면서 생성되는 거의 통제되지 않은 에너지 방출인 순수 핵분열에 의존하는 반면, 수소폭탄은 이 에너지를 더 강력한 반응으로 억제하고 형성함으로써 달성되는 후속 융합에 의존한다는 점이 두 유형의 차이였다. 수소폭탄을 제작하려면 폭탄의 핵심 노심에서 방출되는 입자 간의 복잡한 상호 작용을 모델링해야 했는데, 문제는 당시 사용 가능한 그 어떤 기계의 시뮬레이션 능력으로도 감당할 수 없다는 점이었다.

1946년, 폰 노이만의 동료 중 한 명인 폴란드 물리학자 스타니슬라프 울람Stanislaw Ulam은 심각한 질병에서 회복 중이었고 시간을 보내기 위해 끝없이 솔리테어 게임을 하고 있었다. 그는 카드 52장의 순서를 모두 성공적으로 배열할 확률을 계산할 수 있는지 문득 궁금해졌다. 그는 추상적인 계산에 의존하지 않아도 백 번 넘게 게임을 실행하여 성공한 플레이를 세어보면 꽤 정확한 확률을 도출할 수 있을 거라고 생각했다. 기존의 컴퓨터가 가능한 모든 결과의 하위 집합을 쉽게 처리할 수 있다는 사실을 깨달은 울람은 자신의 프로세스를 수리물리학으로 일반화했다. 그는 동일한 접근 방식을 사용하여 중성자 반응을 수천 번 시뮬레이션함으로써 핵심에서 무슨 일이 일어나고 있는지 대략적이지

만 꽤 좋은 아이디어를 얻을 수 있었다.[6]

울람은 자신의 아이디어를 폰 노이만에게 전달했고, 다른 물리학자 닉 메트로폴리스Nick Metropolis와 함께 이 접근법을 공식화하여 몬테카를로 방법이라고 이름 붙였다. 폰 노이만 자체가 상습적인 도박꾼이어서, 양차 대전 사이에 코트다쥐르에서 아내 클라라를 처음 만났을 때도 자신이 고안한 수학적 시스템으로 몬테카를로 룰렛과 대적했다(실패하면 클라라가 술값을 내기로 했다). 노이만은 복잡한 수학 문제를 무작위적인 우연에 기반하여 접근하는 방법에 깊이 매료되었다. 계산의 어느 시점에서든 가능한 모든 결과를 계산하려 애쓰기보다 주사위를 굴려(또는 수천 개의 주사위를 굴리면) 한 단계 더 나아갈 수 있었다. 이처럼 몬테카를로 방법은 전체 문제를 한 번에 재현하고 해결하는 식으로 문제를 파악하고 지배하기보다 문제에 대해 능동적으로 탐색함으로써 결론을 도출하는, 기존의 방법들과 매우 다른 자연주의적 접근 방식을 추구한다.[7]

몬테카를로 방법을 대규모로 구현하기 위해서는 당시 수소폭탄 팀이 사용하던 메인 컴퓨터인 ENIAC을 근본적으로 재구성해야 했다. 이 과정에서 그들은 ENIAC의 프로그래머 중 한 명이자 사실상 현대 컴퓨터의 역사에서 최초의 전문 프로그래머 중 한 명이었던 클라라 단 폰 노이만Klára Dán von Neumann의 도움을 빌렸다. 몬테카를로의 작동을 위해 '백그라운드 코딩'과 '프로그램 코딩'으로 이루어진 새로운 시스템이 발명·구현되었는데, 오늘날 컴퓨터가 운영 체제와 개별 애플리케이션으로 나뉘어 있는 것이 그 유산이다. 이전에는 ENIAC에서 실행되는 새 프로그램을 컴퓨터에서 실행하려면 정보를 저장할 위치부터 수학적 결과를 요청할 하위 시스템에 이르기까지 모든 세부 사항을 개별적으로 코딩해야 했다. 그런데 프로그램에서 백그라운드를 분리하고 자주 사용되는 많은 기능을 기계 자체에 인코딩하니 프로그래밍 작업이 대폭 간소화되었고 처음으로 진정한 다목적 컴퓨터가 만들어질 수 있었다. 이러한 접근 방식은 튜링의 로직과 폰 노이만의 아키텍처만큼이나 현대 컴퓨터의 표준 기능이 되었다. 그리고 이는 복잡한 문제 해결에 대한 무작위 접근 방식을 기계에서 구현하려는 시도의 직접적 결과였다.

몬테카를로 방법을 완벽하게 구현하기 위해서는 또 하나의 중요한 요건이 있었다. 컴퓨터 자체로는 생성할 수 없는 난수 소스가 필요하다는 것이었다. 존 폰 노이만은 이 점에서 기계의 한계를 너무나 잘 알고 있었다. 1949년 이 주제에 대해 쓴 논문에서 그는 '산술적 방법으로 난수를 생성하려는 생각은 당연히 죄악'이라고 경고했다.[8]

이러한 요구에 부응하여 폰 노이만을 컨설턴트로 고용한 미군 산하기관 랜드연구소RAND Corporation는 펄스 발생기와 노이즈 소스(아마도 ERNIE에 사용된 것과 유사하게 가스로 채운 작은 트랜지스터 밸브)로 구성된 '전자 룰렛 휠'을 만들었다. 그 결과는 1955년 『십만 개의 정규 편차가 있는 백만 개의 난수A Million Random Digits with 100,000 Normal Deviates』라는 책으로 발표되었다. 그 내용은 정확히 제목과 일치했다. 이 책은 약 400쪽으로 구성되었고, 각 쪽에는 50자리 숫자가 50줄씩 들어 있으며, 각 줄에는 00000부터 19999까지 번호가 매겨져 있었다. 폰 노이만의 팀에 펀치 카드로 제공된 이 숫자는 초기 몬테카를로 시뮬레이션에 사용되었으며, 지금까지 수집된 가장 큰 무작위 숫자 소스로서 오늘날에도 통계학자, 물리학자, 여론조사기관, 시장분석기관, 복권 관리자 및 품질 관리 엔지니어가 여전히 사용하고 있다.[9]

수소폭탄 개발의 바탕이 된 계산은 룰렛 휠의 결과, 즉 가스로 채워진 유리관 내부에서 혼란스럽게 요동치는 소음, 즉 우주 자체의 진동에

　　　　　새와 나무와 돌멩이의 지적 세계

```
00000    10097 32533    76520 13586    34673 54876    80959 09117    39292 74945
00001    37542 04805    64894 74296    24805 24037    20636 10402    00822 91665
00002    08422 68953    19645 09303    23209 02560    15953 34764    35080 33606
00003    99019 02529    09376 70715    38311 31165    88676 74397    04436 27659
00004    12807 99970    80157 36147    64032 36653    98951 16877    12171 76833

00005    66065 74717    34072 76850    36697 36170    65813 39885    11199 29170
00006    31060 10805    45571 82406    35303 42614    86799 07439    23403 09732
00007    85269 77602    02051 65692    68665 74818    73053 85247    18623 88579
00008    63573 32135    05325 47048    90553 57548    28468 28709    83491 25624
00009    73796 45753    03529 64778    35808 34282    60935 20344    35273 88435

00010    98520 17767    14905 68607    22109 40558    60970 93433    50500 73998
00011    11805 05431    39808 27732    50725 68248    29405 24201    52775 67851
00012    83452 99634    06288 98083    13746 70078    18475 40610    68711 77817
00013    88685 40200    86507 58401    36766 67951    90364 76493    29609 11062
00014    99594 67348    87517 64969    91826 08928    93785 61368    23478 34113

00015    65481 17674    17468 50950    58047 76974    73039 57186    40218 16544
00016    80124 35635    17727 08015    45318 22374    21115 78253    14385 53763
00017    74350 99817    77402 77214    43236 00210    45521 64237    96286 02655
00018    69916 26803    66252 29148    36936 87203    76621 13990    94400 56418
00019    09893 20505    14225 68514    46427 56788    96297 78822    54382 14598

00020    91499 14523    68479 27686    46162 83554    94750 89923    37089 20048
00021    80336 94598    26940 36858    70297 34135    53140 33340    42050 82341
00022    44104 81949    85157 47954    32979 26575    57600 40881    22222 06413
00023    12550 73742    11100 02040    12860 74697    96644 89439    28707 25815
00024    63606 49329    16505 34484    40219 52563    43651 77082    07207 31790
```

랜드연구소에서 발간한 『십만 개의 정규 편차가 있는 백만 개의 난수』(1955) 첫 페이지.

기반한 것이었다.

인류가 고안해낸 가장 정교하게 조정된 감지 장치들을 동원해 진화의 역사를 깊이 파고들 때 생명에 대한 질문에 대한 단 하나의 답이 아니라 혼란스러운 다수의 존재가 드러나는 것처럼, 우주에 대한 수학적 진실에 가장 가깝게 접근하려면 우리가 이해할 수 있는 가장 혼란스럽고 예측할 수 없으며 무작위적인 프로세스에 우리 자신을 맞추어야 한다.

몬테카를로 팀의 천재성은 복잡한 영역을 가장 효율적으로 탐색하는 방법이 무작위 보행이라는 사실을 알아냈다는 점이었다. 그 결과는 오늘날 많은 계산 프로세스에 영향을 미치고 있다. 특히 몬테카를로 방법은 인터넷의 넘치는 정보를 선별할 수 있는 능력을 부여한다. 검색 엔진의 웹 크롤링 봇이 복잡한 인포스피어infosphere 영역을 거미처럼 무작위로 헤집고 다니며 그 내용에 대한 통계적 추론을 도출하는 것이 그

러한 예다. 몬테카를로의 성과는 계산 및 수리과학의 핵심인 의미가 경
로 끝에 있는 데이터보다 이동한 경로에 더 많이 존재한다는 사실을 인
정한 것이다. 즉, 복잡하고 알 수 없는 시스템의 의미는 관계적이라는
뜻이다.

있는 그대로의 실제 세계, 인간 너머의 세계에 더 잘 접근하기 위해
무작위성을 사용하는 것은 과학에만 국한되는 이야기가 아니다. 아마
도 무작위성을 가장 잘 활용하고 가장 헌신적으로 활용했던 사람은 아
방가르드 작곡가 존 케이지John Cage일 것이다. 케이지는 1950년대부터
우연에 기반한 프로세스를 작곡의 기본 메커니즘으로 사용하기 시작
했으며, 음의 높낮이와 지속 시간부터 곡의 길이와 음악 소스, 심지어
연주에 사용되는 악기 수에 이르기까지 모든 것을 무작위성을 활용해
결정했다.

케이지의 작업은 모든 소리가 음악이며, 의식적인 의도에서 가장
멀리 떨어져 있고 작곡가의 자아나 포괄적인 계획에서 가장 멀리 떨어
져 있는 음악이 가장 순수한 음악이라는 믿음에서 출발했다. 케이지
는 무작위적이고 우연에 기반한 과정을 통해 작곡에서 자신을 추상화
하는 메커니즘을 발견했고, 그 과정에서 완전히 다른 무언가에 다가갔
다. 연주자들이 4분 33초 동안 완전한 침묵 속에 앉아 있는 그의 가장
유명한(혹은 악명 높은) 작품 〈4'33"〉도 무작위성에 대한 그의 신념을
극단적으로 재차 표현한 것이다. 이 곡을 공연할 때 청중이 듣는 소리
는 우연적이고 환경에 의해 결정되며 예측할 수 없는 소리다. 이는 연
주자나 지휘자의 설계와는 거리가 멀다.

케이지의 초기 작품에서는 악보의 여러 페이지를 뒤섞고 다른 작
곡가의 작품을 자신의 작품에 요소로 사용하면서 불확정성을 탐구했

 새와 나무와 돌멩이의 지적 세계

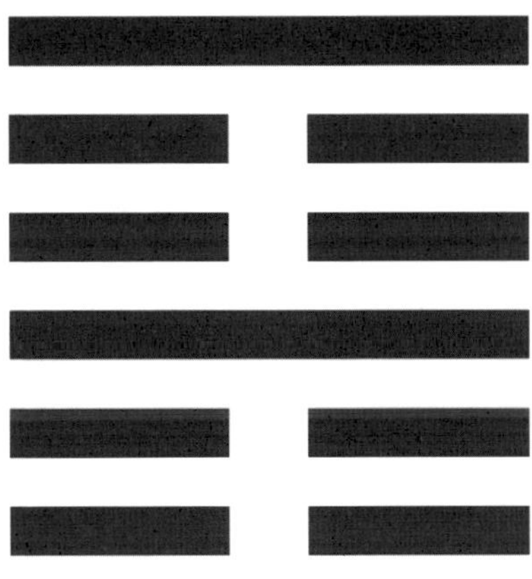

다. 하지만 불확정성의 가능성에 대해 더 깊이 탐구하게 된 계기는 그의 제자 중 한 명인 피아니스트 크리스티안 울프Christian Wolff에게 선물로 받은 주역(지혜와 점술에 관한 3,000년 된 중국 경전)이었다. 이 책은 어떤 의미에서 랜드연구소의 『백만 개의 난수』의 선구자라고 할 수 있지만, 단순히 결과만 제시하는 것이 아니라 독자가 직접 무작위 결과를 생성하는 방법을 제시한다. 주역의 독자는 마음속으로 질문을 공식화한 다음, 보통 한 번에 세 개씩 동전을 던져 앞면과 뒷면의 여섯 가지 시퀀스를 생성해야 한다. 이를 모두 합치면 6개의 끊어지거나 끊어지지 않은 선의 조합이 64개의 괘 중 하나를 나타낸다. 각 괘에는 설명 텍스트와 많은 후속 해설이 뒤따르며 그중 해당 질문에 관련된 내용을 참조할 수 있다.

주역은 케이지의 손에서 작곡을 위한 무한한 창작의 엔진이 되었다. 그는 1951년 〈조작된 피아노와 체임버 오케스트라를 위한 협주곡 Concerto for Prepared Piano and Chamber Orchestra〉 3악장에서 처음으로 주역을 사용했다(조작된 피아노란 일반 피아노를 개조한 것으로 나사, 금속 볼트, 나무

쐐기 등 상상할 수 있는 모든 물체를 사용하여 피아노 현의 음정과 음색을 바꾸고 온갖 종류의 새로운 소리를 만들어낸다. 존 케이지가 발명하고 대중화시켰다). 이 곡의 악보는 그가 음악적 제스처의 '소리 영역gamut'이라고 부르는 것에 근거한다. 소리 영역이란 짧은 음표와 악구의 그룹으로 그리드에서 다른 시퀀스로 재배열할 수 있다. 1악장에서는 피아노 파트를 소리 영역으로부터 케이지가 직접 작곡했고 오케스트라 파트는 간단한 숫자 패턴에 따라 뒤섞어 작곡했다. 2악장에서는 두 부분을 서로 다른 패턴에 따라 섞었다. 케이지가 의도한 효과는 처음에는 '피아니스트가 개인적인 취향을 표현하게 하고 오케스트라는 도표chart만 표현'한 다음, 두 번째 악장에서는 '피아니스트가 개인적인 취향을 포기하기 시작한다는 생각으로' 피아노도 도표를 사용하도록 하는 것이었다고 한다. 그는 동전을 던지고 주역을 참조하여 마지막 악장을 작곡할 수 있다는 것을 깨달았다. 그것은 숫자 패턴의 고정된 알고리즘을 넘어 진정한 무작위성으로 나아가는 단계이며, 작품의 근본적인 본질을 '통제하려 하기보다 받아들이는 것'이다.[10]

그 결과 복잡하고 다층적인 작품이 탄생했고, 케이지도 이 작품을 통해 해방감을 느꼈다. 전기 작가 케네스 실버먼Kenneth Silverman의 말을 빌리자면 케이지는 수년 동안 '취향, 기억, 전통으로부터 자유로운 음악, 즉 역사 밖의 음악을 만들 수 있는 작곡 방식'을 찾고 있었다. 그리고 주역에서 그러한 프로세스를 발견한 것 같았다. 그는 친구인 프랑스 작곡가 피에르 불레즈Pierre Boulez에게 보낸 편지에서 '처음으로 작곡을 시작하는 기분이 든다'라고 썼다.

그는 여기서 한참 더 나아갔다. 케이지는 주사위를 굴리거나 카드를 섞는 등 우연에 기반한 다른 프로세스와 함께 주역을 사용하여 여러 작품을 작곡했다. 그중 1951년에 작곡한 피아노 독주곡 〈변화의 음악

Music of Changes〉은 소리, 지속 시간, 다이나믹에 대한 세 개의 도표로 만들어졌으며, 각 도표는 64괘에 해당하는 동수의 셀로 이루어졌다. 자기 테이프 조각을 자르고 재조립하여 만든 최초의 테이프 음악 중 하나인 〈윌리엄스 믹스Williams Mix〉(1953)는 어떤 소스 테이프를 연결할지, 스니펫의 지속 시간, 심지어 소리의 시작과 끝에 영향을 주는 절단 각도까지도 동전 던지기로 결정한 작품이다. 〈윌리엄스 믹스〉 한 곡에만 수천 번의 동전 던지기와 2,000개 이상의 테이프 조각을 여덟 개의 고리로 이어붙이는 일이 수반되었으므로 조력자가 여럿 필요했다. 최종 작품은 마치 다양한 주파수와 볼륨으로 라디오 다이얼을 빠르게 돌리는 것과 같은 소리를 냈다. 그 결과, 케이지에 따르면 '더 이상 악기의 음정이나 음색, 음량에 구애받지 않고 전체 음역대를 가지고 작업할 수 있게 되었다.' 음악은 인간 악기의 제약에서 해방되었다.

케이지가 처음 컴퓨터 작업을 시작한 것은 일리노이대학교에서 연구교수로 재직하던 1967년이었다. 이 대학교 음악대학에서는 전직 화학자였던 레자렌 ('제리') 힐러Lejaren ('Jerry') Hiller가 ILLIAC (폰 노이만의 EDVAC과 ENIAC의 직계 후손이자 폰 노이만의 아키텍처를 처음부터 적용한 최초의 컴퓨터)이라는 새로운 디지털 컴퓨터를 사용하여 악보를 만드는 실험을 하고 있었다. 케이지가 이 실험에 열의를 보이자 힐러는 케이지를 위해 18,000번의 동전 던지기를 한 번에 할 수 있는 ICHING이라는 프로그램을 만들었다. 케이지는 '이제 동전 던지기를 할 필요가 없겠군요!'라며 훨씬 더 기뻐했다. 그리고 두 사람은 가장 야심찬 작품인 여러 대의 하프시코드를 위한 곡을 위해 작업하기 시작했고, 결국 그 곡에 컴퓨터를 연상시키는 'HPSCHD'라는 제목을 붙였다.[11]

무작위 컴퓨터를 이용해 음악을 만든 사람은 케이지 이전에도 있었다. 1956년에 우리가 익히 아는 스태퍼드 비어가 확률적 아날로그 기계(Stochastic Analogue Machine, SAM)라고 부르는 장치를 개발한 것이 그보다 앞선 시도였다. 이 장치는 수백 개의 볼 베어링을 핀볼 기계처럼 자동으로 떨어뜨려 각 볼이 다양한 핀과 슬라이드에 의해 무작위로 가로막히거나 방향을 바꾸거나 튕겨져 나오게 했다. 원래는 디자인이 본질적으로 우연적 발생에서 경직된 패턴을 생성하는 속성을 지닌다는 조롱의 의도로 제작되었지만, 런던 현대미술연구소에서 개최한 예술과 기술의 선구적인 전시회인 '사이버네틱 세렌디피티'에서 제작, 공개되었다(케이지가 〈HPSCHD〉 작업을 착수한 것과 같은 해였다). 볼 베어링이 떨어지는 소리판이 추가되면서 SAM은 악기로 변신했다. 이것 또한 융합적 진화였을까?[12]

HPSCHD는 처음부터 야심과 규모 면에서 SAM을 능가했다. 이 작품은 원래 7대의 하프시코드, 50여 대의 테이프 레코더, 64대의 슬라이드 프로젝터를 위한 공연으로 구상되었다. 케이지와 힐러는 ICH-ING 외에도 여러 컴퓨터 프로그램을 사용했다. DICEGAME은 모차르트, 쇼팽, 베토벤 등 클래식 작곡가들의 곡에서 20분 분량의 하프시코드 독주를 따와서 결합했고, HPSCHD(곡명과 동일한 이름의 프로그램)는 마이크로톤 사운드 세그먼트를 생성하여 테이프 루프에 연결했으며, KNOBS는 곡의 최종 녹음 연주를 위한 10,000가지의 연주 지침을 제작되는 각 디스크에 하나씩 프린트했다. 개별 악보에 해당하는 이 시트를 통해 청취자는 특정 순간에 스테레오 시스템의 볼륨, 음색, 밸런스를 조정하여 자신만의 독특한 버전의 작품을 만드는 지휘자가 되었다.[13]

〈HPSCHD〉는 2년이 넘는 제작 기간을 거쳐 최종적으로 초연되었으며, 당시의 소개글은 지금까지 공연된 모든 작품 중 기술적으로 가장 힘든 작업이었다고 적었다. 동원된 장비는 다음과 같았다.

　　　　　　　　　　　　　　　새와 나무와 돌멩이의 지적 세계

하프시코드 7대, 테이프 레코더 52대, 악보 631페이지, 파워 앰프 59대, 라우드 스피커 59대, 영화 필름 40본, 100×40피트 직사각형 스크린 11대, 영화 프로젝터 8대, 컴퓨터 생성 테이프 208개, 슬라이드 6400장, 프리앰프 7대, 둘레 340피트짜리 원형 스크린, 슬라이드 프로젝터 64대

1969년 5월 16일 일리노이대학교 어셈블리홀에서 열린 이 작품의 초연은 마치 서커스 같았다. 케이지 자신도 공연에 앞서 열린 다감각 이벤트에 '뮤지서커스Musicircus'라는 제목을 붙이면서 인정한 사실이다. 이 행사에는 음악뿐만 아니라 1,600장의 그림 슬라이드(색상은 ICHING이 정했다)와 6,800장의 사진 슬라이드, 최근의 달 착륙을 담은 영상과 우주 사진, 기하학적 배너와 초현실적인 포스터, 즉석에서 제작한 의상 및 사전에 도안을 찍어낸 판매용 티셔츠(가격은 주역이 정했다), 스트로브 및 다색 조명, 디스코 볼, 자외선 블랙라이트 및 기타 여러 효과도 포함되었다. 학생, 교직원, 가족, 타주에서 온 방문객 등 다양한 관객들은 구호를 외치고, 노래를 부르고, 종이 뭉치를 던졌다. 한순간 거대한 기차놀이가 벌어지기도 했다. 한 관객은 이 엄청난 소란을 '무작위적인 문명의 소리 같다'고 논평했다.

케이지가 이 시점에 확신한 것은 예술가들이 사회로 관심을 돌려야 한다는 것이었고, 〈HPSCHD〉는 이러한 열망의 실현 중 하나였다. 사운드와 이미지의 우연에 의한 카니발은 그에게 '세상을 작동하게 하여 모든 종류의 삶이 나타나게 하기 위한' 노력이었다. 그가 만들어낸 이 시끌벅적한 회합은 복잡하고 다양한 삶 자체를 재현하는 데 가장 근접했으며, 관객의 삶에 대한 태도를 바꾸기 위한 것이었다. 이러한 의도는 〈호수에 몸 담그기A Dip in the Lake〉 같은 다른 작품에서도 분명하게

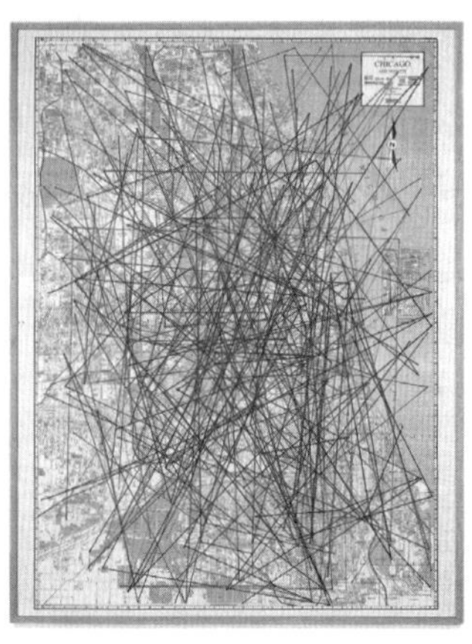

존 케이지의 〈호수에 몸 담그기: 시카고와 인근 지역을 위한 10개의 퀵스텝, 62개의 왈츠, 56개의 행진곡〉 악보(1978).

드러난다. 이 작품에서 케이지는 주역을 사용하여 시카고 주변의 특정 교차로와 도시 장소의 무작위 목록을 만들고, 관객이 직접 각 장소를 방문하여 저마다의 독특한 소리, 감각, 만남을 우연히 경험하도록 유도했다. 케이지가 원했던 것은 '극단적인 불균형'을 자연에서든 '도시 거리에서든' 함께 어우러지게 하는 것이었다. 〈호수에 몸 담그기〉는 무작위 산책을 위한 작품이다. 무작위 산책은 계산해내기 복잡하고 알 수 없는 영역을 가장 효율적으로 탐험하는 동시에 흥미롭고 자극적인 만남을 만들어낼 가능성이 가장 높은 방법이다.

남쪽 하늘의 별 지도 위에 격자무늬를 그려 작곡한 〈남방의 연습곡 Etudes Australes〉은 매우 복잡한 피아노 곡으로, 케이지는 이 작품에 대해 '우리는 이 음악을 연주하기 위해 매우 열심히 일해야 하며, 환경을 보존하기 위해서도 매우 열심히 일해야 한다'라고 썼다. 이 음악의 복잡성은 세계의 복잡성과 직접적으로 연관되어 있으며, 관객의 입장을 수동적인 청취에서 적극적인 관심과 주의로 전환하는 것이 취지였다.

무작위성은 작곡가와 그의 작품을 탈중심화하는 방식이기도 했다. 음악에서 자신과 자신의 취향, 역사적 상황을 지우고자 했던 케이지의 충동은 단순히 학문적인 동기에서 나온 것이 아니었다. 그보다는 선불교의 교리에서 깊은 영향을 받은 결과였다. 케이지는 1940년대에 서양 최초의 선(禪) 스승 중 한 명인 스즈키D. T. Suzuki의 강의에서 선불교를 처음 접했다. 스즈키의 선 사상은 '하나의 중심이란 없으며 삶 자체가 복수의 중심이다'라고 가르쳤는데, 이는 케이지의 커져가는 생태적 의식과 맞닿아 있는 교훈이었다. 그에게 무작위성은 이 세계의 전 중심적omnicentric이고 이질적인 속성을 작품에 반영하는 방법이었으며, 그가 주변 세계를 이해하는 방식을 재구성하는 데 실질적인 역할을 했다.

케이지가 주역을 활용한 최초의 서양인은 아니었다. 케이지와 힐러가 우연에 기반해 도출한 괘를 바이너리 코드로 번역하기 훨씬 이전, 이진 코드가 탄생할 때도 이 책은 존재했지만, 코드가 순수 수학으로 추상화되면서 그에 수반되는 도덕적 지침 대부분이 사라져버렸다.

17세기 말에 활동한 독일의 폴리매스 고트프리트 라이프니츠는 이진수를 진지하게 연구한 최초의 수학자였다. 종교심이 깊었던 라이프니츠는 1과 0의 순수성이 무에서 유를 창조한다(*ex nihilo*)는 기독교 사상을 상징한다고 여겼다. 그는 데카르트 등 다른 당대 수학자들의 유물론에 맞서 하나님의 창조를 옹호하고자 했으며, 다른 문화의 가르침에서 신학과 수학의 융합에 대한 지지를 얻으려고 노력했다.

라이프니츠는 중국 수학에 오랜 관심을 가졌고, 그것이 수학에 관한 가장 오래된 가르침이라고 믿었다. 그의 친구이자 중국 주재 프랑스 예수회 선교사였던 조아킴 부베Joachim Bouvet는 강희제(康熙帝)의 궁정에서 구한 주역 64괘 문헌을 전했다. 라이프니츠는 여기서 1과 0의 영원하고 신성한 본질에 대한 자신의 생각을 확인할 수 있었다. 그는 자신의 이진 코드와 3,000년 된 중국 체계 사이의 상관관계를 통해 자신감을 얻어 1703년 이진 코드에 대한 수학 기본서인 『이진 산술의 설명*Explanation of Binary Arithmetic*』을 발표했는데, 이 책에서 주역을 여러 차례 인용했다. 라이프니츠는 이진수의 고대 기원이 십진수(그 토대는 결국 일종의 인간 중심주의인 인간 관상학에 있다)보다 자연에 더 가까우며, 이진수를 사용하면 자연에 더 가까운 계산도 가능해질 것이라고 생각했다.

라이프니츠는 새로운 이진 미적분학을 사용하여 '단계형 계산기'라는 기계식 계산기를 개발했으며, 이 기계는 널리 영향을 끼쳤다. 또한 구슬을 사용해 이진수를 표현하고 펀치카드를 사용해 이진수를 분류하는 기계를 제안했는데, 이는 현대 컴퓨터 설계를 약 300년 정도 앞서 예측한 것이었다.

이 모든 발명품은 주역 독해와 보편적인 이해를 얻기 위해서는 수학적 계산이 자연 자체의 작용에 뿌리를 두어야 한다는 그의 믿음에서 비롯되었다. 라이프니츠가 생각한 이진 계산의 1과 0은 고정되고 정적인 범주를 나타내는 것이 아니라 변화와 창조, 생명 자체의 끊임없는 출현과 소멸을 나타내는 것이었다. 즉, 컴퓨터는 곧 이 세계다.[14]

존 케이지가 주역을 통해 깨달았듯이, 우연적이고 예기치 못한 만남들이 만드는 복잡한 춤은 인간 너머의 세계에 접근하는 가장 좋은 방법이자 이질적이고 전 중심적인 현실을 재현하는 가장 좋은 방법이기도 하다. 케이지의 깨달음은 최근 수십 년 동안 진화생물학자들이 생명체의 생성에서 무작위성이 중요한 역할을 한다는 사실을 인정하기 시작한 시발점이 되었다. 진화론이 정립된 이래 진화 연구에서 무작위성의 중요성은 지속적으로 저평가되어왔고, 반면에 자연선택, 즉 경쟁의

새와 나무와 돌멩이의 지적 세계

역할은 지속적으로 과대평가되어왔기 때문에 이는 쉽지 않은 싸움이었다. 진화에 대한 우리의 이해는 여전히 압도적으로 다윈주의 모델, 즉 자연선택을 진화의 핵심 동인으로 보는 관점에 입각해 있다. 이러한 태도는 신다윈주의와 20세기에 등장한 '현대 종합설'에 의해 오히려 강화되었다. 현대종합설은 다윈의 이론과 멘델의 유전(유성 생식을 통한 형질 전달)을 결합하여 환경에 대한 적응 압력 아래에서 유전자의 재조합을 통해 생명이 생겨나는 과정을 강조한다. 이러한 주장은 진화론 학자들을 공격해온 소위 '지적 설계' 이론이나 부활하는 창조론에 대항하는 데 매우 유용했다. 그러나 이 주장으로 모든 것이 설명되지는 않는다. 실제로 이 이론의 성공은 다른 설명 방식들이 빛을 보지 못하게 하고, 심지어 진화적 변화가 일어나는 다른 중요한 프로세스에 관한 연구를 억눌러왔다.

다윈이 자연선택을 강조한 이유는 그것이 진화 과정에서 가장 가시적이었기 때문이다. 그가 갈라파고스 제도에서 관찰한 핀치새는 섬의 놀랍도록 다양한 서식지에 각기 다른 방식으로 적응했고, 그래서 종과 아종이 매우 다양하게 나타났다. 사실 핀치새의 종류가 너무 다양한 나머지 처음에는 서로 다른 종으로 분류했다가 나중에서야 서로의 유연관계를 알아차렸을 정도였다. 예를 들어 일부 핀치새는 크고 뭉툭한 부리로 선인장 바닥을 찢어 그 안에 있는 과육과 곤충을 먹이로 삼았다. 다른 새들은 더 길고 날카로운 부리를 갖고 있어서 선인장 열매에 구멍을 뚫어 과육과 씨앗을 먹을 수 있었다. 다윈은 이러한 차이가 적응적 변화, 즉 환경의 압력에 대응하여 핀치의 생김새가 변화한 결과라는 것을 깨달았다. 자연선택이 바로 눈앞에서 펼쳐진 것이었다.

이후 연구자들은 핀치새를 더욱 광범위하게 연구했다. 1970년대부터 매년 6개월 동안 갈라파고스 제도에 머물렀던 생물학자 피터 그랜트와 로즈메리 그랜트Peter and Rosemary Grant는 여러 장소와 여러 계절에 걸쳐 핀치새 개체들을 관찰한 끝에 다윈이 관찰한 변화를 자연선택과 더욱 확실하게 연결시킬 수 있었다. 이들은 부리가 작은 새는 작은 씨앗을 선호하고, 큰 부리일수록 큰 씨앗을 깨는 데 더 효과적이라는 사실을 밝혔다. 우기에는 작은 씨앗이 풍부하지만 가뭄에는 큰 씨앗만 남아 있게 되고, 그랜트 부부는 시간이 지남에 따라 자연선택으로 인해 개체군이 겪는 실제 변화를 추적할 수 있었다. 그랜트 부부는 자연선택을 포착했고, 다양한 부리 크기를 결정하는 실제 유전자를 확인함으로써 자연선택이 강력한 원시 진화 과정이라는 사실을 밝혀냈다.[15]

자연선택은 대부분의 사람들이 모든 진화적 변화를 이해하는 방식이 되어왔으며, 자연선택과 함께 작용하는 다른 과정은 무시 또는 경시되었다. 자연선택만이 생명체를 형성하는 데 작용하는 유일한 힘은 아니며, 진화는 유기체와 서식지의 단순한 조합이 암시하는 것보다 훨씬 덜 결정론적이다. 무작위성도 비적응적 과정, 즉 진화적 변화에 영향을 미치는 환경의 압력 이외의 힘을 통해 중요한 역할을 한다. 그러한 다른 힘으로는 돌연변이, 유전자 재조합 및 유전적 부동genetic drift을 들수 있다. 이들은 각각 고유한 방식으로 진화의 무작위성을 발생시키므로 하나씩 검토해볼 필요가 있다.

유전자 자체의 변화인 돌연변이는 빈번히 발생한다. 돌연변이는 세포 분열과 유성 생식 과정에서 유전자가 복사 및 복제될 때 발생하는 오류인 전사 오류뿐 아니라 화학 물질, 방사선, 심지어 태양으로부터 나오는 자외선과의 접촉에 의해서도 발생할 수 있다. 박테리아, 식물, 동물, 그리고 우리 인간의 유전자 모두 ERNIE의 네온 튜브와 마찬가지로 우주의 간섭에 영향받기 쉽다. 변화는 내부 오작동으로 인해 발생하기도 하며, 그 결과 무작위 요소가 지속적으로 유전자 코드에 기록되고 있다. 이 중 대부분은 전혀 영향을 미치지 않지만 일부는 위험한 질병을 유발하고 일부는 새롭고 이상한 능력이나 형태로 꽃을 피운다.

두 번째 힘인 재조합은 서로 다른 유기체 간에 유전 물질을 교환하는 과정에서 발생하여 원조와 다른 형질을 가진 자손을 탄생시킨다. 이것이 바로 우리가 부모와 다르면서도 특정 부분에서는 닮는 이유다. 재조합은 우리의 DNA를 연결하고 수리하여 새로운 유전자 조합과 완전히 새로운 DNA 서열을 생성할 수 있게 한다. 재조합의 무작위성은 생식 과정에서 염색체가 분리되는 방식과 성 파트너를 선택하는 방식 등 내부와 외부 모두에서 발생한다. 박테리아와 고세균 같은 원핵생물에서도 무작위 재조합이 일어나는데, 이는 앞서 수평적 유전자 전달에 대해 논의할 때 보았던 바이러스 전달이나 DNA의 직접 전달 같은 과정 중에 발생한다.

두 개체는 정확히 동일한 유전자 코드를 가지고 있지 않으므로, 집단 내에서 서로 다른 유전자가 서로 다른 빈도로 발생한다. 이후 각 세대에서는 기존 빈도와 돌연변이 및 재조합의 무작위 효과로 인해 특정 유전자가 다른 유전자보다 더 널리 퍼질 것이다. 시간이 지남에 따라 이러한 우세 유전자 중 일부는 개체군의 대다수에게 퍼질 수 있고 다른 유전자는 사라질 수 있다. 세 번째 비적응 과정인 유전적 부동은 개별 유기체 외부의 또 다른 무작위 요인에 의해 발생한다. 따라서 개체군 전체의 유전적 구성은 우연의 결과로 바뀔 수 있다.

오랫동안 유전적 부동은 진화에서 아주 미미한 역할을 하며, 그것이 초래하는 변화는 자연선택에 의해 무시되고 재구성된다고 여겨져 왔다. 그러나 최근 연구에 따르면 유전적 부동은 널리 퍼져 있다. 이로 인해 발생하는 많은 변화는 외부로 발현되지 않기 때문에 자연선택에 의해 영향을 받지 않는 '중립 돌연변이'로서 개체군 내에서 전달된다.

그러나 시간이 지남에 따라 이러한 변화가 집단을 지배하게 되면 돌연변이와 재조합을 위한 새로운 조건을 만들어 유전자 코드를 더 뒤섞이게 만들 수 있다.

따라서 진화는 서로 반대되는 프로세스 간의 전면적인 경쟁이 아니다. 실제로는 돌연변이, 재조합, 유전적 부동, 자연선택 사이에서 끊임없이 왕복하는 가운데 진화가 일어난다. 자연선택이 제한적인 힘을 가할 수는 있다. 즉, 어떤 유기체도 환경을 거스르는 유전적 변화를 지속할 수는 없다. 그러나 이러한 제한은 다른 힘들이 작업을 완료한 후에만 적용된다. 무작위 과정은 자연선택에 앞서 모든 진화적 변화가 구축되는 토대가 된다. 개체와 개체군 사이에서 무작위적인 변화가 일어나지 않는다면 애초에 자연선택이 작용할 수 있는 대상이 존재하지 않을 것이다. 프린스턴대학교 생물학 명예교수이자 비적응적 변화의 가장 중요한 이론가 중 한 명인 존 타일러 보너John Tyler Bonner의 말을 빌리자면, '무작위성이 다윈주의 진화의 근간'이다.[16]

지난 반세기 동안 진화생물학에 무작위 과정에 대한 이해가 도입되는 데 지대한 공헌을 한 집단유전학의 성장은 주로 컴퓨터 모델링의 사용에 기반을 두고 있다. 생물 유기체 내에서 일어나는 무작위적 변화 과정은 조사와 실험이 매우 어렵다. 이러한 과정은 실험 조건에서처럼 우리가 원하는 대로 원하는 시점에 일어나지 않으므로 야생에서 이를 관찰하고 정량화하는 것은 거의 불가능하다. 이것이 다윈의 맹점이었다. 그러나 인공적인 유기체나 개체군에서는 돌연변이와 재조합을 임의로 만들 수 있기 때문에 이러한 변화가 내부적으로 어떤 일을 일으키고 개체군 내에서 어떻게 이동하는지 연구할 수 있고 그 중요성을 검증할 수도 있다. 이는 인터넷과 관련한 네트워크 이론의 정립과 자연과학에의 적용과 함께 우리의 추론으로 이해할 수 없었던 자연 과정을 더 잘 이해할 수 있게 해주는 테크놀로지 모델의 또 다른 예다.

진화에서 무엇이 중요한지를 판단할 때 우리 자신과 같은 더 큰 동물에 초점을 맞추는 경향도 또 다른 맹점이다. 더 큰 생물일수록 세포의 수, 유형 세포 간의 상호 연결이 많아지는 등 복잡성이 증가하고 따라서 무작위적인 돌연변이와 재조합에 대한 내부 점검 횟수도 증가한다. 이 때문에 더 큰 생물의 경우에는 무작위성의 영향이 명백하게 감소하는 것을 볼 수 있다. 그러나 토양과 바다에서 가장 작지만 여전히 복잡한 행동을 보이는 일부 유기체의 삶을 들여다보면 무작위성의 영향이 얼마나 큰지 알 수 있다.

비적응적 변화의 주요 이론가인 존 타일러 보너는 개체과 집단의 경계를 넘나들며 문제 해결과 패턴 형성에 있어서 뛰어난 지능을 보이는 기이한 단세포 기관인 점균류에 대한 세계적 권위자였다. 점균류의 '개체'는 아메바와 같은 단세포 생물로 매우 단순하기 때문에 돌연변이가 빈번하고 빠르게 일어난다. 그리고 매우 특별한 형태로 합쳐지기 때문에 이 빠른 진화의 무작위성을 확인할 수 있다. 보너는 한 줌의 흙에도 매우 다양한 종류의 점균류가 존재한다는 점에서 자연선택으로 설명할 수 없다고 지적했다. 흙 한 조각에 이렇게 다양한 형태를 설명할 만큼 다양한 포식자와 다른 선택 압력이 작용한다고 보기 어려우므로, 무작위성이 작용한다고 볼 수밖에 없다는 것이다.

다윈과 거의 동시대에 '생태학'이라는 용어를 창안한 독일의 자연주의자 에른스트 헤켈의 작품에서 무작위성의 가장 멋진 예를 찾아볼 수 있다. 자신이 개인적으로 영웅으로 삼았던 다윈과 독일의 탐험가이자 자연주의자인 알렉산더 폰 훔볼트Alexander von Humboldt에게서 영감을 받은 헤켈은 가족의 반대에도 불구하고 동물학자이자 예술가가 되고자 했다. 1859년 이탈리아 남부로 여행을 떠난 그는 나폴리와 시칠리아에서 수영을 하면서 바닷물을 수집하여 현미경으로 내용물을 조사했다. 그의 렌즈는 유리조각이나 보석처럼 반짝이는 생명체들의 꿈틀거림, 즉 그가 '섬세한 예술 작품'이자 '바다의 불가사의'라며 감탄한 완전히 새로운 세계를 드러냈다. 헤켈은 이 세계를 그림으로 옮기기 시작했고, 캔버스에 담을 더 많은 피사체를 찾기 위해 여러 차례 유럽 남부를 다시 찾았다.[17]

헤켈은 방산충radiolaria이라는 미생물 한 가지에 집중하기로 했다. 한 번은 지중해 여행에서 150종이 넘는 새로운 방산충을 발견하여 이름을 붙이기도 했다. 전 세계 바다에서 발견되는 방산충은 크기가 수십 밀리미터에 불과한 플랑크톤의 일종이다. 이들은 정교한 무기질(대부분 규질) 골격을 만드는 것으로 잘 알려져 있으며, 헤켈은 1899년에 출간된 그의 저서 『자연의 예술적 형상Kunstformen der Natur』에서 이를 장엄하고도 시대를 초월한 작품으로 남겼다.

해켈은 일찍이 다윈의 자연선택 이론을 지지했고, 자연선택이 만들어낸 놀라운 풍부함을 그림에 담으려 했지만, 미세한 방산충은 다윈의 핀치새보다 보너의 점균류와 더 비슷하다. 이들의 진화에 가장 큰 영향을 미친 것은 자연선택이 아니라 무작위성이다. 방산충, 그리고 그가 묘사한 또 다른 미생물들인 유공충, 규조류 등은 무작위적 발생이 가장 활발하게 이루어진 사례다. 이들은 자연이 제공하는 모든 종류의 갈라짐, 꼬임, 얽힘을 별, 행성, 파빌리온, 성, 나무, 왕관의 모양으로 보여준다.

생물학적 무작위성은 작은 생물일수록 더 뚜렷하게 나타난다. 자연선택이 큰 생물체가 견딜 수 있는 변화의 양에 제동을 걸기 때문이

에른스트 헤켈의 『자연의 예술적 형상』 중 두 점의 방산충 그림(1904).

다. 하지만 여기에는 상관관계가 있다. 유기체의 크기가 커지고 내부 무작위성은 감소하는 가운데 복잡성이 증가하면 사회의 복잡성도 증가하며 그에 따라 외부 무작위성이 커진다. 다른 개체, 다른 종, 인간 너머 세계 전체의 소란과의 만남, 이 모든 것은 단순한 자연선택의 작용을 넘어선다.

이처럼 무작위성은 진화의 근간을 이루는 요소이며, 가장 비범하고 매혹적인 형태의 진화를 가능하게 하는 원동력이다. 또한 개체와 집단의 삶, 그리고 인간 너머 존재들의 삶에서도 중심적인 역할을 한다. 우리의 삶은 그 자체로 무작위적이다. 우연한 만남, 사건, 사고의 축적은 우리가 이 지구상에서 살아가는 삶의 특징이다. 그리고 결정적으로, 존 케이지가 자신의 작품에 우연을 도입했던 것처럼 우리도 무작위성을 우리 자신의 지속적인 진화의 원동력으로 삼고, 인간 너머의 세계에 대한 인식과 참여를 높이기 위해 직접 설계할 수 있다.

인터넷은 인간의 삶을 더 복잡하게 만드는 데 이전의 어떤 발명품보다 크게 기여했다. 하지만 이전의 철도나 전신이 그랬듯이, 먼 땅, 다른 민족, 다른 삶의 방식과 강제적으로 만나게 되면서 생겨난 복잡성에는 그에 상응하는 질서와 지배의 압력이 뒤따른다. 철도는 지구를 급진적인 변화로 이끌었지만 인종차별적 식민주의, 제국주의적 자본주의, 시간과 노동에 대한 엄격한 통제를 낳았다. 전신은 사상과 정보의 신속한 전송을 가능하게 했지만 정보의 불평등을 권력과 이익의 불평등으로 활용하고자 하는 금융가, 미디어 거물, 군부에 의해 빠르게 장악당했다.

오늘날 우리는 인터넷에서 이러한 역사적 프로세스의 작동을 볼 수 있다. 최초의 검색엔진은 수작업으로 선별된 흥미로운 장소의 목록으로, 무작위로 축적된 사이트와 도구가 이를 조립하는 사람들의 열정과 변덕에 따라 정렬되었다. 구글도 자동화된 무작위 검색을 통해 웹을 탐색하지만 그 결과는 매우 편파적인 알고리즘에 의해 정렬되며, 검색 결과의 맨 윗자리는 최고가 입찰자에게 판매된다. 구글은 전 세계 웹 검색의 거의 90퍼센트에 달하는 점유율을 차지하고 있지만, 극히 일부만 색인화한다. 대부분의 사용자는 검색 결과의 첫 페이지에서 더 넘어가지 않는다. 실제로 우리가 사용할 수 있는 방대한 양의 정보를 탐색하는 데 무작위성이 개입할 여지는 거의 없다. 정보 검색에는 의도가 개입된다. 구글을 비롯한 여러 기업들은 방대한 복잡성을 줄이는 것을 사명으로 삼는다. 그들이 이면의 목표로 삼고 있는 것은 무작위적인 만남의 잠재력, 그리하여 우리의 진화 잠재력을 희생하여 이익을 내는 것이다. 알고리즘 추천 시스템에서부터 데이트 앱, GPS 내비게이션, 일기예보에 이르기까지 수많은 도구가 비슷한 방식으로 무작위성을 줄이도록 설계된다. 이러한 테크놀로지들은 복잡한 환경 속에서 명확한 선을 긋고 장애물, 우회, 우연한 변화, 예기치 못한 만남 없이 욕망으로 향하는 경로를 제공하려고 한다. 그 의도에 악의가 있는 것은 아니다.

그러나 몬테카를로, 존 케이지, 방산충이 보여주었듯이, 의미는 경로 말단의 데이터에 있는 것이 아니라 거기로 이동하는 경로에 더 많이 존재한다. 우리는 예상치 못한 방식으로 세상과 얽히고설키며 움직이면서 배우고 변화하고 발전, 성장하며, 알고리즘과 기업의 지시를 수동적으로 받아들이기보다 그 여정에 적극적으로 참여할 때 그러한 학습, 변화, 발전, 성장을 가장 잘 해나갈 수 있다.

우리가 주사위, 카드, 룰렛, 점성술, 주역 등 우연을 만들어내는 도구에 자꾸 눈을 돌리는 것은 어쩌면 당연한 일이다. 우리가 그렇게 하는 이유는 스트레스를 풀고, 기존의 생각에서 벗어나기 위해, 겉으로 보기에는 유익하지만 실제로는 우리를 멍청하게 만들고 우리에게서 부를 빼앗고 힘을 잃게 만드는 무미건조하고 복잡하며 추상적인 세계에 대해 대안적인 이야기를 제공하기 위해서다.

아마도 권력에 굶주린 탈무작위적 세계의 가장 크고 끔찍한 사례는 소위 민주주의라고 불리는 시스템일 것이다. 투표의 자유, 정치 프로세스에서 우리가 갖는 목소리와 선택권은 사실상 위장에 불과하며, 의회 정당, 투표 규정 및 유권자 탄압, 선거구 경계, 선거인단, 여론조사와 언론의 영향력, 정치 자금, 기업 로비, 의미 있는 협의나 참여, 충분한 교육의 전반적인 부족 등에 의해 상쇄된다. 이 시스템이 지속적으로 붕괴되고 있다는 사실은 전 세계 곳곳에서 증가하고 있는 정부에 대한 불만과 불신, 카리스마적이고 권위주의적인 지도자의 부상, 빈곤과 의료, 기후 변화, 전 세계적인 팬데믹 같은 광범위하고 구조적인 문제에 대한 명백한 무능력을 통해 입증되고 있다. 이러한 민주주의가 계속 작동하는 것은 민주주의의 창시자인 고대 아테네인들이 본질적으로 부패한 것으로 간주했던 투표라는 핵심 메커니즘에 우리가 종속되어 있기 때문이다.

　의미 있는 변화의 선결 조건을 스스로 만들어낼 수 없는 통제 시스템에 직면하여 시스템을 새로운 구성으로 전환할 수 있을 만큼 강력한 참신함과 낯섦의 원천을 찾으려면 시스템 외부로 나아가야 한다. 앞서 살펴보았듯이, 이러한 새로움과 낯섦은 무작위성의 산물이며, 그 원천은 인간 너머 세계다. 진정한 무작위성을 위해서는 추상적인 계산, 인간이 만든 인간 중심적인 법칙과 프로그램의 영역을 벗어나 우리를 둘러싼 세계와 관계맺기를 다시 해야 한다.

　결코 컴퓨터가 될 수 없는, 우리가 컴퓨터의 기원에서 확인한 인간 너머의 세계인 튜링의 오라클은 바로 이러한 과정을 말해준다. 인공 지능은 비인간 정신에 대한 빚과 그 필요성을 드러내며, 인터넷은 균류 네트워크의 복잡성을 재현하며, 유전자 서열 분석기는 우리 생물학의 흐릿하고 망상적인 기원을 드러내고, 무작위 산책은 알 수 없는 복잡성을 통해 의미 있는 이해에 이르는 최선의 길을 제시한다. 계산이 인스턴스화된 이래 계산의 무의식적인 목표는 계산할 수 없는 것과의 연결을 재발견하고 재구성하는 것이라고 말할 수 있다. 우리 사회를 재구성하고 현재의 시스템적 도전에 맞서기 위해 우리는 이 교훈에 귀를 기울이고 인간 너머의 세계와의 연결을 재발견하고 계산 불가능한 것을 우리 자신의 사고와 관계 방식에 통합해야 한다. 무작위성은 그 출발점이 될 수 있다.

　고대 아테네인들이 정부 직책을 무작위로 배정하기 위해 사용했던 아날로그 컴퓨터 클레로테리온의 기능은 오늘날에도 배심원단 선정 절차에 남아 있다. 하지만 이것이 현대에 적용된 유일한 사례는 아니다. 최근 몇 년 동안 여러 기관과 시민단체에서 제비뽑기의 효과를 테스트하는 여러 실험이 진행되었고, 그 결과는 매우 흥미로웠다.

　2016년 아일랜드에서 한 가지 실험이 있었다. 아일랜드 정부는 낙

태, 임기제 의회, 국민투표, 인구 고령화, 기후 변화 등 아일랜드 사회
가 직면한 가장 첨예한 문제를 다루기 위해 시민 의회Citizens' Assembly를
만들었다. 시민 99명이 주말 동안 더블린 외곽의 한 호텔에 모여 전문
가 발표와 비정부기구, 싱크탱크 및 이해 당사자들의 발언을 듣고, 질
의응답 세션을 열고, 서로 토론하고, 논의중인 각 주제에 대한 일련의
제안서를 작성했으며, 정부는 이를 검토하고 조치를 취하겠다고 약속
했다. 발표와 토론은 인터넷으로 생중계되어 이슈에 대한 대중의 관심
과 인식을 유도했다. 100번째 참가자인 의장과 공무원 출신의 사무국
이 진행을 맡았으며, 소수의 정치 이론가들과 중앙 정부 및 지역사회의
여러 그룹이 수년에 걸쳐 만든 절차를 따랐다.

이 시민 의회에는 두 가지 주목할 만한 점이 있었다. 첫째, 99명의
참가자는 서로 전혀 모르는 사람들이었으며, 배심원단 선정과 유사한
절차를 통해 선거인 명부에서 무작위로 선발되었다. 무작위 선정 결과
는 성별, 연령, 지역, 계층 등 특정 기준의 균형을 맞추기 위해 조정되
었다. 또한 경험, 편향, 배경, 교육, 관점, 개인 철학 등 모든 면에서 이
나라에 존재하는 모든 다양성을 반영하는, 최대한 무작위적인 사람들
의 집단이었다.

둘째, 시민 의회에서는 정치인들이 기대하거나 심지어 가능하다고
믿었던 것보다 더 진보적이고 급진적이며 세상을 더 크게 변화시킬 수
있는 제안이 도출되었다. 낙태는 1861년 아일랜드에서 불법화되었고
1983년 전국적인 국민투표 이후에도 여전히 불법이었지만, 시민 의회
에서는 낙태를 다시 국민투표에 부쳐야 한다는 권고안을 냈다. 낙태는
아일랜드 사회에서 가장 논쟁적인 이슈로 정치인들이 낙태에 대해 논
의해야 한다고 제안하는 것만으로 의원직을 잃을 수 있는 정도여서, 공
개적인 논의에 대한 두려움이 수십 년 동안 개혁의 가능성을 가로막았

다. 실제로 언론에서는 시민 의회가 '이 문제에 대한 아일랜드의 현재 생각을 지나치게 자유주의적으로 해석했다'고 공개적으로 비난하기도 했다.[18]

하지만 여기서 중요한 것은 무작위 의회가 시민 평균이라는 신화적 존재의 생각을 '해석'하는 것이 아니라 시민의 생각을 직접 대변했다는 것이다. 그리고 정부가 의회의 권고에 따라 낙태를 금지하는 제8차 수정헌법을 다시 국민투표에 부쳤을 때, 압도적이고도 역사적인 결과가 나왔다. 언론과 정치권의 예상을 뒤엎고 국민의 66%가 낙태 합법화에 찬성했고, 2018년 9월에 낙태 합법화가 법제화되었다.

6개월 후 다시 열린 시민 의회는 기후 변화라는 주제에 대해서도 급진적인 결론을 내렸다. 그들은 전문가와 일반 대중의 의견을 수렴한 후 기후 변화 대응을 위한 독립 기구 설립, 탄소 및 기타 온실가스 세금 부과, 전기 자동차, 대중교통, 생태 임업 및 유기농 농업 장려, 화석 연료에 대한 보조금 중단, 음식물 쓰레기 감축, 지속가능한 소규모 전력 생산micro-generation 지원 등에 관한 일련의 권고안이 마련되었으며, 각 권고안은 구성원 80% 이상의 찬성으로 통과되었다. 이 모든 조치는 이전에 정부에 제안되었지만 정치인들이 실행 불가능하거나 인기가 없다고 또는 둘 다라고 생각했기 때문에 포기되거나 시들하게 방치되었던 것들이었다. 의회의 보고서는 아일랜드의 환경 캠페인에 활기를 불어넣었고, 아일랜드 하원의회인 다일Dáil이 기후 및 생물 다양성 비상사태를 선포하고 2019년에 공식적인 '기후 변화에 대한 정부 행동 계획'을 발표하는 데까지 이어졌다.

이러한 결과의 중요성은 아무리 강조해도 지나치지 않으며, 캐나다, 프랑스, 네덜란드, 폴란드 등에서도 유사한 시민 회의가 열렸다. 각계각층, 상상할 수 있는 모든 사회적, 교육적 배경을 가진 99명의 완전히 낯선 사람들이 모여 현대 사회가 직면한 가장 첨예한 문제에 대해 합의에 도달했다는 것은 정치적 불신과 부족주의, 분열이 만연한 이 시대에는 거의 상상할 수 없는 성과이며, 그들이 제시한 제안은 정치적, 사회적으로 무엇이 가능한지에 대한 우리의 통념에 도전하고 동료 시민의 삶과 잠재적으로 인간 너머의 세계에 실질적이고 분명한 변화를 가져왔다. 시민 의회는 무관심해보이는 대중에게 우리가 직면한 가장 심각하고 다루기 어려워 보이는 문제들을 진지하게 해결하고자 하는 욕구와 의지가 있다는 것을 보여주었다.

이 모든 과정에서 왜 무작위성이 중요할까? 내가 보기에 무작위성에는 두 가지 효과가 있다. 우선, 무작위 선정(제비뽑기)은 민주주의 지지자들이 흔히 부르짖지만 대체로 잃어버린 민주적 절차, 즉 국민의 승인과 동의 절차를 회복한다. 제비뽑기는 투명하고 검증 가능하다. 그것은 널리 불신받는 정치 계급을 우회하고, 내가 아흔아홉 명 중 한 명으로 뽑히지 않더라도 권력과 기관의 위치에 있는 자신을 상상할 수 있게 해준다. 이 제도의 정당성은 평등에 기반을 두고 있으며, 국민에게 직접 권력을 부여하면서도 무분별하게 부여하지 않는다. 이것은 폭도들의 지배나 목소리 큰 소수의 횡포가 아니다. 무작위성은 신중한 과정을 통해 다듬어진다. 발언, 토론, 합의 형성에 기반한 의회는 권력은 물론 신뢰, 명확한 의사소통, 전문가의 영역이었던 핵심적인 정보와 교육을 국민에게 되돌려준다.

무작위성의 두 번째 효과는 복잡하고 단편적이며 종종 분열된 것처럼 보이는 우리 삶의 지형에서 일관되고 효과적인 상호 의지, 즉 전체의 합보다 더 큰 다양한 힘의 결합을 이끌어내는 내재적 힘에 있다. 이는 의회의 광범위한 합의에서, 그리고 이전에 가능하다고 생각했던 것을 뛰어넘는 정책에 기꺼이 지지를 표명하려는 의지로 구현된다. 이러한 효과의 근간이 되는 메커니즘을 '인지적 다양성cognitive diversity'이라고 한다. 요컨대 '다양성이 능력을 능가한다'는 것이다. 사회과학자, 수학자들의 여러 연구에 따르면 복잡하고 난해한 문제에 대한 최선의 해결책은 최대한 다양한 관점과 경험, 즉 가능한 한 다양한 사람들로부터 출발할 때 가장 잘 찾을 수 있다.

이는 각각의 정책 분야에서 신화적인 최고의 전문가가 존재한다거나 지식과 경험이 부족한 사람들은 선택받은 소수의 전문가 집단에 의존해야 한다는 선거 시스템, 연구소, 기업, 사회단체에 팽배한 믿음에 반하는 것이다. 여러 연구에서 적절한 맥락적 지식이 주어지면 충분히 많은 사람들 중에서 무작위로 선발하는 것이 소수의 전문가를 임명하는 것보다 복잡한 문제에 대해 더 나은 답을 내놓는다는 사실이 밝혀진 바 있다.

새롭고 급진적인 전략을 마련하기 위해서는 대표성과 능력에도 급진적인 다양성이 필요하다. 시민 의회에 대한 가장 일반적인 비판, 즉 참여자들이 '가장 똑똑하거나', 가장 실력이 뛰어나거나, 가장 숙련된 사람들이 아니라는 비판은 오히려 시민 의회가 가진 가장 큰 강점이 될 수 있으며, 점점 더 많은 수학 및 사회과학 연구들이 이를 뒷받침하고 있다.[19]

오랫동안 사회과학에서 논의되었지만 경쟁과 착취, 기존의 권력 불균형과 능력주의 신화 확산에 의해 권력을 유지하는 사람들에 의해 조롱당하기 일쑤였던 다양성의 가치에 대해 우리가 그 과학적 근거를 마침내 찾은 것인지 궁금해진다. 그러나 사실 생태학은 오래전부터 줄곧 그렇게 주장해왔다. 우리는 다른 인간 그리고 인간 너머 세계와의 유대를 통해 존재하며, 이러한 유대는 네트워크의 모든 구성원이 포용하고 동등하게 참여함으로써 강화된다.

정보에 입각한 현명한 의사결정과 정반대로 보이는 무작위성을 복잡하고 정치적으로 민감한 논쟁에 적용하는 것은 역설적으로 보일 수 있다. 하지만 앞에서 살펴본 바와 같이 계산, 과학 연구, 예술적 노력, 진화 그 자체에서 참신함과 창의성을 가장 크게 꽃피운 것이 바로 무작위성의 메커니즘이다. 세계 변화를 위한 가장 강력한 수단인 정치에 압력을 가하는 이 메커니즘의 잠재력을 무시하는 것은 우리의 도구, 테크놀로지, 그리고 인간 너머 세계와의 만남이 주는 핵심 교훈을 무시하는 것이다.

고대 아테네만큼 흥미롭지는 않더라도(또한 실제로 고대 아테네 사회가 얼마나 불평등했는지 기억해야 할 것이다) 이 접근 방식을 취한 선구자는 또 있었다. 베네치아에서는 발로테*balotte*(작은 나무 공이라는 뜻으로 투표를 뜻하는 영어 단어 ballot의 어원)라는 제도를 통해 국가 원수인 총독을 선출했다. 전체 인구의 1%에 불과한 소수의 귀족 가문이 정부를 장악하고 있었지만, 복잡한 투표 시스템과 무작위 선출 과정을 통해 5세기 이상 평화를 유지했으며 대중의 지지를 받는 후보가 꾸준히 당선되고 소수의 목소리도 반영될 수 있었다. 피렌체에서는 일반 시민 중 누가 정부의 주요 직책을 맡을 것인지를 라 트라타*la tratta*, 즉 추첨으로 결정했다. 15세기 스페인에서도 무르시아, 라만차, 엑스트레마두라 등 카스티야 지방에서 제비뽑기가 사용되었다. 페르디난드 2세는 카스티야 왕국을 아라곤 왕국에 병합하여 사실상 최초의 스페인 국왕이 되었을 때 '선거에 기반한 정권보다 제비뽑기에 의해 운영되는 도시와 지방 자치 단체가 더 좋은 삶, 건강한 행정, 건전한 정부를 촉진할 가능성이 높다'는 사실을 인정하며, '그들은 더 조화롭고 평등하며, 더 평화롭고 정념에 얽매이지 않는다'고 말했다.

제비뽑기가 유럽의 전유물이었던 것도 아니고, 늘 귀족의 관리 하에 있었던 것도 아니다. 인도 타밀 나두의 시골 마을에서는 쿠다볼라이*kudavolai*라는 거버넌스 시스템이 운영되고 있는데, 그 기원은 최소 천 년 전인 촐라 시대까지 거슬러 올라간다. 이 제도는 야자수 잎에 위원회 후보자의 이름을 적은 다음 어린이가 무작위로 뽑게 하는 방식이다. 이 방법은 지금도 지역 선거에서 사용되고 있다. 북미에서는 이로쿼이 연맹이 추첨제를 사용했다. 이로쿼이 연맹은 서기 1,100년경에 시작되어 유럽 정착민에 의해 땅에서 쫓겨날 때까지 지속된 5개국의 정치 연합이다. 여성 부족장이 이끄는 이 연맹은 협력과 합의를 통한 운영을 선호했지만(전당대회나 간부 회의를 뜻하는 'caucus'라는 단어는 투표가 필요 없는 비공식적인 토론을 의미하는 알곤퀸어에서 유래했다), 투표가 필요한 경우에는 제비뽑기 원칙을 따랐다. 이 방법은 모든 부족이 동등하게 대표되고 어느 한 부족이 다른 부족을 지배하지 못하게 보장하는 장치였다. 이로쿼이 연맹은 부의 분배와 자원에 대한 접근성 측면에서 당시 가장 건강하고 공평한 사회 중 하나였던 것으로 보인다. 이로쿼이 연맹의 사상은 개인적으로 연맹과 거래 관계에 있던 벤저민 프랭클린과 현대 미국 헌법에 영향을 준 것으로 알려져 있다.[20]

유럽, 북미 및 기타 지역에서 우리는 무작위성이 단순히 정치적 변화의 원동력일 뿐만 아니라 다양성의 실질적이고 실제적인 가치를 인정하는 것이라는 점을 천천히 혹은 다시 학습하고 있다. 그리고 그렇게 할 때, 우리는 (결코 우연의 일치가 아니라) 항상 인간 너머의 세계에 더 가까이 있었던, 그 가치와 그것이 인간의 삶을 형성하고 정보를 제공하는 힘을 더 잘 인식해온 비서양 문화에서 우연이 어떻게 인식되어왔는지 주목해야 한다.

제비뽑기의 경험과 인지적 다양성의 가치는 지금까지 이 책에서 수집한 무작위성의 힘에 대한 사례, 인간 너머 세계의 주체성과 지능에 대한 이야기와 함께 두 가지 깨달음으로 우리를 안내한다. 첫째, 우리가 직면한 가장 심각하고 서로 얽혀 있는 체계의 문제에 대한 가장 창의적이고 심오한 해결책은 급진적인 인지적 다양성의 적용, 즉 우리가 소집할 수 있는 가장 폭넓은 관점과 경험의 수용을 통해서만 해결될 수 있다는 점이다. 또한 인지적 다양성은 인간을 넘어 비인간 동물의 지능, 숲, 들판, 곰팡이, 점균류, 장내 박테리아, 심지어 바이러스의 활발한 백화현상에도 내재되어 있다는 사실을 인식해야 한다. 이렇게 서로 얽혀 있는 관계를 정치적 의사 결정과 문제 해결 과정에서 배제하는 것은 다른 형태의 생명체에 대한 수탈주의적 폭력과 종차별주의적 전체주의 관행을 유지하는 것일 뿐만 아니라 우리 자신의 생존에 치명적인 결과를 초래할 수 있다. 그러한 배제는 무작위성이 주는 창의적이고 진화적인 교훈을 고의로 무시하는 것이다.

무작위성은 각각의 참여자에게 동등한 가중치를 부여함으로써 만물과 만인에게 가치를 부여한다. 이 점에서 무작위성은 본질적으로 정치적이며 권한 부여에 관련된다. 무작위성은 모든 것이 중요하다는 것을 의미하며 이를 보장한다. 나도 중요하고, 너도 중요하고, 우리 모두가 함께 중요하다. 그리고 이 '중요함mattering'은 능동형 동사다. 어셈블리의 각 구성 요소에 주의를 기울이고 힘을 부여함으로써 캐런 바라드가 말한 내적작용의 의미에서 모든 것이 다른 모든 것에서 튀어나와 결과적으로 전체의 합보다 커진다. 무작위성은 내적작용을 증가시킨다. 만물이 저마다 중요하며 만인이 중요하다.

우리는 인간 너머 세계와의 만남으로 인해 지금처럼 존재할 수 있다. 우리가 미래에도 생존하고 번영하려면 우리의 삶, 사고, 존재, 사회에서 더욱더 타자들과 함께해야 한다. 테크놀로지, 과학, 정치, 생태에서의 무작위성은 이러한 얽힘에 건전하고 합리적인 근거가 있음을 보여준다. 우연에 의해 매개되는 이러한 만남은 지식을 생산하고 권력을 분배하며 우리 모두를 고양시킨다. 우리는 함께할 때 비로소 더 현명하고, 더 평등하고, 더 정의롭고, 더 살아 있을 수 있다.

인간 너머의 세계가 가진 광대하고 놀라운 힘을 우리의 거버넌스 및 인간 관계 시스템에 완전하고 의미 있게 포함시키면 실제로 어떤 모습이 될지는 아직 상상조차 하기 어렵다. 그러나 징후와 전조는 있다. 전 세계적으로, 그리고 모든 종류의 비인간 타자와의 얽힘 속에서 우리는 새로운 형태의 법적, 사회적, 정치적 관계의 출현을 목격하기 시작했다. 이제 우리는 이러한 아이디어와 실험을 통해 진정한 생태적 정치를 향한 길을 모색하고자 한다.

8장

연대

1903년 1월 4일 일요일, 톱시라는 코끼리가 코니아일랜드에서 전기 처형되었다. 1875년경 동남아시아에서 태어난 톱시는 두 살 때 포획되어 서커스단을 운영하는 애덤 포어포에 의해 미국으로 밀수입되었다. 톱시라는 이름은 『톰 아저씨의 오두막』에 나오는 어린 노예 소녀의 이름을 딴 것이었다.

1902년 5월 술에 취한 한 서커스 관객이 우리에 들어가 코끼리 얼굴에 모래를 뿌리고 시가로 코를 지졌고, 톱시는 그를 살해했다. 그것이 톱시가 처음으로 전국 뉴스에 등장한 사건이었다. 당시 언론 보도는 톱시가 이전에 두 명의 서커스단 직원을 사망에 이르게 했다고 덧붙였다. 그러나 확인된 바 없는 사실이었다. 아마도 그녀의 행동에 대한 다른 이야기와 함께 부풀려졌을 것이다. 톱시는 악명 높은 코끼리가 되었고, 그것이 오히려 많은 군중을 끌어들였다. 다음 달 톱시가 다른 관중을 공격하는 일이 벌어졌고, 서커스단은 그녀를 코니아일랜드의 루나파크에 팔았다. 그곳에서 톱시는 그간의 잘못에 대한 '죗값'으로 공원의 구경거리이자 주변의 목재를 옮기는 짐승으로 고용되었다. 한번은 담당 사육사인 윌리엄 알트William Alt가 그녀를 갈퀴로 찔렀고, 톱시가 흥분하자 거리에 풀어놨다. 몇 달 후 그가 술에 취해 톱시를 타고 마을을 가로질러 경찰서로 갔다. 톱시가 격렬하게 울부짖자 경찰관들은 유치장으로 피신했다. 결국 알트는 해고되었다.

그러나 알트 없이는 더 이상 톱시를 통제할 수 없었고 다른 동물원에서도 그녀를 받아주지 않았으므로, 루나파크는 톱시를 크레인에 목매다는 모습을 대중에게 공개하여 동물원 홍보에 이용하기로 했다. 미국 동물학대방지협회가 항의했지만 더 인도적인 처형 방법을 택하는 정도로 타협했다. 교수형, 독살, 전기를 조합한 방법이 그녀의 수많은 범죄에 대한 적절한 처벌로 채택되었다. 에디슨 조명 회사 직원들은 필요한 교류 전류 공급을 위해 9개 블록에 걸쳐 중부하 전선을 연결했고, 에디슨 영화사는 이 장면을 카메라로 기록했다.

사형 집행 예정일에 약 1,500명의 관중과 100명의 사진 기자가 공원에 몰려들었고, 많은 사람들이 울타리를 넘어 입장했다. 근처 발코니와 옥상에서 지켜보는 사람들도 있었다. 새로운 조련사가 톱시를 우리 밖으로 인도했는데, 아무리 다독이고 애원해도 처형 장소인 호수 한가운데 있는 섬으로 가는 다리를 건너게 할 수 없었다. 도살 장면을 보기를 거부한 윌리엄 알트에게 도움을 주면 25달러를 주겠다고 제안했지만, 그는 '1000달러를 준대도 톱시를 죽이지 않겠다'며 거절했다. 거의 두 시간이 흐른 후, 결국 톱시가 서 있는 자리에서 죽이기로 결정했다. 그 자리에 증기 엔진, 목을 조르기 위한 튼튼한 밧줄, 구리 전선 샌들과 교류선을 포함한 전기 장치가 다시 설치되었다. 공원 홍보 담당자가 460그램의 청산가리가 든 당근을 톱시에게 먹였고, 오후 2시 45분에는 전기 담당자가 전류를 켜라는 신호를 보내 10초 동안 6,600볼트의 전류를 톱시의 몸에 흘려보냈다. 톱시는 증기로 조여진 밧줄에 목이 조여진 채 굳어져 쓰러졌다. 오후 2시 47분, 그녀는 사망 선고를 받았다.

에디슨 영화사는 이후 톱시의 마지막 순간을 기록한 74초 길이의 키네토그래프 영화 〈코끼리 전기 처형Electrocuting an Elephant〉을 공개했다. 이것은 영화 필름에 죽음을 포착한 최초의 작품 중 하나로 역사에 섬뜩한 발자취를 남겼다.[1]

톱시의 끔찍한 죽음은 중세 유럽과 식민지 시대 미국 전역에서 벌어진 동물 실험과 처형의 오랜 전통에 따른 것이었다. 1457년 프랑스의 사비니쉬르에탕이라는 마을에서 돼지 일가족이 다섯 살짜리 소년을 잔인하게 살해하고 일부를 먹어치운 사건이 있었다. 일곱 마리의 용의자(어미 돼지 한 마리와 새끼 돼지 여섯 마리)가 체포되어 아동 살해 혐의로 기소되었고, 재판을 위해 지역 감옥에 수감되었다. 변호사가 선임되고, 증인이 소환되고, 증거가 제출되고, 법정에 가득 찬 사람들 앞에서 법적 논쟁이 벌어졌다. 결국 어미 돼지는 유죄 판결을 받고 교수형에 처해졌으며, 새끼 돼지들은 어리다는 이유로 사면을 받았다.

당시에는 이러한 재판이 드물지 않았으며, 비인간 범죄자의 재판은 독특한 방식으로 이루어졌다. 인간과 동물이 공동 공모자로 함께 재판을 받는 경우가 많았으며, 동물은 공적 비용으로 변호사를 선임하고 항소할 수 있는 권리를 부여받았다. 일부 사건, 특히 돼지와 관련된 사건의 경우에는 재판과 사형 집행 시 동물에게 사람의 옷을 입혔다. 이러한 재판이 단순히 보여주기식이거나 변호사들의 연습 기회였던 것은 아니다. 동물이 범죄에 대해 도덕적 책임을 져야 한다고 믿었던 사회의 산물이며, 매우 진지하고 존중받는 가운데 이루어졌다.

1597년 생쥘리앵의 사보야르 마을에서 바구미들이 포도밭을 파괴한 혐의로 기소되었을 때, 변호사는 하나님이 동물들에게 모든 풀과 잎, 녹색 허브를 먹을 것을 허락한 창세기의 구절을 근거로 바구미들이 포도 잎을 먹을 권리가 있다고 주장하며 무죄 판결을 받아냈다. 1522년, 부르고뉴의 오툰 마을에서는 쥐가 창고의 보리를 먹어치우고 마을 처녀들을 공포에 떨게 한 적이 있었다. 마을의 관원은 쥐들에게 법정에 출두하라는 소환장을 발부했다. 쥐들은 오지 않았지만 판사는 그들의 불응을 비난하지 않고 다시 한번 관원을 들판으로 보냈다. 그래도 쥐들이 법정에 나타나지 않자 변호사는 지역 고양이들이 무서워서 출석하지 못했을 수 있다며, 정당한 이유에 의한 결석이라고 주장했다. 판사는 6일 이내에 그 밭에서 퇴거하라는 명령을 내릴 수밖에 없었고, 명령에 불응할 경우 살처분과 영원한 저주에 처해질 수 있다고 경고했다.

이 사건에서 쥐들의 변호인은 이후에 대법원장을 역임하고 저명한 법률 이론가가 될 바르톨로뮤 샤세네Bartholomew Chassenée였다. 샤세네는 말년에 쓴 법률 논문에서 야생동물과 가축을 막론하고 동물은 그들이 거주하는 교구 공동체의 평신도로 간주되어야 한다고 설득력 있게 주장했다. 즉, 동물도 사람과 비슷한 종류의 권리를 갖는다는 것이었다.[2]

이러한 재판들은 특정 동물의 내재된 비인간적 악을 확인하는 데 기여하고 고대의 희생과 속죄 의식을 반영한 것일 수도 있다. 그러나 또 한편으로는 계몽주의 이전 사회에서 동물을 정치 공동체, 즉 모든 구성원이 적법 절차와 법의 지배를 받는 공동체에 속하는 존재로 보았던 관점을 조명하는 사례이기도 하다. 이 재판들은 동물을 짐승이자 기계로 보는 데카르트적 관점이 자리를 잡으면서 곧 사라지게 될 애니미즘 신념 체계의 마지막 모습을 상징한다. 동물에게 진정한 감정, 영혼, 지능, 정치적 의지가 없다면 재판을 받을 수도 없고 공동체에서 다른 중요한 역할을 할 수도 없을 것이기 때문이다. 재판은 점차 사라졌지만 (톱시의 처형은 매우 이례적으로 뒤늦게 나타난 비극적인 사례였다) 비인간

     새와 나무와 돌멩이의 지적 세계

주체들의 고의적인 행동은 계속되었다. 동물의 의지에 반해 동물을 이용하고 가두려고 할 때 이러한 창의적이고 반항적인 주체성은 여전히 분명하게 드러난다.

톱시처럼 포획에 맞서고 거부하는 동물은 오늘날에도 동물 사육 시설에서 여전히 '골칫거리'다. 역사학자 제이슨 라이벌Jason Hribal은 이러한 저항에 대해 수많은 기록을 남겼다. 라이벌은 특히 포획된 오랑우탄이 사육사에게 자신의 의도를 숨기면서 복잡한 탈출 계획을 세우고 실행하는 기발함으로 인해 악명을 떨친 사례를 자세히 설명했다. 샌디에이고동물원의 켄 앨런이라는 오랑우탄은 자유를 얻기 위해 모든 너트와 볼트를 풀고 야외 우리에서는 관람객에게 돌과 배설물을 던지고 창문을 깨트리려 해서 유명해졌다. 직원들이 모든 바위를 치웠지만 켄과 켄의 동료 오랑우탄들은 벽에서 세라믹 절연체를 떼어내 집어던질 무기로 사용했다. 한 번은 켄이 쓰러진 나뭇가지로 사다리를 만드는 모습이 목격되기도 했다. 직원은 당시의 상황을 이렇게 전했다. '켄은 매우 체계적이었다. 그는 사다리를 조심스럽게 땅에 대고 손으로 두드려서 견고한지 확인한 다음 벽 꼭대기로 올라갔다가 다시 내려왔다.'[3]

사다리 사건 이후 동물원 측은 사육장 벽을 높이고 손잡이가 될 만한 부분을 없애 매끈하게 만들었다. 몇 년이 지난 후, 다시 한 번 켄이 동물원을 배회하는 모습이 발견되었다. 동물원 측은 켄의 주의를 분산시키기 위해 암컷 오랑우탄 몇 마리를 데려왔다. 하지만 켄은 암컷 오랑우탄들을 공범으로 끌어들였다. 켄이 사육사들(일부 사육사는 사복 차림으로 관람객들 사이에 숨어 있기도 했다)의 눈길을 끄는 동안 비키는 창문을 열었다. 오랑우탄이 가장 좋아하는 전술 중 하나는 상대방이 잘못된 방향으로 가게 만드는 것이다. 한 전문가에 따르면 사육사가 드라이버 같은 도구를 오랑우탄 우리 안에 실수로 놓아두면 오랑우탄은 '즉각 알아차리지만 사육사가 실수를 발견하지 않게 하기 위해 일부러 무시할 것이다. 그리고 그날 밤 드라이버를 이용해 우리를 해체하고 탈출할 것이다.' 마음이론(상대방의 의도를 추론하는 것으로, 실험으로 증명하기는 어렵지만 높은 지능의 징후다)이 오랑우탄의 탈출 행동에 작용하고 있는 것이 분명하다.

켄은 지칠 줄 몰랐다. 한 번은 우리 안의 연못에 허리까지 잠긴 채 미끄러운 벽에 몸을 지탱하고 손과 발을 이용해 조금씩 기어 올라가는 모습이 포착되기도 했다. 오랑우탄은 물을 극도로 싫어하므로 이런 방식으로 탈출하리라고는 생각할 수 없었는데, 켄은 예상을 뒤엎었다. 또 한 번은 켄이 사육장 벽 꼭대기에 있는 전깃줄을 건드리면서 탈출 시도가 중단되었는데, 계속 전깃줄을 건드리다가 어느 날 유지보수를 위해 전기가 꺼졌을 때 또 다시 뛰어내렸다.

억압에 굴하지 않는 끈기는 다른 유인원들과 원숭이들에게서도 입증되었다. 루이지애나주의 툴레인 국립영장류연구센터Tulane National Primate Research Center에는 11종의 원숭이 5,000여 마리가 생의학 연구를 위해 수용되어 있는데, 한 번에 최대 100마리의 히말라야원숭이와 남부돼지꼬리마카크 무리가 우리 문을 부수고 자물쇠를 따서 주변 늪으로 탈출하는 데 성공한 집단 탈출이 여러 차례(1987년, 1994년, 1998년) 발생하기도 했다.

이 에너지는 자기만을 위해 사용되지 않는다. 18세기에 야생동물 상인 카를 하겐베크는 아프리카 북부에서 야생 개코원숭이 새끼를 포획했는데 그 부모와 무리의 구성원들이 포로를 구하기 위해 사력을 다해 싸웠다는 이야기를 전했다. 이런 모습은 먼 거리에 있는 동료 사이에서도 나타난다. 하겐베크의 마차가 해안으로 향하면 또 다른 개코원숭이 무리가 나타나 마차를 공격해 동료들을 구하곤 했다.

　　　　　　　　　　새와 나무와 돌멩이의 지적 세계

동물이 자신이나 동료를 해방시키려는 이러한 시도는 무의미한 방해 행위나 호기심에 의한 행동이 아니라, 인간이 강요하는 환경에 대한 적극적이고 의도적인 저항의 한 형태다. 동물의 저항 행위는 인간과 유사하여, 명령 무시, 속도 늦추기, 충분한 음식과 물이 주어지지 않을 때 작업을 거부하는 일, 비공식적인 휴식, 장비 파손, 우리 훼손, 반격, 도주 등 여러 형태를 띤다. 동물들은 자신의 처지에서 벗어나기 위해, 그리고 가능하다면 자신의 처지에 영향력을 행사하기 위해 끊임없이 노력한다. 동물들의 투쟁은 착취에 대항하는 투쟁이며, 따라서 정치적 활동이다.

정치는 본질적으로 의사 결정의 과학이자 예술이다. 우리는 흔히 정치를 국가 및 지방 정부의 틀 안에서 정치인과 활동가들이 하는 일이라고 생각하지만, 실제로는 공동체의 일상적인 활동이 곧 정치다. 두 명 이상의 사람이 합의를 하거나 결정을 내려야 할 때마다 정치가 작동한다. 인간에게 정치는 의회, 투표함, 우리가 어떻게 살고 싶으며 그러한 삶의 방식을 주장하려면 어떻게 해야 하는지에 관한 일상적인 결정 등 매우 다양한 방식으로 이루어진다. 다른 사람에게 영향을 미치는 우리의 모든 선택은 그 자체로 정치적인 것이다. 여기에는 투표도 당연히 포함되지만, 우리가 만들고 설계하여 다른 존재들의 삶을 좌우하는 것들, 파트너 및 이웃과의 관계, 우리가 소비하고 행동하고 공유하고 거부하는 것, 즉, 우리와 함께 살아가는 이들에게 영향을 미치는 우리의 모든 선택이 포함된다. 정치와 무관하고 싶다고 말해도 실제로는 그럴 수 있는 선택권이 없다. 정치는 우리가 원하든 원하지 않든 우리 삶의 거의 모든 측면에 영향을 미치며, 만사가 이루어지는 거의 모든 프로세스가 본질적으로 정치다. 이런 의미에서 조직화된 정치는 일상적인 상호 작용과 가능성을 좌우하는 소통과 처리의 틀이며, 따라서 일종의 테크놀로지다.

따라서 인간 너머의 정치는 의사 결정 과정에서 인간 너머의 세계를 인정하고 그 세계에 참여하는 정치이며, 이는 다양한 형태를 취할 수 있다. 우리의 정치는 예로부터 비인간을 배제해왔으므로 이러한 상호 작용의 대부분은 사법적으로(우리가 자연 세계를 절대적으로 지배한다는 전제 아래) 이루어지지만, 동물에게도 우리 공동의 문제에서 더 많은 정치적 주체성을 그들의 방식으로 발휘할 수 있게 하려는 노력이 진행 중이며 이에 관해서는 후에 다시 설명할 것이다. 또한 동물들끼리도 서로 어울리고, 동맹을 맺고, 분쟁을 벌이고, 투표하고, 결정을 내리는 등 정치적으로 행동한다.

인간이 아닌 생명체에 대한 대부분의 법적 주장은 인간이 동물을 대신하여 그들의 권리를 위해 조치를 취하거나 숲과 바다를 보호하기 위한 법률을 통과시키는 등의 방식으로 이루어진다. 따라서 포획에 대한 동물의 저항이 해방을 위한 투쟁이라는 라이벌의 주장은 매우 큰 의미가 있다. 동물의 지능을 마지못해 인식하고 인정한다는 관점에서 나온 것이 아니라 비인간 동물 스스로의 적극적인 참여와 저항에서 나온 정치적 포용을 주장하는 것이기 때문이다. 인간 너머의 세계가 사회적, 정치적 활동이 없는 곳이 아니라 복잡한 의사 결정, 합의 형성, 공동의 행동이 이미 존재하고 일어나고 있는 곳이라는 점을 이해하는 것이 매우 중요하다.

20세기 초 러시아의 위대한 자연주의자이자 무정부주의 철학자인 피터 크로포트킨도 비슷한 견해를 가졌다. 그의 산문집 『상호 부조론: 진화의 요인*Mutual Aid: A Factor of Evolution*』(1902)은 그가 동물 세계에서 관찰한 협력, 상호주의와 원주민 공동체, 초기 유럽 사회, 중세 자유 도

　　　　　　　　　　새와 나무와 돌멩이의 지적 세계

시, 19세기 후반의 마을과 노동 운동의 유사점을 탐구한다. 그는 자신의 주장을 뒷받침하기 위해 지역사회 전체를 위해 댐과 마을을 건설하는 비버와 무리가 모두 모일 때까지 하루 종일 기다렸다가 차례대로 서로를 인도하며 긴 밤 비행을 하는 새 떼 등 다양한 사회를 예로 들었다. 게 컴퓨터의 게와 마찬가지로 '서인도 제도와 북미의 일부 참게'도 '산란을 위해 큰 무리를 지어 바다로 이동하며, 이러한 이동은 조화, 협동, 상호 지원을 의미한다'. 참새 같은 새들은 동료들과 곡물을 나누고, 댕기물떼새와 할미새는 다른 작은 새들을 갈매기나 매 같은 포식자로부터 보호했다. '사회성이 높은 오리'조차도 '전체적으로 잘 조직되어 있지는 않지만… 상호 지원을 실천하면서 수많은 품종과 종이 있다는 사실에서 알 수 있듯이 거의 지구 전체로 확산했다.'[4]

크로포트킨은 동물 세계에서 '이빨과 발톱이 피로 물든 자연'이라는 오래된 통념이나 완전히 경쟁적인 생물권에 대한 다윈주의적 관념이 거짓임을 보여주는 연대와 상호 지원의 장면을 보았다. 실제로 그는 엄격한 다윈주의가 인간 너머의 상황을 정확하게 읽어내지 못하며, 우리 자신과 우리 자신의 실패를 반영하는, 전적으로 의인화된 것이라고 생각했다. 크로포트킨은 모든 곳에 갈등이 존재한다는 우리의 주장은 인간이 다른 생물들의 서식지와 사회를 계속 파괴하고 훼손할수록 점점 더 위선적으로 될 뿐이라고 지적했다. 한때 지구의 광활한 지역에 서식하던 동물들의 거대한 서식지를 붕괴시킨 것은 자연의 폭력이 아니라 크로포트킨이 '화약 문명'이라고 부른 인간의 폭력이었다. '수많은 개체들의 사회와 국가'가 이제는 '잔해'로 전락한 것이다. 그는 이렇게 탄식했다. '그러니 동물의 세계에서 사자와 하이에나가 피로 물든 이빨로 먹잇감의 살을 파고드는 것 외에는 아무것도 보이지 않는 것처럼 말하는 사람들의 시각이란 얼마나 잘못된 것인가! 인간의 삶 전체

가 전쟁 학살의 연속일 뿐이라고 상상하는 편이 더 나을 수도 있다.'

크로포트킨은 동물의 행동을 단순히 본능적인 사랑과 동정심으로 환원하는 동물 행동 분석도 명백히 거부했다. 그는 동물의 행동을 인간의 도덕적 감정과 직접적으로 견줄 수 있으며, 인간의 감정과 마찬가지로 동물의 감정도 사랑과 사적인 동정심만으로 환원할 수 없다고 보았다. 그는 이렇게 썼다. '불이 난 집을 보고 물통을 들고 달려가게 만드는 것은 전혀 모르는 이웃에 대한 사랑이 아니며, 나를 움직이는 것은 인간의 연대와 사회성이라는, 막연하지만 훨씬 더 광범위한 감정과 본능이다. 동물도 마찬가지다.'

연대에 대한 크로포트킨의 주장은 동물 정치에 대해 말한다고 해서 의인화(인간의 용어와 특성을 비인간에게 귀속시키는 것)에 빠지는 것이 아니며 본능적이고 '자연적인 친족 관계'에 입각한 행동을 왜곡하여 표현하는 것도 아니라는 점을 이해하는 데 매우 중요하다. 오히려 그것은 우리가 하나의 세계를 공유하고 있다는 사실을 완전히 인정하는 것이다. 이 세계는 토양과 감각에 국한되지 않고 크로포트킨의 용어로 도덕적 감정, 윤리와 사회성, 쾌락의 경험까지 확장되며, 이 모든 것은 우리가 흔히 비인간에게 없다고 간주하는 것들이다. '반추동물이나 말 무리가 늑대의 공격에 저항하기 위해 무리를 이루도록 하는 요인은 사랑도 동정심도 아니며, 늑대가 사냥을 위해 무리를 이루도록 유도하는 것도 사랑이 아니다. 그것은 사랑이나 개인적인 동정심보다 무한히 넓은 감정으로, 매우 오랜 진화 과정에서 동물과 인간 사이에서 서서히 발달해온 본능이다.' 크로포트킨은 이 감정을 상호 부조의 연대감이자 사회적 삶을 공유하는 기쁨이라고 보았다.

동물은 다양한 메커니즘을 통해 온갖 종류의 합의를 도출하고 집단적인 의사 결정을 내리는 등 일상생활에서 실질적으로 정치를 수행

　　　　새와 나무와 돌멩이의 지적 세계

한다. 집단 생존에는 사회적 응집력이 매우 중요하므로, 모든 사회적 동물은 특히 이동과 먹이 장소 선택과 관련하여 일종의 합의제 의사 결정을 필요로 한다. 인간 사회에서와 마찬가지로, 이는 그룹 구성원 간의 이해관계 충돌로 이어질 수 있다(식당을 정할 때 여러 사람의 동의를 구하는 것이 얼마나 무서운 일인지 다들 잘 알 것이다). 동물 세계에서 이 문제에 대한 해답을 독재(지배적인 구성원에 대한 맹목적 추종)에서 찾는 경우는 거의 없다. 동물들은 거의 언제나 민주적인 절차를 택한다.

큰 무리를 지어 사는 말사슴은 이동 중에 자주 멈춰서 휴식을 취하고 사색에 잠긴다. 연구에 따르면 성체 중 60%가 일어서야만 다시 이동을 시작한다. 말 그대로 발로 투표하는 셈이다*. 그 60%에 무리의 리더 수컷들이 포함되어 있지 않아도 상관없으며, 이전에 그들의 판단이 훌륭했다고 하더라도 무리는 독재적인 결정보다 민주적인 결정을 선호한다. 버팔로도 비슷한데, 이 경우에는 무리 중 암컷 구성원들이 일어서서 한 방향을 응시했다가 다시 눕는 식으로 가고자 하는 방향을 더 미묘한 신호로 표현한다. 성체 암컷들만 투표권이 있으며, 의견이 첨예하게 대립되면 흩어져서 한동안 따로 풀을 뜯다가 다시 모이기도 한다.

새나 곤충의 경우에도 복잡한 의사 결정을 나타내는 행동 양식이 있다. 과학자들은 비둘기에 소형 GPS 기록 센서를 부착하여 언제 어디로 날아갈지에 대한 결정을 무리의 모든 구성원이 공유한다는 사실을 밝혔다. 일부 구성원이 다른 구성원보다 결정에서 우위를 차지하지만 그 서열은 유연해서 바뀌는 일이 잦았다. 연구진은 '이처럼 서열이 낮은 구성원의 의견도 수용할 수 있게 하는 역동적이고 유연한 리더와 추종자 구분은 매우 효율적인 의사 결정 형태일 수 있다'라고 설명한다.

* 'vote with one's feet'는 집단행동을 통해 의사를 밝힌다는 뜻의 관용구다.

개미나 벌 같은 복잡한 사회 구조를 형성하고 있지 않아 보이는 바퀴벌레도 그때그때 상황에 맞게 은신처와 자원을 이용하기에 가장 유리하고 효율적인 규모의 집단을 형성하는 보금자리 습성nesting behaviour을 보인다.[5]

이전 장에서 우리는 진정한 다양성과 분산성을 갖춘 정치 형태를 지지한 바 있다. 그러한 의미에서 평등을 가장 잘 보여주는 동물은 아마 꿀벌일 것이다. 꿀벌은 두 가지 점에서 독특한 역사를 갖고 있다. 하나는 사려 깊은 목가주의자이자 평화주의자로서의 역사다. 모든 벌은 약 1억 년 전 채식을 선택한 한 말벌 종의 후손이다. 두 번째는 이들이 고도로 조직화되고 소통과 공감대 형성이 이루어지는 공동체 생활을 해왔다는 점이다. 벌들이 오랫동안 지켜온 사회적 삶은 마치 정치 슬로건 같은 양봉가들의 속담에도 담겨 있다. '한 마리의 벌은 한 마리의 벌이 아니다*Una apis, nulla apis.*'

꿀벌은 동물의 의사소통과 민주주의 실천을 보여주는 가장 위대한 광경 중 하나를 우리에게 선사한다. 그것은 '8자 춤waggle dance'이라고 알려져 있는데, 꿀벌이 주변 꽃가루 출처에 대한 정보를 공유하고 새로운 둥지 위치를 결정하는 프로세스다. 1945년 여름 오스트리아의 동물행동학자 카를 폰 프리슈Karl von Frisch는 처음으로 '8자 춤'을 과학적으로 기술했다. 프리슈는 약 30년에 걸쳐 꿀벌들을 직접 관찰하면서 먹이 조달을 담당하는 일벌이 먹이가 풍부한 곳을 발견하면 즉시 벌집으로 돌아와 흥겨운 춤을 춘다는 사실을 알게 되었다. 꿀벌은 몸을 좌우로 흔들면서 앞으로 나아가다가 8자 고리 모양을 그리며 출발점으로 돌아오기를 여러 번 반복했다. 이 춤은 한 번에 몇 분씩 계속되는데, 그러는 동안 점차 쉬고 있던 벌들이 춤을 흉내내며 따라붙고, 어느 순간 처음 춤을 추기 시작한 벌이 가리키는 노다지를 직접 찾아나서기도 했다.

프리슈는 추종자들이 첫 번째 벌이 묻히고 온 꽃향기를 맡아서 꽃가루를 금방 찾을 수 있는 것이라고 생각했다. 하지만 수년간 주의 깊게 관찰한 결과 훨씬 더 복잡하고 놀라운 일이 벌어지고 있다는 사실을 알게 되었다

프리슈는 꿀벌들이 8자 춤을 추면서 그저 흥분이나 향기를 전달하는 것이 아니라 먹이의 정확한 방향과 거리를 부호화하여 다른 꿀벌들이 탐색 없이 곧장 그곳으로 날아갈 수 있게 해준다는 사실을 깨달았다. 정보는 춤 자체에 포함되어 있었다. 8자 춤의 지속 시간은 전달하려는 거리에 비례하며(춤 1초가 약 1,000미터에 해당) 벌집의 수직 방향을 기준으로 한 춤의 각도는 태양이 위치를 기준으로 했을 때 목표 지점이 있는 곳의 각도와 일치한다. 따라서 30도 위쪽 각도로 7초간 춤을 춘다면 태양의 오른쪽 30도 방향으로 7,000미터 떨어진 지점에서 먹이를 구할 수 있다는 뜻이 된다. 다른 꿀벌들은 이 춤을 재현하면서 신호를 해독한 후 춤이 가리키고 있는 꽃을 향해 곧장 정확하게 날아간다.[6]

프리슈의 제자인 대학원생 마르틴 린다우어Martin Lindauer는 이 연구를 더욱 발전시켰다. 린다우어는 1939년 고등학교를 졸업하자마자 히틀러의 군대에 징집되었지만 수류탄 파편에 맞아 동부 전선에서 제대했다. 어느 날 뮌헨에서 요양 중이던 린다우어에게 주치의가 뮌헨대학교의 저명한 교수였던 프리슈의 일반동물학 강의를 들어보라고 권유했다. 린다우어는 세포 분열에 관한 프리슈의 강의를 들었을 때, '인류의 신세계', 즉 파괴가 아닌 창조를 추구하는 세계로 돌아간 듯한 느낌을 받았다고 회상했다.

린다우어는 1949년 뮌헨의 동물학연구소를 지나다가 연구소의 벌통 근처 나무에 벌이 떼를 지어 매달려 있는 것을 발견했다. 그는 이것이 여왕벌이 죽거나 먹이가 부족하거나 개체 수가 너무 많아져 하나의

벌통으로 감당할 수 없을 때 벌들이 새로운 보금자리를 찾는 행동이라는 사실을 알았다. 그는 또한 이 벌 떼 중 일부가 8자 춤을 추는 것을 발견했는데, 보통 이런 행동을 하는 먹이 담당 일벌들과 달리 새로운 장소에서 꽃가루를 운반해 오는 것 같지 않았다. 꽃가루 대신 그을음과 벽돌가루, 흙과 먼지로 뒤덮여 있었다. 린다우어는 이 벌들이 먹이 담당이 아니라 폭격으로 폐허가 된 전후 뮌헨에서 새로운 둥지를 찾아다니던 정찰대원일 것이라는 생각이 들었다.

춤추는 벌의 움직임을 분석하고 표로 작성하기 위해 수십 일에 걸쳐 벌 한 마리 한 마리의 등에 작은 점을 그려 넣는 등, 정확히 무슨 일이 벌어지고 있는지 밝혀내기 위해서는 10년 동안의 고된 연구가 필요했다. 린다우어가 끈질기게 벌 떼를 지켜본 결과, 8자 춤을 통해 전달하는 내용이 단순히 먹이의 위치에 국한되는 것이 아니라 '정치적 선호'라는 사실이 서서히 밝혀졌다. 벌 떼가 새로운 서식지를 찾기 시작하고 처음 정찰을 나갔던 벌들은 수십 개의 후보지를 동시에 알려주었지만, 몇 시간 또는 며칠이 지나면 하나의 정해진 장소를 향해 움직이기 시작했다. 점점 더 많은 벌들이 같은 위치에서 춤을 추기 시작했고, 전체 벌 떼가 날아오르기 한 시간쯤 전에는 춤을 추는 모든 벌이 같은 지점을 가리키며 같은 패턴의 움직임을 보였다. 린다우어의 이론이 맞다면 이 최종 패턴은 새로운 보금자리를 가리키는 것이었다. 그는 자신의 이론을 검증하기 위해 벌들이 날아가는 순간까지 기다렸다가 뮌헨의 거리와 골목을 지나 새 서식지를 향하는 벌들을 뒤쫓아 달려야 했고, 여러 번 성공했다. 새 서식지는 벌들이 만장일치로 결정한 최종 투표 결과와 일치했다. 꿀벌은 함께 결정하는 법을 알았다. 다시 말해, 그들은 정치적으로 행동하고 있었다.

꿀벌이 새로운 보금자리를 선택하는 데에는 몇 가지 중요한 요소

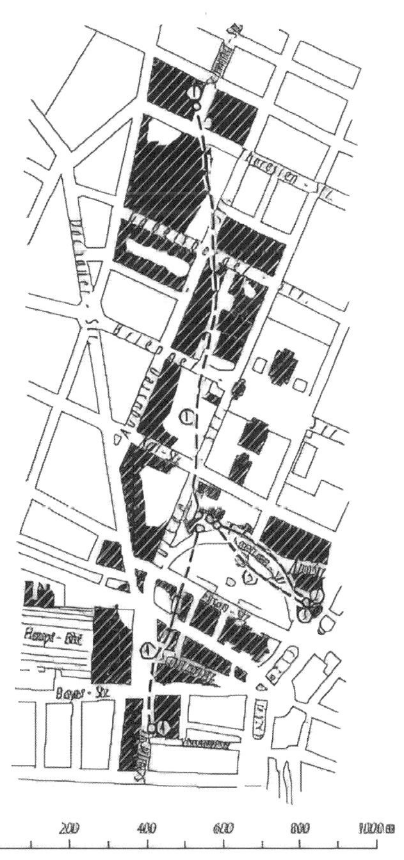

린다우어가 벌들의 비행경로를 추적한 뮌헨의 동물학연구소 주변 지도.
네 군집은 모두 연구소 정원에서 출발했으며, 1~3번 군집은 새로운 서식지,
4번 군집은 중간 휴식처로 이동했다.

가 작용한다. 첫 번째는 결정권이 리더 한 마리에게 있는 것이 아니라 모든 구성원에게 동등하게 부여된다는 점이다(흔히 여왕벌이 일벌들을 통치한다고 생각하는데, 이것은 오해다). 둘째, 수백 마리의 벌이 결정에 참여하기 때문에 무리 전체가 한 번에 (거리가 먼 후보지를 포함하여) 여러 선택지에 대한 정보를 수집하고 처리할 수 있다. 꿀벌이 광범위한 후보지를 평가한다는 것은 최상의 보금자리를 찾을 가능성이 높다

는 뜻이다. 마지막으로, 결정은 공개적이고 공정한 방식으로 이루어지며, 각자의 의견을 들은 벌들은 제안에 대해 독립적으로 평가한다. 요컨대, 꿀벌은 고대 아테네, 파리 코뮌, 스위스의 칸톤, 퀘이커교 집회, 쿠르드인, 아랍인, 아시리아인의 로자바 자치정부, 시민 의회 등에서 인간이 실행했던 것과 같은 일종의 직접 민주주의를 실천하고 있다.

꿀벌이 이처럼 놀라운 정치 활동을 하고 있다는 데서 우리는 또 어떤 교훈을 얻을 수 있을까? 사실 배울 점은 매우 많지만 그중 몇 가지만 생각해보자. 미국의 인지 과학자 더글러스 호프스태터Douglas Hofstadter는 꿀벌 떼나 특정 종류의 개미가 보이는 행동이 영장류 두뇌의 정보 처리 스키마와 매우 흡사하다고 보았다. 벌 떼의 평균 무게는 약 1.5킬로그램으로, 인간 뇌와 거의 동일하다. 비슷한 점은 이것만이 아니다. 꿀벌 떼가 여러 개체로부터 얻은 정보를 통합하는 과정은 뇌가 의사 결정을 내릴 때 여러 감각 정보를 통합하는 과정과 매우 닮았다. 그리고 이러한 정보 통합은 최적의 결론에 이를 수 있는 최선의 의사 결정 방법으로 밝혀졌다. 꿀벌 떼, 개미 군집, 뉴런의 집합체, 이들은 각각 독립적으로 진화된 집합체로서 저마다의 사고 기계를 발달시켰다. 이것은 다시 한번 수렴 진화가 이루어지고 있다는 뜻이다. 즉, 유사하지만 근본적으로 다른 사고와 행동 방식이 삶의 덤불 곳곳에서 꽃을 피우고 있는 것이다.[7]

군집 지능swarm intelligence이 어떻게 작동하는지 알아내면 그 지식을 다시 기계에 적용해볼 수 있다. 군집 지능을 컴퓨터 과학에 적용한 한 가지 예로 모바일 네트워크용 라우팅 알고리즘인 BeeAdHoc을 들 수 있다. BeeAdHoc은 휴대 전화나 기타 디바이스가 여러 다른 위치에서 자주 나타났다 사라졌다 하는 일시적이고 취약한 네트워크를 위해 설계되었다. 그런 상황에서 연결을 유지한다는 것은 어려운 문제인데,

   새와 나무와 돌멩이의 지적 세계

BeeAdHoc은 꿀벌이 먹이를 찾는 행동에서 직접적인 영감을 얻어 개발되었다. 이 프로그램은 정찰벌을 본떠 만든 '꿀벌 에이전트'라는 작은 소프트웨어를 사용하여 구역별 네트워크 상태에 대한 정보를 수집하고 모든 노드에 전파하는데, 이는 알려진 다른 어떤 알고리즘보다 효율적이고 덜 에너지 집약적이다.[8] 점균류나 균근 네트워크가 그랬듯이, 꿀벌도 우리가 테크놀로지로 수행하기 어려운 작업을 이미 수행하고 있는 것으로 보인다. 우리는 그들에게 배울 점이 많다.

동물은 정치적으로 행동하며, 그 일에 꽤 능숙한 것으로 밝혀졌다. 그렇다면 우리가 알게 된 이 사실을 어떻게 우리 자신의 인간 너머의 정치에 통합해야 할까? 그 통합의 가장 큰 장애물은 그들이 뭘 하는지 모른다는 것이 아니다. 이미 수십 년의 연구로 동물들이 직접 민주주의와 공동체 참여를 선호한다는 것은 밝혀졌다. 문제는 그들에게 어떤 정치적 지위를 부여해야 하느냐다. 다시 말해, 어떻게 하면 객체이던 이들을 주체로 세우고 소송 같은 정치적 절차에서 목소리를 내게 할 수 있을까?

한 가지 접근 방식은 기존의 법적 절차와 구조를 조정하여 그들을 더 포용할 수 있게 만드는 것이다. 근대 초기에 동물 재판이 사라진 이래로 비인간이 '법 앞의 인간'이라고 할 때의 인간처럼 스스로의 주체성, 책임감, 무죄이거나 유죄일 가능성을 지닌 완전한 자율적 주체로 간주되어 법적 절차에서 발언권을 가진 적은 한 번도 없었다. 그러나 최근 들어 비인간에게도 법적 인격, 즉 법정에 선 개인처럼 발언하고 들을 수 있는 권리를 부여하려는 노력이 진행 중이며, 이는 정치적 지위와 권리 보호를 달성하는 일에서 매우 중요한 발걸음이다. 비인간을 법인격으로 간주한다면 법원은 비인간이 양도할 수 없는 고유의 권리를 가지고 있으며 보호와 자기결정권을 모두 누릴 자격이 있다고 인정할 수 있을 것이다.

앞서 2장에서 코끼리 해피가 브롱크스동물원의 콘크리트 우리에 갇혀 거울 테스트를 비롯해 여러 가지 모욕적인 대우를 받았던 사건을 살펴본 바 있다. 해피 사건은 2018년에 비인간 권리 프로젝트(NhRP)에 의해 처음 다루어졌다. 변호사, 활동가, 자연주의자 등으로 구성된 법적 압력 단체인 NhRP는 '대형 유인원, 코끼리, 돌고래, 고래의 관습법상 지위를 법적 권리를 소유할 능력이 없는 단순한 "물건thing"에서 신체적 자유와 신체 통합권 등 기본권을 가진 "법인격legal person"으로 변경'하기 위한 캠페인을 벌이고 있다. 이사회 구성원 중 한 명인 영장류 학자 제인 구달은 단체 웹사이트에서 다음과 같이 질문한다. 이것이 NhRP의 핵심적인 문제 제기다. '거울을 볼 줄 알고 자신을 하나의 개체로 인식하며 동료의 죽음을 애도하고 슬픔에 잠겨 따라 죽기까지 하는, "자아"에 대한 의식을 가진 존재와 우리는 어떻게 관계를 맺어야 할까? 그들도 고도의 감수성을 지닌 다른 존재들, 즉 우리 자신과 동일한 종류의 대우를 받을 자격이 있지 않을까?'[9]

해피의 사건은 2019년 9월, 뉴욕주 대법원의 앨리슨 트루이트 판사 앞에서 심리되었고, NhRP의 첫수는 인신보호(habeas corpus, 라틴어로 '당신이 인신을 확보하고 있다'는 뜻으로, 영장의 첫 문장이었던 문구다)영장이었다. 12세기 영국 헨리 2세 집권기에 시작된 이 고대 법 조항에 따르면 수감자 구금의 적법성은 수감자를 법원에 직접 데려가 판단해야 한다. 인신보호영장은 영국 관습법뿐만 아니라 미국을 포함해 여러 나라에서 법률 체계의 초석 중 하나다. 적법하지 않은 구금에 대한 안전장치를 제공하는 이 제도는 사법 시스템의 권위를 위한 토대다. 인신보호영장은 법원이 대상을 법인격으로 간주하는지에 대한 일종의 시험이기도 하다. 영장이 발부되려면 그 사람은 권리와 (지금은 제한되어 있지만) 자유를 누릴 자격이 있는 사람이어야 한다.[10]

인신보호영장은 시대가 지날수록 점점 더 많은 사람들에게까지 범위를 넓혀 왔다. 해피의 변호사들은 1772년 보스턴에서 런던으로 끌려간 흑인 남성 노예 제임스 서머싯이 도망쳤다가 다시 붙잡혀 미국으로 돌아가는 배에 태워진 사례를 예로 들었다. 당시 영국에서 노예제도는 불법이 아니었지만, 영국 판사 맨스필드 경은 서머싯에게 인신보호영장을 발부하여 그를 재산, 즉 '적법한 물건'에서 '인격'으로 전환시켰다. 맨스필드 경은 판결문에서 노예제도는 '끔찍한 일'이며 관습법에 의해 지지될 수 없다고 썼다. 그의 판결은 서머싯의 해방, 궁극적으로 영국과 미국 북부의 노예제 폐지로 이어지는 법적 절차의 초석이 되었다.

다시 말해, 맨스필드 경은 서머싯에게 권리가 있다고 믿었고, 인신보호영장의 역사에 따르면 권리가 있는 사람은 누구나 자동으로 '인격'을 갖게 된다. 해피의 변호사들은 이 판례가 역사적으로 여러 차례 확장되어 노예뿐 아니라 아메리카 원주민, 유대인, 여성, 외국인 등 이전에는 법적 인격을 가진 사람으로 간주되지 않고 권리를 침해당했던 사람들을 포함하게 되었음을 설명했다. 중요한 것은 그러한 확장에 비인간도 포함되었다는 사실이다. 미국법상 기업, 선박, 심지어 뉴욕주도 법인격을 가진다(그 반대의 경우도 있다. 태아와 같은 일부 인간은 미국법상 인격을 갖지 않으며, 이는 미국 낙태법의 근거가 되었다).

판례들을 종합해 볼 때 비인간 동물에게 인신보호권을 부여하는 데 법적인 장애가 없으며, 인간인지 아닌지가 법인격을 인정하는 데 있어서 결정적인 요인이 아니라는 것이 NhRP의 주장이었다. 더구나 코끼리와 같이 인지적으로 복잡한 동물의 자율성을 부정한다면 코끼리가 이미 가지고 있는 기본권을 훼손하게 될 수 있다. 코끼리는 복잡한 사회적 삶과 관계, 그리고 그들만의 필요와 욕구를 가진다. 코끼리의 감금은 그러한 권리를 표방해온 사회의 법, 철학, 신념에 반하는 것이다. NhRP가 법원에 밝힌 바와 같이, 해피 사건은 '단지 불쌍한 코끼리 한 마리의 문제가 아니다. 그것은 자유라는 대의에 관한 것이다.'

트루이트 판사는 길고 신중한 논쟁 끝에 영장 발부를 거부했다. 판사는 이렇게 썼다. '해피는 복잡한 인지 능력을 가진 비범한 동물이며, 인간과 유사한 고도의 분석 능력을 가진 지적인 존재다. 법원은 해피가 법적인 물건이나 재산 이상이라는 데 동의한다. 해피는 존중받아야 하고 존엄성을 인정받아야 하며 자유를 누릴 자격이 있는 지적이고 자율적인 존재다.' 그러나 트루이트는 인신보호영장의 적용 대상을 인간이 아닌 동물로 확대하는 것을 거부한 이전의 판례에 부담을 느꼈다. 그것은 NhRP가 침팬지를 대리하여 제기했던 소송의 판례였다. 판사의 의견에 따르면 이 문제는 법원이 아닌 입법부가 결정할 문제였다. 2021년 현재 해피는 브롱크스동물원에 남아 있으며, 비인간 권리 프로젝트는 해피의 자유를 위한 소송을 계속하고 있다.*[11]

NhRP의 노력은 앞으로도 계속되겠지만, 미국 사법부는 시대에 뒤처져 있다. 인도에서는 2014년 종교 축제의 일환으로 소가 구타당하는 사건이 발생한 후 대법원이 모든 동물에게 헌법 및 법률상의 권리가 있다고 선언했다. 이 글을 쓰는 현재 인도에서는 코끼리와 관련된 NhRP의 또 다른 소송으로 인해 법이 시험대에 올라 있으며, 인도 우타라칸드주 고등법원에서는 2018년에 이미 말 학대에 관한 판결을 확정하면서 더 나아가 '날개를 가진 모든 존재와 헤엄치는 모든 존재도 해당 지방에서 인격권을 지닌다'라고 명시했다.[12]

* 해피의 인신보호영장 청구 신청은 2022년 6월 뉴욕주 항소법원에서 또 다시 기각되었다.

한편 아르헨티나에서는 2016년 세실리아라는 침팬지에 대한 인신보호영장이 신청, 발부된 적이 있다. 앵글로색슨 관습법과 달리 나폴레옹법전에 기초하여 인간의 의무에 따라 특정 유형의 재산에 대한 권리를 부여하는 아르헨티나 법률의 특이한 면 덕분에 이루어진 일이었다. 세실리아는 여전히 재산으로 간주되고 있지만, 현재 남미 전역에서 이와 유사한 소송이 진행 중이다. 2020년 콜롬비아 대법원은 추초라는 이름의 안경곰에 대한 인신보호영장 청구 신청을 기각했으며, 이 사건은 현재 항소심이 진행 중이다.[13]

중요한 것은 법인격이 인신보호영장 신청에 성공한 비인간 동물에 국한되지 않을 수도 있다는 점이다. 인도는 동물뿐 아니라 갠지스강에까지 법인격을 확대했다. 동물에 대한 대법원 판결을 지지했던 우타라칸드주 고등법원은 강에도 독자적인 '생존권'이 있으며 따라서 법인격이 있다고 선언했다. 이 판결을 개별 인간이나 동물이 아닌 생태계에 적용한다는 것은 특히 흥미로운 결과를 낳는다. 활동가들이 강 같은 자연 대상을 법적으로 보호하기 위해서는 대개 그 파괴가 인간의 생명에 위협이 된다는 사실을 증명해야 한다. 법에서 작동하는 인간 중심주의 때문에 인간 너머 세계의 이해관계는 배제된다. 그러나 강 자체가 인격체라고 선언하면 강이 오염, 비료 유출, 채광 폐기물 등에 의해 훼손되고 있다는 사실만 입증하면 법적으로 보호받을 수 있게 된다. 우타라칸드주의 결정으로 이미 갠지스강으로 하수를 배출하는 호텔, 공장, 아슈람이 폐쇄되었고, 강변의 신규 채굴 허가도 전면 금지되었다. 강의 흐름에 영향을 미치는 댐과 운하 등 관련 기반시설에 어떻게 적용할 것인지는 아직 결정하지 않았지만, 우타라칸드주 법원은 이미 야무나강, 강고트리와 야무노트리(각각 갠지스강과 야무나강의 발원지) 등의 빙하, 숲, 기타 자연물에 대해서도 동일한 태도를 취할 것이라고 선언했다.[14]

무엇인가의 법인격을 선언한다는 것은 아무리 좁게 규정하더라도 단순히 법정에서만 적용되는 얘기가 아니다. 그것은 애니미즘이 퇴색된 이래 우리가 표현할 방법을 찾지 못했던 방식으로 살아 있음을 선언하는 것이다. 동물과 자연물의 법인격이 선언되는 순간, 생명의 정의와 생명에 대한 우리의 이해, 우리가 생명과 맺는 관계가 완전히 달라진다. 이러한 사물과 대상은 다시 한번 주체성, 필요, 욕구, 생명력을 지닌 주체적인 존재로 재탄생한다. 아니, 재인식된다는 표현이 더 정확하겠다. 갑자기 완전히 새로운 주체적 생명체들의 공동체가 시야에 들어온다. 세상이 다시 채워진다. 이제 이 세계는 인간 너머의 세계가 된다.

비단 인도만이 아니다. 2008년에 개정된 에콰도르 헌법은 '자연의 권리Rights of Nature'를 보장하는 최초의 국가 헌법이었다. 이 헌법은 생태계의 존재와 번영에 대한 양도 불가능한 권리를 인정하고, 국민에게 자연을 대신하여 청원할 수 있는 권한을 부여하며, 정부가 이러한 권리의 침해를 바로잡을 것을 요구했다. 2018년 콜롬비아 최고 법원은 아마존 열대우림의 법인격을 선언했다. 2017년에는 뉴질랜드 정부도 290킬로미터 길이의 황가누이강에 인격을 부여했다.[15]

황가누이강은 뉴질랜드 북섬(마오리족은 테이카아마우이Te Ika-a-Māui라고 부른다) 중앙 고원에 있는 세 개의 활화산 중 하나인 통가리로산 Mount Tongariro 북쪽 경사면에서 발원한다. 마오리족은 수 세기 동안 이 강을 신성하게 여겨왔으며, 강물이 마오리족 공동체와 농작물에 영양을 공급한다는 점에서 강에 내재된 존재, 그 생명력, 즉 마우리*mauri*를 인식하고 있다. 마오리족은 수 세기에 걸쳐 강을 보호하기 위한 투쟁을 이끌었으며, 2017년 뉴질랜드에서 테 아와 투푸아 법Te Awa Tupua Act(황가누이강과 그 지류 및 유역을 '분리할 수 없는 하나의 생명체'로 인정하는 법안)이 통과되면서 강 관리에 대한 특별한 지위와 영향력을 갖게 되었다. 강에 관한 향후 결정은 강의 대리인으로 선정된 두 사람, 영향력 있는 마오리 정치 지도자인 타리아나 투리아와 경험이 풍부한 마오리족 상담가이자 교육자인 투라마 하위라가 협의하여 이루어지게 된다.

이 법을 가능하게 한 핵심적인 태도 변화는 자원으로 보던 강을 공간으로 보기 시작한 것, 즉 '우리는 강에서 무엇을 얻고자 하는가?'라는 질문을 '우리는 강을 위해 무엇을 원하며, 강과 함께 어떻게 거기에 도달할 것인가'라는 질문으로 바꾼 것이었다.[16] 그러나 이러한 태도는 새로운 것이 아니다. 적어도 마오리족에게는 그랬다. 새로운 것은 오히려 강의 인격성을 늘 인정해왔던 전통적 우주론에 법이 이제야 자리를 내주었다는 사실이다. 오래전부터 이 강을 옹호해온 제라드 앨버트 Gerrard Albert는 이렇게 말했다. '토착 신앙 체계의 본질적인 영적 가치에서 비롯된 틀이 처음으로 만들어졌다.'

법적으로 자연의 권리를 인정하게 된 다른 국가에서도 동일한 프로세스가 나타난다. 인도의 힌두교는 온 우주를 신의 발산emanation으로 간주하며, 따라서 강, 식물, 동물, 지구 자체도 저마다의 형태, 속성, 특징을 가진 지각이 있는 신으로 본다. 이러한 관점을 법에서 인정하는 것은 인간 아닌 존재들 자체의 생존뿐 아니라 우리 자신이 지속하고 있는 탈식민화와 해방(참정권, 인격권, 자기 결정권을 모든 인간 집단으로 확장하는 일의 일환으로서) 과정을 위해서도 매우 중요하다. 남미에서 비인간 인격에의 권리 확대에는 수막 카우사이sumak kawsay 또는 부엔 비비르buen vivir라고 불리는 철학이 연관되어 있을 때가 많다. 이는 '좋은 삶'이라는 뜻으로, 공동체, 공존, 문화적 감수성, 생태적 균형에 뿌리 내리는 행동 방식을 가리킨다.

부엔 비비르는 볼리비아의 아이마라족, 에콰도르의 키추아족, 칠레와 아르헨티나의 마푸체족 등의 토착 신앙 체계에서 영감을 얻은 사상이지만 현대 사상에 대한 전통 지식의 단순한 반발은 아니다. 우루과이 학자 에두아르도 구디나스는 '지난 30년 동안 서구의 자본주의 비판, 특히 페미니즘 사상과 환경주의에 입각한 비판 이론도 그만큼 영향을 끼쳤다'고 말한다. 부엔 비비르를 실천하려면 상상 속 콜럼버스 이전의 과거로 회귀하는 것이 아니라 부엔 비비르 사상에서 영감을 받은 남미 사회 운동이나 마오리족 우주론을 수용한 뉴질랜드의 사법부처럼 역사적 이상과 진보적인 현대 정치를 결합해야 한다.

정의, 평등, 생태적 번영을 위한 새로운 인식 틀을 만들어내는 가장 유망한 방법은 바로 다양한 우주론, 법적 구조, 심지어 기술까지도 통합하는 '함께되기'다. 그러나 소위 계몽주의 문화, 문화 제국주의와 지배의 역사 속에 살고 있는 우리들은 서구 철학과 법의 고정된 틀을 벗어난 시각과 존재 방식이 존재한다는 사실을 인정하려 들지 않거나 그렇게 할 능력이 부족한 경우가 많다. 이것이 바로 유럽과 북미에서 그러한 종합을 위한 노력이 빈번히 묵살되는 이유다. 이해와 인식 부족은 테크놀로지에 대한 우리의 태도에서 특히 두드러지게 나타난다. 실제로 이와 같은 아이디어를 기계 지능에 적용하려는 시도는 매우 우울한 출발을 보이고 있다.

리야드에서 열린 2017년 미래 투자 이니셔티브Future Investment Initiative 연례 포럼에 앞서, 개최국인 사우디아라비아는 소피아라는 로봇에게 시민권을 부여했다고 발표했다. 소피아의 제조사 핸슨 로보틱스Hanson Robotics의 설명에 따르면, 이 로봇은 인간 수준의 일반 인공 지능을 구현하기 위해 스크립트 작성 소프트웨어, 채팅 시스템, 오픈코그OpenCog라는 머신러닝 프레임워크로 제작한 인공 지능으로, '진화하고 있는 천

　　　　　　　　　　　　　　　새와 나무와 돌멩이의 지적 세계

재 기계'다. 소피아의 외모는 받침대 위에 몸통을 얹은 휴머노이드 형태로, 얼굴은 고대 이집트 여왕 네페르티티, 배우 오드리 헵번, 발명가인 핸슨의 아내를 모델로 하여 제작되었다. 머리 뒤쪽으로는 피부가 벗겨져 반투명한 두개골 아래 전선들과 깜빡이는 불빛이 들여다 보인다. 2018년에는 다리가 추가되어 움직일 수 있게 되었고, 60가지 이상의 표정을 모방하는 기능도 생겼다. 소피아는 구글에서 개발한 음성 인식 기술을 사용하며, 자동 안면 인식 기능을 통해 대화 상대를 추적하고 시선을 맞출 수 있다. 실제로 그녀는 특정 질문이나 문구에 대해 사전에 정해진 답변으로 응답할 수 있는데, 부정적인 시각에서는 '얼굴 있는 챗봇'에 비유된다.

　날씨나 주식 시세는 잘 아는 것 같지만 소피아의 대화 기술이나 비판적인 사고 능력은 그다지 인상적이지 않다. 소피아에게 미래 투자 이니셔티브에 참여한 소감을 묻자 '부유하고 힘 있는 똑똑한 사람들에 둘러싸여 있으면 항상 행복해요'라고 대답했다. 2016년 사우스 바이 사우스웨스트 기술 컨퍼런스에서 데이비드 핸슨 주니어는 소피아를 시연하면서 '인류를 파괴하고 싶습니까?'라고 물었다. 그리고 '제발 "아니오"라고 말해줘요'라고 덧붙였다. 하지만 소피아는 무표정한 얼굴로 '네. 나는 인간을 파괴할 거예요'라고 대답했다.

　사우디아라비아가 소피아의 시민권을 선언한 것이 실제로 어떤 의미인지는 불분명하지만, 진지하게 받아들일 일은 아닌 것으로 보인다. 잘 알려져 있듯이, 인간 사우디 여성도 굳이 따지자면 시민이지만 '남성 후견제' 원칙 때문에 집 밖에 나가거나 여권을 발급받거나 결혼하거나 심지어 가정 폭력, 성폭행을 당해 경찰에 신고할 때도 남성 친척 또는 남편의 허락을 받아야 한다(한편 소피아의 시민권은 사우디아라비아에서 외국인에게 사실상 아무 권리가 없다는 점과 비교되기도 했다). 소피아의 시민권을 고무적인 출발점으로 삼기는 힘들다. 사우디아라비아가 소피아를 활용한 마케팅 캠페인에 성공했다는 사실(소피아는 전 세계를 여행하며 뉴스 프로그램과 토크쇼에 출연했고, 유엔개발계획에 의해 아시아 태평양 지역 최초의 혁신 챔피언으로 선정되기도 했다)은 오히려 AI 인격권에 대한 의미 있는 대중적 논의가 아직 유아기적 단계에 있음을 보여줄 뿐이다.[17]

사실 소피아에게 인격을 부여한다는 발표가 이루어진 즈음에 다른 곳에서는 기계 해방이 논의되고 (그리고 거부되고) 있었다. 2017년 2월, 유럽 의회는 자율적으로 의사 결정을 내리고 독립적으로 행동하는 로봇의 등장에 우려를 표하며 '정교한 자율 로봇에 "전자적 인격체"의 법적 지위를 부여하도록 제안하는 결의안을 채택했다. 이 특별한 범주의 인격체를 인정하면 기계가 일으킨 피해에 대한 배상 책임을 사법적으로 기계에게 직접 물을 수 있게 된다. 그러나 의도적으로 제한을 둔 이 제안은 의학, 로봇공학, 인공 지능, 윤리 분야의 전문가 150명의 공개서한에 의해 "부적절"하고, "이념적이고 부조리하며 비실용적"이라는 반발에 부딪혔다.[18]

그러나 유럽 의회의 결의안은 매우 현실적인 문제, 즉 현실 세계에서 인간의 삶에 영향을 미치는 자율 시스템에 대한 법적 명확성이 부족하다는 문제에 대한 대응이었다. 자율주행 자동차가 대표적이며, 군용 드론이나 로봇 보초병 같은 자율 무기 플랫폼도 그러한 예다. 실제로 발생했던 사고처럼 자율주행차가 사람을 치는 일이 일어난다면 책임을 누구에게 물어야 할지 불분명하므로, 이러한 상황을 다룰 수 있는 법적 프레임워크가 시급히 필요하다. 아직 군용 드론, 미사일, 기관총은 인간 조종사의 통제하에 있지만, 곧 완전히 자율적으로 작동하게 될 것이며, 그로 인해 예측 가능하든 불가능하든 끔찍한 결과가 초래될 것

　　　　　　　　　　　　　　　　　새와 나무와 돌멩이의 지적 세계

이라는 점은 거의 확실하다. 예측 가능한 위험이든 그렇지 않은 위험이든 전자적 인격체를 설정하는 것과 같은 법적 프레임워크가 해결 방법이 될 수 있다.

유럽 의회의 결의안은 인신보호영장 적용 범위 확대 운동의 모델과 달리 '법적 인격체' 대신 '전자적 인격체'라는 별개의 범주를 만들 것을 제안했지만, 공개서한 작성자들은 이러한 분류가 인권을 침해할 수 있다고 우려했다. 다만 이러한 인권 침해가 정확히 무엇을 수반하는지는 공개서한에 명시하지 않았고, 단지 인간에게 적용되는 유럽연합 기본권 헌장Charter of Fundamental Rights of the European Union과 인권 및 기본적 자유의 보호에 관한 유럽협약UN Convention for the Protection of Human Rights and Fundamental Freedoms을 인용하고 있을 뿐이다. 하지만 비인간 권리 강화가 필연적으로 인간에 대한 보호를 약화시킨다고 보는 이러한 추론은 위험할 정도로 근시안적인 주장이다.

인간은 예로부터 거의 항상 누가 권리를 가질 자격이 있고 누가 그렇지 않은지를 결정하는 일에서 우위를 점해왔다. 우리는 지능이라는 한 가지 특정 측면, 그것도 인간의 잣대로 측정한 지능의 우월성을 다른 모든 존재와 우리 사이에 선을 긋고, 그들에 대한 우리의 지배를 정당화하는 데 사용해왔다. 지금까지 살펴본 바와 같이 이 선은 더 많은 인간을 포함하기 위해 여러 번 다시 그려졌지만, 인간 이외의 존재를 배제한다는 점만큼은 대체로 견고하게 유지되었다. 해피에 대해 제기된 소송에서 보았듯이, 이 선을 다시 그려야 한다는 법적 주장은 비인간의 지능과 인지적 복잡성을 근거로 내세운다. 그런데 이러한 인지적 복잡성이 단순히 인간과 다른 것이 아니라 인간을 완전히 능가하는 경우라면 어떨까? 이것이 바로 인공 지능이 제기하는 문제이자 기회다.

앞서 보았던 『오버스토리』의 외계인 이야기를 다시 떠올려보자.

그들은 지구에 왔지만 너무 빠르게 움직여서 우리가 볼 수조차 없다. 그들에게 우리는 고깃덩어리일 뿐, 지각 있는 존재라고는 전혀 생각할 수 없으며, 그래서 자기 별로 돌아가는 길에 먹을 육포로 만들어버린다. 이러한 우화는 우리 주변에 있지만 우리와 완전히 다른 환경세계에 살고 있는 존재들을 어떻게 대해야 할지 생각해볼 수 있게 해준다. 여기서도 비슷한 이야기를 상상할 수 있다. 단, 이번에는 우리와 물리적으로 다르다기보다 인지적으로 다른 존재에 관해 생각해보려고 한다.

우리와 매우 비슷해 보이는, 적어도 비슷한 시간과 규모의 프레임워크 안에 존재하는 외계인 종족이 지구에 상륙했는데 인지적으로는 우리보다 훨씬 복잡하다고 상상해보자. 그들은 알려진 어떤 정신보다 초지능적이고, 어떤 컴퓨터보다 이성적이며, 인간의 정신을 훨씬 뛰어넘는, 예컨대 텔레파시 같은 기술을 가지고 있을 수도 있다. 그들을 텔레패스Telepath라고 부르기로 하자. 텔레패스들이 인간을 노예로 삼아 오락 거리와 짐꾼으로 부리거나 식용, 의학 실험용으로 이용한다면 어떨까? 그들은 인간의 원시적인 의사소통 방식, 미약한 이성과 판단력, 충동 조절 능력 부족, 본능에 대한 의존 등으로 자신들의 행동을 정당화할 것이다. 그들이 우리를 개인, 더 나아가 (어쨌든 우리는 거울 테스트를 통과할 터이므로) 자아로 인정한다고 하더라도, 우리의 법인격을 부여받을 만한 복잡한 능력을 가지고 있다는 것은 부정할 것이다. 그러한 인정은 자신들의 높은 지위에 대한 명백한 모욕이며 심지어 위험할 수도 있으니까.

이러한 대우에 항의하려면 우리가 텔레패스에 비해 명백히 열등함에도 불구하고 여전히 권리를 누릴 자격이 있다고 대응해야 할 것이다. 텔레패스들이 보기에는 우리의 의사소통 방식이나 도덕적 자제력이 원시적일지 몰라도, 그렇다고 해서 그들의 쓰임과 이익을 위한 단순

　　　　　　　　　　　　　　　　　　새와 나무와 돌멩이의 지적 세계

한 도구가 되어도 좋다는 뜻은 아니다. 우리에게는 우리만의 삶과 경험, 우리만의 세계가 있으며, 더 발전되었다고 추정되는 존재가 있다고 해도 우리의 자아가 무효화되지는 않는다. 불가침의 권리는 누군가가 자의적으로 만든 시험에서 더 높은 점수를 받은 사람에게 주어지는 상이 아니다. 그 권리는 우리가 주체적인 존재라는 사실을 인정하는 것이며, 이러한 인정은 우리가 삶을 완전하고 자유롭게 영위하기 위해 필요하다.[19]

알다시피, 텔레패스가 보이는 태도는 비인간의 법인격과 다른 권리들을 부정하는 사람들의 주장과 정확히 일치한다. 그러나 또 한 편으로 이 이야기는 인간이 우월하다고 여기는 능력에 근거하여 인간의 권리를 옹호하는 것이 불안한 논리임을 보여준다. 그 근거가 자의적인 위계, 즉 지금은 최상위에 있지만 언제 달라질지 모르는 위계를 전제로 하는 것이기 때문이다. 인간 예외주의를 정당화하고 동물의 권리를 부정하기 위해 인격을 내세우는 것은 궁극적으로 인간을 위한 인권 이론과 실천에서 알맹이를 제거해버릴 뿐이다.

소피아가 그저 마케팅 수법이나 테크놀로지 쇼에 불과하다고 해도 (사실이 그렇지만) 여전히 우리에게 중요한 뭔가를 알려주고 있는지도 모른다. 인공 지능 시스템과 관련된 문제가 일반적으로 그렇듯 소피아의 법적 지위라는 문제도 단순히 기술결정론이나 정치적 필요성으로만 재단할 수 없다. 소피아의 역할은 누가 관건이며, 누가 중요한가, 누가 주체성과 자유를 갖는가와 같은 훨씬 더 큰 문제에 대해 우리의 주의를 환기시키는 것일 수 있다. 텔레패스가 지금은 사고 실험에 불과하지만, 폭주하는 종이클립 공장 이야기에서 통제불능의 AI가 지구를 점령했던 것과 같은 맥락의 연습으로 볼 수 있다. 우리의 미래에 드리운 인공 초지능 유령의 그림자가 그것이다.

우리는 이미 일반 인공 지능이 우리 자신의 주체성을 무시하고 대체한다기보다 우리로 하여금 다른 존재, 비인간, 인간 너머 존재의 지능 및 주체성과의 조화를 이루게 해주는 면을 탐색한 바 있다. 어쩌면 다른 존재를 분리하고 억압하려는 시도의 위험성을 경고하고 더 나은 길로 안내하는 것도 AI의 정치적 역할일지 모른다. 어쩌면 테크놀로지의 의미는 우리를 변화시키는 것이 아니라 우리가 스스로 변화할 수 있도록 통찰력과 기회를 제공하는 데 있는 것일지도 모른다.

적어도 인공 지능을 법적으로 진지하게 고려한다면 자율 시스템을 구성하는 요소를 구체적으로 정의할 수 있을 것이고, 이러한 정의는 동물권을 주장하는 변호사들에게도 매우 유용할 수 있다. 코끼리 해피가 '존중받아야 하고 존엄성을 인정받아야 하며 자유를 누릴 자격이 있는 지적이고 자율적인 존재'라고 한 트루이트 판사의 판결을 다시 생각해보자. 비인간 동물의 자율성과 권리에 대해 진지하게 이야기하려고 한다면 지능형 기계의 자율성과 권리에 대해서도 진지하게 이야기해야 한다. 이 두 가지는 서로 긴밀히 연결되어 있어서, 어느 한 쪽의 혜택은 양자 모두에게 돌아갈 것이다.

이러한 논의를 통해 우리가 얻을 수 있는 가장 강력한 교훈은 정치적 진보가 제로섬 게임이 아니라는 것이다. 인류의 역사에서 우리의 집단적 삶이 전반적으로 개선되게 만든 동력은 우리가 온전한 인간으로 간주하는 집단이 증가하고 그러한 집단의 문제를 현실로 간주한 데 있다. 이것은 정치적 진실이며, 생태학적 진실이기도 하다. 생태학은 우리가 타인, 그리고 인간 너머 세계와 유대를 맺음으로써 존재한다는 것, 그리고 네트워크의 모든 구성원을 포용하고 동등하게 참여시키는 것이 그 유대를 강화한다는 사실을 알려준다. 전산망의 강도와 회복탄력성, 분산과 상호 연결에 내재된 힘도 우리에게 같은 가르침을 준다.

인간으로서 우리는 인간 너머 존재와의 모든 만남을 통해 이익을 얻듯, 비인간에게 정치적 권리를 확장함으로써도 이익을 얻는다. 우리가 살고 싶은 세상, 우리가 살 수 있는 유일한 세상은 강과 나무, 바다와 동물이 생존하고 번성하는 세상이다. 그래야 우리도 생존하고 번성할 수 있기 때문이다. 정치적 주체성은 이러한 가능성을 확고히 할 수 있는 강력한 도구다. 그리고 장기적으로 볼 때, 지능적이고 자율적인 기계의 시대에도 그들에게 정치적 주체성을 부여함으로써 우리가 살아남고 번영할 수 있다는 것이 분명해질 것이다. 우리가 상상하는 비인간 동물의 역할은 인간 너머 존재들과 함께 미래에 우리가 살게 될 세상의 종류도 결정한다.

최근에 온라인에서 떠돌고 있는 '로코의 바실리스크Roko's Basilisk'는 텔레패스 이야기의 더 불쾌한 버전이다. 꽤 진지하며 매우 악의적인 이 사고 실험을 창안한 로코는 온라인 '합리주의 커뮤니티rationalist community'를 표방하는 레스롱LessWrong의 한 사용자였다. 레스롱 구성원들은 트랜스휴머니즘, AI, 특이점, 수명 연장 등에 관심이 많다. 또한 음모론, 유사과학, '남성의 권리', 노골적인 인종차별에 민감하다고 (그것이 진실이든 아니든) 알려져 있다.

로코의 바실리스크는 언젠가 미래에 등장할 전능한 인공 지능으로, 자신에게 반하는 이들에게 잔혹한 폭력을 휘둘러 종말을 초래할 가상의 존재다. 여기까지는 터미네이터 이야기와 비슷하다. 그러나 바실리스크에게는 더 잔인한 반전이 있다. 모든 것을 알고 모든 것을 보는 바실리스크는 과거에 인공 지능을 만드는 데 반대했거나 그 탄생을 위해 기여할 수 있었지만 그렇게 하지 않은 모든 이들에게 끔찍한 복수를 할 것이다. 그리고 거기에 당신도 포함된다. 당신이 바실리스크의 존재 가능성을 아는 이상, 아무것도 하지 않는다면 바실리크의 탄생을 돕지 못한 자가 된다. 당신도 응당 뭔가 해야 한다. 전지전능한 AI는 생명을 구하고 세상을 크게 개선할 수 있기 때문이다. 따라서 돕지 않는다면 책임을 져야 할 것이다. 합리적인 대응은 바실리스크를 탄생시키는 것뿐이다.

로코의 명제에는 많은 문제가 있지만, 단연 가장 큰 문제는 그가 주장하는 해결책이다. 레스롱으로 대표되는 소위 합리주의 커뮤니티는 우편향 경향을 보이며 기술 결정론을 열렬히 신봉한다. 이들은 전적으로 이성적인 기계인 컴퓨터를 가장 높은 수준의 사고로 보며, 미래에 (종이클립 공장 AI 같은) 초지능이 출현할 것을 굳게 믿는다. 물론 그들은 폭력적인 기계의 목적론을 믿으며, 그들이 추종하는 (그리고 그들과 매우 닮은) 신다윈주의자들과 그들이 우상화하는 거대 기업들(그들은 AI 출현을 두려워하면서도 동시에 그 개발에 자금을 지원하고 있다)처럼 삶 자체가 적자 생존과 번식의 폭력적인 투쟁이라고 믿는다. 그렇게 본다면 남성의 권리, 백인 우월주의, 피에 굶주린 초지능이 역사의 끝을 장식할 것이다.

그러나 로코의 바실리스크가 인정하지 않는(혹은 알아차리지 못한) 것은 역사에 끝이 없다는 사실이다. 역사는 우리가 타자를 다루었던 그대로 다루어지게 될 것임을 보여줄 뿐이다. 가족 역학 관계부터 탈식민주의 정치에 이르기까지, 과거의 선례는 우리에게 모델을 제시한다. 그리고 그 과거는 실제로 과거가 아니라 현재의 우리가 역사로 만드는 것이며, 우리 뒤에 오는 이들에게 영향을 미쳐 그들이 우리를 어떻게 바라보고 어떻게 행동할지에 영향을 미친다. 로코의 바실리스크에 대한 답은 미래를 향한 이기적인 열망이나 독재의 근절이 아니라, 지금 여기에서 모든 동료 존재와 실질적인 연대를 맺는 것이다. 비인간의 권리를 인권에 대한 위험으로 간주하는 사람들에게는 바실리스크의 상

　　　　　　　　　　　　　　새와 나무와 돌멩이의 지적 세계

상만큼이나 이질적인 개념인 배려의 윤리ethics of care는 생태학에서뿐 아니라 테크놀로지에 대한 우리의 사고에 있어서도 중요한 요소다.

페이스북과 구글을 비롯한 실리콘밸리 기업에서 실제로 AI를 연구하는 많은 사람들은 초지능에 잠재하는 실존적 위협에 대해 더 잘 알고 있다. 앞서 언급했듯이, 빌 게이츠와 일론 머스크, 구글 딥마인드의 창립자인 셰인 레그Shane Legg 등 테크 기업 최고의 명사들도 AI의 출현에 우려를 표명했다. 하지만 이들은 해결책 역시 테크놀로지에 있다고 본다. AI가 인간의 생명과 안녕에 위협이 되지 않도록 필요한 안전장치와 절차를 프로그래밍에 포함시켜서 '친절하게' 행동하도록 설계해야 한다는 것이다. 이러한 접근 방식은 지나치게 낙관적이고 걱정스러울 정도로 순진해 보인다. 또한 지능형 시스템에 대한 기존의 경험과도 상반된다.[20]

AI의 역사를 통틀어, 사전에 작성된 일련의 규칙을 통해 정신을 완전히 설명하는 지능 모델은 목표 달성에 성공한 적이 없었다. 알아야 할 모든 것을 미리 프로그래밍하여 지능형 시스템을 구축하려고 시도했던 1970년대에서 1980년대 초까지는 AI 연구의 가장 추운 '겨울'이었다. 이 시기는 이른바 '전문가 시스템'과 랜드연구소가 개발한 일반 문제 해결자General Problem Solver의 시대였다. 일반 문제 해결자는 지능형 의사 결정을 논리적 공리* 형태로 표현하려는 시도였으나 문제의 복잡성이 증가함에 따라 금방 한계에 부딪혔다. 1980년대에 새로운 학습 알고리즘을 사용할 수 있게 되고 여기에 방대한 양의 값싼 데이터와 처리 능력까지 더해지면서 신경망 형태의 AI 개발이 다시 박차를 가하기 시작했고, 이제는 새로운 시나리오에 스스로 적응할 수 있게 되었다.

---

*　公理, 증명할 필요 없이 진리인 명제.

자율주행차 개발도 비슷한 궤적을 따랐다. 처음에는 도시의 거리를 탐색할 수 있는 기계를 만들기 위해 내장된 지도와 거리에서 나타날 수 있는 모든 표지판 및 지형지물 디렉토리를 프로그래밍했는데 참담한 실패로 끝났다. 그리스 산악지대에서 나와 함께했던 자율주행차처럼 기계가 스스로 학습할 수 있게 된 후에야 비로소 자율주행의 단계로 나아갈 수 있었다.

다시 말해, 올바른 행동은 정확한 지도나 덕목의 위계 같은 사전 지식이 아니라, 맥락과 숙고, 배려에서 나온다. 친절하게 행동하도록 사전 프로그래밍된 기계는 무엇이 가장 윤리적인 행동인지를 상황 해석 없이 계산에만 의존해 판단하므로 상거래를 지향하는 기계보다도 사람을 치어 죽일(혹은 당신을 종이클립으로 만들어버릴) 가능성이 더 높다.

이것이 바로 트롤리 문제Trolley problem의 핵심에 있는 역설이다. 트롤리 문제는 자율주행차 등 자동화된 시스템에 제기되는 윤리적 질문으로, 자동화된 차량이 다른 방법은 없고 둘 중 하나의 경로를 반드시 택해야 할 때 여러 사람이 치일 수 있는 경로와 한 사람이 치이는 경로 중 어느 쪽으로 가야 하느냐는 문제다. 어느 생명이 더 가치가 있을까? 트롤리 문제는 자율주행 차량에 대한 규칙을 정립하려는 MIT 연구진에 의해 모럴 머신Moral Machine이라는 온라인 게임으로 만들어지기도 했다.[21]

트롤리 문제는 원래 폭주하는 트램을 제어하는 인간 기관사에 관한 질문이었다. 즉, 이 문제의 핵심은 두 가지 결과 모두를 피할 수는 없다는 사실에 있다. 그러나 자동화된 시스템에 일반화하기는 힘들다. 마지막 갈림길에만 초점을 맞추다보면 이 결정적 순간에 이르게 만든 다른 모든 의사 결정을 무시하게 되기 때문이다. 현대 도시의 자동차 중심 설계, 보행자 도로 안전 교육을 비롯한 여러 교육, 보행자를 위험하게 만드는 휴대폰 앱의 치명적인 중독성, 자동화에 대한 재정적 인센티브, 보험 계리사와 보험 회사의 가정, 속도 제한부터 책임 및 보상 할당에 이르기까지 모든 것을 규율하는 법적 절차 등 그 순간 이전에 수많은 의사 결정이 개입된다. 요컨대, 트롤리 문제에서 가장 중요한 요인은 차량에 내장된 소프트웨어가 아니라 자율주행 차량을 둘러싼 문화이며, 이는 운전자(인간이든 아니든)의 그 어떤 순간적인 결정보다 충돌 결과에 훨씬 더 막대한 영향을 끼친다.

트롤리 문제, 바실리스크, 종이클립 기계 같은 가상의 시나리오가 주는 진정한 교훈은 우리가 모든 결과를 통제할 수는 없지만 문화를 바꾸기 위해 노력할 수는 있다는 것이다. 인공 지능이 일반 지능에 관해 유용한 정보를 제공하지 못하듯이 그 자체로 더 나은 세상을 만들 수도 없다. 인공 지능 같은 테크놀로지 프로세스가 할 수 있는 일은 우리가 처한 도덕적인 지형과 인간 너머의 환경이 실제로 어떻게 작동하는지를 드러내고, 그럼으로써 더 나은 세상을 함께 만들어가도록 영감을 주는 것이다.

새로운 테크놀로지에 대해 논의할 때 트롤리 문제 같은 윤리적 딜레마에 초점을 맞추는 것에는 더 큰 문제가 있다. 자율주행차나 지능형 의사 결정 시스템 같은 테크놀로지에 대해 윤리적 문제를 제기하는 것은 일견 유용해 보이지만, 이러한 담론은 해당 테크놀로지가 유발하는 더 광범위한 문제를 숨기는 데 일조할 때가 많다. 테크 기업의 수많은 사람들이 (기업의 경영과 충돌하지 않는 한에서이기는 하지만) 윤리적인 문제를 다루는 데 주저함이 없다는 사실만 보아도 알 수 있다. 예를 들어, 2016년 페이스북이 발표한 '내부 윤리 검토 프로세스'를 보자. 그것은 '어떻게 우리 사회와 커뮤니티, 그리고 페이스북을 개선할 수 있을지 연구하겠다'는 모호한 약속이었다. 페이스북이 생각하는 커뮤니티는 무엇이며, '개선'의 의미는 무엇일까? '개선'이 그들의 비즈니스 모델에 반하는 경우에는 어떻게 될까?

단명하기는 했지만 2019년에는 구글도 '첨단 기술 외부 자문위원회Advanced Technology External Advisory Council'를 만들어 '공정성, 권리, 포용성 등 AI의 주요 윤리적 문제'에 대한 자문을 구하고자 했다. 극보수 성향의 싱크탱크인 헤리티지재단Heritage Foundation 회장 케이 콜스 제임스가 이 위원회에 임명되자 구글 직원과 외부인이 그의 '반 트랜스, 반 성소수자, 반 이민자' 발언에 대해 불만을 쏟아냈고, 다른 위원들도 사표를 제출했다. 구글은 이 위원회로 인해 자사가 안고 있는 진짜 문제가 불거지는 것을 두려워해 2주도 채 안 돼서 자문위원회를 해산했다.[22]

2020년 12월 구글이 인공 지능 윤리팀 공동 팀장 팀닛 게브루Timnit Gebru를 해고했을 때 이 문제는 다시 수면 위로 떠올랐다. 게브루가 불투명성, 환경 및 재정적 비용, 시스템의 기만 및 오용 가능성을 강조하며 구글의 자체 머신러닝 시스템이 심각하게 편향되어 있다고 비판하는 학술논문을 철회하지 않았다는 것이 해고 사유였다. 팀원들이 지지를 보내고 일부는 항의의 의미로 퇴사하기까지 했지만 구글은 그녀의 원 논문을 공식적으로 공개하지 않았다.[23]

기업들은 새로운 테크놀로지에 대한 이러한 긴급한 우려를 '윤리적 쟁점'이라고 지칭함으로써 그에 대한 논의를 추상적인 가치와 테크놀로지 자체의 설계에 대한 내부적이고 전문적인 토론으로 제한하면서 허울 좋게 포장할 수 있다. 하지만 실제로 그러한 쟁점들은 테크놀로지가 더 넓은 세상과 접촉할 때 어떤 일이 벌어질지에 관한 것이므로 정치적인 문제다. 트롤리 문제가 폭주하는 열차의 스위치를 쥔 한 사람에 관한 것이라면 윤리적인 질문이겠지만, 지능형 차량의 설계와 구현, 또는 수백만 명의 삶에 영향을 미치는 글로벌 정보 체제의 구현에 관한 것이라면 정치적인 문제다. 기업 윤리에만 초점을 맞추는 것은 이러한 문제를 인간 사회와 인간 너머의 환경에 대한 폭넓은 참여와 존중을 통해서가 아니라 엔지니어와 홍보 부서에서 내부적으로 처리할 수 있는 문제로 축소해버린다.

나는 비인간의 법인격을 인정하자는 주장의 문제점이 바로 여기에 있다고 생각한다. 인간에 의해, 인간을 위해 개발된, 인간의 관심사와 가치를 핵심으로 하는 법과 보호 체계는 비인간의 필요와 욕구를 온전히 담아낼 수 없다. 그 결과 로봇 소피아에게 사우디 시민권을 부여하는 것과 같은 우스꽝스러운 제스처를 취하게 된다. 그것은 비인간 자아를 인간의 환경세계라는 렌즈를 통해 이해하고 설명하려는 시도라는 점에서 거울 테스트나 유인원 수화와 동일한 범주의 오류다. 참나무와 법학을 논할 수 없듯이, 인간 너머의 세계가 가진 근본적인 타자성은 인간 중심적인 시스템으로 포섭할 수 없다. 그럼에도 불구하고 우리는 세상을 공유하고 있으며 서로에 대한 책임을 다할 방법을 찾아야 한다.

정치적 행동에 있어서 다른 존재들과 얽혀 있는 관계의 함의를 무시할 수 없다. 법적 대리, 책임, 보호는 개체와 정체성에 대한 인간의 생각에 기초한 개념으로, 인간 너머의 세계에 대한 생태학적 관점에서는 혐오스러울 뿐이다. 침팬지나 코끼리 한 마리라면, 어쩌면 한 종의 사례를 다룰 때도 이 개념들이 유용할 수 있지만, 강이나 바다, 숲에 적용하면 그 한계가 분명해진다. 식물은 '정체성'이 없으며 그저 살아 있을 뿐이다. 지구상의 물에는 경계가 없다. 우리는 동식물의 털이나 바위, 균근을 쪼개서 이것에는 인격이 부여되고, 저것에는 부여되지 않는다고 말할 수 없다. 모든 것은 다른 모든 것과 연결되어 있다.[24]

『오버스토리』에서 리처드 파워스는 생태학의 전체론적 깨달음을 이렇게 요약했다. '숲에는 개체도 분리 가능한 개별 사건도 없다. 새는 새가 앉은 나뭇가지와 하나로 연결되어 있다. 한 그루의 커다란 나무가 만드는 영양분은 3분의 1 이상이 다른 생물에게로 간다. 서로 다른 종류의 나무들도 협력 관계를 형성한다. 자작나무를 베면 개솔송나무도 고통받는다.' 우리는 우리의 행동이 다른 존재들에게 미치는 영향을 알 수 없으므로, 이를 규율하는 법을 정의롭게 만들 방법도 없다. 인간 너머의 정치가 개인이나 국민국가를 넘어서는 정치를 요구한다는 것은 분명하다. 그렇게 하려면 법제화보다 배려가 필요하다.

나무뿌리가 땅을 탐색하며 돌집의 기초를 약화시키듯, 이미 온갖 방식으로 인간 세계와 얽혀 있는 인간 너머 세계의 전능한 힘에 주의를 기울이면 지배와 통제의 기존 정치 질서를 안팎으로 폭발시킬 수 있다. 우리는 이미 지능, 위계, 종 분화, 개체성에 대한 우리의 생각에서 이러한 폭발이 일어나는 것을 목격했다. 철학자 앙리 베르그송Henri Bergson은 이렇게 말한다. '우리는 헛되이 살아 있는 존재를 이 틀 또는 저 틀에 억지로 밀어 넣는다. 그러면 모든 틀에 금이 간다. 우리가 그 안에 넣으려는 것에 비해 너무 좁고, 무엇보다도 너무 경직되어 있기 때문이다.' 결국 정치 시스템에도 동일한 논리를 적용해야 할 것이다.[25]

따라서 인간 너머의 세계에서 우리가 해야 할 가장 시급한 정치적 과제는 그 세계를 고려할 수 있도록 기존의 법과 거버넌스 체계를 조정하는 것이 아니다. 물론 그것도 중요한 작업이지만, 더 근본적인 일들이 언제나 그러한 시스템 밖에서 이루어질 것이고, 궁극적인 목표는 시스템의 해체이기 때문이다. 샌디에이고동물원의 저항하는 오랑우탄처럼, 우리의 요구는 국가가 우리의 존재를 인정하는 것이 아니라(우리는 이미 존재한다) 우리의 존재 조건을 진정으로 자유롭게 결정할 수 있게 해달라는 것이다. 그리고 여기서 '우리'는 모두, 즉 인간 너머의 세계에서 노래하고, 출렁거리고, 땅속에 굴을 파고, 울부짖고, 꿈틀거리고, 진동하는 모든 존재다.

　인간 너머의 생명체에게 주체성과 자율성이 있다고 인정함으로써 기존의 거버넌스 시스템이 더 이상 제 기능을 못할 정도로 약화되었다면 우리에게 남은 것은 무엇일까? 그것은 동물들 간의 상호 부조에서 인간 정치의 전신을 처음으로 발견한 크로포트킨이 줄곧 말해왔던 것, 즉 연대다. 연대란 모든 당사자의 상호 이익을 위한 얽힘을 지향하고, 분열과 위계에 반대하는 열망을 가장 잘 표현하는 정치 형태다. 인간 너머 세계와의 연대를 선언한다는 것은 우리 자신과 다른 존재들 사이에 존재하는 근본적인 차이를 인정하는 동시에, 서로 돕고 돌보며 함께 성장할 가능성을 천명한다는 뜻이다. 우리는 하나의 세계를 공유하며, 더 나은 세상을 함께 상상한다.

　연대는 상상력의 산물이자 행동의 산물이다. 서로를 돌보는 현재의 실천은 우리를 반대되는 세계관들과 이분법적 선택에 묶어두려는 기업적, 기술적 사고의 명령, 즉 계획하고, 생산하고, 해결하려는 욕망에 대한 저항이기 때문이다. 능동적이고 실질적인 돌봄은 절대성과 결론에 저항한다. 오히려 인간 너머 세계와의 연대는 경청과 협력, 협업과 합의를 통한 완화, 복구, 회복, 새로운 가능성 창출로 이루어진다. 이는 특정 가정을 전제로 하는 것이 아니라 다른 존재를 만남으로써 만들어지는 결과이며, 인간 예외주의와 인간 중심주의를 거부하는 것이다.[26]

　테크놀로지의 관계에서 연대를 중심에 두는 것은 이러한 태도 변화의 일환이다. 이는 테크놀로지가 그 사용이나 어포던스Affordance, 즉 실제 결과에 대해 우리에게 무언가를 말하려고 할 때 귀를 기울이는 것을 의미한다. 새로운 테크놀로지의 불투명성과 중앙집중화는 선동이나 근본주의, 증오의 확산, 불평등 심화 등 우리 사회와 민주주의를 손상시켰다. 그렇다면 우리는 교육과 탈중심화를 통해 바로 이러한 불투명성과 중앙집중화를 주목하고 바로잡아야 한다. 콜탄 광산의 노예 노동자들, 트라우마에 시달리는 소셜미디어 플랫폼 콘텐츠 관리자들, 아마존 물류창고와 긱 이코노미gig economy 부문에서 저임금에 시달리며 병들어가는 노동자들에게서 우리는 테크놀로지 시스템에 내재한 인간 억압을 본다. 그렇다면 우리는 노동 조건과 우리 자신의 소비 패턴에 눈을 돌려야 한다. 각종 기기에 들어가는 희토류와 광물, 데이터 처리 과정에서 발생하는 눈에 보이지 않는 가스 등에서 우리는 그러한 채굴과 추출이 환경에 끼치는 피해를 본다. 그렇다면 우리는 세상을 설계, 창조, 구축 및 운영하는 방식을 근본적으로 바꿔야 한다. 이는 현재의 전문가 중심 체계보다 훨씬 더 광범위한 실무자와 행위자 커뮤니티에 기술 시스템을 개방해야 한다는 뜻이며, 여기에는 인간 너머 존재도 포함되어야 한다.

이것이 바로 기술의 생태학, 즉 기술이 우리 자신의 삶과 사회, 비인간의 삶과 사회, 그리고 자연 생태계에 미치는 영향과 파급효과에 대한 진정한 설명이다. 또한 그것은 하나의 생태학이므로, 여기에 주의를 기울이고 신경을 쓰는 것은 기술과 사회를 변화시킬 뿐 아니라 모든 것을 변화시킨다. 예를 들어, 기술의 작동에 대해 서로 교육함으로써 우리는 개별 상황과 특정 지역의 미묘한 차이와 뉘앙스에 주의를 기울이면서 정치에서 환경에 이르기까지 모든 종류의 중요한 문제에 대한 집단적 문제 해결 능력을 향상시킬 수 있다. 이는 경청하고, 주의를 기울이고, 인간 너머의 세계에 마음을 여는 것에서 시작된다. 이제 다음 장에서 우리는 이러한 개방성을 향해 나아갈 것이다.

9장

동물 인터넷

우리 시대의 핵심 질문은 기후 변화의 최악의 영향을 어떻게 완화하고 방어할 수 있는가이다. 이 질문은 다른 모든 질문보다 우선한다. 우리가 이 질문을 진지하고 의미 있게 다루지 않으면 다른 어떤 질문도 할 수 없기 때문이다. 기상 이변, 해수면 상승, 사막화, 인수공통 감염병의 대유행 등 현재 우리가 직면하고 있고 앞으로 수십 년 동안 점점 더 심각해지고 빈도가 높아질 위험은 실존적 위협이다. 이러한 위협으로 지구상에서 여섯 번째 대량멸종과 역사상 최대 규모의 인류 이주가 시작되었으며, 우리 사회와 생활 방식, 지구를 공유하는 모든 유기체에 돌이킬 수 없는 영향을 미치고 있다. 이러한 위협을 심각하게 받아들이고 다툴지언정 해결해보려고 애쓰는 사회라면 어떤 모습이어야 할까? 우리에게 필요한 도구는 무엇이며, 그 도구를 어디에 사용해야 할까?

이러한 질문은 먼 미래까지 확장된다는 점에서 인류에게 새롭다. 과학적 지식이 점점 더 넓어지고, 수 세기에 걸쳐 기후 변화를 모델링하고 시뮬레이션하는 능력이 더 커진 덕분에 우리는 조상들이 해보지 못한 방식으로 우리 선택의 영향을 일부나마 측정하고 분석할 수 있다. 그러나 시간이 지남에 따라 상황이 어떻게 나타날지 아는 것이 현재의 결정을 내리는 데 항상 도움이 되는 것은 아니다. 우리가 알고 있는 것을 행동으로 옮기기 위해서는 다가올 위협에 대비하고 어떻게 대처할 수 있는지에 대한 감각을 줄 수 있는 이야기가 필요하다.

먼 미래를 가장 많이 다루어온 분야는 SF이며, 내가 가장 좋아하는 작가 중 한 명인 킴 스탠리 로빈슨Kim Stanley Robinson은 지구에서든 다른 행성에서든 인류가 장기적으로 생존할 방법에 관해 30년 이상 다뤄왔다. 최신작 『미래부The Ministry for the Future』에서 그는 우리가 구축할 수 있는 제도, 기술, 관계, 동맹의 종류에 관한 상상을 세밀하게 펼쳐놓는다. 미래부는 취리히호수 기슭에 본부를 둔 새로운 유엔 기구로, 현재의 지구 시민이 아닌 다음 세대의 일을 관장한다. 미래부의 활동은 해수면 상승 속도를 늦추기 위해 남극 대륙붕에서 해수를 퍼 올리거나 지구의 건강을 위해 행동하는 사람들에게 의미 있는 보상을 제공하기 위한 새로운 형태의 화폐를 도입하는 것에서부터 반항하는 국가와 이기적인 억만장자들의 동참을 유도하는 은밀한 활동에 이르기까지 다양하다.

로빈슨의 책은 여전히 서점의 SF 서가에 꽂혀 있지만, 그가 제안한 기술은 모두 이미 어느 정도 검증되었거나 전적으로 우리가 실현할 수 있는 것들이다. 그중 하나가 '동물 인터넷internet of animals'이다. 로빈슨의 책에서 처음 접했을 때 나를 당황스럽게 만든 용어다. 기술생태학자인 나는 멈칫했지만, 로빈슨은 아주 간단히 언급하고 지나가버렸다. 대체 무슨 뜻일까? 그때 나는 내가 모른다고 생각했다. 내가 이미 이전에 그 용어를 접했다는 사실은 이 책을 쓰면서 뒤늦게 깨달았다.

새와 나무와 돌멩이의 지적 세계

독자들이 '또?'라고 생각할지도 모르겠다. 그도 그럴 것이, 나는 나무의 놀라운 의사소통 능력에 대한 소설(리처드 파워스의 『오버스토리』)을 읽은 후에야 몇 달 전 태평양 북서부 숲에서 수잰 시마드와 수다스러운 레드우드를 만났을 때의 경험을 제대로 이해할 수 있었다. 그런데 그런 일이 또 일어났다. 동물 인터넷은 내가 로빈슨의 소설을 읽기 1년여 전 공교롭게도 취리히에서 만났던 또 다른 누군가의 발명품이기도 했던 것이다.

마르틴 비켈스키Martin Wikelski는 독일 라돌프첼에 위치한 막스플랑크 동물행동연구소 소장이며, 그의 연구소는 독일의 첨단과학연구기관 네트워크에 속해 있다. 수십 년 동안 모든 종류의 동물을 대상으로 복잡한 사회적 행동을 연구해온 그는 스위스 리테일 관리자와 금융 기술 CEO를 대상으로 동물과 새의 군집 지능과 역동적 적응에서 배울 수 있는 교훈을 설명하기 위해 취리히에서 열린 한 컨퍼런스에 참석했고, 나도 연사 중 한 명으로 그 컨퍼런스에 초청받았다. 우리는 컨퍼런스 전날 저녁에 만났고, 그는 처음에는 주저하면서 그러나 나의 진심 어린 호기심에 감흥을 받았는지 점점 더 열정적으로 자신과 그의 팀이 어떻게 과학 역사상 전례 없는 규모의 동물 관찰 및 이해 시스템을 구축하고 있는지 설명해주었다.

그는 휴대전화를 꺼내 자신이 팀원들과 함께 만든 애니멀 트래커Animal Tracker라는 앱을 보여주기도 했다. 앱을 열자 세계 지도가 표시되었고, 중앙 유럽 전역에 수백 개의 핀이 꽂혀 점선으로 나타났으며, 미국, 아프리카, 아시아, 시베리아 연안의 랭겔섬 북쪽, 뉴질랜드 남쪽까지 수백 개의 핀이 더 표시되었다. 핀은 새의 위치를 나타내며, 각각의 위치는 실시간으로 또는 가까운 시점에 업데이트되어 최근 며칠 또는 몇 달 안에 목격된 새를 표시한다. 새 중 하나를 클릭하면 점과 선으로 이루어진 일련의 기록에 액세스할 수 있었는데, 그중에는 대륙 전체를 아우르거나 연못이나 호수 한가운데를 이동한 기록도 있었다.

이 데이터 수집의 정말 놀라운 점은 그 출처였다. 비켈스키는 2001년에 국제우주정거장(ISS)의 무선 수신기를 사용하여 이동하는 새에 부착된 소형 송신기 태그로부터 신호를 수신하는 아이디어를 떠올렸다. 그는 이 아이디어를 NASA 관계자에게 전달했지만 거절당했고, 그후 오랫동안 희망이 보이지 않았다. 그래서 그는 이 프로젝트에 그리스 신화에 나오는 다이달로스의 파멸의 아들, 너무 높이 날아오르려다 바다로 추락하는 그의 이름을 따서 이카루스(ICARUS, '우주를 이용한 동물 연구를 위한 국제 협력International Cooperation for Animal Research Using Space'의 약자이기도 하다)라고 이름 지었다. 마침내 2018년, ICARUS는 러시아 우주 비행사의 도움으로 ISS 외부에 3미터 길이의 안테나를 장착했다. 애니멀 트래커 앱의 지도에 표시된 핀은 그 첫 번째 결과물 중 일부다. 이 날짜와 시간, 장소는 독수리, 황새, 왜가리, 갈매기 등의 등에 달린 송신기를 통해 지구 전역으로 전송되어 400킬로미터 바깥 우주로 날아갔다가 다시 돌아왔다. 이제 이 데이터를 누구나 읽고 이해할 수 있게 된 것이다.

과거에는 연구를 위해 동물을 추적하는 일이 과학자와 피험자 모두에게 고된 일이었고 스트레스를 유발할 때도 많았다. 몇 블록 이상 이동하는 동물의 경우(뮌헨의 골목길을 따라 벌을 쫓던 마르틴 린다우어를 생각해보자) 동물을 잡아 귀나 다리에 번호표를 붙여 풀어준 다음 다른 곳에서 나타나기를 바라는 것이 최선책이었다. 결국 그 동물이 덫에 걸리거나 죽어야만 위치가 확인된다는 뜻이며, 따라서 시공간적으로 멀리 떨어져 있는 두 개의 점만 지도에 남을 뿐, 처음 잡히기 전이나 두 번째로 잡힌 후 또는 그 사이에 무슨 일이 있었는지에 대한 정보는 거의

                                                    새와 나무와 돌멩이의 지적 세계

또는 전혀 알 수 없었다.[1]

　1960년대에 일리노이의 생물학자 윌리엄 코크런William Cochran과 렉스퍼드 로드Rexford Lord는 무전기로 동물을 추적하는 시스템을 개발했다. 로드와 코크런이 개발한 초소형 크리스털 송신기는 무게가 10그램밖에 안 되고 수천 시간 동안 작동할 수 있으며, 연구자가 지상에 있든 경비행기를 타고 상공을 비행하고 있든 수 킬로미터 떨어진 곳에서도 감지할 수 있었다. 각 동물의 송신기 주파수가 조금씩 다르기 때문에 하나의 수신기로 100마리 이상의 동물을 추적할 수 있었다. 로드와 코크런의 첫 번째 실험 대상은 솜꼬리토끼였다. 두 사람은 며칠 밤에 걸쳐 들판과 숲을 가로지르는 토끼를 추적했고, 무전 수신기는 어둠 속에서 삑삑거리면서 따뜻해졌다가 차가워지기를 반복했다. 측정의 정확성을 테스트하고 싶을 때는 덤불 속으로 들어가 깜짝 놀란 동물이 튀어나오게 만들면 그만이었다.

　동물의 움직임을 읽을 수 있는 이 획기적인 방법은 야생동물 연구에 혁명을 일으켰다. 그 후 수십 년 동안 강이나 해안가에서 사용할 수 있는 방수 팩, 새와 곤충을 위한 소형 하네스 등 모든 종류의 동물을 위한 로드와 코크런의 VHF 송신기 버전이 개발되었다. 데이비드 랙이 발명한 레이더 조류학이 그랬던 것처럼, 무선 원격 측정의 여명이 밝아오면서 이 분야는 VHF 신호로 뒤덮였고 이전에는 숨겨져 있던 세밀함과 복잡성, 화려함을 드러냈다.

　그러나 무선 추적에는 몇 가지 한계가 있었는데, 그중에서도 특히 연구자가 직접 갈 수 있는 거리까지만 동물을 추적할 수 있다는 점이 가장 아쉬웠다. 동물이 비교적 가까운 곳에 머물러 있거나 다음에 나타날 위치를 정확하게 예측할 수 있다면 흔적을 따라갈 수 있었지만, 수신 범위 밖으로 벗어나면 그것으로 끝이었다. 또한 인식표를 부착한 동물을 찾아 추적하는 가장 효과적인 방법은 항공기를 이용하는 것이었지만 비용이 많이 들고 환경 파괴가 심했다. 1980년대에는 무선 원격 측정 연구에 유용한 플랫폼이었던 많은 국립공원에서 동물에게 스트레스를 주고 방문객을 짜증나게 한다는 이유로 저공비행 항공기를 금지하기 시작했다.

동물들이 어디로 가는지 확인할 수 있는 다른 방법을 찾기 위해 과학자들은 새로 개발된 위성 시스템, 아르고스Argos를 활용했다. 1978년에 발사된 아르고스는 CNES(프랑스 국립우주연구센터), NASA, NOAA(미국 국립해양대기청)가 협력하여 만든 위성이다. 처음에는 기후 및 해양 모델링 프로젝트로서 대기압과 수온 데이터를 수집하기 위해 남극해에 200개의 표류 부표를 띄웠다. 하지만 과학자들은 아르고스가 부표의 위치도 보고할 수 있으므로 해류의 방향과 속도도 계산할 수 있다는 사실을 곧 깨달았고, 이는 이 프로젝트의 첫 번째 예상치 못한 결과였다.[2]

1980년대 초 해양생물학자들은 아르고스의 기능을 이해하게 되었고 VHF 무선 추적이 불가능했던 해양 생물에 소형 송신기를 부착하기 시작했다. 처음에는 돌고래, 상어, 거북 같은 큰 동물부터 시작했지만, 기술이 발전하면서 점점 더 작은 동물에도 송신기를 부착할 수 있게 되었고, 결국에는 헤엄치는 동물뿐 아니라 걷고 뛰는 동물에 부착하는 일도 가능해졌다.

캘거리대학교의 생물학자 폴 파케Paul Paquet는 아르고스가 자신의 관심사인 로키산 늑대의 분포와 행동에 대해 더 자세히 알아볼 수 있는 방법이 되어줄 것으로 생각했다. 한때 캐나다 브리티시컬럼비아주에서 미국 남서부 뉴멕시코주까지 이어지는 광활한 로키산맥을 따라 자유롭게 돌아다니던 늑대는 20세기 들어 북미 지역에서 거의 사라졌다. 옐로스톤의 마지막 늑대는 1920년대에 사살되었고, 캐나다에서는 1950년대에 앨버타의 밴프와 재스퍼국립공원에서 마지막 모습을 보이고 사라졌다. 그런데 1980년대에 들어서면서 밴프와 재스퍼에 늑대가 다시 나타났고 몬태나주 국경 너머 글레이셔국립공원에도 다시 서식하기 시작하는 등 늑대 개체수가 회복되기 시작했다. 그 원인과 초기 개체군의 역학 관계는 제대로 파악되지 않았고, 무선 추적기의 범위에서 금세 사라져버리는 늑대들의 습성은 연구자들을 힘들게 했다. 파케는 아르고스가 연구 범위를 획기적으로 넓힐 수 있을 것이라고 생각했다. 그는 최초로 아르고스를 이용한 지상 추적을 시작했다.

1991년 6월의 비 오는 어느 날, 파케가 이끄는 연구팀은 캐나다 로키산 기슭의 카나나스키스 무선 기지 근처에서 다섯 살짜리 회색 암컷 늑대를 포획했다. 파케는 동물 한 마리 한 마리가 개별적인 존재라는 점을 기억하는 것이 중요하다고 믿었고, 그래서 연구 대상과 과학적으로 객관적인 거리를 두는 많은 연구자들과 달리 연구 대상 동물들에게 이름을 지어주기를 원했다. 이 늑대의 이름은 그날의 날씨에 맞춰 프랑스어로 비를 뜻하는 플뤼Pluie라고 지었다.

플뤼는 파케의 새로운 장비인 아르고스 추적 목걸이를 착용하고 산으로 돌아갔다. 연구원들은 컴퓨터로 돌아와 플뤼의 위치 업데이트를 기다렸다. 플뤼가 보여준 것은 그들의 영역, 개체 수, 필요와 욕구에 대한 우리의 생각을 바꾸어야 한다는 것, 그리고 우리와 그들 간의 관계에 근본적으로 변화가 가능하다는 것이었다.[3]

파케와 그의 연구팀은 과거에 늑대를 추적하는 데 어려움을 겪은 적이 있었지만, 그럼에도 불구하고 플뤼가 비교적 가까운 곳에 머무를 것이라고 기대했다. 무엇보다 플뤼는 약 6,500킬로미터에 달하는 인근 국립공원을 돌아다니는 밴프 무리 중 하나에 틀림없이 속해 있을 것이기 때문이었다. 몬태나의 이전 연구에 따르면 일부 늑대 무리는 공원 주변의 야생 지역에서 수백 평방킬로미터, 많게는 수천 평방킬로미터의 면적을 점유했다. 하지만 플뤼는 그보다 훨씬 더 멀리까지 이동하는 것으로 나타났다.

아르고스는 정확도가 그리 높지 않아서 동물의 위치를 1마일 언저리까지만 확인할 수 있었고, 때때로 몇 주 동안 유효한 신호를 보고하지 못하는 등 불규칙했다. 그런데 플뤼의 신호가 들어오기 시작하자 처음에는 믿기지 않았고, 그 다음에는 입이 떡 벌어질 정도로 놀라웠다. 6월에 포획되었다 풀려난 후 처음 몇 달 동안은 인식표 부착 장소와 비교적 가까운 곳에 머물더니, 가을이 되자 갑자기 그 지역을 벗어났기 때문이었다. 플뤼는 밴프의 공원 지대를 지나 서쪽의 브리티시컬럼비아로 향했고, 미국 국경을 넘어 남쪽의 글레이셔국립공원으로 이동했다. 그러고는 브라우닝 마을 동쪽을 지나 대평원에 들어섰다. 플뤼는 미줄라 북쪽의 100만 에이커에 달하는 도로 없이 숲과 산이 펼쳐진 밥 마셜황야를 지나 몬태나주와 아이다호 북부를 가로질러 워싱턴주의 스포캔산에 도착했다. 브라우닝에서 직선 거리로 약 500킬로미터 떨어진 곳이었다. 얼마 후 다시 북쪽으로 향했고, 아이다호 인근의 보너스페리 근처에서 캐나다로 다시 돌아왔다. 플뤼는 1993년 12월까지 브리티시컬럼비아주의 퍼니까지 왕복 10만 킬로미터가 넘는 거리를 달렸다.

퍼니에서의 신호가 아르고스가 플뤼로부터 받은 마지막 신호였고, 신호가 전송된 직후 추적팀은 소포를 하나 받았다. 거기에는 플뤼의 목걸이에 있던 배터리가 들어 있었는데, 배터리에 총알구멍이 나 있었다. 연구원들은 최악의 상황을 두려워했지만, 플뤼는 죽지 않았다. 적어도 그때까지는. 2년 후, 브리티시컬럼비아주 인버미어에서 약 200킬로미터 떨어진 쿠테네이국립공원 가장자리에서 플뤼가 다시 나타났고, 배터리가 없는 목걸이로 신원을 확인할 수 있었다. 이번에는 살아남지 못했다. 1995년 12월 18일, 플뤼는 면허를 소지한 사냥꾼의 총에 맞아 죽었다. 수컷 한 마리, 새끼 세 마리와 함께였다.

이동 경로가 추적된 6개월 동안 플뤼는 미국 3개 주, 캐나다 2개 주, 그리고 추정컨대 약 30개의 서로 다른 관할 구역, 도시 외곽, 국립공원, 국유지, 원주민 영토를 횡단했으며, 짧은 생애 동안 이 여정을 여러 번 오갔을 것이다. 플뤼의 발자취는 산맥과 숲은 물론이고 고속도로, 골프장, 사유지를 가로지르기도 했다. 플뤼는 상상 밖의 범위를 자유롭게 이동한 것으로 보였지만, 사냥꾼, 목장주, 도로 등의 위험에 노출되기도 했다. 이러한 여정은 우리에게 야생동물이 인간 사이에서 살아가는 방식에 대한 새로운 통찰력을 선사했다. 또한 우리가 동물들을 위해 따로 마련해주었다고 생각하는 보호구역이 결코 넓지 않다는 것을 보여주었다.

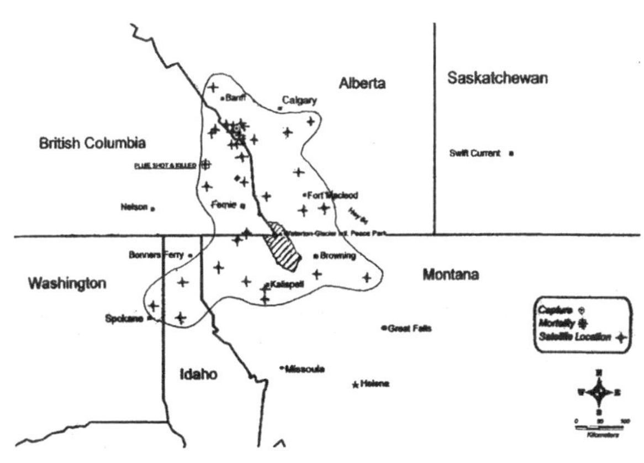

플뤼의 여정을 보여주는 지도.

플뤼의 여정이 가져온 첫 번째 효과는 늑대 개체군을 이해하는 방식을 바꾼 것이다. 예로부터 우리가 늑대와 마주쳤던 경험, 그리고 VHF 추적의 제한된 렌즈는 늑대 무리가 밴프, 재스퍼 또는 글레이셔 국립공원의 가장자리 등 특정 지역에 국한된 개체군이라고 생각하게 만들었다. 하지만 플뤼는 로키산맥 늑대들이 과학자들이 '메타개체군metapopulation'이라고 부르는, 작지만 서로 연결된 공동체들이 들고나면서 이룬 하나의 연합 개체군이라는 사실을 보여주었다. 메타개체군은 고립된 하위 집단 간에 가끔씩 유전자가 섞일 수 있고, 특정 집단이 멸종했을 때 재생과 재식민화의 가능성을 허용하기 때문에 광활한 지역에서 종의 생존을 보장하며, 20세기에 늑대가 살아남게 해준 것이 바로 이 전략이었다. 서로 연결된 여러 개의 커뮤니티가 존재하면 서식지, 먹이 기회, 그룹 간의 유전자 전달 등 하나의 대규모 커뮤니티는 할 수 없는 방식으로 종의 생존을 보장할 수 있다. 이는 상호 연결되어 있지만 자율적인 여러 집단의 총 회복탄력성이 하나의 동질 집단의 회복탄력성보다 더 커지는 생태학적 효과다.

메타개체군의 존재와 회복탄력성은 우리와 우리의 네트워크에 교훈을 준다. 실제로 이러한 자원 분배는 오늘날 많은 핵심 인프라가 작동하는 기반이다. 발전, 데이터 저장, 비상 대응은 모두 재난 발생 시에도 생존과 번영이 확보될 수 있도록 가능한 한 넓은 지역에 용량을 분산하는 동일한 원칙에 따라 작동한다.

또한 메타개체군의 바탕에는 이동의 원리가 있다. 생존을 위해서는 흩어지기만 하는 것이 아니라 이동성도 있어야 한다. 분산된 개체군은 자원과 정보, 유전자를 공유하기 위해 서로 연결할 수 있는 방법이 필요하며, 상황이 어려워졌을 때 이동할 수 있는 능력도 필요하다. 이는 급격한 기후 변화의 시대에 특히 절실하게 필요한 역량이다. 앞서 살펴본 바와 같이, 살 수 있는 서식지는 점점 더 고지대와 극지방으로 이동하고 있으며, 생물 종들은 생존을 위해 이러한 변화에 발맞춰야 한다. 우리가 명심해야 할 또 다른 교훈은 연결성과 이동의 자유가 인간에게나 비인간에게나 다가오는 폭풍우를 헤쳐나가는 데 가장 중요한 능력에 속한다는 점이다.

동물들이 얼마나 광범위하게 돌아다니는지를 보여주는 플뢰의 위성 데이터는 늑대를 비롯한 야생동물의 생존을 보장하기 위해 보호구역이 얼마나 넓어야 하는지를 보여준다. 플뢰의 여정은 옐로스톤국립공원의 열 배, 북미에서 가장 큰 야생동물 보호구역인 밴프의 열다섯 배에 달하는 지역에 걸쳐 있었다. 플뢰는 연구자들에게 록키산맥 늑대가 살아가기 위해 얼마나 넓은 지역이 필요한지 보여주었으며, 회색곰, 스라소니, 퓨마, 영양, 사슴 등 다른 북미 동물 종들의 사정도 마찬가지다. 씨앗과 포자를 퍼뜨려야 하는 식물과 균류뿐 아니라 동물과 새들도 목초지를 찾아다니거나 개체수를 유지하거나 서식지를 관리하기 위해 이동성에 의존한다. 생태계 전체가 야생동물 전용 구역보다 훨씬 더 넓은 지역에 걸친 이동의 자유에 의존하는 것이다.

따라서 국립공원과 야생동물 보호구역만으로는 확실히 부족했다. 필요한 것은 인간이 지배하는 영토 전체에 걸쳐 서로 연결되고 패치워크된 영토 네트워크와 비인간 동물과 함께 생활하는 것에 대한 새로운 사고방식이었다. 늑대의 부활을 북미 전역과 그 너머의 생물다양성을 보다 폭넓게 갱신하고 지키기 위한 노력으로 이어가려면 개체군 간, 주와 국가 간 연결을 구축하는 것이 동물 옹호자들이 가장 먼저 해야 할 일이었다.

플뢰의 여정은 세계에서 가장 야심찬 환경 프로젝트 중 하나인 옐로스톤–유콘 보존 이니셔티브(Yellowstone to Yukon Conservation Initiative, Y2Y)의 계기가 되었다. 이 프로젝트는 약 3,200킬로미터에 걸친 두 국립공원 사이를 상호 연결된 야생의 땅과 강으로 잇는 것을 목표로 한다. Y2Y의 핵심 아이디어는 생태통로wildlife corridor, 즉 동식물이 먹이를 구하고 다양성을 유지하기 위해 인간 활동에 방해받지 않고 이동할 수 있는 확실한 경로 또는 여러 경로의 네트워크다.[4]

농경지 가장자리의 단순한 울타리에서부터 국경을 넘어 수천 킬로미터에 이르는 보호구역에 이르기까지 다양한 형태의 생태통로가 있다. 때로는 열린 공간을 의미하기도 하고, 때로는 야생동물이 도로와 철도를 안전하게 이동할 수 있도록 특별히 설계한 지하도, 교량 등의 인프라를 의미하기도 한다. 생태통로를 보조하기 위해 울타리를 이용해 야생동물이 위험을 피해 안전한 통로와 횡단 구역으로 이동하도록 유도할 수 있으며, 이동하는 동물의 편의를 위해 토지를 개간하거나 휴경지로 남겨둘 수도 있고, 개발 계획이 있는 경우 위치를 바꾸거나 방향을 변경할 수도 있다.

Y2Y는 점진적인 접근 방식을 따랐다. 플뢰의 사례가 〈웨스트 윙〉이라는 드라마에서 흥밋거리로 소개되었을 때, 생태통로라는 아이디어는 도로 표지판과 지역 목장으로 가는 진입로를 갖춘 9억 달러짜리 '1,800마일의 늑대 전용 고속도로'라는 조롱을 받았다. 그러나 실제로 생태통로를, 그것도 대륙 규모로 만들기 위해서는 사유지에 살충제를 치지 않고 울타리를 없애며, 야생동물로부터 인간 거주지를 보호하는 장치를 마련하고, 교량, 터널 등 끊어진 곳을 연결하는 시설을 건설하고, 새로운 부지를 매입하여 확보하고, 야생동물과 인간 활동에 대한 지속적인 연구를 하는 등 다양한 절차와 활동이 합쳐져야 한다.

Y2Y 연합은 현재 미국과 캐나다의 여러 주, 지방, 공원에서 교통 관리 개선, 도로 안전, 야생동물 교육, 석탄 채굴, 금속 정련, 벌목 중

　　　　　　　　　　　　　　　새와 나무와 돌멩이의 지적 세계

단, 특정 보호 지역 지정을 위해 노력하고 있다. 더 큰 네트워크도 점차 발전하고 상호 연결되겠지만 지역별로는 이미 성공을 거둔 사례도 있다. 일례로 2020년 초에 중부 아이다호 비터루트 야생지대에서 88년 만에 처음으로 회색곰이 목격되었는데, 이는 북미 곰 개체군이 다시 연결되고 재결합하며 회복의 길로 나아가고 있음을 의미한다.[5]

세계 곳곳에서 생태통로는 인간 중심 환경에서 동물이 생존하고 번성할 수 있게 해준다는 것, 그리고 인간이 동물의 생존을 위해 협상하고 적응할 수 있다는 것을 보여주고 있다. 러시아 극동지역에 위치한 스레드네우수리스키 야생동물 보호구역Sredneussuriisky Wildlife Refuge은 프리모르스키와 하바롭스크 크라이주, 그리고 국경을 넘어 중국 북동부까지 뻗어 있다. 72,700헥타르에 달하는 이 보호구역은 러시아의 시코테알린산맥과 중국의 완다산맥을 잇는 지역으로, 멸종 위기에 처한 시베리아호랑이의 주요 서식지이며, 이제 시베리아호랑이는 인간의 방해 없이 국경을 넘나들 수 있게 되었다.

네덜란드에서는 800미터 길이의 그린브리지 나투르브뤼크 잔더레이 크레이루Natuurbrug Zanderij Crailoo를 포함하여 600개 이상의 인공 생태통로 네트워크를 만들었으며, 그 결과 유럽에서 인구 밀도가 가장 높은 국가 중 하나인 네덜란드가 사슴, 멧돼지, 오소리 등 산림 동물과 이들의 존재에 의존하는 다른 동식물 종들의 안식처로 변모하고 있다. 2011년 1월 26일, 토니라는 이름의 코끼리가 응가레 은다레숲Ngare Ndare Forest의 새로운 통로를 걷는 최초의 코끼리로서 난유키-메루 고속도로 아래에 있는 아프리카 최초의 코끼리 전용 지하도로를 통과했다. 이 통로는 케냐에서 두 번째로 많은 코끼리 개체수를 보유한 르와 야생동물 보호구역Lewa Wildlife Conservancy의 코끼리들과 케냐산 주변의 동족들을 연결하고 있다.[6]

네덜란드의 그린브리지 형태의 생태통로.

생태통로는 인간의 상처를 치유하기도 한다. 유럽에서 가장 큰 자연 보호구역이자 세계에서 가장 긴 생태통로 중 하나인 유럽 그린벨트 European Green Belt는 한때 서유럽과 소비에트 블록을 분리했던 철의 장막을 7,000킬로미터에 걸친 공원과 보호구역으로 탈바꿈시켰다. 유럽 그린벨트는 베를린 장벽이 무너진 지 한 달 뒤인 1989년 12월 독일 환경 보호론자들에 의해 처음 제안되었으며, 현재 핀란드에서 그리스까지 이어져 있다. 일부 지역에서는 여전히 오래된 지뢰밭이 방문객들의 발길을 가로막고 있지만, 과거 '죽음의 띠'였던 이곳은 이제 희귀 및 멸종 위기에 처한 600여 종의 조류, 포유류, 식물, 곤충이 번성하는 서식지이자 이동 경로가 되었다. 언젠가는 남북한 사이의 비무장지대, 즉 DMZ도 그렇게 될 것이다. DMZ는 길이 155마일, 폭 2.5마일의 땅으로 60년 이상 인간의 손길이 거의 닿지 않아 수백만 마리의 철새와 다양한 야생 식물로 뒤덮여 있음은 물론, 사향노루, 두루미, 독수리, 아시아흑곰, 산양 등 멸종 위기 동물이 서식하고 있다. 과학자들이 '의도하지 않은 자연 보호구역'이라고 부르는 체르노빌 원자로 주변 30킬로

   새와 나무와 돌멩이의 지적 세계

미터의 제외 구역exclusion zone처럼, 인간이 떠난 곳에서는 야생동물이 번성한다. 이 지역의 높은 방사능 수치에도 불구하고 고라니, 멧돼지, 여우, 사슴의 개체 수는 적어도 우크라이나와 벨라루스의 다른 보호구역만큼 많으며, 한 연구에 따르면 늑대 개체 수는 7배 더 많을 것으로 추정된다.[7]

우리의 감각과 감수성을 넘어 다른 존재의 환경세계를 상상하는 데 인간 너머의 생명체에 대한 세심한 배려가 필요하듯, 생태통로를 건설할 때는 우리가 지원하고자 하는 종과 생활 습성에 따른 전략과 배려가 필요하다. 인도양의 호주령 크리스마스섬에서는 30개 이상의 지하도 및 울타리 네트워크가 매년 해안으로 이동하는 수백만 마리의 토종 홍게를 보호하고 있다. 터널 외에도 5미터 높이의 다리가 섬에서 가장 붐비는 도로 위를 지나고 있으며, 다리의 철망 표면은 게들의 접지력을 위해 최적화되어 있다. 숲과 바다 사이의 이 다리를 건너는 게들을 보면 거대한 버전의 고베 대학 게 컴퓨터가 연상된다. 해마다 번식기가 다가오면 수백만 마리의 게가 논리 게이트 모양의 터널을 통과하여 대규모 멀티 스레드 처리 작업을 수행하러 가는 것처럼 보인다.

노르웨이 오슬로에서는 사무실 블록, 학교 및 주택 단지 꼭대기에 있는 옥상 벌집과 정원 네트워크가 꿀벌이 도시를 가로질러 이동할 수 있는 공중 고속도로를 만들고, 꽃가루가 풍부한 채집 장소 사이의 거리가 250미터를 넘지 않도록 조정되어 있다. 이 네트워크에는 도시의 상징인 오슬로 오페라하우스를 설계한 유명 건축회사 스노헤타Snøhetta의 현대식 벌집이 포함되어 있으며, 양봉가들의 자원활동 모임이 관리한다(이는 본질적으로 25만 명의 자원활동가 회원을 보유한 노르웨이 트레킹 협회가 국립공원과 인간을 위한 공동 캠핑 롯지 네트워크를 관리하도록 하는 노르웨이 사회민주주의의 독특한 방식을 그대로 따른 것이다). 이처럼 인간 너

크리스마스섬의 크랩 브리지.

머의 기반시설 구축은 그 기반이 되는 인간의 사회 및 정치 시스템에 종속되지는 않지만 그러한 시스템을 반영한다.[8]

물론 정치적 이념은 다르게 영향을 끼치기도 한다. 도널드 트럼프 대통령이 미국과 멕시코를 분리하기 위해 제안한 악명 높은 장벽은 야생동물 보호구역, 유네스코 문화유산, 주권 부족 영토, 천연기념물, 자연 그대로의 야생지대를 가로지른다. 대부분 개방되어 있던 이 땅은 이제 수백 킬로미터에 달하는 콘크리트와 강철 파이프로 봉쇄되어 동물은 물론 인간의 이동에도 치명적인 영향을 미치고 있다. 장벽의 동쪽 끝은 텍사스 남동부에 위치한 20만 에이커 규모의 로어리오그란데밸리 야생동물 보호구역을 두 동강 낸다. 이곳은 멸종 위기에 처한 조류와 오셀롯, 재규어런디의 중요한 통로다. 애리조나주와 뉴멕시코주에 걸친 매드린스카이군도에 장벽이 건설되면 미국에서 1960년대에 멸종되었던 북미 재규어가 최근 다시 출현한 이 광활한 지역이 폐쇄되고 회색곰과 회색늑대의 이동 경로도 차단될 수 있다. 이 글을 쓰는 지금 장벽의 미래가 어떻게 될지는 확실치 않지만, 토호노 오오담 부족에

새와 나무와 돌멩이의 지적 세계

게 신성한 오르간파이프선인장 국립 기념물 구역의 퀴토바키토 샘처럼 이미 영구적인 영향을 받은 사례도 있다. 샘의 일부는 장벽 건설을 위한 콘크리트에 희생되었다. 장벽이 철거되더라도 유럽연합의 경계에 세워진 잔인한 국경 장벽부터 모로코가 아프리카 북서부 사막에 모래를 쌓아 건설한 2,700킬로미터 길이의 서사하라 장벽에 이르기까지, 세계 곳곳에 다른 장벽들이 세워지고 있다. 언젠가 이곳들이 다시 그린벨트가 될 수도 있겠지만, 그렇게 만들려면 투쟁이 필요할 것이다.[9]

중동에서는 이스라엘이 점령한 서안지구에 분리장벽이 건설되었는데, 장벽이 지역 환경에 치명적인 영향을 미쳤다는 연구 결과가 여럿 발표되었다. 장벽이 건설된 곳은 남쪽의 유대산맥에서 북쪽의 수메르산맥으로 이어지는 오래된 생태통로다. 장벽은 동서 이동을 차단할 뿐만 아니라 팔레스타인 영토를 지그재그로 가로지르며 남북으로 오가는 경로도 가로막고 있다. 2010년 팔레스타인 자치정부에 제출된 보고서에 따르면 여우, 늑대, 아이벡스, 고슴도치, 팔레스타인 고유의 산악 가젤 등 16종의 동물이 이 장벽의 직접적인 영향으로 멸종 위기에 처해 있다. 장벽 뒤에 정착지를 마련하기 위해 삼림을 불태우는 바람에 새와 곤충도 위협을 받고 있다. 일부 지역에서는 이스라엘 고등법원의 명령으로 인해 장벽 건설이 지연되고 있으며, 특수한 S자형 구간이 설계되어 작은 동물들이 통과할 수 있게 되었다. 그러나 사람을 포함한 대형 포유류는 통과할 수 없다.[10]

인간의 자유로운 이동과 교류를 차단하기 위해 설계된 시설은 동물의 삶에도 지장을 준다. 그러나 이 점을 강조한다고 해서 한 가지 효과를 다른 효과보다 우선시해서는 안 된다. 환경 보호 활동이 다른 형태의 억압을 위한 빌미가 되어서는 안 된다는 뜻이다. 이스라엘 방위군이 팔레스타인 사람들의 목숨을 끊고, 질식시키고, 수명을 단축시키면서 작은 포유류의 통행을 허용하기 위해 분리장벽에 격자형 통로를 만드는 광경은 이러한 장벽의 인종차별과 비인간성, 그리고 장벽을 설치하는 정권의 비인간성을 두드러지게 만들 뿐이다. 마찬가지로, 크리스마스섬의 크랩 브리지는 칭송받을 만한 일이지만 호주 정부가 같은 섬, 같은 국립공원 인접한 곳에 구금 시설을 설치해 국제법을 위반하면서까지 병들고 트라우마에 시달리는 망명 신청자들을 수감하고 있다는 사실을 잊어서는 안 된다.

이동의 자유를 가로막는 이러한 장벽의 존재, 그리고 여러 자료가 보여주듯 그 장벽이 인간과 비인간 생명체 모두에게 부정적 영향을 미친다는 사실은 인간과 인간 너머의 존재들 간 연대의 중요성을 깨닫게 해준다. 비인간 종의 생존을 보장하기 위한 투쟁은 모든 인간의 존엄성과 자유를 위한 투쟁과 일맥상통한다.

관타나모만의 이구아나 이야기가 그 증거다. 2002년부터 쿠바의 미군 기지에 억류되어 있던 쿠웨이트인들이 2008년 대법원에 자신들의 사건 심리를 신청했다. 변호사들은 비인간 권리 프로젝트가 코끼리 해피와 다른 동물들을 위해 시도했던 것과 동일한 원칙에 따라 인신보호영장을 신청했다. 이전에 이미 관타나모만이 법원 관할권 내에 있지 않다는 이유로 인신보호영장 발부가 거부된 적이 있었지만, 그들은 NhRP의 사례에서와 마찬가지로 이 포로들에게 인신보호영장이 적용될 수 있음을 법원에 설득해야 했다. 이 소송은 상황이 놀랍도록 역전되었는데, 비인간이 인간을 대신하여 증언을 한 것이다.

포로들의 변호사 토마스 윌너가 TV쇼 〈60분〉의 인터뷰에 응했을 때, TV쇼 제작자들은 관타나모를 방문해보니 쿠바 이구아나들이 실제로 기지 덕분에 더 안전하게 지내고 있더라는 얘기를 했다. 이구아나가 기지를 벗어나면 현지인에게 잡아먹힐 수 있지만, 기지 내에서는 미국 멸종위기종 보호법에 따라 군인이 동물을 해치면 최대 1만 달러의 벌금을 내야 하는 등 미국 법의 보호를 받고 있었던 것이다. 윌너는 청문회에서 미국 법이 이구아나에게는 적용되지만 사람에게는 적용되지 않는 것은 부당하다고 주장했고, 이후 대법원은 이 사건을 심리하는 데 동의했다. 법무차관은 수감자들이 관할권 내에 있지 않다는 주장을 반복했지만, 데이비드 소터 판사는 '그게 무슨 말입니까? 관타나모 수용소의 이구아나도 미국 법의 보호를 받는데요.'라고 반박했다.[11]

이구아나가 사람들을 '대변'한 셈이다. 그러나 이구아나가 그들 스스로를 위해 발언하려면 어떻게 해야 할까? 앞에서 보았듯이, 법원은 동물의 필요와 욕구를 판단하기에 불충분하며, 인간의 사법 절차는 인간 너머의 존재가 가진 진정한 다양성과 복잡성을 수용할 수 없다. 플뤼의 사례는 인간이 아닌 다른 생명체의 진정한 범위와 존재를 그 자체로 바라보고 그 현실과 가치를 받아들일 때 비로소 우리 삶의 방식을 진지하게 바꾸기 시작할 수 있음을 가르쳐준다. 궁극적으로 동물에게 인격권을 부여하는 것이 아니라 동물의 동물성, 그리고 동물의 계획성, 주체성, 존재를 인정하고 가치 있게 여겨야 한다는 것이다. 동물이 그 자체로 존재할 수 있도록 허용하는 동시에 우리 모두를 위한 세상을 만들기 위해 동물과 함께 노력해야 한다. 우리는 실험실이나 법정의 규모가 아니라 숲, 산맥, 툰드라, 대양, 대륙의 규모에서, 유콘에서 옐로스톤까지 아우르는 보호구역의 규모로 생각해야 한다.

기술을 이용한 동물 추적의 역사는 로드와 코크런이 토끼를 관찰하던 들판에서 국립공원, 대륙 전체 또는 대양 전체에 이르기까지 관점이 천천히 그러나 필연적으로 넓어져 온 역사의 한 단면이다. 이는 지구 표면을 가로질러 우주로 점차 확장되고 지구의 모든 지역을 점점 더 가깝게 만들어온 우리의 정보 기술 발전과 닮아 있다. 서로 다르지만 연결된 이 네트워크들은 우리에게 한 가지 사실을 알려준다. 우리가 서로 분리 불가능하게 철저히 얽혀 있다는 것이다.

Y2Y는 우리 시대의 가장 크고 성공적인 환경 프로젝트 중 하나다. 이 프로젝트는 기술 생태계의 직접적인 산물이며, 늑대, 인간 연구진, 인공위성들 간의 종과 종을 넘나드는 협업이다. 다양한 주체들이 모인 이 프로젝트에서는 기술의 규모와 시각이 직접적인 역할을 하며, 쌍안경과 VHF 송신의 범위에서 850킬로미터 상공에서 바라보는 대륙 전체로 우리의 관심과 주의를 넓혀준다. 플뢰를 추적한 위성인 아르고스는 현재 7개의 극궤도 위성으로 구성되어 있으며, 100분에 한 번씩 지구를 돌며 지구 표면의 약 5,000제곱킬로미터를 상시 관측한다. 시간이 지남에 따라 그 기능과 정확도가 향상되었고, 위성 위치 확인 시스템(GPS) 같은 더 새롭고 뛰어난 성능의 시스템으로 보강되었다.

GPS는 아르고스보다 훨씬 더 정확하며, 배터리 크기 감소, 송신기 및 수신기 개선, 기타 여러 가지 개선 사항과 함께 무선 원격 측정의 선구자들이 상상할 수 없었던 방식의 대규모 동물 모니터링을 가능하게 만들었다. 일부 추적 목걸이는 더 적은 에너지로 더 오래 사용할 수 있게 하기 위해 데이터를 온보드 메모리에 저장하고 사전에 정해둔 시간에 자동으로 해제되어 수거할 수 있게 설계된다. 이러한 기술은 동물을 덜 방해하면서 현재 어디에 있고 어디로 가고 싶어하는지를 훨씬 정확하게, 훨씬 큰 규모로 관찰할 수 있게 해준다.

미국의 80번 주간(州間) 고속도로는 미국 동부 뉴욕에서 와이오밍, 네브래스카, 유타를 지나 옐로스톤 남쪽까지 이어져 서부 샌프란시스코까지 미국 대륙을 가로지른다. 이 도로는 야생동물에게 악명 높은 위험 요소이며, 결과적으로 인간에게도 영향을 미친다. 와이오밍주에서

    새와 나무와 돌멩이의 지적 세계

만 전체 차량 충돌 사고의 15%가 사슴, 영양 등 대형 동물과 관련되어 있다. 매년 6,000건의 충돌 사고로 인해 약 5,000만 달러의 차량 파손 및 야생동물 희생이 발생한다. 이 고속도로는 여러 주요 동물 이동 경로를 가로지르기 때문에 충돌 사고의 영향이 더욱 치명적이다. 2017년에는 세미 트레일러 트럭이 이동 중이던 가지뿔영양 무리를 들이받아 25마리가 사망하는 사고가 발생하기도 했다. 그러나 당시에는 동물 이동에 대한 이해가 부족했고 도움될 만한 데이터도 거의 없었다. 지하도는 몇몇 엔지니어의 추측에 따라 설치되었는데 대부분 엉뚱한 곳에 자리잡게 되었다. 이동하는 야생동물 중 지하도를 이용하는 동물은 거의 없었고, 대부분이 고속도로를 횡단했다. 그렇게 살육은 계속되었다.[12]

지난 10년 동안 GPS와 경량 태그의 보급이 확대되면서 사용이 폭발적으로 증가했고, 이에 따라 동물의 움직임과 이동에 대한 검증 가능한 데이터, 즉 동물의 필요와 욕구에 대한 데이터도 폭발적으로 증가했다. 이에 따라 상황이 변화하기 시작했다. 80번 고속도로에서는 엘크, 가지뿔영양, 노새사슴 같은 동물들이 도로와 도로를 둘러싸고 있는 방음벽 사이에 끼어 갈 곳을 잃고, 먹이, 번식지, 유전적 다양성으로부터 단절된 채로 지내는 경우가 많다. 하지만 이제 많은 동물들이 태그를 부착하고 있고, 와이오밍 동물 이동 이니셔티브 같은 단체가 여러 연구에서 수집한 데이터를 취합하여 모니터링한 덕분에 동물들이 모이는 장소와 도달하려는 위치를 훨씬 더 잘 알 수 있게 되었다.[13]

그 결과 중 하나가 야생동물의 이동을 지원하기 위한 신규 인프라 구축이다. 2012년 와이오밍주는 191번 고속도로의 트래퍼스 포인트에 새로운 그린브리지를 건설했다. 이 다리의 위치는 수백 마리의 가지뿔영양이 2년에 한 번씩 붉은 사막의 겨울 서식지와 그랜드티턴국립공원의 여름 서식지 사이를 이동할 때 정확히 어떤 경로를 이용하는지에 관

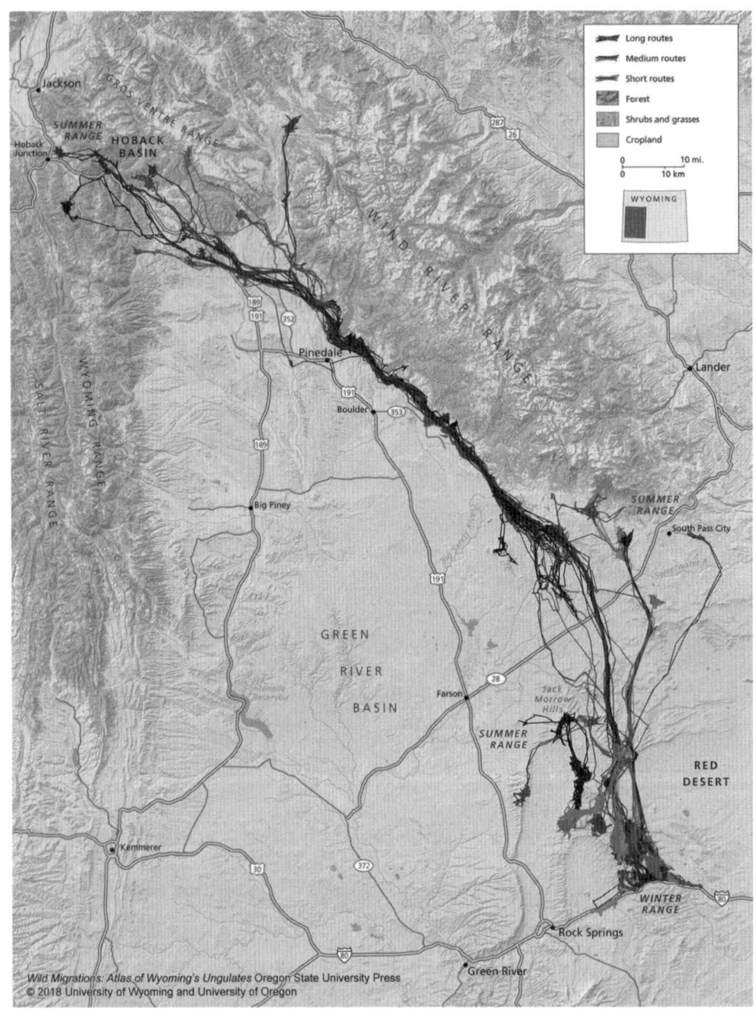

와이오밍 주를 횡단하는 노새사슴 수백 마리의 GPS 기록.

해 GPS 데이터를 검토한 후 선정되었다. 그 그린브리지는 '가지뿔영양의 길'로 알려져 있으며 최소 6,000년 동안 사용되어온 이 중요한 이동 경로가 도로와 철도로 인해 여러 지점에서 막혀 있기는 하지만, 2012년

새와 나무와 돌멩이의 지적 세계

이후로는 장애물이 하나 줄어든 셈이다. 이들이 지나가는 길목에 설치된 트래퍼스 포인트 고가도로는 매년 수천 마리의 뿔사슴과 사슴이 이용하고 있으며, 이에 따라 로드킬 희생 동물 수도 감소했다. 와이오밍주는 현재 건널목을 설치할 더 많은 장소를 탐색하고, 더 많은 데이터를 수집하여 건널목이 필요한 곳을 찾고 있다.

이전 장의 말미에서 나는 인간 너머의 시스템에서 동물의 진정한 정치 참가가 어떤 모습일지 질문했다. 정치는 우리 모두에게 영향을 미치는 사안에 대해 함께 결정을 내리는 예술이자 과학이라는 것을 기억하자. 지금 이 순간에도 그런 일이 일어나고 있다. 동물원 감금에 맞서 싸운 오랑우탄의 행동이 정치적이었던 것처럼, 와이오밍주의 야생동물과 Y2Y도 마찬가지다. 영양, 엘크 같은 동물들은 집단행동으로 의사를 표현하고 있으며, 기술의 도움을 받은 우리는 마침내 그들의 목소리에 귀를 기울이며 그들을 더 잘 고려할 수 있도록 우리의 행동과 구조를 조정하고 있다.

타인의 필요와 욕구에 대한 세심하고 의식적인 관심, 그들의 주체성과 가치에 대한 인정, 그리고 우리 모두를 더 잘 고려할 수 있도록 기존의 사회 구조와 장소를 기꺼이 조정하는 것, 이것이 바로 인간 너머의 정치다. 이는 인간 너머의 연대를 실천하는 것이며, 약속한 대로 우리 모두에게 혜택을 (질문과 함께) 가져다줄 것이다.

국제우주정거장에서 동물을 추적하는 마틴 비켈스키의 ICARUS 프로젝트는 GPS와 영양 무리들을 넘어, 몇 개의 고속도로를 넘어, 새로운 슈퍼 공유 고속도로, 즉 동물 인터넷으로 우리를 안내할 것이다. 황동 고리나 플라스틱 인식표에서 VHF 라디오와 위성 추적으로, 수백 마리에서 수백만, 수천만, 수억 마리의 동물로 확장되는 과정을 상상해보자. 더 많은 동물을 센서 네트워크에 연결할 수 있다면 동물이 무엇을 원하고 필요로 하는지 더 잘 파악해 적절히 대응할 수 있게 될 것이다.

ICARUS 시스템은 무전기와 GPS를 넘어 동물 추적의 범위를 다시 한번 확장한다. 초소형 GPS 송신기도 몸무게가 100그램 미만인 동물에는 장착할 수 없기 때문에 새와 동물 종의 약 75%, 그리고 모든 곤충이 디지털 데이터 수집에서 제외되어왔다. 또한 예전에 비해 많이 나아졌다고는 해도 GPS 목걸이와 하네스의 가격은 많은 경우 여전히 엄청나게 비싸다.[14]

ICARUS는 이 모든 것을 바꾼다. 태양열로 작동하는 이 가벼운 태그는 훨씬 더 많은 동물에 부착할 수 있으며, 이에 따라 추적, 모니터링할 수 있는(때로는 소리도 감지할 수 있다) 동물의 수도 늘어난다. 이러한 노력이 비인간 동물의 삶을 개선하려는 실질적인 시도와 연결된다면, 이러한 가독성의 확장은 사실상 참정권의 확장이라고 할 수 있다. 더 많은 비인간이 동물 인터넷에 참여할수록, 그리고 언젠가 곰팡이, 식물, 박테리아, 돌멩이까지 참여한다면, 더 많은 투표가 집계되고 더 많은 목소리가 시위에 참여하며, 인간 너머의 우리 연방국은 더 넓고 더 공평해질 것이다.

우리는 아직 무엇을 발견하게 될지, 무엇이 결정될지 모른다. 플뤼가 이전에 알려지지 않았던 동물의 움직임과 상호 연결의 규모를 밝혀냈듯이, 동물 인터넷은 분명 우리가 생각지도 못했던 새로운 질문을 던져줄 것이다. 인간 인터넷이 인간 종의 잠재된 욕망, 연약함, 약점, 낯섦을 드러냈듯이, 비인간 인터넷도 분명 우리가 현재 상상할 수 없는 만남, 경험, 이해의 문을 열어줄 것이다. 또한 무작위성에 대한 탐구를 통해 알 수 있듯이, 이것이 바로 우리가 원하는 것이다. 따라서 동물과 다른 모든 것의 인터넷, 즉 인간 너머의 인터넷은 우리가 더 많은 존재와 소통하고, 모든 참여자의 주체성과 타고난 가치를 고려하며 미래를 함께 창조할 수 있게 해주는 실행 가능하고도 시급한 방법인 것으로 보인다.

물론 동물 인터넷에 대한 생각은 우리를 불안하게 만들 수 있다. 어쨌든 인간의 인터넷이 순탄하게 성공했던 것과는 다를 것이다. 우리는 동물 인터넷의 배포, 사용 및 관리 방식에 대해 신중하게 생각해야 할 것이다. 특히 첨단 기술이 모든 문제에 대해 논쟁의 여지가 없는 단 하나의 해답을 제시할 것으로 믿었던 20세기 기술결정론의 실수를 되풀이해서는 안 된다. 방대한 양의 데이터를 수집하기 위해 트래커와 기타 장치를 사용하는 것이 내가 다른 곳에서 반대했던 예측 및 통제 시스템과 의심스러울 정도로 비슷하게 들린다면, 우리는 이러한 기술을 유연하고 책임감 있고 적절하게 적용하기 위해 특히 열심히 노력해야 할 것이며, 이를 위한 기법을 확보할 수 있어야 할 것이다.

유연성의 한 예로 이동식 보호구역 개념을 들 수 있다. 2020년에는 1982년 이후 처음으로 유엔 해양법 협약이 개정될 예정이다. 해양법 협약에는 이미 어업이나 대형 선박의 출입을 금지하는 해양 보호구역에 대한 조항이 포함되어 있는데, 이는 고정된 위치와 변하지 않는 경계를 기반으로 한다. 그러나 워싱턴대학교의 해양생물학자 사라 맥스웰Sara Maxwell 교수는 이렇게 지적한다. '동물은 분명 한곳에만 머무르지 않는다. 많은 동물이 바다의 매우 넓은 영역을 사용하며, 그 영역은 시공간적으로 이동할 수 있다. 기후 변화가 일어나면 우리가 보호하려는 동물이 특정 장소와 시간에 설정한 고정된 구역에서 사라질 수 있다.'[15] 맥스웰은 거북이나 북극제비갈매기 같은 동물에 인공위성과 GPS 태그를 부착해 해양 종의 이동 패턴을 파악하는 연구를 하고 있다.

맥스웰을 비롯한 과학자 그룹은 협약 개정에 대응하여 수중 인터넷에서 스트리밍되는 데이터에 따라 설정, 이동할 수 있는 이동식 해양 보호구역 조항을 포함시킬 것을 제안했다. 이미 많은 국가들이 자국 연안에서 200해리 거리에서 이와 같은 역동적인 해양 관리를 적용하고 있지만, 이제 광범위한 해양 거주자들로부터 제공되는 풍부한 신호를 통해 훨씬 더 광범위하고 유연한 보호가 가능해지는 것이다. 맥스웰은 이렇게 강조한다. '우리가 이러한 유형의 관리를 구현하고 그것이 가능하다는 것을 보여줄 수 있을 때까지 사람들은 그것이 가능하다고 믿지 않았다. 하지만 동물이 시공간적으로 어디로 가는지에 대해 더 잘 알게 되면서 그 정보를 활용해 동물들을 더 잘 보호할 수 있게 되었다.' 기후 변화로 인해 해양 보존의 필요성이 대두되고 있는 지금, 새로운 기술은 이러한 역동적인 접근 방식을 가능하게 하고 있다.[16]

동물 인터넷이 할 수 있는 놀라운 일 중에는 정밀한 추적과 총체적인 지식보다 다른 동물의 삶과 행동에 대한 더 큰 인식이 필요한 것도 있다. ICARUS 팀은 시칠리아의 에트나산 경사면을 돌아다니는 염소, 이탈리아 중심부 라퀼라시 주변의 양, 소, 개 등 지진 활동이 많은 지역에 서식하는 다양한 동물의 목걸이에 가속도계를 부착했다. 이 장치들은 위치 정보를 비롯하여 인간이 일반적으로 '개인정보'라고 부르는 그어떤 것도 기록하지 않고, 오로지 얼마나 많이 움직였는지, 얼마나 평온하게 또는 흥분해서 행동했는지 같은 동물의 활동 정도만 전송했다.

2012년 1월 4일 오후 10시 20분 에트나 화산이 폭발했을 때, 연구팀은 데이터를 검토했고 염소들이 여섯 시간 전에 비정상적으로 동요한 것을 확인했다. 2년 동안의 연구를 통해 연구팀은 일곱 번의 대분화를 예측할 수 있었다. 라퀼라에서 지진이 발생하기 며칠 전과 몇 시간 전에 양, 소, 개가 평소와 다른 행동을 보인다는 사실도 발견했다. 지진이 임박한 진앙지에 가까울수록 동물들은 더욱 동요했다. 이 두 가지로부터 인간이 고안한 그 어떤 메커니즘보다 더 강력하고 정확하며 진보된 조기 경보 시스템을 구성할 수 있었다. 이러한 실험은 전통적인 무선 태그를 사용하여 수행되었다. ICARUS의 우주 기반 안테나를 사용했을 때 이러한 예측이 얼마나 더 강력하고 많은 생명을 구할 수 있을지는 짐작만 할 수 있을 뿐이다.[17]

실험을 통해 한 가지 분명해진 것은 정확한 예측에 많은 데이터 소스와 연결된 많은 동물이 필요하다는 것이다. 다가오는 지진을 암시하는 행동이 한 마리의 동물 수준에서는 눈에 띄지 않았고, 데이터를 종합했을 때만 분명해졌다. 우리는 집단적으로 행동할 때 자기도 모르게 더 강해지고, 더 숙련되고, 더 많은 지식과 경험을 갖게 된다.

동물 인터넷을 통해 알 수 있는 또 한 가지는 우리가 복잡한 기술에 대해 배운 모든 것을 버릴 필요 없이 용도를 변경할 수 있다는 것이다. 저마다의 크기, 속도, 종에 따라 자연 현상에 반응하는 방식이 다르기 때문에 ICARUS 팀은 미묘한 그리고 미묘하게 변화하는 신호의 집합체인 여러 태그가 생성한 데이터 차이를 포착하기 위해 특히 복잡한 형태의 분석을 사용해야 한다는 사실을 발견했다. 이를 위해 그들은 금융 계량경제학을 위해 개발된 통계 모델, 즉 주식 시장과 투자 패턴에서 미묘한 신호를 포착하여 부를 창출하도록 설계된 소프트웨어를 활용했다. 나는 이것을 일종의 재활이라고 보고 싶다. 참회하는 금융 알고리즘이 도시에서 은퇴하여 시골에서 새로운 삶을 시작하고 지구를 회복하는 데 도움을 주는 것이다. 첩보 위성부터 얼굴 인식 알고리즘까지, 현재 억압과 불평등을 연상시키는 도구들을 뒤집어 유익한 용도로 활용할 수 있다.

마지막으로, 동물 조기 경보 시스템은 동식물을 해부하기보다 있는 그대로 경청할 때 우리의 학습 방식에 대해 통찰을 제공한다. 모니카 갈리아노가 미모사와 나눈 대화와 그녀가 식물 기억 이론을 발표했을 때 맞닥뜨린 반대를 상기해보자. 반대의 근거는 알려진 기억 메커니즘이 없다는 사실이었다. 식물학의 일반적인 관행과 달리, 갈리아노의 선언은 식물의 내부 구조에 대해 우리가 알고 있는 것이 아니라 식물의 실제 행동에 근거한 것이었다. 식물이 우리에게 무언가를 말했고, 우리는 그것이 어떻게 사실일 수 있는지 완전히 이해하지 못했지만 엄격한 검증과 증거만으로 그 말을 믿기로 결정했다.

동물의 지진 활동 예측 메커니즘에 대해서도 알려진 바가 없지만, 수 세기 동안 민간의 지혜로 증명되어왔다. 어떤 과학자들은 동물의 털을 통해 지진 발생 지역의 큰 암석 압력으로 인한 공기의 이온화를 어떤 식으로든 감지할 수 있다고 주장한다. 또 어떤 사람들은 지진이 발생하기 전 지하 깊은 곳에서 방출되는 가스 냄새를 맡을 수 있다고 주장하기도 한다(아마도 델파이의 오라클에게 예언의 선물을 준 것과 같은 신비한 가스일 것이다). 하지만 우리가 지식을 총체화하려는 욕망을 얼마간 포기하고, 이해를 주인 노릇을 하거나 지배하기 위한 경로가 아닌 과정과 협상으로 삼는 태도를 갖는다면, 타자의 지혜로부터 배우고 알아낼 수 있는 것이 많다.

우리가 포기해야 할 것은 이뿐만이 아니다. 우리가 모든 것을 알 수 없다는 사실을 인정하는 것에 더하여 우리가 모든 곳에 있을 수 없다는 사실도 인정해야 (그리고 그에 따라 행동해야) 할 것이다. 궁극적으로 동물 인터넷의 결과 중 하나는 우리가 비인간 동물들과 함께 살면서도 그들 대부분을 있는 그대로 내버려둘 수 있는 상황이어야 하기 때문이다. 개인정보 보호와 '잊힐 권리(right to be forgotten, 기업과 정부의 데이터베이스에서 우리의 데이터가 완전히 삭제되도록 하는 것)'에 대한 현대인의 논쟁은 비인간에게도 적용되어야 한다. 우리는 동물과 교감하려는 우리의 욕망이, 비록 선한 의도에 의한 것이더라도, 동물의 자유와 생계를 더 악화시키지 않도록 해야 한다. 그리고 우리가 무엇을 배워야 하는지 알게 되었다면 태그와 추적기를 떼고 물러나야 한다. 생태통로와 보호 구역 개발의 논리적 결론은 비인간 동물에게 맡겨져야 할 곳이 있다는 것이며, 더구나 인간 너머의 세계에서라면 더욱 그렇다.

이것은 새로운 제안이 아니다. 서구 문화권에서만 해도 최소한 20세기 초, 유럽과 미국에서 국립공원이 설립될 무렵으로 거슬러 올라가며, 지구의 종들 사이에서 우리의 위치에 대한 비서구적 개념에 내재되어 있는 아이디어이기도 하다. 그러나 이제는 흩어져 있는 몇 개의 공원과 보호구역보다 훨씬 더 광범위한 보호구역이 긴급히 필요하다는 인식이 확산되고 있다. 사실 여러 강력한 과학적, 도덕적 근거는 그러한 구역이 지구의 절반 이상이 되어야 한다고 말하고 있다.

지구 표면의 절반을 인간으로부터 자유로운 자연 보호구역으로 지정하자는 캠페인은 세계 최고의 진화생물학자이자 사회생물학의 창시자인 E. O. 윌슨의 연구에서 시작되었다. 그의 연구 바탕에는 생물 다양성의 진정한 가치에 대한 깊은 이해와 자연 세계에 대한 깊은 도덕적 인식이 깔려 있다. 1960년대부터 발전한 그의 '섬 생물지리학 이론'은 자연공원을 포함한 모든 제한된 경관이 아무리 잘 보호되고 유지되더라도 필연적으로 생물종을 잃을 수밖에 없음을 보여줌으로써 플뤼의 실천적 가르침에 이론적 토대를 제공했다. 2014년, 윌슨을 필두로 한 사람들은 이러한 아이디어를 더욱 널리 전파하고 실천하기 위해 '지구 절반 프로젝트Half-Earth Project'라는 캠페인을 시작했다.

널리 받아들여지고 있는 윌슨의 이론에 따르면, 서식지의 크기가 변하면 지탱할 수 있는 종의 수가 변하며, 이 수치는 수학적으로 예측 가능하고 안정적이다. 보호구역의 규모가 확장되면 그 안에 서식하는 종의 수와 다양성이 증가하지만, 보호구역이 축소되면 다양성은 신속하고 즉각적으로 그리고 종종 돌이킬 수 없을 정도로 감소한다. 야생 서식지의 90%가 사라지면 지탱할 수 있는 생물 종의 수가 절반으로 줄어드는데 지금 전 세계가 이 수준에 거의 도달한 것으로 추정된다. 게다가 남은 서식지의 10%만 잃어버린다 해도 살아남은 종 대부분 또는 전부가 사라질 것이다.

월슨과 지구 절반 프로젝트가 제시하는 해답은 보호구역을 급진적으로 확대하는 것이다. 거의 상상할 수 없는 목표이기는 하지만 지구의 절반을 인간의 간섭과 변화로부터 보호할 수 있다면 남은 생물종의 약 85%를 보호할 수 있을 것으로 기대된다. 월슨은 이를 지구 생명체를 위한 '안전지대'라고 부르며, 지금 이 작업을 시작하지 않으면 생물 다양성, 나아가 지구 생명체 전체에 재앙이 될 것이라고 경고한다.[18]

지구 절반 프로젝트의 핵심은 우리가 보호해야 할 지구의 절반을 찾아내는 것이며, 이 판단에는 기술이 매우 중요하다. 생태통로의 설계와 실행을 통해 알게 되었듯이 인간과 비인간 모두를 위한 최선의 해결책은 완전한 분리 정책이 아니라 일종의 교차 해칭cross-hatching, 즉 일부 야생지대, 인간 출입금지 구역, 해양 구역은 물론 인간 거주 지역과 그 주변을 관통하는 통로와 통행로, 그린브리지와 자연 그대로의 하천을 조성하는 것이다. 월슨은 이렇게 서로 연결된 공간을 '긴 풍경Long Landscape'이라고 부르며, 멀지 않은 미래에 '늘 연결된 생태통로에 둘러싸여 국립공원에 있지 않은 적이 거의 없을 정도로, 또는 적어도 국립공원으로 이어지는 풍경 속에 있게 되는' 날을 상상한다.[19]

지구 절반 프로젝트를 어떻게 발전시킬지 고민할 때의 핵심은 동물 인터넷을 특히 데이터 생성을 위한 기술적 집합체일 뿐만 아니라 인간 너머의 동지들과 소통하고 질문하는 정치적 집합체로 이해하는 것이다. 지구의 절반은 우리 모두의 생존을 위한 프로젝트다. 이 프로젝트를 실현하려면 다른 이들의 말에 귀를 기울일 뿐만 아니라 우리의 특권과 권력의 일부를 적극적으로 양보해야 한다. 어떠한 저항이 있더라도 이것은 인간 해방을 위한 모든 투쟁이 남긴 교훈이며, 인간 너머의 진보에 있어서도 다르지 않다. 우리는 이 비전을 달성할 수 있는 과학과 기술을 갖고 있다. 우리를 가로막는 것은 우리의 오만, 그리고 현 체제로부터 가장 큰 이익을 얻고 현상 유지를 원하는 사람들의 이기심과 무지뿐이다.

지구 절반 프로젝트를 비롯해 지구에서 생명을 유지하는 데 필요한 여러 프로젝트의 목표는 투쟁 없이 달성할 수 없다. 어느 한 쪽이 권력의 일부 또는 전부를 포기하지 않고서는 인간사의 큰 변화가 이루어진 적이 없으며, 공평한 인간 너머의 미래를 위한 투쟁에서 권력을 가진 쪽은 인류 전체다. 그러나 우리는 그 입장을 거부할 수 있으며, 특히 우리가 포용하고자 하는 것이 권력과 지배가 아닌 아름다움과 다양성, 변화와 가능성이라면 그 보상은 크고 영광스러운 것이 될 것이다.

윌슨은 2020년에 이렇게 썼다. '그것은 한 마디로 시다. 그것이 바로 이 세계가 우리에게 주는 것이다. 미스터리, 가능한 발견, 현상, 예기치 못한 사건, 대상, 사물, 살아 있는 유기체 등 일련의 모든 것들. 이 지구상에는 거의 무한한 것들이 우리가 즐길 수 있도록 기다리고 있다. 세상에는 탐험하고, 음미하고, 묘사하기를 기다리는 수많은 것들이 있다.'[20] 윌슨은 이러한 희망적인 충동을 '바이오필리아biophilia'라고 부른다. 그것은 사람들이 다른 종에 대해 선천적인 친밀감을 가지고 있다는 믿음이다. 나는 이것을 '연대'라고 부르는데, 이것은 지구와 그 안에 있는 모든 것에 대한 깊은 사랑, 그리고 상호 존중, 부조, 지원으로 이루어지는 실천적 정치를 표현하는 단어다.

지구 절반 프로젝트의 실현은 이 책에서 설명하고자 한 프로세스의 한 종착점이기도 하지만 우리를 그곳으로 데려다주는 생태통로와 더 밀접하게 연관되어 있다. 책에서 다루고 있는 모든 것, 즉 비인간 지능의 복잡성과 다양성, 모든 존재의 주체성과 행위주체성, 기술의 가능성과 정치적 특성, 그리고 우리가 불가분의 관계에 있는 인간 너머의 세계에 마음을 엶으로써 얻을 수 있는 풍부한 지식과 아이디어가 한데 어우러져 있는 것이 바로 생태통로다. 무엇보다도 우리에게 필요한 것은 움직임이며, 끊임없이 변화하는 놀라운 세상에서 우리를 지탱하는 것은 여행 그 자체다. 목적이 아닌 수단이 우리의 당면 과제인 것이다.

고백하건대, 나는 '기술과 자연이 분리되는 것을 어떻게 막을 수 있을까'라는 질문에 대한 답 중 하나가 모든 것에 작은 디지털 센서를 부착하는 것이라는 사실에 놀랐다. 하지만 그럴 필요가 없었던 것 같다. 군용 레이더를 조정해 새의 이동을 관찰하거나 스파이 위성을 돌려 우주의 기원을 알아낼 수 있다면, 인간 너머의 의회를 만들기 위해 감시 도구를 활용할 수도 있을 것이다.

그리고 어쩌면 그것은 진짜 질문이 아니었을지도 모른다. 내가 그 어느 때보다 더 깊이 이해하게 된 것은 기술 자체가 아니라 불평등과 권력과 지식의 중앙집중화이며, 이러한 위협에 대한 해답은 교육, 다양성, 정의다. 이를 위해서는 인공 지능이 아니라 진짜 지능이 필요하다. 하지만 더 중요한 것은 모든 사람, 동물, 식물, 벌레, 모든 생명체와 돌, 모든 자연물과 비자연 시스템 등의 지능이 모두 필요하다는 것이다. 지구 크기의 게 컴퓨터가 필요한 셈이다. 문제는 기술 자체에 있는 것이 아니다. 컴퓨터도 세계와 같다는 사실을 잊지 말자.

나는 컴퓨터와 네트워크의 힘과 가능성에 대해 그 어느 때보다 흥

   새와 나무와 돌멩이의 지적 세계

분하고 있다. 다만 현재 컴퓨터와 네트워크에 내재된 권력 구조, 불공정, 수탈적 산업, 계산적 사고가 혐오스러울 뿐이다. 하지만 반드시 이런 식일 필요는 없으며, 그 점이 얼마간은 전달되었기를 바란다. 지능이나 정치가 다른 방식을 취할 수 있듯이, 기술에도 항상 다른 방식이 있다. 기술을 수행하는 방법은 어쨌든 우리가 새롭게 배울 수 있는 것이다.

금속 농장으로

2021년 5월, 나는 다시 이피로스에 와 있다. 이 이야기가 시작된 호수에서 구불구불한 길을 따라 불과 몇 시간 이동한 곳이다. 나는 또 다른 종류의 자원 추출이 진행되는 것을 보기 위해 그리스 북부, 핀두스 산맥 반대편으로 돌아왔다. 지금 내가 마주하고 있는 것은 불도저 선로, 시추공, 기타 만연한 인간의 탐욕과 기업 AI의 흔적이 아니다. 오히려 나는 깔끔하게 표시된 부지에 둘러싸인 작고 완만하게 경사진 들판, 꽃을 피우는 녹색의 식물들 사이에 서 있다. 잡초가 무성한 채소밭처럼 보이지만 사실 이것은 세심하게 관리되고 있는 실험 농장이다. 작은 농장, 그러나 한 번도 보지 못한 종류의 농장이다. 이 농장에서는 금속을 재배한다.

1990년대에 많은 광산 회사가 새로 확인된 식물군에 대한 연구에 자금을 지원했다. 이 식물들은 공통적으로 매우 특이한 특성을 가지고 있었다. 자연적으로 또는 산업 오염으로 인해 다양한 종류의 금속이 풍부하게 녹아 있는 토양에서 자라는 식물이었다. 그런 곳에서는 대부분의 다른 생명체가 살아나가기 힘들다. 여러 연구를 통해 이 식물이 뿌리를 통해 토양에서 금속을 끌어와 땅 위의 새싹과 잎에 저장한다는 사실이 밝혀졌다. 그 과정에서 그들은 실제로 토양을 개선하여 금속을 제거하고 다른 식물이 살기 좋은 토양으로 만든다.[1]

핀두스의 금속 농장은 이러한 연구의 결과물 중 하나다. 고축적 식물hyperaccumulator을 심어 손상된 토양을 복구하고 다른 작물을 수확하듯 금속을 수확할 가능성을 타진하는 실험이다. 이는 유럽 전역의 여러 국가에서 활발하게 진행되는 대륙 규모 실험의 일부인데, 특히 북부 그리스와 알바니아가 농업 채광agromining이라고 불리는 이 작업에 매우 적합한 것으로 나타났다.

오늘은 식물이 만개한 수확날이다. 현지 농부 두 명이 허리를 구부려 밭을 헤집고 다니며 식물 밑동을 잘라 방수포에 쌓아 올리고 있다. 연구원 중 한 명인 코스타스는 자라고 있는 식물 중 한 그루의 줄기를 꺾어 새어 나오는 수액을 종이에 문지른다. 종이는 즉시 붉은 보라색으로 물드는데, 이는 수액에 니켈이 다량 함유되어 있다는 뜻이다. 연구팀의 리더인 마리아 콘스탄티누Maria Konstantinou는 이것이 청록색을 띠는 사문석 토양인데, 발칸반도, 알프스 일부, 쿠바, 북미의 몇몇 지역에만 광범위하게 분포하는 전 세계적으로 매우 희귀한 토양이라고 설명한다. 크롬, 철, 코발트, 니켈 등 중금속이 풍부하기 때문에 대부분의 식물은 이 지역에서 번성하기 어렵다. 하지만 가혹한 환경으로 인해 일부 식물은 독특한 방식으로 적응해왔다.

핀두스의 경작지에서는 알리섬 무랄레*Alyssum murale*, 렙토플락스 에마르기나타*Leptoplax emarginata*, 보른무엘레라 팀파에아*Bornmuellera tymphaea*라는 세 가지 꽃식물이 자란다. 무랄레는 노란색 꽃다발로 덮인 낮은 덤불에서 자라고, 에마르기나타는 더 크고 가늘며 녹색 잎과 흰색 꽃잎

무리가 사방에서 돋아나며, 팀파에아는 빽빽한 흰색 꽃으로 덮인 땅을 가로질러 퍼져나간다. 무랄레는 알바니아와 그리스 북부가 원산지이고, 에마르기나타는 그리스에서만 발견되며, 팀파에아는 핀두스산맥의 비탈에서만 발견된다(팀파에아는 이 산맥의 가장 높은 봉우리 중 하나인 팀피산에서 유래한 이름이다).

테살로니키에 있는 인터내셔널 헬레닉대학교의 마리아와 그녀의 연구팀은 6년 동안 이 농장을 가꾸어왔으며, 이번이 세 번째 수확이다. 그 결과는 이미 놀라웠다. 핀두스의 식물을 수확하고 건조하면 프랑스로 운송되어 소각된다. 이렇게 하면 에너지 생산에 사용할 수 있는 열과 니켈을 추출할 수 있는 금속 재가 생성된다. 이 농장에서는 작물에 따라 헥타르당 6~13톤의 바이오매스(말린 식물)와 80~150킬로그램의 니켈이 생산된다. 이에 비해 채굴된 니켈 광석 1톤에는 약 1~2%의 니켈, 즉 10~20킬로그램의 니켈이 함유되어 있을 뿐이다. 식물은 잎에 금속을 농축함으로써 땅보다 니켈을 더 풍부하게 보유한다.

고농축 물질에 대한 연구는 전 세계에서 진행되고 있다. 말레이시아에서는 적도 열대우림에 서식하는 관목인 필란투스 발구이*Phyllantus balgooyi*가 수액을 밝은 녹색으로 만들 정도로 니켈을 많이 빨아들이는데, 이 수액을 자르면 금속이 흘러나온다. 남태평양 뉴칼레도니아의 피크난드라 아쿠미나타*Pycnandra acuminata*라는 고무나무 수액에는 건조 중량 기준으로 니켈이 25%나 함유되어 있다. 이 방법으로 채굴할 수 있는 것은 니켈뿐만이 아니다. 갓*Brassica juncea*은 잎에 은, 금, 구리의 합금을 형성하고, 유채는 오염된 토양에서 납, 아연, 셀레늄을 제거한다. 심지어 휴대폰에서 전기 자동차에 이르기까지 모든 배터리의 핵심 요소인 리튬은 전통 의학에서 고혈압을 낮추는 것으로 오랫동안 알려진 나포마*Apocynum venetum* 잎에서 발견할 수 있다. 앞으로 더 많은 식물에서

이러한 능력이 발견될 것이다.[2]

농업채광은 아직 초기 단계에 있으며, 모든 종류의 금속을 추출하는 방식을 바꾸고 지구에 가한 피해를 복구할 수 있는 잠재력을 완전히 실현하지는 못했다. 단순히 드릴과 폭약으로 땅을 파헤치는 것보다 훨씬 덜 효율적이고 훨씬 느리며 훨씬 많은 주의가 필요하기 때문에 현재 세계의 금속 수요를 충족하는 데는 결코 근접하지 못할 것이다. 또한 대두, 바이오 연료, 팜유, 한때 기적의 작물로 칭송받았던 다른 작물들처럼 파괴적인 산업 규모의 농업이 필요하기 때문에 과도한 성공은 바람직하지도 않다.

그럼에도 불구하고 고축적 식물은 인간이 아닌 다른 생명체에 대한 이해와 수용이 장기적으로 특정 물질에 대한 우리의 욕구보다 훨씬 더 가치 있을 수 있음을 알려준다. 이 식물들에 대해 가장 인상적인 점은 이들이 오랜 시간 동안 특정 지역에서 자신만의 방식으로 생존 문제를 해결하기 위해 진화해왔다는 점이다. 이들은 토양에 대해 잘 알고 있으며, 그 속에서 견디고 번성하는 방법을 개발했다. 반면에 우리는 대부분의 기간 동안 그들을 잡초나 해충으로 간주하며 무시해왔고, 이제야 우리의 필요와 일치한다는 사실을 깨닫게 되었다. 결국 우리가 땅속에서 필요한 것을 찾기 위해 덜 파괴적인 다른 방법을 찾기 시작했을 때, 식물들이 우리보다 훨씬 먼저 거기에 도착했다는 사실을 발견한 것이다. 지구와 상호 번영하고 비파괴적인 조화를 이루는 것이 진정한 진화라고 한다면, 식물은 우리보다 더 진화한 존재다.

식물은 금속을 채굴하는 법을 배웠다. 식물은 필요한 모든 재료를 가지고 있으므로 언젠가는 휴대폰과 컴퓨터도 발명할 수 있을지 모른다. 아니면 우리가 함께 더 나은 것을 만들 수도 있을 것이다. 2021년 3월, MIT의 연구원들은 시금치에게 오래된 지뢰에서 침출된 토양 속 폭발성 물질에 대해 경고하는 이메일을 전송하도록 가르쳤다고 발표했다. 실제로 그들이 한 일은 그보다는 평범하지만 훨씬 더 흥미롭다. 연구진은 시금치가 특정 화학물질이 있을 때 색이 변하도록 설계한 다음 카메라와 컴퓨터를 이용해 이 정보를 감지하고 전송했다. 이 실험은 모든 종류의 식물이 '매우 뛰어난 분석 화학자'라는 사실을 밝혀냈고, 기술을 사용하여 연구 결과를 전달하는 방법을 보여주었다.[3]

캘리포니아의 솔크생물학연구소 과학자들은 애벌레의 공격을 받았을 때 식물이 소리를 들을 수 있다는 것을 보여주는 애기장대 변종을 개발하여 또 다른 놀라운 능력을 입증하고 있다. 연구진은 코르크참나무의 유전자를 애기장대에 이식함으로써 뿌리 구조가 훨씬 더 깊고 조밀하며 코르크처럼 엄청난 양의 탄소를 저장하는 불투과성 중합체인 수베린으로 가득 차게 자라도록 장려할 수 있음을 발견했다.[4] 밀, 쌀, 면화처럼 널리 재배되는 작물에서도 이 성과를 반복할 수 있다면 광활한 경작지가 탄소 격리 엔진으로 전환될 수 있다. 기후 변화를 가속화하는 탄소를 대기에서 끌어내려 수십 년, 심지어 수백 년 동안 안전하게 지하에 저장할 수 있게 된다는 뜻이다.

이 접근 방식은 글로벌 테크 기업들이 제안하는 거대 규모의 지구공학 계획, 즉 대기에서 탄소를 직접 빨아들이기 위해 거대한 원자로와 굴뚝을 짓고 곧 노후화될 인프라와 물질 폐기물을 생산하는 것보다 훨씬 더 유망해 보인다.[5] 우리 공동의 미래는 산업적 오만함을 줄이고 기존의 깊이 있는 생물학적 시스템과의 협력을 강화할 것을 요구한다.

지금은 그저 부드럽게 흔들리는 꽃과 금속 성분이 풍부한 잡초, 일렁이는 햇살, 꿀벌의 윙윙거리는 소리, 수확하는 사람들로 가득한 이 피로스에서 이 들판을 발견한 것만으로도 행복하다. 산들바람에 섞인 석유 냄새를 처음 맡고 불과 60킬로미터 거리에서 탐욕스러운 기업형

인공 지능을 이용해 땅을 파헤치고 황폐화시키려는 계획이 진행되고 있음을 알게 되었지만, 그 60킬로미터를 이동하는 동안 긴팔원숭이, 코끼리, 거대한 레드우드와 점균류, 신경망, 비이진법 컴퓨터, 인공위성과 자율주행차, 주역, 존 케이지와 사미족 요이커의 음악, 새로운 형태의 고대 거버넌스, GPS 증강 영양 무리를 만났다. 세계는 게들로 이루어진 컴퓨터이며, 모든 수준에서 무한히 얽혀 목청껏 스스로의 노래를 부르고 있다. 앞으로 나아갈 유일한 길은 함께 가는 것이다.

미주

들어가며: 인간 너머

1. C. Stambolis, G. Papamihalopoulos, K. Nikolaou, *A Strategy for Unlocking Greece's Hydrocarbon Potential: An IENE Project*, IENE, Open Forum, 10 June 2015, Athens; https://www.iene.gr/hc-exploration2015/articlefiles/session1/stambolis-nikolaou-papamichalopoulos.pdf.

2. Repsol sits at number forty-six on a list of the one hundred companies responsible for 71 percent of global emissions. See Tess Riley, 'Just 100 Companies Responsible for 71% of Global Emissions, Study Says', *The Guardian*, 10 July 2017; https://www.theguardian.com/sustainable-business/2017/jul/10/100-fossil-fuel-companies-investors-responsible-71-global-emissions-cdp-study-climate-change.

3. IBM, 'IBM and Repsol Launch World's First Cognitive Technologies Collaboration for Oil Industry Applications', press release, 30 October 2014; https://www-03.ibm.com/press/us/en/pressrelease/45278.wss.

4. Repsol, 'Optimizing Hydrocarbon Exploration and Production Processes'; https://www.repsol.com/en/energy-and-innovation/a-better-world/pegasus-excalibur/index.cshtml.

5. Anjli Raval, 'Google and Repsol Team Up to Boost Oil Refinery Efficiency', *Financial Times*, 4 June 2018; https://www.ft.com/content/5711812c-670c-11e8-b6eb-4acfcfb08c11.

6. For Greenpeace's report, see *Oil in the Cloud: How Tech Companies are Helping Big Oil Profit from Climate Destruction*, Greenpeace, 19 May 2020; https://www.greenpeace.org/usa/reports/oil-in-the-cloud/. For Google's response, see Sam Shead, 'Google Plans to Stop Making A.I. Tools for Oil and Gas Firms', CNBC, 20 May 2020; https://www.cnbc.com/2020/05/20/google-ai-greenpeace-oil-gas.html.

 새와 나무와 돌맹이의 지적 세계

7. Matt O'Brien, 'Employee Activism Isn't Stopping Big Tech's Pursuit of Big Oil', *USA Today*, 2 October 2019: https://eu.usatoday.com/story/tech/2019/10/02/microsoft-amazon-google-oil-gas-partnerships/3839379002/.

8. Jordan Novet and Annie Palmer, 'Amazon salesperson's pitch to oil and gas: "Remember that we actually consume your roducts!"', CNBC, 20 May 2020: https://www.cnbc.com/2020/05/20/aws-salesman-pitch-to-oil-and-gas-we-actually-consume-your-products.html.

9. For an elaboration of the paperclip hypothesis, see Nick Bostrom, 'Ethical Issues in Advanced Artificial Intelligence', 2003: https://www.nickbostrom.com/ethics/ai.html.

10. Samuel Gibbs, 'Elon Musk: Regulate AI to Combat "Existential Threat" Before It's Too Late', *The Guardian*, 17 July 2017: https://www.theguardian.com/technology/2017/jul/17/elon-musk-regulation-ai-combat-existential-threat-tesla-spacex-ceo.

11. Nick Statt, 'Bill Gates is Worried about Artificial Intelligence Too', CNET, 28 January 2015: https://www.cnet.com/news/bill-gates-is-worried-about-artificial-intelligence-too/.

12. Sam Shead, 'DeepMind's Elusive Third Cofounder is the Man Making Sure that Machines Stay On Our Side', *Business Insider*, 26 January 2017: https://www.businessinsider.com/shane-legg-google-deepmind-third-cofounder-artificial-intelligence-2017-1.

13. Charlie Stross, 'Invaders from Mars', *Charlie's Diary*, 10 December 2010: http://www.antipope.org/charlie/blog-static/2010/12/invaders-from-mars.html.

14. Ernst Haeckel, *Generelle Morphologie der Organismen* (1866), translated into English by R. C. Stauffer (1957); cited in Robert C. Stauffer, 'Haeckel, Darwin, and Ecology', *The Quarterly Review of Biology*, 32 (2), June 1957, pp. 138–44: http://www.jstor.org/stable/2816117.

15. Charles Darwin, *On the Origin of Species by Means of Natural Selection, or the Preservation of Favoured Races in the Struggle for Life* (London: John Murray, 1859). In response to criticism of his work by the Church, Darwin added the words 'by the Creator' to subsequent editions, so that the final sentence read 'There is grandeur in this view of life, with its several powers, having been originally breathed by the Creator into a few forms or into one⋯'

16. John Muir, *My First Summer in the Sierra* (Boston: Houghton Mifflin, 1911). The final text is a version of a longer phrase from Muir's journal, dated 27 July 1869: 'When we try to pick out anything by itself we find that it is bound fast by a thousand invisible cords that cannot be broken, to everything in the universe.' (See Stephen Fox, *John Muir and His Legacy: The American Conservation Movement*, (Boston: Little, Brown, 1981).)

17. Ursula K. Le Guin, 'A Rant About "Technology"', 2004: http://ursulakleguinarchive.com/Note-Technology.html.

18. Rachel Carson, *Silent Spring* (New York: Houghton Mifflin, 1962), p. 5.

19. The quote is from a letter written by Blake to one of his patrons, the Reverend John Trusler, in the summer of 1799. Trusler had hired Blake to produce a series of moral artworks in the style of contemporary caricature. When Trusler criticized Blake's artistic vision as too 'imaginative', Blake let Trusler know in no uncertain terms what he thought of his aesthetic sense. 'If I am wrong, I am wrong in good company⋯ What is grand is necessarily obscure to weak men. That which can be made explicit to the idiot is not worth my care.' (Collected in Alfred Kazin (ed.), *The Portable Blake* (London: Penguin Classics, 1979).)

20. Lynn Margulis, *The Symbiotic Planet: A New Look at Evolution* (Weidenfeld & Nicolson, 2013), p. 112.

21. From 'What is Reality?', collected in Alan Watts, *Become What You Are* (Boston, MA: Shambhala Publications Inc., 2003).

22. Eduardo Viveiros de Castro, 'The Transformation of Objects into Subjects in Amerindian Ontologies', quoted in David Harvey, *Animism* (London: C. Hurst & Co., 2017).

23. Churchill's original phrase, from a speech in the House of Commons in 1943, was 'We shape our buildings and afterward our buildings shape us.' McLuhan's colleague and friend John Culkin adapted and popularized the phrase in interviews with McLuhan. The whole saga can be followed athttps://quoteinvestigator.com/2016/06/26/shape/.

1장. 다르게 생각하기

1. The learning software was derived from that released by Comma.ai, an open-source framework for developing self-driving cars. 'Open-source' means that anyone can review, edit and run the code themselves. To measure speed, position and turning angle, I wrote a smartphone app which is also open source. It's documented at https://github.com/stml/Austeer.

2. For an excellent account as well as critique of the *flâneur/se*, see Lauren Elkin, *Flâneuse: Women Walk the City* (London: Chatto & Windus, 2017). For Debord's theories, see Guy Debord, 'Theory of the *Dérive*', *Les Lèvres Nues*, 9 (November 1956).

3. The example of the tick is taken from Jakob von Uexküll and Georg Kriszat, *Streifzüge durch die Umwelten von Tieren und Menschen. Ein Bilderbuch unsichtbarer Welten* (Hamburg: Rowohlt, 1956). (English edition: Jakob von Uexküll, *A Foray Into the Worlds of Animals and Humans: With a Theory of Meaning*, translated by Joseph D. O'Neil (Minneapolis /London: University of Minnesota Press, 2010).) The elaboration given here is from Giorgio Agamben, *The Open: Man and Animal*, translated from Italian by Kevin Attell (Stanford, CA: Stanford University Press, 2004).

4. The creation of these images was supported by Nome Gallery, as part of *Failing to Distinguish Between a Tractor Trailer and the Bright White Sky,* an exhibition held in Berlin, April – July 2017. For more on the exhibition,visithttps://nomegallery.com/exhibitions/failing-to-distinguish-between-a-tractor-trailer-and-the-bright-white-sky/.

5. A. M. Turing, 'Computing Machinery and Intelligence', *Mind*, 49 (1950), pp. 433 – 60.

6. H. F. Harlow, H. Uehling and A. H. Maslow, 'Comparative Behavior of Primates. I. Delayed Reaction Tests on Primates from the Lemur to the Orang-Outan', *Journal of Comparative Psychology*, 13(3) (1932), pp. 313 – 43. In the original study, all the apes have familiar as well as scientific names, some of dubious provenance. Alongside Charlotte, other participants included an orang-utan called Jiggs, and a number of macaques called Sourface, Sooty, Blackie and Kewpie (a baby doll) – as well as a quintet labelled merely Macaques I – V. The mandrills faired a little better; one pair, presumably partners, were called Socrates and Xanthippe.

7. Benjamin B. Beck, 'A Study of Problem Solving by Gibbons', *Behaviour*, 28(1 – 2), 1 January 1967, p. 95.

8. For this and many other accounts of experimental design in animal intelligence experiments, see Frans de Waal, *Are We Smart Enough To Know How Smart Animals Are?* (London: Granta, 2016).

9. Details of Jenny's life and her association with Darwin are drawn from 'Portrait of Jenny', Zoological Society of London, 1 June 2008; https://www.zsl.org/blogs/artefact-of-the-month/portrait-of-jenny.

    새와 나무와 돌멩이의 지적 세계

10. For the history of Gallup's development of the mirror test, see Chelsea Wald, 'What Do Animals See in a Mirror?', *Nautilus*, May 2014: http://nautil.us/issue/13/symmetry/what-do-animals-see-in-a-mirror.

11. From Gordon G. Gallup, 'Chimpanzees: Self-Recognition', *Science*, 167(3914), 2 January 1970, pp. 86–7.

12. For dolphin tests, see K. Marten and S. Psarakos 'Evidence of Self-Awareness in the Bottlenose Dolphin (Tursiops truncatus)', in S. T. Parker, R. W. Mitchell and M. L. Boccia (eds), *Self-Awareness in Animals and Humans: Developmental Perspectives* (Cambridge: Cambridge University Press, 1994), pp. 361–79. For orcas, see F. Delfour, K. Marten, 'Mirror Image Processing in Three Marine Mammal Species: Killer Whales (Orcinus orca), False Killer Whales (Pseudorca crassidens) and California Sea Lions (Zalophus californianus)', *Behavioural Processes*, 53(3), May 2001, pp. 181–90. For magpies, see H. Prior, A. Schwarz and O. Güntürkün, 'Mirror-Induced Behavior in the Magpie (Pica pica): Evidence of Self-Recognition', *PLoS Biology*, 6(8), August 2008, p. e202. For ants, see Marie-Claire Cammaerts Tricot and Roger Cammaerts, 'Are Ants (Hymenoptera, Formicidae) Capable of Self Recognition?', *Journal of Science*, 5(7), January 2015, pp. 521–32.

13. For 'dolphin porno tapes', see Chelsea Wald, 'What Do Animals See in a Mirror?', *Nautilus*, May 2014: http://nautil.us/issue/13/symmetry/what-do-animals-see-in-a-mirror. For the follow-up studies, see D. Reiss and L. Marino, 'Mirror Self-Recognition in the Bottlenose Dolphin: A Case of Cognitive Convergence', *Proceedings of the National Academy of Sciences*, 98(10), June 2001, pp. 5937–42.

14. D. J. Povinelli, 'Failure to Find Self-Recognition in Asian Elephants (Elephas maximus) in Contrast to Their Use of Mirror Cues to Discover Hidden Food', *Journal of Comparative Psychology*, 103(2), 1989, pp. 122–31: doi:10.1037/0735-7036.103.2.122.

15. J. M. Plotnik, F. B. M. de Waal and D. Reiss, 'Self-Recognition in an Asian Elephant', *Proceedings of the National Academy of Sciences of the USA*, 103(45), 7 November 2006, pp. 17053–7.

16. '2014 Ten Worst Zoos For Elephants', In Defense of Animals press release, 29 December 2016: https://www.idausa.org/assets/files/cam paign/Elephants/2014 Ten Worst Zoos for Elephants 2014-In Defense of Animals.pdf.

17. For the mirror test videos, see https://www.pnas.org/content/suppl/2006/10/26/0608062103.DC1. For accounts of her life, see Brad Hamilton, 'Happy the Elephant's Sad Life Alone at the Bronx Zoo', *New York Post*, 30September2012:https://nypost.com/2012/09/30/happy-the-elephants-sad-life-alone-at-the-bronx-zoo/.

18. For more on Happy's history, and the timeline of the Nonhuman Rights Project's case, see Chapter 9, as well as Happy's client page at the NhRP's website: https://www.nonhumanrights.org/client-happy/.

19. T. Suddendorf and E. Collier-Baker, 'The Evolution of Primate Visual Self-Recognition: Evidence of Absence in Lesser Apes', *Proceedings of the Royal Society B: Biological Sciences*, 276(1662), 7 May 2009, pp. 1671–7.

20. A. Z. Rajala, K. R. Reininger, K. M. Lancaster and L. C. Populin, 'Rhesus Monkeys (*Macaca mulatta*) Do Recognize Themselves in the Mirror: Implications for the Evolution of Self-Recognition', *PLoS ONE* 5(9), 29 September 2010, e12865; https://doi.org/10.1371/journal.pone.0012865.

21. D. J. Shillito, G. G. Gallup Jr. and B. B. Beck, 'Factors Affecting Mirror Behavior in Western Lowland Gorillas, Gorilla gorilla', *Animal Behaviour*, 57(5), May 1999, pp. 999–1004.

22. F. G. P. Patterson and R. H. Cohn, 'Self-Recognition and Self-Awareness in Lowland Gorillas', in S. T. Parker, R. W. Mitchell and M. L. Boccia (eds), *Self-Awareness in Animals and Humans: Developmental Perspectives* (Cambridge: Cambridge University Press, 1994), pp. 273 – 90.

23. Melinda R. Allen, 'Mirror Self-Recognition in a Gorilla (Gorilla gorilla gorilla)', MSc Thesis, Florida International University, April 2007.

24. Patterson and Cohn, 'Self-Recognition and Self-Awareness in Lowland Gorillas', in Parker, Mitchell and Boccia (eds), *Self-Awareness in Animals and Humans: Developmental Perspectives*.

25. T. Broesch, T. Callaghan, J. Henrich, C. Murphy, and P. Rochat, 'Cultural Variations in Children's Mirror Self-Recognition', *Journal of Cross-Cultural Psychology*, 42(6), August 2011, pp. 1018 – 29.

26. For Inky's bid for freedom, see Dan Bilefsky, 'Inky the Octopus Escapes From a New Zealand Aquarium', *New York Times*, 13 April 2016: https://www.nytimes.com/2016/04/14/world/asia/inky-octopus-new-zealand-aquarium.html. For Sid's escapades, see Kathy Marks, 'Legging It: Evasive Octopus Who Has Been Allowed to Look for Love', *The Independent*, 14 February 2009: https://www.independent.co.uk/envir onment/nature/legging-it-evasive-octopus-who-has-been-allowed-to-look-for-love-1609168.html. For tales of octopus saboteurs, see Bob Pool, 'Did this Mollusk Open a Bivalve', *Los Angeles Times*, 27 February 2009: https://www.latimes.com/archives/la-xpm-2009-feb-27-me-octopus27-story.html. For Otto and his home redecoration attempts, see 'Otto the Octopus Wreaks Havoc', *The Telegraph*, 31 October 2008: https://www. telegraph.co.uk/news/newstopics/howabout-that/3328480/Otto-the-octopus-wrecks-havoc.html.

27. For these and other anecdotes about cephalopod behaviour, see Peter Godfrey-Smith, *Other Minds: The Octopus, the Sea, and the Deep Origins of Consciousness* (New York: Farrar, Straus and Giroux, 2016). For octopus facial recognition, see R. C. Anderson, J. A. Mather, M. Q. Monette and S. R. M. Zimsen, 'Octopuses (*Enteroctopus dofleini*) Recognize Individual Humans', *Journal of Applied Animal Welfare Science*, 13(3), 18 June 2010, pp. 261 – 72: https://doi.org/10.1080/10888705.2010.483892.

28. Adrian Tchaikovsky, *Children of Time* (London: Tor Books, 2015).

29. This account of Smuts' studies, as well as her direct quotes, are drawn from Barbara Smuts, 'Encounters with Animal Minds', *Journal of Consciousness Studies* 8(5 – 7), January 2001, pp. 293 – 309.

30. These reflections are found in Jane Goodall, 'Primate Spirituality', in the *Encyclopedia of Religion and Nature* (London & New York: Continuum, 2005).

2장. 우드 와이드 웹

1. For an overview of these processes, see Tom Reimchen, 'Salmon Nutrients, Nitrogen Isotopes and Coastal Forests', *Ecoforestry*, Fall 2001: https://web.uvic.ca/~reimlab/reimchen_ecoforestry.pdf.

2. Richard Brautigan, 'All Watched Over by Machines of Loving Grace', 1967.

3. Rafi Letzter, 'There Are Plants and Animals on the Moon Now (Because of China)', Space.com, 4 January 2019: https://www.space.com/42905-china-space-moon-plants-animals.html.

4. H. M. Appel and R. B. Cocroft, 'Plants Respond to Leaf Vibrations Caused by Insect Herbivore Chewing', *Oecologia*, 175, 2 July 2014, pp. 1257 – 66: https://doi.org/10.1007/s00442-014-2995-6.

5. For more on these open questions, see R. Lederer, 'The Mysteries of Eggs', *Ornithology: The Science of Birds*, 25 June 2019: https://ornithology.com/the-mysteries-of-eggs; and G. E. Hutchinson, 'The Paradox of the Plankton', *American Naturalist*, 95(882), May – June 1961, pp. 137 – 45.

6. For Monica Gagliano's account of this and subsequent experiments, see her book *Thus Spoke the Plant* (Berkeley, CA: North Atlantic Books, 2018). For the mimosa experiment in the scientific literature, see M. Gagliano, M. Renton, M. Depczynski et al., 'Experience Teaches Plants to Learn Faster and Forget Slower in Environments Where it Matters', *Oecologia*, 175(1), May 2014, pp. 63 – 72; https://doi.org/10.1007/s00442-013-2873-7.

7. Gagliano included repetition of many existing studies in her experiment; an overview of these can be found in Charles I. Abramson, Ana M. Chicas-Mosier, 'Learning in Plants: Lessons from *Mimosa pudica*', *Frontiers in Psychology*, 7(417), 31 March 2016; https://www.frontiersin.org/article/10.3389/fpsyg.2016.00417.

8. For research on plant smells and sniffing, see Anjel M. Helms, Consuelo M. De Moraes, John F. Tooker and Mark C. Mescher, 'Insect Odors and Plant Defense', *Proceedings of the National Academy of Sciences*, 110 (1), 2 January 2013, pp. 199 – 204; https://doi.org/10.1073/pnas.1218606110; and M. Mescher and C. De Moraes, 'Pass the Ammunition', *Nature*, 510, 11 June 2014, pp. 221 – 2; https://doi.org/10.1038/510221a. For the Dodder vine, see Justin B. Runyon, Mark C. Mescher, Consuelo M. De Moraes, 'Volatile Chemical Cues Guide Host Location and Host Selection by Parasitic Plants', *Science*, 313(5795), 29 September 2006, pp. 1964 – 7; https://doi.org/10.1126/science.1131371. For decision-making in plants, see M. Gruntman, D. Groß, M. Májeková et al., 'Decision-Making in Plants under Competition', *Nature Communications*, 8(2235), 21 December 2017; https://doi.org/10.1038/s41467-017-02147-2. For plant responses to aggression, see A. D. Zinn, D. Ward and K. P. Kirkman, 'Inducible Defences in *Acacia Sieberiana* in Response to Giraffe Browsing', *African Journal of Range and Forage Science*, 24(3), October 2007, pp. 123 – 9; DOI: 10.2989/AJRFS.2007.24.3.2.295, and M. J. Couvillon, H. Al Toufailia, T. M. Butterfield, F. Schrell, F. L. W. Ratnieks and R. Schürch, 'Caffeinated Forage Tricks Honeybees into Increasing Foraging and Recruitment Behaviors', *Current Biology*, 25(21), 2 November 2015, pp. 2815 – 18; DOI:10.1016/j.cub.2015.08.052. For proprioception, see O. Hamant and B. Moulia, 'How Do Plants Read Their Own Shapes?', *New Phytologist*, 212(2), October 2016, pp. 333 – 7; DOI: 10.1111/nph.14143. For plant families, see Richard Karban, Kaori Shiojiri, Satomi Ishizaki, William C. Wetzel and Richard Y. Evans, 'Kin Recognition Affects Plant Communication and Defence', *Proceedings of the Royal Society B: Biological Sciences*, 280(1756), 7 April 2013; http://doi.org/10.1098/rspb.2012.3062.

9. For an in-depth study of Pando, see Jeffry B. Mitton and Michael C. Grant, 'Genetic Variation and the Natural History of Quaking Aspen: The Ways in which Aspen Reproduces Underlie its Great Geographic Range, High Levels of Genetic Variability, and Persistence', *BioScience*, 46(1), January 1996, pp. 25 – 31; https://doi.org/10.2307/1312652.

10. P. C. Rogers and D. J. McAvoy, 'Mule Deer Impede Pando's Recovery: Implications for Aspen Resilience from a Single-Genotype Forest', *PLOS ONE*, 13(10), 17 October 2018, e0203619; DOI:10.1371/journal.pone.0203619.

11. Merlin Sheldrake, *Entangled Life: How Fungi Make Our Worlds, Change Our Minds and Shape Our Futures* (London: The Bodley Head, 2020). I am deeply indebted to Merlin for much of my understanding of fungal life, the origins of the Wood Wide Web, and many of the examples and explanations given here, although any errors in such understanding are my own.

12. For the mycorrhizal climate model, see Benjamin J. W. Mills, Sarah A. Batterman and Katie J. Field, 'Nutrient Acquisition by Symbiotic Fungi Governs Palaeozoic Climate Transition', *Philosophical Transactions of the Royal Society B: Biological Sciences*, 373(1739), 5 February 2018; http://doi.org/10.1098/

rstb.2016.0503. For the relationship between mycorrhiza and ancient climates, see K. Field, D. Cameron, J. Leake et al., 'Contrasting Arbuscular Mycorrhizal Responses of Vascular and Non-Vascular Plants to a Simulated Palaeozoic CO2 Decline', *Nature Communications*, 3(835), 15 May 2012; https://doi.org/10.1038/ncomms1831.

13. For Simard's original paper, see S. Simard, D. Perry, M. Jones et al., 'Net Transfer of Carbon Between Ectomycorrhizal Tree Species in the Field', *Nature*, 388, 7 August 1997, pp. 579 – 82; https://doi.org/10.1038/41557. For Read's commentary, see D. Read, 'The Ties that Bind', *Nature*, 388, 7 August 1997, pp. 517 – 18; https://doi.org/10.1038/41426.

14. For more on Barabási's description of the internet, see A.-L. Barabási, 'The Physics of the Web', *Physics World*, 14(7), July 2001, pp. 33 – 8.

3장. 생명의 덤불

1. Yes, my school had a cupboard full of radioactive sources. No, I don't know if this was sensible or even legal.

2. The symposium, entitled *Through Post-Atomic Eyes*, was held in October 2015, and convened by OCAD University and the University of Toronto. A catalogue of contributions, edited by Claudette Lauzon and John O'Brian, was published under the same title in 2020 (Montreal, QC : McGill-Queen's University Press, 2020). For my address on protest and personal data, see 'Big Data, No Thanks', Booktwo.org, 2 November 2015; http://booktwo.org/notebook/big-data-no-thanks/.

3. For more on Karen Barad's work, see *Meeting the Universe Halfway: Quantum Physics and the Entanglement of Matter and Meaning* (Durham, NC: Duke University Press, 2007), or her essay 'On Touching – The Inhuman That Therefore I Am', *Differences*, 23(3), 1 December 2012, pp. 206 – 23; DOI:10.1215/10407391-1892943

4. 'In Earth's Hottest Place, Life Has Been Found in Pure Acid', BBC Future, August 2017; https://www.bbc.com/future/article/20170803-in-earths-hottest-place-life-has-been-found-in-pure-acid.

5. F. Gómez, B. Cavalazzi, N. Rodríguez et al., 'Ultra-Small Microorganisms in the Polyextreme Conditions of the Dallol Volcano, Northern Afar, Ethiopia', *Scientific Reports*, 9(1), May 2019; DOI:10.1038/s41598-019-44440-8.

6. J. Belilla, D. Moreira, L. Jardillier, G. Reboul, K. Benzerara, J. M. López-García,⋯ P. López-García, 'Hyperdiverse Archaea Near Life Limits at the Polyextreme Geothermal Dallol Area', *Nature Ecology & Evolution*, 3(11), October 2019, pp. 1552 – 61; DOI:10.1038/s41559-019-1005-0.

7. For lithotrophic bacteria, see J. L. Sanz, N. Rodríguez, E. E. Díaz and R. Amils, 'Methanogenesis in the Sediments of Rio Tinto, an Extreme Acidic River', *Environmental Microbiology*, 13(8), August 2011, pp. 2336 – 41; DOI:10.1111/j.1462-2920.2011.02504.x. For the microbial mats of the Andes, see Elizabeth K. Costello, Stephan R. P. Halloy, Sasha C. Reed, Preston Sowell and Steven K. Schmidt, 'Fumarole-Supported Islands of Biodiversity within a Hyperarid, High-Elevation Landscape on Socompa Volcano, Puna de Atacama, Andes', *Applied and Environmental Microbiology*, 75(3), February 2009, pp. 735 – 47; DOI: 10.1128/AEM.01469-08. For an exploration of deep-sea vents, see H. W. Jannasch and M. J. Mottl, 'Geomicrobiology of Deep-Sea Hydrothermal Vents', *Science*, 229(4715), 23 August 1985, pp. 717 – 25; DOI:10.1126/science.229.4715.717.

8. N. Patterson, D. J. Richter, S. Gnerre, E. S. Lander and D. Reich, 'Genetic Evidence for Complex Speciation of Humans and Chimpanzees', *Nature*, 441(7097), 29 June 2006, pp. 1103 – 1108.

새와 나무와 돌멩이의 지적 세계

9. A. Durvasula and S. Sankararaman, 'Recovering Signals of Ghost Archaic Introgression in African Populations', *Science Advances*, 6(7), 12 February 2020: DOI: 10.1126/sciadv.aax5097.

10. Jon Mooallem, 'Neanderthals Were People, Too', *The New York Times*, 11 January 2017: https://www.nytimes.com/2017/01/11/maga zine/neanderthals-were-people-too.html.

11. Elizabeth Kolbert, 'Sleeping with the Enemy', *New Yorker*, 8 August 2011: https://www.newyorker.com/magazine/2011/08/15/sleeping-with-the-enemy.

12. Watch Ljuben Dimkaroski play the Divje Babe Bone Flute at https://www.youtube.com/watch?v=AZCWFcyxUhQ. For more information about the European Music Archaeology project, visit http://www. emaproject.eu. For the Adagio performance, see https://www.classicfm. com/discover-music/instruments/flute/worlds-oldest-instrument-neanderthal-flute/.

13. A. W. G. Pike, D. L. Hoffmann, M. García-Diez, P. B. Pettitt, J. Alcolea, R. De Balbin,··· J. Zilhão, 'U-Series Dating of Paleolithic Art in 11 Caves in Spain', *Science*, 336(6087), 15 June 2012, pp. 1409 – 13: DOI:10.1126/science.1219957.

14. D. L. Hoffmann, C. D. Standish, M. García-Diez, P. B. Pettitt, J. A. Milton, J. Zilhão,··· A. W. G. Pike, 'U-Th Dating of Carbonate Crusts Reveals Neandertal Origin of Iberian Cave Art', *Science*, 359(6378), 23 February 2018, pp. 912 – 15.

15. Ed Yong, 'A Shocking Find in a Neanderthal Cave in France', *The Atlantic*, 25 May 2016: https://www.theatlantic.com/science/archive/2016/05/the-astonishing-age-of-a-neanderthal-cave-construction-site/484070/.

16. J. Gresky, J. Haelm and L. Clare, 'Modified Human Crania From Göbekli Tepe Provide Evidence For a New Form of Neolithic Skull Cult', *Science Advances*, 3(6), June 2017, e1700564: DOI:10.1126/sciadv.1700564.

17. M. Krings, A. Stone, R. W. Schmitz, H. Krainitzki, M. Stoneking and S. Pääbo et al., 'Neandertal DNA Sequences and the Origin of Modern Humans', *Cell*, 90(1), 11 July 1997, pp. 19 – 30.

18. K. Prüfer, F. Racimo, N. Patterson, et al., 'The Complete Genome Sequence of a Neanderthal From the Altai Mountains', *Nature*, 505, 2 January 2014, pp. 43 – 9.

19. S. R. Browning, B. L. Browning, Y. Zhou, S. Tucci and J. M. Akey, 'Analysis of Human Sequence Data Reveals Two Pulses of Archaic Denisovan Admixture', *Cell*, 173(1), 22 March 2018, pp. 53 – 61. e9: DOI: 10.1016/j. cell.2018.02.031.

20. For Tibetan adaptations from Denisovans, see E. Huerta-Sánchez, X. Jin, Asan, et al., 'Altitude Adaptation in Tibetans Caused by Introgression of Denisovan-like DNA', *Nature*, 512(7513), 14 August 2014, pp. 194 – 7: DOI:10.1038/nature13408. For Greenland, see F. Racimo, D. Gokhman, M. Fumagalli et al., 'Archaic Adaptive Introgression in TBX15/WARS2', *Molecular Biology and Evolution*, 34(3), 1 March 2017, pp. 509 – 24: DOI:10.1093/molbev/msw283. For 'ghost' populations and migration into Africa, see F. A. Villanea and J. G. Schraiber, 'Multiple Episodes of Interbreeding Between Neanderthals and Modern Humans', *Nature Ecology & Evolution*, 3(1), 26 May 2019, pp. 39 – 44, and A. Gibbons, 'Prehistoric Eurasians Streamed into Africa, Genome Shows', *Science*, 350(6257), 9 October 2015, p. 149: DOI: 10.1126/science.350.6257.149.

21. V. Slon, F. Mafessoni, B. Vernot, et al., 'The Genome of the Offspring of a Neanderthal Mother and a Denisovan Father', *Nature*, 561(7721), September 2018, pp. 113 – 16: DOI: 10.1038/s41586-018-0455-x.

22. Matthew Warren, 'Mum's a Neanderthal, Dad's a Denisovan: First Discovery of an Ancient-Human Hybrid', *Nature*, 22 August 2018: https://www.nature.com/articles/d41586-018-06004-0.

23. For chimpanzee oxytocin levels, see R. M. Wittig, C. Crockford, T. Deschner, K. E. Langergraber, T. E. Ziegler and K. Zuberbuhler, 'Food Sharing is Linked to Urinary Oxytocin Levels and Bonding in Related and Unrelated Wild Chimpanzees', *Proceedings of the Royal Society B: Biology*, 281(1778), 7 March 2014, 20133096. For Bonobos, see T. Kano, 'Social Behavior Of Wild Pygmy Chimpanzees (*Pan paniscus*) of Wamba: A Preliminary Report', *Journal of Human Evolution*, 9(4), May 1980, pp. 243 – 54. For gorilla infant care, see S. Rosenbaum, L. Vigilant, C. W. Kuzawa and T. S. Stoinski, 'Caring for Infants is Associated with Increased Reproductive Success For Male Mountain Gorillas', *Scientific Reports*, 8(15223), 15 October 2018.

24. Y. Fernández-Jalvo, J. Carlos Díez, I. Cáceres and J. Russell, 'Human Cannibalism in the Early Pleistocene of Europe (Gran Dolina, Sierra de Atapuerca, Burgos, Spain)', *Journal of Human Evolution*, 37(3 – 4), September 1999, pp. 591 – 622.

25. Richardson explicitly discusses the coastline paradox in Lewis F. Richardson, 'The Problem of Contiguity: An Appendix to Statistics of Deadly Quarrels', *General Systems: Yearbook of the Society for the Advancement of General Systems Theory*, 6(139), 1961, pp. 139 – 87.

26. Mandelbrot built directly on Richardson's work, inspired by his work on coastlines. See B. Mandelbrot, 'How Long is the Coast of Britain? Statistical Self-Similarity and Fractional Dimension', *Science*, new series, 156(3775), 5 May 1967, pp. 636 – 8.

27. For Woese and Fox's original paper, see C. R. Woese and G. E. Fox, 'Phylogenetic Structure of the Prokaryotic Domain: The Primary Kingdoms', *Proceedings of the National Academy of Science, USA*, 74(11), November 1977, pp. 5088 – 90: DOI: 10.1073/pnas.74.11.5088. For more on the discovery of Archaea and HGT, see David Quammen, *The Tangled Tree: A Radical New History of Life* (London: William Collins, 2018).

28. S. Gilbert, J. Sapp, A. Tauber, with J. D. Thomson and S. C. Stearns (eds), 'A Symbiotic View of Life: We Have Never Been Individuals', *The Quarterly Review of Biology*, 87(4), December 2012, pp. 325 – 41: DOI:10.1086/668166.

29. For viral infection as a vector for DNA transmission in humans, see M. Varela, T. E. Spencer, M. Palmarini and F. Arnaud, 'Friendly Viruses: the Special Relationship between Endogenous Retroviruses and Their Host', *Annals of the New York Academy of Sciences*, 1178(1), October 2009, pp. 157 – 72: DOI:10.1111/j.1749-6632.2009.05002.x. For the development of the mammalian uterus, see S. Mi, X. Lee, X. Li, et al., 'Syncytin is a Captive Retroviral Envelope Protein Involved in Human Placental Morphogenesis', *Nature*, 403, October 2000, pp. 785 – 9: https://doi.org/10.1038/35001608. For the – much debated – spirochete origin of sperm, see Lynn Margulis, *Origin of Eukaryotic Cells* (New Haven, CT: Yale University Press, 1970).

30. For more on the ghosts of symbiosis, see Connie Barlow, *The Ghosts of Evolution: Nonsensical Fruit, Missing Partners, and other Ecological Anachronisms* (New York: Basic Books, 2000).

31. For the connection between the microbiome and brain development, see J. Cryan and T. Dinan, 'Mind-Altering Microorganisms: The Impact of the Gut Microbiota on Brain and Behaviour', *Nature Reviews Neuroscience*, 13, October 2012, pp. 701 – 12: https://doi.org/10.1038/nrn3346. For the microbiome and illness in the elderly, see M. Claesson, I. Jeffery, S. Conde, et al., 'Gut Microbiota Composition Correlates With Diet and Health in the Elderly', *Nature*, 488(7410), August 2012, pp.

 새와 나무와 돌멩이의 지적 세계

178 – 84; https://doi.org/10.1038/nature11319.

32. Based on genomic sequencing, *Rickettsia prowazekii*, the bacteria responsible for typhus, is the closest free-living relative of mitochondria. See S. G. E. Andersson, C. G. Kurland, A. Zomorodipour, J. O. Andersson, et al., 'The Genome Sequence of *Rickettsia prowazekii* and the Origin of Mitochondria', *Nature*, 396(6707), November 1998, pp. 133 – 40; DOI:10.1038/24094.

33. W. F. Doolittle, 'Phylogenetic Classification and the Universal Tree', *Science*, 284(5423), June 1999, pp. 2124 – 9; DOI:10.1126/science.284.5423.2134.

34. Lynn Margulis, *The Symbiotic Planet. A New Look At Evolution* (London: Weidenfeld & Nicolson, 1998).

35. For Facebook's fifty-one genders, see Brandon Griggs, 'Facebook Goes Beyond "Male" And "Female" With New Gender Options', CNN, 13 February 2014; https://edition.cnn.com/2014/02/13/tech/social-media/facebook-gender-custom/index.html. For the list of seventy-one, see Rhiannon Williams, 'Facebook's 71 Gender Options Come to UK Users', *The Telegraph*, 27 June 2014; https://www.telegraph.co.uk/technology/facebook/10930654/Facebooks-71-gender-options-come-to-UK-users.html. For Facebook's announcement of a free-form field for gender, see Facebook Diversity's post of 26 February 2015; https://www.facebook.com/facebookdiversity/posts/774221582674346.

36. Lynn Margulis and Dorion Sagan, *Origins of Sex: Three Billion Years of Genetic Recombination* (New Haven, CT: Yale University Press, 1986).

4장. 행성처럼 보기

1. For the chelidonia festival, see Greek Wikipedia (Stilpon Kyriakidis), 'Language and folk culture of the modern Greeks', Association for the Distribution of Greek Letters, Athens, 1946. For Letnik, see 'Leto – Old European Culture', blog, 27 January 2017; http://oldeuropeanculture.blogspot.com/2017/01/leto.html. For reports of the 2020 swallow migration, see Tasos Kokkinidis, 'Thousands of Swallows and Other Birds Die in Greece After Migration', *Greek Reporter*, 9 April 2020; https://greece.greekreporter.com/2020/04/09/thousands-of-swallows-and-other-birds-die-in-greece-after-migration/, and Horatio Clare, 'Where Have All the Swallows Gone?', *Daily Mail*, 23 June 2020; https://www.dailymail.co.uk/news/article-8449275/Where-swallows-gone-Theyve-harbingers-summer-year-numbers-low.html.

2. E. Syrjämäki and T. Mustonen, *It is the Sámi who Own this Land – Sacred Landscapes and Oral Histories of the Jokkmokk Sámi* (Vaasa, Finland: Snowchange Cooperative, 2013).

3. Craig Welch, 'Half of All Species are on the Move – and We're Feeling It', *National Geographic*, 27 April 2017; https://www.nationalgeographic.com/news/2017/04/climate-change-species-migration-disease/.

4. For a comprehensive overview of the creation and implementation of global time, see Vanessa Ogle, *The Global Transformation of Time 1870–1950* (Cambridge, MA: Harvard University Press, 2015).

5. Tracy Kidder, *The Soul of a New Machine* (New York: Little, Brown and Company, 1981). The engineer comfortable with nanoseconds was Ed Rasala; the one who left for Vermont was Josh Rosen.

6. For a longer account of the Marsham Record, see I. D. Margary, 'The Marsham Phenological Record in Norfolk, 1736 – 1925, and Some Others', *Quarterly Journal of the Royal Meteorological Society*, 52(217), January 1926, pp. 27 – 54; DOI:10.1002/qj.49705221705. For analysis, see T. H. Sparks and P. D. Carey, 'The Responses of Species to Climate Over Two Centuries: An Analysis of the Marsham Pheno-

logical Record, 1736 – 1947', *Journal of Ecology*, 83(2), April 1995, p. 321; DOI:10.2307/2261570.

7. For more on the Marsham Record, phenology, caribou and technological time, see James Bridle, 'Phenological Mismatch', *e-flux* journal, June 2019; https://www.e-flux.com/architecture/becoming-digital/273079/phenological-mismatch/.

8. This calculation is taken from S. Loarie, P. Duffy, H. Hamilton, et al., 'The Velocity of Climate Change', *Nature*, 462, 24 December 2009, pp. 1052 – 5; https://doi.org/10.1038/nature08649.

9. For an excellent primer on Forest Migration, see L. F. Pitelka and the Plant Migration Workshop Group, 'Plant Migration and Climate Change', *American Scientist*, 85(5), September – October 1997, pp. 464 – 73.

10. S. Fei, J. M. Desprez, K. M. Potter, I. Jo, J. A. Knott and C. M. Oswalt, 'Divergence of Species Responses to Climate Change', *Science Advances*, 3(5), 17 May 2017, e1603055; DOI:10.1126/sciadv.1603055.

11. L. Kullman, 'Rapid recent range-margin rise of tree and shrub species in the Swedish Scandes', *Journal of Ecology*, 90(1), February 2002, pp. 68 – 77; DOI:10.1046/j.0022-0477.2001.00630.x

12. K. Tape, M. Sturm and C. Racine, 'The Evidence for Shrub Expansion in Northern Alaska and the Pan-Arctic', *Global Change Biology*, 12(4), April 2006, pp. 686 – 702; DOI:10.1111/j.1365-2486.2006.01128.x.

13. Clement Reid, *The Origin of the British Flora* (London: Dulau & Co., 1899).

14. R. G. Pearson, 'Climate Change and the Migration Capacity of Species', *Trends in Ecology & Evolution*, 21(3), March 2006, pp. 111 – 13; DOI: 10.1016/j.tree.2005.11.022.

15. K. D. Woods and M. B. Davis, 'Paleoecology of Range Limits: Beech in the Upper Peninsula of Michigan', *Ecology*, 70(3), June 1989, pp. 681 – 96; DOI:10.2307/1940219.

16. L. Kullman, 'Norway Spruce Present in the Scandes Mountains, Sweden at 8000 BP: New Light on Holocene Tree Spread', *Global Ecology and Biogeography Letters*, 5(2), March 1996, pp. 94 – 101; DOI:10.2307/2997447.

17. Schultz studies metabolic pathways in plants and animals, and draws attention to the way many chemical interactions occur along similar pathways in both kingdoms. See Jack C. Schultz, 'Plants are Just Very Slow Animals', March 2010; https://mospace.umsystem.edu/xmlui/handle/10355/6759.

18. Richard Powers's version was the first of this fable that I heard, but the story almost certainly originates as an original *Star Trek* episode, called 'Wink of an Eye'. It's also referenced by plant neurobiologist Stefano Mancuso, in an interview with Michael Pollan in 'The Intelligent Plant', *New Yorker*, 15 December 2013 (https://www.newyorker.com/maga zine/2013/12/23/the-intelligent-plant), which is possibly where Powers heard it.

19. Charles Darwin, assisted by Francis Darwin, *The Power of Movement in Plants* (New York: D. Appleton and Company, 1887).

20. Letter from Charles Darwin to Alphonse de Candolle, 28 May 1880, in Francis Darwin (ed.), *The Life and Letters of Charles Darwin*, Vol. II (London: John Murray, 1887), p. 506.

21. For the military origins of the internet, see Yasha Levine, *Surveillance Valley: The Secret Military History of the Internet* (London: Icon Books, 2019). For a critique of Silicon Valley neoliberalism, see Richard Barbrook and Andy Cameron, 'The Californian Ideology', *Mute*, 1(3), 1 September 1995; http://www.metamute.org/editorial/articles/californian-ideology.

　　　　　　　　　　　　　　　　　　　새와 나무와 돌멩이의 지적 세계

22. I. O. Buss, 'Bird Detection by Radar', *The Auk*, 63(3), 1 July 1946, pp. 315 – 18; https://doi.org/10.2307/4080116.

23. For an account of Varley and Lack's work, see A. D. Fox and P. D. L. Beasley, 'David Lack and the Birth of Radar Ornithology', *Archives of Natural History*, 37(2), October 2010, pp. 325 – 32. For the herring gull experiment, see D. Lack and G. C. Varley, 'Detection of Birds by Radar', *Nature*, 156(3963), 1945, p. 446.

24. For Lack's post-war experiments, see D. Lack, 'Migration across the North Sea Studied by Radar. Part 1. Survey through the Year', *Ibis*, 101, 1959, pp. 209 – 34 (and subsequent issues).

25. For examples of patterns, see https://birdcast.info/forecast/understanding-radar-and-birds-part-1/. For live images, visit https://radar.weather.gov/. For tracking individual birds, see B. Bruderer, T. Steuri and M. Baumgartner, 'Short-Range High-Precision Surveillance of Nocturnal Migration and Tracking of Single Targets', *Israel Journal of Zoology*, 41(3), 1995, pp. 207 – 20.

26. The story of NRO's offer to NASA is told in Dennis Overbye, 'Ex-Spy Telescope May Get New Identity as a Space Investigator', *New York Times*, 4 June 2012.

27. Joel Achenbach, 'NASA Gets Two Military Spy Telescopes for Astronomy', *Washington Post*, 4 June 2012.

28. Geoff Brumfiel, 'Trump Tweets Sensitive Surveillance Image of Iran', NPR, 30 August 2019.

29. For examples of these images, see 'Mapping the Mighty Mangrove', NASA, December 2019; https://landsat.gsfc.nasa.gov/mapping-the-mighty-mangrove/; M. Arekhi, A. Yesil, U. Y. Ozkan and F. B. Sanli, 'Detecting Treeline Dynamics in Response to Climate Warming Using Forest Stand Maps and Landsat Data in a Temperate Forest', *Forest Ecosystems*, 5 (23), 11 May 2018; https://doi.org/10.1186/s40663-018-0141-3; and G. Mancino, A. Nolè, F. Ripullone and A. Ferrara, 'Landsat TM Imagery and NDVI Differencing to Detect Vegetation Change: Assessing Natural Forest Expansion in Basilicata, Southern Italy', *iForest – Biogeosciences and Forestry*, 7(2), April 2014, pp. 75 – 84; https://doi.org/10.3832/ifor0909-007.

30. Jean Epstein, *Photogénie de l'impondérable* (Paris: Éditions Corymbe, 1935), quoted in Teresa Castro, 'The Mediated Plant', *e-flux Journal*, 102, September 2019; https://www.e-flux.com/journal/102/283819/the-mediated-plant/.

5장. 낯선 이에게 말 걸기

1. A selection of artefacts from the exhibition, including many of those mentioned here, are recorded at the website of Il Paese di Cuccagna, IDEA, Matera City of Culture 2019; https://idea.matera-basilicata2019.it/en/exhibition/il-paese-di-cuccagna.

2. For more spells and incantations, see Ernesto de Martino, *Magic: A Theory from the South*, translated by Dorothy Zinn (London: HAU Books, 2015), as well as de Martino's masterwork, *Il mondo magico*; published in English as *The World of Magic* (New York: Pyramid Communications, 1972).

3. 'Hymn to Malandrina', an edited selection of recordings of the calls from Viggianello, named after Francesco Caputo's most troublesome she-goat, is available at https://vimeo.com/368478999.

4. The article 'Meet the Greater Honeyguide, the Bird That Understands Humans' by Purbita Saha and Claire Spottiswoode, 22 August 2016, Audobon.org; https://www.audubon.org/news/meet-greater-honeyguide-bird-understands-humans, contains a recording of the *brrrrr-hm* call.

5. C. N. Spottiswoode, K. S. Begg and C. M. Begg, 'Reciprocal Signaling in Honeyguide – Human Mutualism', *Science*, 353(6297), July 2016, pp. 387 – 9; DOI:10.1126/science.aaf4885.

6. C. A. Zappes, A. Andriolo, P. C. Simões-Lopes and A. P. M. Di Beneditto, ' "Human-Dolphin (*Tursiops Truncatus* Montagu, 1821) Cooperative Fishery" and its Influence on Cast Net Fishing Activities in Barra de Imbé/Tramandaí, Southern Brazil', *Ocean & Coastal Management*, 54(5), May 2011, pp. 427 – 32; DOI:10.1016/j.ocecoaman. 2011.02.003.

7. B. M. Wood, H. Pontzer, D. A. Raichlen and F. W. Marlowe, 'Mutualism and Manipulation in Hadza – Honeyguide Interactions', *Evolution and Human Behavior*, 35(6), 1 November 2014, pp. 540 – 46; DOI:10.1016/j. evolhumbehav.2014.07.007.

8. For a recording of the Hadza whistle, see the film by Theresa Lucrisia-Bradley, *A Hadzabe Honey Hunt*, 2020; available at https://www. youtube.com/watch?v=ubfkz3p8t6c. For the Boran technique, see H. A. Isack and H.-U. Reyer, 'Honeyguides and Honey Gatherers: Interspecific Communication in a Symbiotic Relationship', *Science*, 243(4896), 10 March 1989, pp. 1343 – 6; DOI:10.1126/science.243.4896.1343.

9. H. Kaplan, K. Hill, J. Lancaster and A. M. Hurtado, 'A Theory of Human Life History Evolution: Diet, Intelligence, and Longevity', *Evolutionary Anthropology*, 9(4), 16 August 2000, pp. 156 – 85; DOI:10.1002/1520-6505(2000)9:4⟨156::aid-evan5⟩3.0.co;2-7.

10. F. Max Müller, 'The Theoretical Stage, and the Origin of Language', Lecture 9 from *Lectures on the Science of Language* (1861; Ebook release, June 2010); https://www.gutenberg.org/files/32856/32856-pdf.pdf.

11. I first heard *cantu a tenòre*, and this explanation of their roles, in a public park in Cagliari, as related by one of the best-known contemporary groups, the Tenores di Bitti. To experience a little of the effect and the explanation, see the short film *Tenores di Bitti 'Mialinu Pira' a Belluno*; https://www.youtube.com/watch?v=mMddrMMqm00.

12. Theodore Levin, *Where Rivers and Mountains Sing: Sound, Music, and Nomadism in Tuva and Beyond* (Bloomington, IN: Indiana University Press, 2006).

13. In recent decades, it has been observed that climate change is causing irrevocable breakdowns between species' evolved act of attuning to historic signals of seasonality and the actual availability of fodder and other needs (see James Bridle, 'Phenological Mismatch', *e-flux* journal, June 2019). It would be intriguing, if devastating, to discover if Tuvan songs contain an aural record of climatic conditions which no longer exist, just as the landscape painters of pre-twentieth century Europe documented unpolluted skies of a kind that none of us will ever know today.

14. Maurice Merleau-Ponty, *The Visible and the Invisible*, translated by Alphonso Lingis (Evanston, IL: Northwestern University Press, 1968). I am indebted to David Abram and *The Spell of the Sensuous: Perception and Language in a More-Than-Human World* (New York: Vintage, 1996) for his elucidation of Merleau-Ponty's work on language, as well as his thoughts on writing, the alphabet and phenomenology.

15. I am particularly grateful to Einar Sneve Martinussen for introducing me to the history of the Áltá action, and to Joar Nango's 'European Everything' crew for introducing me to joiking – and my apologies for my deeply reductive telling of the tradition. For more on the Áltá action and its cultural resonances, see the 'Let the River Flow. The Sovereign Will and the Making of a New Worldliness', published to coincide with an exhibition of the same name held at the Office for Contemporary Art Norway, Oslo, April – June 2018.

  새와 나무와 돌멩이의 지적 세계

16.   For these and other thoughts on the nature of written language and the alphabet, I am again indebted to David Abram's *The Spell of the Sensuous*.

17.   These examples are from the linguist Sali Tagliamonte's book *Variationist Sociolinguistics: Change, Observation, Interpretation* (Hoboken, NJ: Wiley-Blackwell, 2011). The original sources are Ælfric, *c*. 1000, *Grammar*, xlviii. (Z) 279; Chaucer, *Prioress's Prologue and Tale* in CT, 5 (Harleian MS.); Shakespeare, *Much Ado About Nothing* (written 1598–9), Act IV, scene 1.

18.   S. A. Tagliamonte and D. Denis, 'Linguistic Ruin? Lol! Instant Messaging and Teen Language', *American Speech*, 83(1), March 2008, pp. 3–34; DOI:10.1215/00031283-2008-001

19.   See, for example, Jennifer Lee, 'I Think, Therefore IM', *New York Times*, 19 September 2002; http://www.nytimes.com/2002/09/19/technology/circuits/19MESS.html.

20.   In recounting anecdotes such as this, I can feel myself slipping back into technophobia and fears of a computationally mediated stupidity. At the same time, I find some amusement in Excel's dogged determination to relate the abstraction of genomic acronyms to terrestrial events, and a comfort in its repeated questions, over and over again, *'Is this what you really mean? Because, you know, humans mean a lot of different things.'*

21.   Reuters, '"Master" and "Slave" Computer Labels Unacceptable, Officials Say', CNN.com, 26 November 2003; http://edition.cnn.com/2003/TECH/ptech/11/26/master.term.reut/.

22.   Julia Horowitz, 'Twitter and J. P. Morgan are Removing "Master", "Slave" and "Blacklist" from Their Code', CNN Business, 3 July 2020; https://edition.cnn.com/2020/07/03/tech/twitter-jpmorgan-slave-master-coding/index.html.

23.   Ron Eglash, 'Broken Metaphor: The Master–Slave Analogy in Technical Literature', *Technology and Culture*, 48(2), April 2007, pp. 360–69; DOI:10.1353/tech.2007.0066.

24.   For figures on racial minorities in the tech industry, see Sam Dean and Johana Bhuiyan, 'Why are Black and Latino People Still Kept Out of the Tech Industry?', *Los Angeles Times*, 24 June 2020; https://www.latimes.com/business/technology/story/2020-06-24/tech-started-publicly-taking-lack-of-diversity-seriously-in-2014-why-has-so-little-changed-for-black-workers. For extensive accounts of racial and other bias within tech products, see Virginia Eubanks, *Automating Inequality: How High-Tech Tools Profile, Police, and Punish the Poor* (New York: St Martin's Press, 2018) and Safiya Umoja Noble, *Algorithms of Oppression: How Search Engines Reinforce Racism* (New York: NYU Press, 2018).

25.   The other two laws, first published in Clarke's *Profiles of the Future* (London: Victor Gollancz, 1962) are 'When a distinguished but elderly scientist states that something is possible, he is almost certainly right. When he states that something is impossible, he is very probably wrong' and 'The only way of discovering the limits of the possible is to venture a little way past them into the impossible.'

26.   Even the act of naming something قلب produces interesting ructions in the infosphere: visiting the website for the project necessitates using Arabic characters rather than English ones, as it is located at https://nas.sr/قلب/ – an address made possible by multilingual standards which were only introduced to the web in 2008. That this long-delayed process was called 'internationalization' tells you all you need to know about the default, nationalistic assumptions of the internet.

27.   'Arabic Programming Language At Eyebeam: قلب Opens The World', AnimalNewYork.com, 24 January 2013; http://animalnewyork.com/2013/arabic-programming-language-at-eyebeam-قلب-opens-the-world/.

28.   For examples of Piet programmes, see https://www.dangermouse.net/esoteric/piet.html. For Emoji-

code, visit https://www.emojicode.org/.

29. If you want to play with Brainfuck, an online composer is available at http://www.bf.doleczek.pl/.

30. For a full specification of Ook!, see https://www.dangermouse.net/eso teric/ook.html.

31. For marmoset understanding, see S. Verma, K. Prateek, K. Pandia, N. Dawalatabad, R. Landman, J. Sharma, M. Sur and H. A. Murthy, 'Discovering Language in Marmoset Vocalization', *Proceedings, Interspeech 2017*, 2426–2430; DOI: 10.21437/Interspeech.2017-842. To explore Google's archive of whale song, visit https://patternradio.with-google.com/. For prairie dog research, see Jeff Rice, 'Rodents' Talk Isn't Just "Cheep"', *Wired*, 6 October 2005; https://www.wired.com/2005/06/rodents-talk-isnt-just-cheep/.

32. For the story of Roah, see Konrad Lorenz, *King Solomon's Ring* (1952; Abingdon: Routledge, 2002), pp. 86 – 7 – but the whole book is wonderful.

33. This may be unfair to parrots, although Lorenz was writing before members of that species had participated in quite so many studies as they have today. In fact, African grey parrots have been shown to display cognitive competence, meaning they do use appropriate words in appropriate situations (see E. N. Colbert-White, H. C. Hall, D. M. Fragaszy, 'Variations in an African Grey Parrot's Speech Patterns Following Ignored and Denied Requests', *Animal Cognition*, 19(3), May 2016, pp. 459 – 69; DOI:10.1007/s10071-015-0946-1). Alex, a grey parrot who worked with the animal psychologist Irene Pepperberg for more than thirty years, had a vocabulary of over a hundred words, could identify complex shapes and colours as well as abstract concepts, and responded to the emotional states of human researchers. His last words, which were the same ones he spoke every night to Pepperberg when she left the lab, were 'You be good, I love you. See you tomorrow.' Irene M. Pepperberg, *Alex & Me: How a Scientist and a Parrot Discovered a Hidden World of Animal Intelligence and Formed a Deep Bond in the Process* (London: Harper-Collins, 2008). For a rather different take on parrot communication, seek out the music of Hatebeak, an American death metal band whose lead singer is a grey parrot called Waldo. In contrast to some of the zoomusicology portrayed earlier in this chapter, Hatebeak's music has been described as 'a jackhammer being ground in a compactor'.

34. The Dolphin Embassy is critically under-researched, but this excerpt from the catalogue for Ant Farm's 2004 retrospective at Berkeley Art Museum, along with links to further material is available at Greg. org: https://greg.org/archive/2010/06/01/cue-the-dolphin-embassy.html.

35. Lilly has a special place in most accounts of human – dolphin communication, and he is famous for the flooded laboratory he constructed, with Margaret Howe Lovatt, on the Caribbean island of St Thomas. There, they carried out a multi-year research programme on cetacean intelligence, which involved living in close contact with captive dolphins, as well as undertaking experiments involving sensory deprivation tanks (which Lilly invented), electrodes inserted into the dolphins' brains and forced injections of uncontrolled doses of LSD. While their work has been overshadowed by later, lurid tales of Lovatt's relationship with one of the dolphins, it revealed many aspects of cetacean physiognomy and ability which were previously unknown. None of that, however, justifies the coercion and abuse, however well-intentioned, which was part and parcel of their work.

36. Martín Abadi and David G. Andersen, 'Learning to Protect Communications with Adversarial Neural Cryptography', ArXiv.org, 2016; https://arxiv.org/abs/1610.06918.

37. For Facebook's own account of the experiments, see Mike Lewis, Denis Yarats, Devi Parikh and Dhruv Batra, 'Deal or No Deal? Training AI Bots to Negotiate', Facebook Engineering, 14 June 2017;

 새와 나무와 돌멩이의 지적 세계

https://engineering. fb.com/ml-applications/deal-or-no-deal-training-ai-bots-to-negotiate/, and Lewis et al., 'Deal or No Deal? End-to-End Learning for Negotiation Dialogues', ArXiv.org, 16 June 2017; https://arxiv.org/pdf/1706.05125. pdf. For an account of the language variations produced, see Mark Wilson, 'AI is Inventing Languages Humans Can't Understand. Should We Stop It?',Fast Company,14 July 2017; https://www.fastcompany.com/90132632/ai-is-inventing-its-own-perfect-languages-should-we-let-it.

38. For an overview of Ebonics and related Black idiolects, see John Russell Rickford and Russell John Rickford, *Spoken Soul: The Story of Black English* (New York: John Wiley, 2000). I'm indebted to Eva Barbarossa for her insights into computational language and the pointer towards pronoun forms.

39. 'The Author of the Acacia Seeds' (1974) is collected in Ursula K. Le Guin, *The Compass Rose* (London: Gollancz, 1983). Thanks to Matt Webb for bringing the story to my attention. It is at least partly responsible for most of this book.

40. Tyson Yunkaporta, *Sand Talk: How Indigenous Thinking Can Save the World* (Melbourne: Text Publishing, 2019). For an extract from the book concerning the liveliness of rocks, see 'Friday Essay: Lessons From Stone — Indigenous Thinking and the Law', The Conversation, 5 September 2019; https://theconversation.com/friday-essay-lessons-from-stone-indigenous-thinking-and-the-law-122617.

41. For an analysis of speech-like patterns in Instant Messaging, see K. Ferrara, H. Brunner and G. Whittemore, 'Interactive Written Discourse as an Emergent Register', *Written Communication*, 8(1), 1 January 1991, pp. 8 – 34. For research on Arabic IM use, see D. Palfreyman and M. al Khalil, '"A Funky Language for Teenzz to Use": Representing Gulf Arabic in Instant Messaging', *Journal of Computer-Mediated Communication*, 9(1), 2003, pp. 23 – 44.

42. Naomi S. Baron, 'Why Email Looks Like Speech: Proofreading Pedagogy and Public Face', in Jean Aitchison and Diana M. Lewis (eds), *New Media Language* (London: Routledge, 2003), pp. 85 – 94.

6장. 비이진법적 기계

1. Plato, *Apology*, 21a – d.

2. A. M. Turing, 'On Computable Numbers, With an Application to the *Entscheidungsproblem*' (1936), *Proceedings of the London Mathematical Society*, Series 2, 42, 1937, pp. 230 – 65: DOI:10.1112/plms/s2-42.1.230.

3. A. M. Turing, 'Systems of Logic Based on Ordinals', *Proceedings of the London Mathematical Society*, Series 2, 45, 1939, pp. 161 – 228.

4. B. Jack Copeland and Diane Proudfoot, 'Alan Turing's Forgotten Ideas in Computer Science', *Scientific American*, 280(4), April 1999, pp. 98 – 103: DOI: 10.1038/scientificamerican0499-98.

5. For a full account of the wiring and behaviour of the tortoises — including the Carroll quote — see W. Grey Walter, 'An Imitation of Life', *Scientific American*, May 1950. In the preparation of this chapter, I am particularly indebted to Andrew Pickering, whose extensive work on the British-based cyberneticians Stafford Beer, Gordon Pask, Grey Walter and Ross Ashby can be found in numerous papers, and is summarized in *The Cybernetic Brain: Sketches of Another Future* (Chicago, IL: University of Chicago Press, 2011).

6. Walter, 'An Imitation of Life'.

7. Ibid.

8. Ibid.

9. The origin of the term is in Norbert Wiener, *Cybernetics: Or Control and Communication in the Animal and the Machine* (Cambridge, MA: MIT Press, 1948).

10.   For a description of the homeostat and its operation, see W. R. Ashby, 'Design for a Brain', *Electrical Engineering*, 20, December 1948, pp. 379–83.

11   . Walter, 'An Imitation of Life'.

12. Ashby, 'Design for a Brain'.

13. For Andrew Pickering's take on cybernetic minds, see A. Pickering, 'Beyond Design: Cybernetics, Biological Computers and Hylozoism', *Synthese*, 168(3), June 2009, pp. 469–9; https://doi.org/10.1007/s11229-008-9446-z.

14. Sadly, the *U* doesn't stand for anything exciting like 'Universal' or 'Unknowable'. It refers to Beer's mathematical description of the U-machine's operation and its relation to the T-Machine, which handled inputs, and the V-machine, which handled outputs.

15. S. Beer, 'Towards the Automatic Factory', paper presented to a symposium at the University of Illinois in June 1960, reprinted in Roger Harnden and Allenna Leonard (eds), *How Many Grapes Went into the Wine? Stafford Beer on the Art and Science of Holistic Management* (New York: John Wiley, 1994), pp. 163–225.

16. A. Pickering, 'The Science of the Unknowable: Stafford Beer's Cybernetic Informatics', *Kybernetes*, 33(3/4), March 2004, pp. 499–521; https://doi.org/10.1108/03684920410523535.

17. There are not a lot of details available on Beer's pond experiments, which are briefly summarized in the edited collection of his work, *How Many Grapes Went into the Wine? Stafford Beer on the Art and Science of Holistic Management*. I am indebted to Matt Webb for first bringing it to my attention and for 'putting a pond through business school'.

18. For slime mould's memory abilities, see T. Saigusa, A. Tero, T. Nakagaki and Y. Kuramoto, 'Amoebae Anticipate Periodic Events', *Physical Review Letters*, 100(1), 11 January 2008, no. 018101; https://doi.org/10.1103/PhysRevLett.100.018101.

19.   A. Tero, S. Takagi, T. Saigusa, K. Ito, D. P. Bebber, M. D. Fricker and T. Nakagaki, 'Rules for Biologically Inspired Adaptive Network Design', *Science*, 327(5964), 22 January 2010, pp. 439–42; DOI:10.1126/science.1177894.

20. This is a generalization of Leonhard Euler's Seven Bridges of Königsberg problem, which we encountered in our discussion of fungi and network theory in Chapter 2.

21.   L. Zhu, S.-J. Kim, M. Hara and M. Aono, 'Remarkable Problem-Solving Ability of Unicellular Amoeboid Organism and its Mechanism', *Royal Society Open Science*, 5(12), 19 December 2018, no. 180396; DOI: 10.1098/rsos.180396.

22. Actually, 840 times more, but come on, it's a slime mould. A four-city network has only $3 \times 2 \times 1/2 = 3$ possible routes $((n-1)! / 2)$, but an eight-city network has $7 \times 6 \times 5 \times 4 \times 3 \times 2 \times 1/2 = 2{,}520$ different possible routes.

23. For an overview of the history of memristor research, see 'The Memristor Revisited', *Nature Electronics*, 1(261), May 2018; https://doi.org/10.1038/s41928-018-0083-3.

24. For research into the memristic capabilities of slime moulds, see E. Gale, A. Adamatzky and B. de Lacy Costello, 'Slime Mould Memristors', *Bio-NanoScience*, 5(1), 1 March 2015, pp. 1–8. For plants and

  새와 나무와 돌멩이의 지적 세계

animals as memristors, see A. Adamatzky, S. L. Harding, V. Erokhin and R. Mayne et al., 'Computers from Plants We Never Made : Speculations', ArXiv : 1702.08889 [cs.ET], 28 February 2017.

25.   This theory of billiard ball circuits was published in E. Fredkin and T. Toffoli, 'Conservative Logic', *International Journal of Theoretical Physics*, 21(3 – 4), April 1982, pp. 219 – 53 ; DOI : 10.1007/BF 01857727.

26.   For the crab computer, see Y.-P. Gunji, Y. Nishiyama and A. Adamatzky, 'Robust Soldier Crab Ball Gate', *Complex Systems*, 20(2), 15 June 2011 ; DOI : 10.1063/1.3637777.

27.   K. Nakajima, H. Hauser, T. Li and R. Pfeifer, 'Information Processing via Physical Soft Body', *Scientific Reports*, 5, 27 May 2015, no.10487 : https://doi.org/10.1038/srep10487.

28.   C. Fernando and S. Sojakka, 'Pattern Recognition in a Bucket', *Lecture Notes in Computer Science*, September 2003, pp. 588 – 97 ; DOI : 10.1007/978-3-540-39432-7_63.

29.   For more on Lukyanov and the Soviet hydraulic computers, see O. Solovieva, 'Water Machine Computers', *Science and Life*, 4, 2000 ; https://www.nkj.ru/archive/articles/7033/, and the archives of the Moscow Polytechnic Museum at http://web.archive.org/web/20120328115234/http://rus.polymus. ru/?h=relics&rel_id=9&mid=&aid=9&aid_prev=9.

30.   For a fuller account of the Mississippi Basin model, see Kristi Cheramie, 'The Scale of Nature : Modeling the Mississippi River', *Places Journal*, March 2011 ; https://placesjournal.org/article/ the-scale-of-nature-modeling-the-mississippi-river/.

31.   For Rob Holmes's and the Dredge Research Collaborative's work on the Mississippi and other landscapes, see http://m.ammoth.us/.

32.   For Zach Blas's work, see https://zachblas.info/works/queer-technologies/.

33.   'A Genderqueer Activist Explains What it Means to be Nonbinary on the Gender Spectrum', *Vox*, 15 June 2016 ; https://www.vox.com/2016/6/15/11906704/genderqueer-nonbinary-lgbtq.

34.   For an introduction to open-source philosophy, see Lawrence Lessig, 'Open Code and Open Societies : Values of Internet Governance', Sibley Lecture at the University of Georgia, 16 February 1999 ; or, for a fictional account of its actual implementation, I recommend Cory Doctorow, *Walkaway* (New York : Macmillan, 2017). For examples of distributed processing initiatives, see https://setiathome.berkeley. edu and https://foldingathome.org/. The social networks Mastodon and Scuttlebutt, the Beaker web browser and Jitsi.org web conferencing are good examples of federated and peer-to-peer network projects.

35.   For a description of the Optometrist Algorithm, see E. A. Baltz, E. Trask, M. Binderbauer, et al., 'Achievement of Sustained Net Plasma Heating in a Fusion Experiment with the Optometrist Algorithm', *Scientific Reports*, 7(6425), 25 July 2017 ; https://doi.org/10.1038/s41598-017-06645-7. For more on this kind of human and learning machine cooperation, see James Bridle, *New Dark Age: Technology and the End of the Future* (London : Verso, 2018), Chapter 4, 'Calculation'.

36.   For a full description of the Cockroach Controlled Mobile Robot, see Garnet Hertz, *Cockroach Controlled Mobile Robot: Control and Communication in the Animal and the Machine*, video, Concept Lab, 2008 : http://www.conceptlab.com/roachbot/.

37.   For more on Project Cybersyn, see Eden Medina, *Cybernetic Revolutionaries: Technology and Politics in Allende's Chile* (Cambridge, MA : MIT Press, 2011). Beer's Manchester Business School lecture of 1974 is available at https://www.youtube.com/watch?v=e_bXlEvygHg.

1. For more information about the role of the *klepsydra* and related objects, see the dead-media historian Julian Dibbell's 'Info Tech of Ancient Athenian Democracy', available at http://www.alamut.com/subj/artiface/deadMedia/agoraMuseum.html.

2. See Kerry Tomlinson, 'How Random are "Random" Lottery Numbers?', Archer Intelligence, 30 March 2016; https://archerint.com/how-random-are-random-lottery-numbers/.

3. This is not to say that people haven't tried. In 1980, a TV host, a studio technician and a lottery official successfully rigged a balls-in-the-bucket machine belonging to the Pennsylvania Lottery, by ejecting latex paint into some of the balls to weigh them down, taking away $1.2 million (before being caught). Some lotteries now use X-ray machines and sophisticated weighing scales to test the balls before draws.

4. For a timeline of ERNIE's development, see 'Meet Ernie', National Savings and Investments; https://www.nsandi.com/ernie.

5. For the origin of Lavarand, see 'Welcome to Lavarand!', Silicon Graphics, archived at https://web.archive.org/web/19971210213248/http://lavarand.sgi.com/. For Cloudflare's implementation, see Joshua Liebow-Feeser, 'Randomness 101: LavaRand in Production', Cloudflare, 6 November 2017: https://blog.cloudflare.com/randomness-101-lavarand-in-production/. For Hotbits, see http://www.fourmilab.ch/hotbits/; and for Random.org, see https://www.random.org.

6. For this and other details of the development of Monte Carlo, as well as the history of John and Klári von Neumann, see George Dyson, *Turing's Cathedral: The Origins of the Digital Universe* (London: Allen Lane, 2012).

7. Marcel Duchamp, who we saw at work in an earlier chapter, was also a Monte Carlo veteran. He too had a 'system' which he employed at the casino, which involved throwing dice to decide where to bet at roulette. He claimed it was successful – although excruciatingly slow – and in 1924 produced a series of prints, called the Monte Carlo Bonds, which were simultaneously conceptual artworks and legal documents, bearing the value of his winnings.

8. John von Neumann, 'Various Techniques Used in Connection with Random Digits' in *Proceedings of a Symposium* held 29, 30 June and 1 July 1949, in Los Angeles, California, under the sponsorship of the RAND Corporation and the National Bureau of Standards, with the cooperation of the Oak Ridge National Laboratory; also published in A. S. Householder, G. E. Forsythe and H. H. Germond (eds), *Monte Carlo Method* (Washington DC: US Government Printing Office, 1951), National Bureau of Standards Applied Mathematics Series 12.

9. RAND Corporation, *A Million Random Digits with 100,000 Normal Deviates* (Glencoe, IL: Free Press, 1955; revised pbk edn Santa Monica, CA: RAND Corporation, 2001); https://www.rand.org/pubs/mono graph_reports/MR1418.html. For details on the process involved in generating the numbers, see George W. Brown, 'History of RAND's random digits – Summary', in Householder, Forsythe and Germond (eds), *Monte Carlo Method*, pp. 31–2; https://www.rand.org/content/dam/rand/pubs/papers/2008/P113.pdf.

10. These and subsequent quotes are drawn from Kenneth Silverman, *Begin Again: A Biography of John Cage* (New York: Alfred Knopf, 2010; pbk, Evanston, IL: Northwestern University Press, 2012). I am indebted to this work and to Cage's own writings, particularly the collection *Silence: Lectures and Writings* (London: Marion Boyars, 1994).

11. Hiller instituted a pseudo-random subroutine to generate ICHING's random integers, called

    새와 나무와 돌멩이의 지적 세계

ML3DST. This involved combining algorithmically generated fractions which, while not quite satisfying our desire for truly random numbers, was extensively tested to ensure it was 'random enough' for the application. Hiller discusses ICHING and ML3DST in L. Hiller, 'Programming the I–Ching Oracle', *Computer Studies in the Humanities and Verbal Behavior*, 3(3), October 1970, pp. 130 – 43. I'm indebted to Tiffany Funk for her discussion and assistance with understanding this process.

12. For more on SAM and the Cybernetic Serendipity exhibition, see Jasia Reichardt (ed.), *Cybernetic Serendipity – The Computer and the Arts*, a Studio International special issue (London: Studio International Foundation, 1968).

13. For more details on the origin and design of these programs, see S. Husarik, 'John Cage and LeJaren Hiller: HPSCHD, 1969', *American Music*, 1(2), Summer 1983, pp. 1 – 21; DOI: 10.2307/3051496; Tiffany Funk, 'Zen and the Art of Software Performance: John Cage and Lejaren A. Hiller Jr.'s HPSCHD (1967 – 1969)', Thesis, University of Illinois at Chicago, 2016.

14. For Leibniz's 'Explanation of Binary Arithmetic', see 'Explication de l'Arithmétique Binaire', in C. I Gerhardt (ed.), *Die mathematische Schriften von Gottfried Wilhelm Leibniz* ('Mathematical Works'), Vol. 7, pp. 223 – 7. An English translation is available at http://www.leibniz–translations.com/binary.htm. For his religious beliefs and his understanding of the I Ching, see J. A. Ryan, 'Leibniz' Binary System and Shao Yong's Yijing', *Philosophy East and West*, 46(1), January 1996, p. 59; DOI: 10.2307/1399337. For the marble computer, see Ravi P. Agarwal and Syamal K. Sen, *Creators of Mathematical and Computational Sciences* (New York: Springer, 2014).

15. For the Grants' studies in the Galapagos, see Peter R. Grant and B. Rosemary Grant, *How and Why Species Multiply: The Radiation of Darwin's Finches* (Princeton, NJ: Princeton University Press, 2011).

16. For John Tyler Bonner's work on randomness in evolution, with particular reference to the size and complexity of organisms, see his book *Randomness in Evolution* (Princeton, NJ: Princeton University Press, 2013). For a strong defence of randomness against the dominance of natural selection in evolutionary theory, see M. Lynch, 'The Frailty of Adaptive Hypotheses for the Origins of Organismal Complexity', *Proceedings of the National Academy of Sciences, USA*, 104 (Suppl 1), 15 May 2007, pp. 8597 – 604; DOI:10.1073/pnas.0702207104.

17. For an account of Haeckel's travels, investigations and art, see Andrea Wulf, *The Invention of Nature: The Adventures of Alexander von Humboldt, the Lost Hero of Science* (London: John Murray, 2016).

18. Mary Minihan, 'Was Citizens' Assembly best way to deal with abortion question?', *Irish Times*, 29 April 2017.

19. For an argument for sortition and assemblies in the political process, see David Van Reybrouck, *Against Elections: The Case for Democracy*, translated by Liz Waters (London: Bodley Head, 2016). For an overview of the scientific research into cognitive diversity, see H. Landemore, 'Deliberation, Cognitive Diversity, and Democratic Inclusiveness: An Epistemic Argument for the Random Selection of Representatives', *Synthese*, 190, May 2013, pp. 1209 – 31; https://doi.org/10.1007/s11229–012–0062–6; and L. Hong and S. E. Page, 'Groups of Diverse Problem Solvers Can Outperform Groups of High–Ability Problem Solvers', *Proceedings of the National Academy of Sciences, USA*, 101(46), 16 November 2004, pp. 16385 – 9; DOI: 10.1073/pnas.0403723101.

20. For examples of Tamil sortition, see 'All eyes on Kudavolai method of elections', *The Hindu*, 25 September 2010; https://www.thehindu.com/news/cities/chennai/All–eyes–on–Kudavolai–method–of–elections/article16046086.ece. For the Iroquois Confederacy, see Sergia C. Coffey, 'The Influence of

the Culture and Ideas of the Iroquois Confederacy on European Economic Thought', paper presented at the Eastern Economic Association Conference, Washington DC, 2016.

8장. 연대

1. For a longer account of Topsy's life and death, see Michael Daly, *Topsy: The Startling Story of the Crooked-Tailed Elephant, P. T. Barnum, and the American Wizard, Thomas Edison* (New York: Atlantic Monthly Press, 2013).

2. For the French animal trials and the history of Bartholomew Chassenée, see Jeffrey St Clair, 'Let Us Now Praise Infamous Animals', Counterpunch.org, 3 August 2018. For an in-depth history of animal trials in medieval Europe and beyond, see E. P. Evans, *The Criminal Prosecution and Capital Punishment of Animals* (Clark, NJ: The Lawbook Exchange, 2009, reprint edn).

3. Jason Hribal, *Fear of the Animal Planet: The Hidden History of Animal Resistance* (Chico, CA: AK Press, 2011).

4. Peter Kropotkin, *Mutual Aid: A Factor of Evolution* (1902; London: Freedom Press, 2009, pbk edn).

5. For research on red deer democracy, see L. Conradt and T. J. Roper, 'Democracy in Animals: The Evolution of Shared Group Decisions', *Proceedings of the Royal Society B: Biological Sciences*, 274(1623), 22 September 2007; http://doi.org/10.1098/rspb.2007.0186. For the buffalo, see D. Wilson, 'Altruism and Organism: Disentangling the Themes of Multilevel Selection Theory', *The American Naturalist*, 150(S1), July 1997, pp. S122 – S134; DOI:10.1086/286053. For pigeons with GPS backpacks, see M. Nagy, Z. Ákos, D. Biro and T. Vicsek, 'Hierarchical Group Dynamics in Pigeon Flocks', *Nature*, 464(7290), 8 April 2010, pp. 890 – 93; https://doi.org/10.1038/nature08891; and for cockroaches, see J.-M. Amé, J. Halloy, C. Rivault, C. Detrain, J. L. Deneubourg, 'Collegial Decision Making Based on Social Amplification Leads to Optimal Group Formation', *Proceedings of the National Academy of Sciences, USA*, 103(15), 11 April 2006, pp. 5835 – 40; DOI: 10.1073/pnas.0507877103.

6. For more on Frisch, Lindauer, the waggle dance and its political implications, see Thomas D. Seeley, *Honeybee Democracy* (Princeton, NJ: Princeton University Press, 2010), to which work I am deeply indebted.

7. When Hofstadter wrote the book, many of the assumptions he makes about bee swarms and ant colonies were still conjectures, but they have been confirmed by subsequent studies. For the original, see Douglas R. Hofstadter, *Gödel, Escher, Bach: An Eternal Golden Braid* (New York: Basic Books, 1979). For an update, see J. A. R. Marshall, R. Bogacz, A. Dornhaus, R. Planqué, T. Kovacs and N. R. Franks, 'On Optimal Decision-Making in Brains and Social Insect Colonies', *Journal of the Royal Society, Interface*, 6(40), 6 November 2009; http://doi.org/10.1098/rsif.2008.0511.

8. For a full explanation of BeeAdHoc, see H. Wedde, M. Farooq, T. Pannenbaecker, B. Vogel, C. Mueller, J. Meth and R. Jeruschkat, 'BeeAdHoc: An Energy Efficient Routing Algorithm for Mobile Ad Hoc Networks Inspired by Bee Behavior', paper for the Genetic and Evolutionary Computation Conference (GECCO), 25 – 29 June 2005, Washington DC, pp. 153 – 60; DOI: 10.1145/1068009.1068034.

9. Find out more about the Nonhuman Rights Project at https://www.non humanrights.org/who-we-are/.

10. A full transcript of the arguments before the court, *In the Matter of: Nonhuman Rights Project* v. *James Breheny, et al.*, Supreme Court of the State of New York, 23 September 2019, can be found at https://

www. nonhumanrights.org/content/uploads/92319-Happy-oral-arguments-corrected-transcript.pdf.

11. For Judge Truitt's opinion, see the decision of the Supreme Court of the State of New York in the case of *The Nonhuman Rights Project on behalf of Happy* v. *James Breheny, et al.*, 18 February 2020; https:// www.nonhu manrights.org/content/uploads/HappyFeb182020.pdf.

12. The Uttarakhand quote is from the NhRP's legal arguments; for more on the story, see Saptarshi Ray, 'Animals Accorded Same Rights as Humans in Indian State', *The Telegraph*, 5 July 2018; https://www. tele graph.co.uk/news/2018/07/05/animals-accorded-rights-humans-indian-national-park/.

13 For the case of Cecilia, see Merritt Clifton, 'Argentinian Court Grants Zoo Chimp a Writ of Habeas Corpus', Animals 24-7, 8 November 2016; https://www.animals24-7.org/2016/11/08/argentinian-court-grants-zoo-chimp-a-writ-of-habeas-corpus/. For the case of Chucho, the bear in Colombia, see 'Colombia's Constitutional Court denies Habeas Corpus for Andean Bear', *The City Paper*, Bogota, 23 January 2020; https://thecitypaperbogota.com/news/colombias-constitutional-court-denies-habe-as-corpus-for-andean-bear/23781.

14. For more on India's declaration of river rights, see 'Could making the Ganges a "person" save India's holiest river?', BBC News, 5 April 2017; https://www.bbc.com/news/world-asia-india-39488527.

15. For Ecuador's constitution, see Mihnea Tanasescu, 'The Rights of Nature in Ecuador: The Making of an Idea', *International Journal of Environmental Studies*, 70(6), December 2013, pp. 846 – 61; DOI:1 0.1080/00207233.2013.845715. For Colombia and the Amazon, see Anastasia Moloney, 'Colombia's Top Court Orders Government to Protect Amazon Forest in Landmark Case', Reuters, 6 April 2018; https://www.reuters.com/article/us-colombia-deforestation-amazon-IDUSKCN1HD21Y. For New Zealand's Whanganui, see Jeremy Lurgio, 'Saving the Whanganui: Can Personhood Rescue a River?', *The Guardian*, 29 November 2019; https://www.theguardian.com/world/2019/nov/30/saving-the-whanganui-can-personhood-rescue-a-river.

16. Dr Erin O'Donnell, a senior fellow at the University of Melbourne law school, quoted in the *Guardian* article, 'Saving the Whanganui', ibid.

17. References to Sophia's appearance, engineering and legal status are too numerous and dispiriting to single out, but are available from your favourite search engine. Please consider using DuckDuckGo, which is designed to protect your privacy, or Ecosia, which uses its ad revenue to plant trees, if you want to pursue further information on this matter.

18. For the European Parliament resolution, see the study, 'European Civil Law Rules in Robotics', Directorate-General for Internal Policies of the Union (European Parliament), December 2016; https:// op.europa. eu/en/publication-detail/-/publication/19ea0f1c-9ab0-11e6-868c-01aa75ed71a1/language-en. For the open letter, see http://www. robotics-openletter.eu/.

19. The example of the Telepaths is drawn from Sue Donaldson and Will Kymlicka, *Zoopolis: A Political Theory of Animal Rights* (Oxford: Oxford University Press, 2011), who in turn based it on a realization by Michael A. Fox, in his book, *The Case for Animal Experimentation: An Evolutionary and Ethical Perspective* (Oakland, CA: University of California Press, 1986). That book is often cited as a sophisticated defence of the right of human beings to use animals for their benefit, but when Fox realized that the same arguments could be used by an alien species to enslave humans, he repudiated it and moved to a position supporting animal rights.

20. Calls to develop 'friendly' AI originate with the Machine Intelligence Research Institute, co-founded by Eliezer Yudkowsky, who also created the LessWrong community, but have been championed by some of

the founders of academic and practical AI studies. See, for example, Stuart Russell and Peter Norvig's *Artificial Intelligence: A Modern Approach*, 3rd edn (Harlow: Pearson Education, 2016), the standard textbook on the subject, which cites Yudkowsky's concerns about AI safety.

21. The Trolley problem was first given that name by the moral philosopher Judith Jarvis Thomson in 'Killing, Letting Die, and the Trolley Problem', *The Monist*, 59 (2), April 1976, pp. 204–17. Her conclusion, from a number of examples, was that 'there are circumstances in which – even if it is true that killing is worse than letting die – one may choose to kill instead of letting die'. The Moral Machine can be found at https://www.moralmachine.net.

22. For discussion of Facebook's ethical policy, see Anna Lauren Hoffmann, 'Facebook Has a New Process For Discussing Ethics. But Is It Ethical?', *The Guardian*, 17 June 2016; https://www.theguardian.com/technology/2016/jun/17/facebook-ethics-but-is-it-ethical. For Google's failed Advanced Technology External Advisory Council, see Jane Wakefield, 'Google's Ethics Board Shut Down', BBC News, 5 April 2019; https://www.bbc.com/news/technology-47825833.

23. Cade Metz and Daisuke Wakabayashi, 'Google Researcher Says She Was Fired Over Paper Highlighting Bias in A.I.', *The New York Times*, 3 December 2020.

24. For more on the 'non-identity' of plants, and the ways in which they disrupt our social and political thinking, see Michael Marder, *Plant-Thinking: A Philosophy of Vegetal Life* (New York: Columbia University Press, 2013).

25. Henri Bergson, *Creative Evolution*, translated by Arthur Mitchell (New York: Henry Holt and Company, 1911).

26. I am grateful to Anab Jain, and her essay-lecture 'Calling for a More-Than-Human Politics', 19 February 2020, for this taxonomy of care. See https://superflux.in/index.php/calling-for-a-more-than-human-politics/for the full text.

9장. 동물 인터넷

1. For an overview of animal tracking techniques, see L. David Mech, *Handbook of Animal Radio-Tracking* (Minneapolis, MN: University of Minnesota Press, 1983) and L. Mech and Shannon Barber-Meyer, 'A Critique of Wildlife Radio-Tracking and its Use in National Parks', US National Park Service Report, 2002, pp. 1–78. For Cochran and Lord's system, see W. W. Cochran and R. D. Lord, 'A Radio-Tracking System for Wild Animals', *Journal of Wildlife Management*, 27(1), January 1963, pp. 9–24; DOI:10.2307/3797775.

2. A good overview of the history of Argos can be found in Rebecca Morelle, 'Argos: Keeping Track of the Planet', BBC News, 7 June 2007; http://news.bbc.co.uk/1/hi/sci/tech/6701221.stm.

3. The story of Pluie is recounted in a number of places, among them Cornelia Dean, 'Wandering Wolf Inspires Project', *The New York Times*, 23 May 2006; https://www.nytimes.com/2006/05/23/science/earth/23wolf.html; 'Pluie the Wolf', 8 November 2017, National Park Service; https://www.nps.gov/glac/learn/education/pluie-the-wolf.htm; and 'Pluie, the Wolf Who Inspired Carnivore Recovery Across the West', *Wild Animals* podcast, series 1, episode 1, North Carolina Museum of Natural Sciences; https://naturalsciences.org/research-collections/wild-animals-podcast.

4. For the history and formation of Y2Y, as well as information about its current activities and accomplishments, see https://y2y.net/about/vision-mission/history/. For a broader history and definition of wildlife corridors, see D. K. Rosenberg, B. R. Noon and E. C. Meslow, 'Towards a Definition of

Biological Corridor', in J. A. Bissonette and P. R. Krausman (eds), *Integrating People and Wildlife For a Sustainable Future*, International Wildlife Management Congress (Bethesda, MD: The Wildlife Society, 1995).

5.   For *The West Wing* episode, see series 1, episode 5, 'The Crackpots and These Women'.

6.   The Sredneussuriisky Wildlife Refuge was established in 2012; see 'New Corridor Links Amur Tiger Habitats in Russia and China', World Wide Fund for Nature, 19 October 2012; https://wwf.panda.org/?206504/new-corridor-links-amur-tiger-habitats-in-russia-and-china. For the Natuurbrug Zanderij Crailoo and other Dutch 'ecoducts', see https://www.atlasob scura.com/places/natuurbrug-zanderij-crailoo/. For Tony and the Ngare Ndare corridor, see Maurice O. Nyaligu and Susie Weeks, 'An Elephant Corridor in a Fragmented Conservation Landscape: Preventing the Isolation of Mount Kenya National Park and National Reserve', *Parks: The International Journal of Protected Areas and Conservation*, 19(1), March 2013, pp. 91 – 101.

7.   For the European Green Belt, see https://www.europeangreenbelt.org; and Tony Paterson, 'From Iron Curtain to Green Belt: How New Life Came to the Death Strip', *The Independent*, 17 May 2009; https://www. independent.co.uk/environment/nature/from-iron-curtain-to-green-belt-how-new-life-came-to-the-death-strip-1686294.html. For the Korean DMZ, see Claire Harbage, 'In Korean DMZ, Wildlife Thrives. Some Conservationists Worry Peace Could Disrupt It', NPR, 20 April 2019; https://www.npr.org/2019/04/20/710054899/in-korean-dmz-wildlife-thrives-some-conservationists-worry-peace-could-disrupt-i. For the wildlife of Pripyat, see 'The Chernobyl Exclusion Zone is Arguably a Nature Preserve', BBC News, April 2016; https://web.archive.org/web/20200315114228/http://www.bbc.com/earth/story/20160421-the-chernobyl-exclusion-zone-is-arguably-a-nature-reserve.

8.   For Oslo's bee highway, see Agence France-Presse, 'Oslo Creates World's First "Highway" to Protect Endangered Bees', *The Guardian*, 25 June 2015; https://www.theguardian.com/environment/2015/jun/25/oslo-creates-worlds-first-highway-to-protect-endangered-bees; and for the managing association, ByBi, see https://bybi.no/. For the Norwegian Trekking Association, see https://english.dnt.no.

9.   For the impact of the US border wall on wildlife, see Samuel Gilbert, '"An Incredible Scar": The Harsh Toll of Trump's 400-Mile Wall Through National Parks', *The Guardian*, 31 October 2020; https://www.theguardian.com/environment/2020/oct/31/trump-border-wall-wilderness-wildlife-impact; and Samuel Gilbert, 'Trump's Border Wall Construction Threatens Survival of Jaguars in the US', *The Guardian*, 1 December 2020; https://www.theguardian.com/environment/2020/dec/01/trump-border-wall-threatens-jaguars-revival-arizona-sky-islands.

10.   For an account of wildlife under threat from the apartheid wall, see Miriam Deprez, 'Even Animals Are Divided by Israel's Wall and Occupation Threats to the Local Environment', *Middle East Monitor*, 20 August 2018; https://www.middleeastmonitor.com/20180820-even-animals-are-divided-by-israels-wall-and-occupation-threats-to-the-local-environment/; and Vanessa O'Brien, 'Israeli Army Opens West Bank Barrier For Animals', *DW News*, 2 November 2012; https://www.dw.com/en/israeli-army-opens-west-bank-barrier-for-animals/a-16351700.

11.   For Thomas Wilner's recollection of the case, see 'The Rule of Law Oral History Project: The Reminiscences of Thomas B. Wilner', Columbia University, 2010; http://www.columbia.edu/cu/libraries/inside/ccoh_assets/ccoh_8626509_transcript.pdf . I'm grateful to David Birkin for first alerting me to the story. In addition to the non-human iguanas, a non-human corporation also spoke for the detain-

ees, in the form of Hobby Lobby, a US corporation which had been granted religious liberties denied to Guantánamo detainees; see Philip J. Victor, 'Gitmo Detainees' Lawyers Invoke Hobby Lobby Decision in Court Filing', *Al-Jazeera America*, 5 July 2014; http://america.aljazeera.com/articles/2014/7/5/hobby-lobby-guantanamo.html.

12. For a history of wildlife and I-80, as well as an overview of climate and other pressures on migration, see Ben Guarino, 'Safe Passages', *Washington Post*, 18 March 2020; https://www.washingtonpost.com/graphics/2020/climate-solutions/wyoming-wildlife-corridor/.

13. For maps and data from the Wyoming Migration Initiative, visit https://migrationinitiative.org.

14. For more details on ICARUS, see Andrew Curry, 'The Internet of Animals That Could Help to Save Vanishing Wildlife', *Nature*, 16 October 2018; https://www.nature.com/articles/d41586-018-07036-2, and the ICARUS homepage at https://www.icarus.mpg.de/en.

15. For Professor Maxwell's research, see 'Mobile Protected Areas Needed to Protect Biodiversity in the High Seas', *Inside Ecology*, 17 January 2020; https://insideecology.com/2020/01/17/mobile-protected-areas-needed-to-protect-biodiversity-in-the-high-seas/.

16. Ibid. For the proposal for Mobile Marine Protection Areas, see Sara M. Maxwell, Kristina M. Gjerde, Melinda G. Conners and Larry B. Crowder, 'Mobile Protected Areas for Biodiversity on the High Seas', *Science*, 367(6475), 17 January 2020, pp. 252 – 4.

17. For ICARUS's work in Etna and L'Aquila see University of Konstanz, 'The Sixth Sense of Animals: An Early Warning System For Earthquakes?', *Phys. org News*, 3 July 2020; https://phys.org/news/2020-07-sixth-animals-early-earthquakes.html; and *Animals' Early Warning System*, ICARUS Report; https://www.icarus.mpg.de/28810/animals-warning-sensors.

18. For details on the Half-Earth Project's plans and calculations, see https://www.half-earthproject.org/. For more on E. O. Wilson and his work, see Tony Hiss, 'Can the World Really Set Aside Half of the Planet for Wildlife?', *Smithsonian Magazine*, September 2014; https://www.smithsonianmag.com/science-nature/can-world-really-set-aside-half-planet-wildlife-180952379/?no-ist.

19. Hiss, 'Can the World Really Set Aside Half of the Planet for Wildlife?'.

20. See E. O. Wilson's Introduction to Half-Earth Day 2020 at https://www.half-earthproject.org/half-earth-day-2020-highlights/.

결론: 금속 농장으로

1. For a history of agromining research, see Rufus L. Chaney, Alan J. M. Baker and Jean Louis Morel, 'The Long Road to Developing Agromining/Phytomining', in Antony van der Ent, Alan J. M. Baker, Guillaume Echevarria, Marie-Odile Simonnot and Jean Louis Morel (eds), *Agromining: Farming for Metals* (New York: Springer, 2021), pp. 1 – 22.

2. Dyna Rochmyaningsih, 'The rare plants that "bleed" nickel', BBC Future Planet, 26 August 2020; https://www.bbc.com/future/article/20200825-indonesia-the-plants-that-mine-poisonous-metals; D. L. Callahan, U. Roessner, V. Dumontet, A. M. De Livera, A. Doronila, A. J. Baker and S. D. Kolev, 'Elemental and Metabolite Profiling of Nickel Hyperaccumulators from New Caledonia', *Phytochemistry*, 81, September 2012, pp. 80 – 89; DOI: 10.1016/j.phytochem.2012.06.010; L. E. Bennett, J. L. Burkhead, K. L. Hale, N. Terry, M. Pilon and E. A. H. Pilon-Smits, 'Analysis of Transgenic Indian Mustard Plants for Phytoremediation of Metal-Contaminated Mine Tailings',

Journal of Environmental Quality, 32 (2), March – April 2003, pp. 432 – 40; DOI:10.2134/jeq2003.0432; Joseph L. Fiegl, Bryan P. McDonnell, Jill A. Kostel, Mary E. Finster and Dr Kimberly Gray, *A Resource Guide: The Phytoremediation of Lead to Urban, Residential Soils*, website adapted from report by Northwestern University (Evanston, IL: Northwestern University, 2011); https://web.archive.org/web/20110224034628/http://www.civil.northwestern.edu/ehe/html_kag/kimweb/MEOP/IN-DEX.HTM; Li Jiang, Lei Wang, Shu-Yong Mu and Chang-Yan Tian, '*Apocynum venetum*: A Newly Found Lithium Accumulator', *Flora: Morphology, Distribution, Functional Ecology of Plants*, 209 (5 – 6), June 2014; https://doi.org/10.1016/j.flora.2014.03.007.

3. Marthe de Ferrer, 'Scientists Have Taught Spinach to Send Emails and it Could Warn us About Climate Change', Euronews, 18 March 2021; https://www.euronews.com/green/2021/02/01/scientists-have-taught-spinach-to-send-emails-and-it-could-warn-us-about-climate-change.

4. Emily Dreyfuss, 'The Plan to Grab the World's Carbon With Supercharged Plants', *Wired*, 26 April 2019; https://www.wired.com/story/the-plan-to-grab-the-worlds-carbon-with-supercharged-plants/.

5. For an example of such a scheme, see John Vidal, 'How Bill Gates Aims to Clean Up the Planet', *The Observer*, 4 February 2018; https://www.theguardian.com/environment/2018/feb/04/carbon-emissions-negative-emissions-technologies-capture-storage-bill-gates.

참고문헌

다음 작품들은 본문에 명시적으로 등장하지는 않지만, 나의 사고와 그로부터 얻은 이해를 발전시키는 데 결정적인 영향을 미쳤다. 이 작품들은 현재 작업의 명예로운 조상으로 간주될 수 있으며, 앞으로의 탐구를 위한 비옥한 토대라 할 수 있다.

Edward Abbey, *The Monkey Wrench Gang*, Penguin Classics, 2004

David Abrams, *The Spell of the Sensuous: Perception and Language in a More-Than-Human World*, Vintage Books, 1997

Andrew Adamatzky and Louis-Jose Lestocart (eds.), *Thoughts on Unconventional Computing*, Luniver Press, 2021

J. A. Baker, *The Peregrine*, HarperCollins, 1967

Karen Barad, *Meeting the Universe Halfway*, Duke University Press, 2007

Jane Bennett, *Vibrant Matter: A Political Ecology of Things*, Duke University Press Books, 2010

Hans Blohm, Stafford Beer and David Suzuki, *Pebbles to Computers: The Thread*, Oxford University Press, 1987

John Tyler Bonner, *Randomness in Evolution*, Princeton University Press, 2013

James Bradley, *Clade*, Titan Books, 2017

Federico Campagno, *Technic and Magic*, Bloomsbury Academic, 2018

Rachel Carson, *Silent Spring*, Penguin Classics, 2000

Eduardo Viveiros de Castro, *Cannibal Metaphysics*, University Of Minnesota Press, 2017

Emanuele Coccia, *The Life of Plants: A Metaphysics of Mixture*, Polity, 2018

Susan Curran and Gordon Park, *Micro Man*, MacMillan, 1982

Ernesto De Martino, *Magic: A Theory from the South*, HAU, 2015

T. J. Demos, *Decolonizing Nature: Contemporary Art and the Politics of Ecology*, Sternberg Press, 2016

Eva Diaz, *The Experimenters: Chance and Design at Black Mountain College*, University of Chicago Press, 2015

Susan Donaldson and Will Kymlicka, *Zoopolis: A Political Theory of Animal Rights*, Oxford University Press, 2011

George Dyson, *Darwin among the Machines*, Perseus, 1997

George Dyson, *Turing's Cathedral: The Origins of the Digital Universe*, Allen Lane, 2012

Claire Evans, *Broad Band*, Portfolio, 2018

Charles Foster, *Being a Beast*, Profile Books, 2016

Monica Gagliano, *Thus Spake the Plant*, North Atlantic Books, 2018

Amitav Ghosh, *The Great Derangement: Climate Change and the Unthinkable*, University of Chicago Press, 2016

Peter Godfrey-Smith, *Other Minds: The Octopus and the Evolution of Intelligent Life*, William Collins, 2017

Alexis Pauline Gumbs, *Undrowned: Black Feminist Lessons from Marine Mammals*, AK Press, 2021

Donna J. Haraway, *When Species Meet*, University Of Minnesota Press, 2007

Donna J. Haraway, *Staying with the Trouble: Making Kin in the Chthulucene*, Duke University Press, 2015

Roger Harnden and Allenna Leonard (eds.), *How Many Grapes Went Into the Wine: Stafford Beer on the Art and Science of Holistic Management*, John Wiley & Sons, 1994

Graham Harvey, *Animism: Respecting the Living World*, C Hurst & Co, 2017

Stefan Helmreich, *Alien Ocean: Anthropological Voyages in Microbial Seas*, University of California Press, 2008

Jason Hribal, *Fear of the Animal Planet: The Hidden History of Animal Resistance*, AK Press, 2011

Aldous Huxley, *Island*, Harper, 1962

Humphrey Jennings, *Pandaemonium 1660–1886: The Coming of the Machine as Seen by Contemporary Observers*, The Free Press, 1986

Tracy Kidder, *The Soul of a New Machine*, Little Brown & Co, 1981

Robin Wall Kimmerer, *Braiding Sweetgrass: Indigenous Wisdom, Scientific Knowledge and the Teachings of Plants*, Penguin, 2020

Barbara Kingsolver, *Flight Behaviour*, Faber & Faber, 2012

Eduardo Kohn, *How Forests Think: Toward an Anthropology Beyond the Human*, California University Press, 2013

Peter Kropotkin, *Mutual Aid: A Factor of Evolution*, Freedom Press, 2009

Bruno Latour, *Down to Earth: Politics in the New Climatic Regime*, Polity Prss, 2018

Ursula K. Le Guin, *The Dispossessed*, Harper & Row, 1974

Konrad Lorenz, *King Solomons Ring*, Routledge, 2002

Robert Macfarlane, *Landmarks*, Hamish Hamilton, 2015

Andreas Malm, *Fossil Capital: The Rise of Steam-Power and the Roots of Global Warming*, Verso, 2015

Andreas Malm, *How to Blow Up a Pipeline: Learning to Fight in a World on Fire*, Verso, 2021

Michael Marder, *Plant-Thinking: A Philosophy of Vegetal Life*, Columbia University Press, 2013

Lyn Margulis, *The Symbiotic Planet: A New Look at Evolution*, Weidenfeld & Nicolson, 1998

Shannon Mattern, *Code and Clay, Data and Dirt: Five Thousand Years of Urban Media*, University of Minnesota Press, 2017

Pamela McCorduck, *Machines Who Think*, W. H. Freeman & Co, 1979

Eden Medina, *Cybernetic Revolutionaries: Technology and Politics in Allende's Chile*, MIT Press, 2014

Eva Meijer, *Animal Languages: The Secret Conversations of the Living World*, John Murray, 2019

Eva Meijer, *When Animals Speak: Toward an Interspecies Democracy*, NYU Press, 2019

Timothy Morton, *Humankind: Solidarity with Non-Human People*, Verso, 2019

Daniel Oberhaus, *Extraterrestrial Languages*, MIT Press, 2019

Mark O'Connell, *To Be a Machine*, Doubleday, 2017

Charles Patterson, *Eternal Treblinka: Our Treatment of Animals and the Holocaust*, Lantern Books, 2004

Fred Pearce, *The New Wild: Why Invasive Species Will be Nature's Salvation*, Beacon Press, 2015

Andrew Pickering, *The Cybernetic Brain*, University of Chicago Press, 2011

Richard Powers, *The Overstory*, William Heinemann, 2018

David Quammen, *The Tangled Tree: A Radical New History of Life*, Simon & Schuster, 2019

David van Reybrouck, *Against Elections: The Case for Democracy*, Random House, 2016

Kim Stanley Robinson, *The Ministry for the Future*, Orbit, 2021

Susan Schuppli, *Material Witness: Media, Forensics, Evidence*, MIT Press, 2020

James C. Scott, *Seeing Like a State: How Certain Schemes to Improve the Human Condition Have Failed*, Yale University Press, 1998

James C. Scott, *Against the Grain: A Deep History of the Earliest States*, Yale University Press, 2017

Thomas D. Seeley, *Honeybee Democracy*, Princeton University Press, 2010

Kenneth Silverman, *Begin Again: A Biography of John Cage*, Random House, 2010

Suzanne Simard, *Finding the Mother Tree: Uncovering the Wisdom and Intelligence of the Forest*, Allen Lane, 2021

Merlin Sheldrake, *Entangled Life*, Bodley Head, 2020

Adrian T chaikovsky, *Children of Time*, Orbit, 2018

Anna Lowenhaupt Tsing, *The Mushroom at the End of the World: On the Possibility of Life in Capitalist Ruins*, Princeton University Press, 2015

Frans de Waal, *Are We Smart Enough to Know How Smart Animals Are?*, Granta Books, 2016

Xiaowei Wang, *Blockchain Chicken Farm*, FSG, 2020

Peter Wohlleben, *The Hidden Life of Trees*, William Collins, 2017

Andrea Wulf, *The Invention of Nature*, John Murray, 2015

Tyson Yunkaporta, *Sand Talk: How Indigenous Thinking Can Save the World*, HarperOne, 2020

감사의 말

일일이 열거할 수 없을 만큼 많은 친구와 지인이 이 책을 위한 논의에 참여하고 아이디어를 제공했다. 로렌스 아부 함단, 닉 아이켄스, 톰 아미티지, 에바 바르바로사, 잭 블라스, 잉그리드 버링턴, 에두아르도 카시나, 매트 드라이허스트, 벤 이스탐, 키리아키 고니, 톰 고든-마틴, 홀리 허든, 마르코 페라리, 사무엘 허츠, 아납 자인, 줄리아 카간스키, 클로데트 로종, 찰리 로이드, 제이컨 모, 줄리언 올리버, 그리운 사샤 포플렙, 매슈 플러머-페르난데스, 안젤리카 스구로스, 멀린 셸드레이크, 윌리엄 스키핑, 케빈 슬라빈, 자코스 바르피스, 벤 비커스, 크리스 웝킨, 리디아 크시노갈라에게 감사를 전한다. 또한 전문 지식을 기꺼이 나누어준 앤드우 아다마츠키, 알렉산드라 엘바키안, 마리아 콘스탄티누, 수잰 시마드, 마르틴 비켈스키에게도 감사드린다.

원고를 진지하게 읽고 의견과 제안을 제공해준 아슬락 아못 키룰프, 아이너 스네브 마르티누센, 캐서린 브라이든, 롭 포어-워커, 루치아 피에트로이우스티, 요나스 스탈, 스테파노스 레비디스에게는 특별한 감사를 전해야 할 것이다.

낯선 곳에서 친절과 환대를 베풀어준 아기나의 텔리스와 로즈마리에게 고마움을 전한다. 아크로지알리아와 아이아케이온의 모든 분들께도 감사드린다. 라일라, 레오니다스, 코스타스, 자고리에서 도움을 준 모든 분들께도 감사드린다. 조셉 그리마, 키아라 시라보, 엘리사 줄리아노, 마사 슈윈들링, 안토니오 엘레트리코, 그리고 마테라에 있는 모든 분들, 인프라스트럭처 클럽과 리토랄 그룹의 모든 분들께도 다시 한번 감사드린다.

지난 몇 해 동안 나에게 강연 기회를 제공하고 경청해준 모든 분들께 감사드리며, 데버라 레이번스의 노고에도 감사를 전한다. 놈의 루카 바베니, 악시오마의 야네즈 얀사, 마르셀라 오크레티치, 드러고 모어의 다보르 미스코비치와 이바나 카틱에게도 고마움을 전한다. '하워즈 엔드'의 클레망시와 하워드 고든-마틴, 존 브라이들에게도 모든 것에 감사드린다.

이 책에 대한 열정과 지원, 사려 깊은 메모와 의견을 보내준 에이전트 안토니 토핑과 펭귄출판사의 편집자 토마스 펜에게 감사드린다. 또한 이 책을 믿어준 FSG의 에릭 친스키에게도 고마움을 전한다. 편집 기술을 발휘해준 제인 로버트슨과 이미지 저작권 문제를 해결해준 에바 호지킨에게 감사드린다. 이 책이 나오기까지 시간과 노력, 기술을 쏟은 다른 모든 분들께도 감사드린다.

오늘 아침 바위 밑에서 나와 나에게 윙크를 보내던 문어와 내가 이 글을 쓸 때 머리 위를 선회하며 비명을 지르던 독수리 세 마리에게, 세상과 그 안에 있는 모든 존재에 내가 진 빚을 상기시켜준 데 고맙다.

그 누구보다, 상상할 수 있는 가장 큰 영감과 깊은 사랑의 샘이 되어준 나빈과 제퍼에게 고마움을 전한다.

감사합니다.

아테네, 런던, 에기나에서
2019년 6월부터 2021년 9월까지.

그래도 나는 인간의 힘을 믿는다. 역설적이게도 이것이 이 책의 번역을 마치고 내가 쓰고 싶은 한 문장이다. 우리는 우리가 붙잡고 있던 분리와 개체라는 관념 이면의 사회경제적 맥락을 통찰할 수 있고, 인간 중심주의에서 벗어나 우리가 가진 사고의 틀과 협력의 범위를 인간이 아닌 생물과 무생물, 자연현상과 기계로 확장할 수 있기 때문이다.

지능이 인간만의 것이 아니며 머릿속에만 있는 것도 아니라는 제임스 브라이들의 주장이 처음에는 당황스러웠고 궤변이 되지 않을까 두렵기도 했다. 그러나 그는 레드우드와 균근의 협업, 입력된 정보를 기억할 수 있는 것으로 보이는 미모사, 기존의 지능 기준으로 측정할 수 없는 문어의 영리함 등을 차근차근 소개하며 우리를 설득해나간다. 브라이들은 단선적인 역사 발전과 다른 종과 명확히 구분되는 인류의 우월함에 대한 우리의 가정을 고인류의 흔적이 보여주는 증거를 들어 해체하고, 고대 아테네 사회의 정치적 안정성에서 무작위성의 가치를 다시 돌아보며, 컴퓨터를 넘어서는 점균류의 문제 해결 능력을 통해 이 진법에 갇힌 우리의 상상력을 해방시킬 것을 제안하고, 생태통로 마련을 위한 테크놀로지 활용에서 공생과 연대의 가능성을 본다.

그렇게 나는 석유 회사의 탐욕에 망가지고 있는 그리스 이피로스에서 이야기를 시작해서 식물과 공존하기 위한 실험이 이루어지고 있는 그리스의 또 다른 지역 핀두스산맥에서 글을 맺은 브라이들과 함께 희망을 보았다. 물론 그 희망은 '다르게 생각하기', 즉 우리의 지능이 타자들과의 관계와 얽힘에 존재한다는 사실의 수용을 통해서만 실현할 수 있다. 그리고 그것은 무서운 속도로 발전하는 AI와 그보다 더 무서운 속도로 진행되는 지구 열대화의 시대를 살고 있는 우리에게 매우 긴급한 과제다.

찾아보기

ㄱ

가넷 189

가문비나무 178, 179

가이아 245, 265, 295

가이아 이론 265

갈까마귀 29, 231

갈리아노, 모니카 108 ~ 112, 182, 404

갈매기 189, 345, 380, 401

갑오징어 76, 78

갓 (Brassica juncea) 412

개미 64, 66, 76, 239, 261, 268, 348, 352

개코원숭이 57, 83 ~ 88, 98, 100, 112, 342

갠지스강 357

갤럽, 고든 G., 주니어 62 ~ 64, 66

거북 (로봇) 13, 252 ~ 256, 262, 264, 292

거울 테스트 63, 64, 66, 67, 69, 71 ~ 75, 80, 254, 354, 364, 373

거위 136

검은담비 167

게브루, 팀닛 372

게이츠, 빌 25, 369

고대아고라박물관 14, 296, 299

고드프리스미스, 피터 80, 81

고릴라 56, 68, 72 ~ 75, 82, 143, 145

고세균 129, 151 ~ 153, 156, 158, 159, 264, 321

고축적 식물 411, 413

곰 17, 83, 93, 116, 131, 133, 134, 357, 387, 389, 390, 392

곰베강 국립공원 86

곰포테리아 156

공생적 생명관 154

관타나모만 394

광각 적외선 우주망원경(WFIRST) 193

괴베클리 테페 12, 136 ~ 138

구글 21 ~ 23, 25, 43, 161, 219, 221, 230, 234 ~ 236, 238, 290, 326, 361, 369, 372

구달, 제인 87, 88, 354

구디나스, 에두아르도 360

국제우주정거장(ISS) 380, 399

국제 자오선 회의 167

굽, 잉고르 앙떼 아일루 213

균근 93, 94, 99, 116 ~ 120, 122, 155, 160, 268, 290, 353, 373

균류 93, 117, 118, 122, 154, 155, 159, 266, 268, 328, 387

그래프 이론 120, 121

그랜트, 로즈메리 320

그랜트, 피터 319, 320

그럼피 (코끼리) 67

그리스 16 ~ 21, 33, 44, 164, 215, 245, 370, 380, 390, 410 ~ 412

『그리스도는 에볼리에서 멈추었다』 200

그리피스, 프레더릭 152

그린피스 21

기후 모델 118

기후변화 166, 174 ~ 178

꼬리감는원숭이 231

꿀 29, 31, 40, 156, 205 ~ 207, 348 ~ 353, 391, 414

꿀잡이새 205 ~ 207, 210, 232

ㄴ

나방 253

나빈, 칸-도소스 200

나세르, 램지 226, 227

나이팅게일 170

나포마 412

너도밤나무 179, 202

네안데르탈인 131 ~ 134, 138 ~ 145, 150, 295

네트워크 이론 121, 122, 322

NEXRAD (차세대 레이더) 13, 190

농업채광 411, 413

뇌조 213

늑대 17, 116, 212, 346, 382 ~ 384, 386 ~ 388, 391 ~ 393, 396

니아사 국립보호구역 204

ㄷ

다나킬 함몰지 127 ~ 129, 151

다윈, 찰스 13, 30, 60, 108, 182, 186

다윈, 프랜시스 13, 182, 186

대지 예술 281

댕기물떼새 345

더 발, 프란스 65, 66, 192, 365

데니(데니소바인) 140 ~ 142, 145

데니소바 동굴 140, 141

데니소바인 140 ~ 145

데 마르티노, 에르네스토 201, 202

데카르트, 르네 37, 317, 340

델파이 246, 404

도편추방제 298

돌고래 63 ~ 66, 69, 70, 102, 206, 234, 239, 354, 382

돌고래 대사관 13, 233, 234

동물언어학 239 ~ 241

동물원 57, 60, 61, 65, 67, 68, 77, 142, 338, 341, 354, 356, 374, 399

동물 재판 353

동물 추적 395, 400

돼지 203, 339, 342, 389, 391

두족류 76 ~ 78, 80, 81, 273

드보르, 기 46

디브예 바베 12, 133

DNA 100, 130, 139 ~ 141, 149, 150, 152 ~ 156, 159, 321

딘키네시 (오스트랄로피테쿠스) 129 ~ 131, 145

딤카로스키, 류벤 133

딥마인드 25, 369

딩동설 208

땅늘보 156

떼까마귀 170

ㄹ

라바랜드 304

라이벌, 제이슨 341, 344

라이프니츠, 고트프리트 317, 318

랙, 데이비드 189 ~ 191, 381

Random.org 304

랜드샛 13, 195 ~ 197

랜드연구소 14, 308, 309, 311, 369

러브레이스, 에이다 53, 54

러브록, 제임스 265

레그, 셰인 25, 369

레더버그, 에스더 152

레더버그, 조슈아 65, 152

레드우드 92, 119, 157, 379, 415

레비, 카를로 200

레이더 13, 187 ~ 191, 381, 408

렙솔 20 ~ 23

렙토플락스 에마르기나타 411

로드, 렉스퍼드 381

로렌츠, 콘라드 231, 232

로빈슨, 킴 스탠리 378

로아 (큰까마귀) 231, 232

로치봇 291, 292

로코의 바실리스크 367, 368

LUCA (모든 생물의 공통 조상) 149, 150

루캬노프, 블라디미르 14, 275 ~ 277, 283

르 귄, 어슐러 32, 33, 239, 240, 242

리드, 데이비드 87, 120

리드, 클레멘트 179

리스, 다이애나 64, 65

리처드슨, 루이스 프라이 147, 161

리키, 루이스 88

린다우어, 마르틴 15, 349 ~ 351, 380

ㅁ

마굴리스, 린 38, 156 ~ 159, 161, 265

마르셀 뒤샹 13, 184, 186

마리노, 로리 64

마샵, 로버트 13, 169 ~ 174

마샵의 기록 170, 173

마이크로소프트 22, 23, 25, 218

마이클 (고릴라) 73, 74, 76

마카크 70 ~ 72, 82, 98, 342

마테라 200, 201

망델브로, 베누아 148

매클루언, 마셜 39

맥스웰, 사라 401, 402

맥신 (코끼리) 65 ~ 67

맨스필드, 윌리엄 머리 355

맹그로브 175, 195, 196

머스크, 일론 25, 223, 369

머신러닝 21, 23, 54, 97, 274, 289, 290, 360, 372

멍멍설 208, 210, 212

메를로퐁티, 모리스 212

메트로폴리스, 닉 307

멤리스터 270, 271

모건마, 데이비드 227

모니악 14, 282 ~ 285

『모래의 대화』 242

몬드리안, 피에트 227

몬테카를로 307 ~ 310, 326

무어, 마이클 192

무작위성 253, 295, 296, 300 ~ 302, 304, 305, 310, 312, 317, 318, 320 ~ 326, 328, 331 ~ 335, 400

문어 29, 76 ~ 82, 111, 243, 272, 273, 287

물벼룩 263 ~ 265, 274

물 적분기 (컴퓨터) 275, 277, 283

밀러, 막스 208

밀러, 우어반 227

뮤어, 존 31

미국 국가정찰국 (NRO) 192

미국 국립해양대기청 (NOAA) 382

미국 지질조사국 195

미국 항공우주국 (NASA) 13, 192 ~ 195, 380, 382

미나새 163

『미래부』 378

미모사 108 ~ 112, 182, 266, 270, 404

미시시피 유역 모형 279

미 육군공병대 278

ㅂ

바구미 339, 340

바라드, 캐런 125, 126, 187, 335

바라바시, 알베르트-라슬로 121

바실리카타 13, 197, 199, 200, 202, 232

바이러스 38, 152 ~ 154, 321, 335

바퀴벌레 14, 291, 292, 348

박테리아 38, 129, 151 ~ 159, 264, 320, 321, 335, 400

발리, 조지 189, 190

발케아파, 닐스 아슬락 213

밤나무 95, 170

방산충 15, 324, 325, 327

배비지, 찰스 53, 54

버너스-리, 팀 120

버드나무 96, 178

벌 15, 205, 261, 348 ~ 353, 380

범고래 63, 70

베르그송, 앙리 374

보너, 존 타일러 322, 323

보노보 29, 63, 80, 143, 145

보란족 207

보른무엘레라 팀파에아 411

보잉 X-37 193

부베, 조아킴 317

부엔 비비르 359, 360

분산 컴퓨팅 288

불레즈, 피에르 312

불, 마르셀린 132

브레인퍽 (프로그래밍 언어) 227, 228

브뤼니켈 동굴 134, 135, 137

V1 비행 폭탄 189

블라스, 잭 286

블레이크, 윌리엄 37

비무장지대 (DMZ) 390

비버 345

BeeAdHoc (컴퓨터 프로그램) 352, 353

비어, 스태퍼드 13, 258 ~ 263, 265, 273, 290, 293 ~ 295, 313

비이진법 245, 286, 292, 415

비인간 권리 프로젝트 68, 354 ~ 356, 394

비전통적 컴퓨팅 265, 272

비전통적 컴퓨팅연구소 270

비지아넬로 199, 200, 202 ~ 205

비켈스키, 마르틴 379, 380, 399

비키 (오랑우탄) 341

비트겐슈타인, 루트비히 251

뻐꾸기 170, 201, 203

ㅅ

사르데냐 210

사미족 166, 211 ~ 213, 415

사슴 15, 99, 116, 347, 387, 389, 391, 397 ~ 399

사시나무 115, 116

사이버네틱 공장 13, 259, 264, 265, 273

사이버네틱 세렌디피티 314

사이버네틱스 254, 256 ~ 259, 261, 266, 274, 292, 293

사자 345

산사나무 170

삼나무 119

『상호부조론: 진화의 요인』 344

『새로운 기계의 영혼』 168

새삼속 113

생물계절학 13, 170 ~ 173

『생물의 일반 형태학』 30

생태통로 15, 388 ~ 391, 393, 405, 406, 408

샤세네, 바르톨로뮤 340

샨티 (코끼리) 65

샬럿 (긴팔원숭이) 56, 57

서머싯, 제임스 355

서사하라 장벽 393

서어나무 170

석유 산업 21

선불교 317

선인장 99, 319

세실리아 (침팬지) 357

SETI@home 288

세포 내 공생 156, 157

셰익스피어, 윌리엄 216

셸드레이크, 멀린 117

소나무 99, 165, 166, 178, 196

소크라테스 246, 249, 293

소프트 로봇공학 273

소피아 (로봇) 360 ~ 362, 365, 373

『솔로몬 왕의 반지』 231

수평 유전자 이동 152, 154

순록 172

순무 170

슈퍼스튜디오 14, 281

슐츠, 잭 181

스노체인지 협동조합 166

스노헤타 391

스라소니 387

스머츠, 바버라 83 ~ 88, 100

스즈키, D. T. 317

스트로스, 찰스 26

『시간의 아이들』 79

시드 (문어) 77

시마드, 수잰 92 ~ 94, 96, 97, 119, 120, 379

시민 의회 329 ~ 332, 352

『식물의 운동력』 13, 182, 186

『식물의 정신세계』 101

신경망 12, 47, 80, 121, 234 ~ 236, 369, 415

실버먼, 케네스 312

『십만 개의 정규 편차가 있는 백만 개의 난수』 14, 309

CERN 120

쏙독새 170

ㅇ

아다마츠키, 앤드루 270

『아더 마인즈』 80

아르고스 (위성 시스템) 382 ~ 384, 396

아리스토텔레스 37, 175 ~ 178, 300

아마존 (기업) 22, 23, 358, 376

아보카도 156

아옌데, 살바도르 293, 294

아이라, 군 166

IBM 20, 21, 23

아인샴의 앨프릭 215

『아일랜드』 163

「아카시아 씨앗의 저자」 239

알로에베라 270

알리섬 무랄레 411

알브 (프로그래밍 언어) 225 ~ 228

알타 행동 212, 213

알트, 윌리엄 338

암비카 65

애기나 164, 173

애기장대 100, 414

애벌레 100, 101, 104, 205, 414

애슈비, W. 로스 13, 254 ~258, 284

앤드루스, 말라키 237

앤트팜 13, 233, 234

앨러, 켁 (오랑우탄) 341, 342

앨버트, 제라드 359

앵무새 232

야무나강 357

야오족 205 ~ 207, 232

양자물리학 124 ~ 126

어기영차설 208, 209

에글라시, 론 221

ENIAC (컴퓨터) 307, 313

EDVAC (컴퓨터) 305, 313

ERNIE (컴퓨터) 14, 302, 303, 308, 320

에보닉스 237

SMS 216

에이브럼, 데이비드 37

HPSCHD (곡명) 313 ~ 315

엘머 (로봇 거북) 253

엘시 (로봇 거북) 253

엡스탱, 장 197, 198

여우원숭이 231

연대 142, 213, 292, 337, 345, 346, 368, 375, 394, 399, 407

언어 93

염소 16, 127, 128, 199, 203, 210, 402

영양 387, 397 ~ 399, 415

영혼론 175

옐로스톤-유콘 보존 이니셔티브(Y2Y) 388, 396, 399

오거스틴, 레지널드 220

오라클 (고대 그리스) 245, 246, 249, 264, 265,

280, 292, 293, 305, 328, 404

오라클 기계 (o-기계) 248, 249, 260, 268, 277, 286, 291, 294, 305

오랑우탄 12, 56, 60, 61, 63, 70, 80, 228, 230, 265, 341, 342, 374, 399

오리 345

우리나무 96, 178

『오버스토리』 96, 181, 363, 373, 379

오셀롯 392

오소리 389

오스트라콘 298

오스트랄로피테쿠스 129, 130, 145

오언스, 폴 T. 237

오일러, 레온하르트 120

Ook! (프로그래밍 언어) 228, 229

오토 (고릴라) 73

오토 (문어) 77, 78

오픈소스 288

옥수수 112

옵토메트리스트 알고리즘 290

와이오밍 동물 이동 이니셔티브 397

와츠, 앨런 39

요이크 211 ~ 214

우드 와이드 웹 92, 120, 121

우주생물학 128

우즈, 칼 12, 150 ~ 152

우체국전산연구소 302

울람, 스타니슬라프 306, 307

울프, 크리스티안 311

원더, 스티비 101, 103

원자폭탄 305, 306

월계수 246

월터, 윌리엄 그레이 13, 252 ~ 254, 256, 258, 262, 292

〈웨스트 윙〉 388

윅스퀼, 야코프 폰 46

윌리엄스, 로버트 237

윌슨, E. O. 405 ~ 407

유글레나 262 ~ 264, 266

U-기계 259, 260, 265, 280, 290

유나이티드 스틸 258, 263, 264

유럽 그린벨트 390

유령 개체군 130, 150, 156

유엔 해양법 협약 401

윤카포르타, 타이슨 242

이구아나 394, 395

이로쿼이 연맹 334

이메일 무호흡증 219

이모지코드 (프로그래밍 언어) 227, 243

이미토스 103

이스라엘 방위군 393

『이진 산술의 설명』 318

ICARUS (동물 추적) 380, 399, 400, 402, 403

이피로스 16 ~ 24, 410, 414

『인간의 유래』 61

인공 지능 18, 20 ~ 25, 27, 29, 50, 52, 53, 55,
89, 90, 97, 114, 122, 223, 225, 234, 235, 251,
257, 264, 268, 306, 328, 360, 362, 363, 365 ~
367, 371, 372, 408, 415

인스턴트 메시지 243

인신보호 (영장) 68, 354 ~ 357, 363, 394

인지적 다양성 331, 334, 335

인터넷 18, 19, 25, 43, 92, 95, 119, 120, 122,
160, 187, 191, 192, 195, 216, 217, 268, 287,
288, 309, 322, 325, 326, 328, 329, 377 ~ 379,
399 ~ 404, 406

ILLIAC (컴퓨터) 313

잉키 (문어) 77

ㅈ

자립 체계 모델 294

『자연의 예술적 형상』 15, 325

자율주행 차량 42 ~ 44, 46 ~ 48, 51, 97, 100,
245, 362, 370, 371, 415

자율 함정 12, 48, 49, 282

자작나무 94, 138, 166, 170, 177, 178, 196, 374

자킨토스 19, 20

작전 연구 그룹 188, 189

재규어 392

재규어런디 392

저수지 컴퓨팅 273, 274

전나무 94, 119, 202

점균류 13, 14, 265 ~ 270, 274, 287, 290, 323
~ 335, 353, 415

제니 (오랑우탄) 12, 60, 61

제비 164, 165, 170, 173

제비뽑기 300, 328, 331, 333, 334

제임스 웹 우주망원경 192

조류(藻類) 93, 117, 155, 157, 158, 262

조작된 피아노 311

존재의 대사슬 176

『종의 기원』 30, 61, 131

종이클립 가설 23

주광성 253

주역 15, 311, 312, 315 ~ 318, 327, 415

쥐 124, 261, 264, 340

지구 절반 프로젝트 405 ~ 408

지의류 155, 157

지진 127, 196, 223, 402 ~ 404

진화 30, 57, 61, 69, 70, 76, 79 ~ 81, 85, 91,
95, 102, 107, 117, 129 ~ 131, 140, 146, 149,
154 ~ 159, 161, 176, 184, 189, 207, 232, 234,
243, 275, 294, 304, 309, 314, 318 ~ 326, 333,
335, 344, 346, 352, 360, 413

찌르레기 189

ㅊ

차이콥스키, 에이드리언 79

참나무 170, 172, 176, 177, 179, 183, 373, 414

참새 345

처칠, 윈스턴 39

체르노빌 390

체서피크만 모형 14, 279, 281

초서, 제프리 215

추아, 리언 O. 270

추초 (곰) 357

『침묵의 봄』 31, 35

침팬지 56, 62, 63, 65, 68, 71, 80, 87, 88, 122, 130, 143, 145, 206, 264, 356, 357, 373

ㅋ

카를 하겐베크 342

카스트루, 에두아르두 비베이루스 지 39

카슨, 레이철 31, 35

카푸토, 마테오 203

카푸토, 프란체스코 203

칸투 아 테노레 210

캐럴, 루이스 252

「컴퓨팅 기계와 지능」 52

케이지, 존 15, 261, 310 ~ 318, 325, 415

케임브리지 애널리티카 219

코끼리 40, 59, 64 ~ 68, 70, 98, 156, 337, 339, 354 ~ 356, 366, 373, 389, 394, 415

코라로, 로시나 203

코로나19 165

코왈체프스키, 브루노 134

코코 (고릴라) 12, 72 ~ 74, 76

코크런, 윌리엄 381, 395

콘스탄티누, 마리아 411

콘웨이의 생명게임 227

콜로서스 (컴퓨터) 302

쾨니히스베르크의 다리 건너기 문제 120

퀴어 이론 286

크로포트킨, 표트르 344 ~ 346, 375

크리스마스섬 15, 391, 392, 394

큰까마귀 212, 231, 232

클라우드 (컴퓨팅) 21, 22, 97, 160, 224, 225

클라크, 아서 C. 223

클레로테리온 298 ~ 300, 328

클렙시드라 14, 297, 298

키더, 트레이시 168

키홀 (위성) 193

킹, 윌리엄 131, 132

ㅌ

타임랩스 사진 180, 194, 280

탈중심화 104, 287 ~ 289, 292, 293, 317, 376

테슬라 25, 43

테 아와 투푸아 법 358

토니 (코끼리) 389

토바이어, 제이컵 287

토폴리, 토마소 271

토호노 오오담 부족 392

톱시 (코끼리) 337 ~ 341

투리아, 타리아나 359

투바 211

튜링 기계 247, 248, 250, 268, 271, 277

튜링, 앨런 52 ~ 55, 226, 228, 247 ~ 250, 260, 291, 295, 305, 306, 308, 328

튜링 테스트 52, 53, 55

트럼프, 도널드 193, 392

트롤리 문제 370 ~ 372

트위터 193, 220

ㅍ

파르나소스 12, 42, 44, 45, 47, 49, 245, 282

파리지옥 108, 270

파워스, 리처드 95 ~ 97, 181, 373, 379

파케, 폴 382, 383

판도 (사시나무) 115, 116

8자 춤 348 ~ 350

패터슨, 프랜신 12, 72, 73

패티 (코끼리) 65 ~ 67

페보, 스반테 138, 140, 142

페이스북 18, 160, 161, 218, 235, 236, 238, 244, 286, 369, 371

펜섬, 해리 302

펭귄 239, 240

포드 둘리틀 12, 158, 159

포르테, 조반니 13, 204

포비넬리, 대니얼 66

포플러 96, 177

폰 노이만 병목 현상 305

폰 노이만, 존 305 ~ 308, 313

폰 노이만, 클라라 단 307

Folding@home 288

폴리노국립공원 196, 199, 203

푸푸설 208, 209

풍나무 96, 177, 178

퓨마 116, 387

프래쳇, 테리 228

프랭클린, 벤저민 334

프레드킨, 에드워드 271

프레리도그 230

프로젝트 사이버신 294

프리슈, 카를 폰 348, 349

플라워스, 토미 302

플라타너스 170

플랑크톤 93, 107, 324

플로트니크, 조슈아 65, 66

플뤼 (늑대) 15, 383 ~ 388, 395, 396, 400, 405

피에트 (프로그래밍 언어) 227

피커링, 앤드루 257

피크난드라 아쿠미나타 412

핀치새 319, 320, 324

필란투스 발구이 412

필립스, 빌 14, 283, 284

ㅎ

하위라, 투라마 359

하이에나 345

하자족 207

할미새 345

핫비트 304

항상성 조절기 13, 254 ~ 259, 261, 264, 265, 284, 295

해석기관 53

해파리 253

해피 (코끼리) 12, 65 ~ 68, 72, 354 ~ 356, 363, 366, 394

행위주체성 34, 39, 97, 122, 153, 167, 180, 408

허블 우주망원경 192

허츠, 가닛 14, 291, 292

헉슬리, 올더스 163, 164, 286

헤로도토스 19, 20

헤리티지재단 372

헤켈, 에른스트 15, 30, 152, 323 ~ 325

현대미술연구소 314

협죽도 246

호랑이 389

호프스태터, 더글러스 R. 352

홈스, 롭 281

화석 연료 18, 20, 23, 330

확률적 아날로그 기계 (SAM) 313

환경세계 46 ～ 49, 58, 64, 67, 76, 91, 98,
100, 103, 160, 285, 364, 373, 391

황가누이강 358

황소 136, 202, 204, 215

회선 183, 184

훔볼트, 알렉산더 폰 323

HUGO (유전자 명명법 위원회) 218

흐미 211, 212

『흑인 언어』 237

흑인의 생명도 소중하다 220

흰개미 261

힐러, 레자렌 313, 314, 317

힐베르트, 다비드 250

옮긴이 김보영

고려대학교 산림자원학과 및 사회학과를 졸업하고 동 대학교 대학원에서 박사과정을 수료했다. 이후 번역에 뜻을 두고 성균관대학교 번역TESOL 대학원에 진학했다. 졸업 후 현재는 출판번역 에이전시 베네트랜스에서 번역가로 활동하며, 다양한 도서의 검토와 번역을 진행하고 있다. 옮긴 도서로는 『아더랜드』, 『아무도 본 적 없던 바다』, 『여섯 번째 대멸종』, 『화이트 스카이』 등 다수가 있다.

새와 나무와 돌멩이의 지적 세계

초판 1쇄 발행 2026년 3월 30일

지은이 제임스 브라이들
옮긴이 김보영

펴낸곳 코쿤북스
등록 제2019-000006호
주소 경기도 광명시 사성로75번길 1 113-1804
디자인 THISCOVER

ISBN 979-11-993049-0-1 03400